科学技术黄皮书

KEXUE JISHU HUANGPISHU

北京科学技术指标 2009

北京市科学技术委员会

北京科学技术出版社

《北京科学技术指标 2009》
指导小组

编辑委员会

前　言

科学技术指标是观察和测度科学技术活动的一种方法。科学技术指标值可以准确地反映科学技术活动状况及其对经济、社会产生的作用和影响，是进行科学决策的基本依据，也是评价科技政策实施效果的重要工具。

北京是我国智力、科技资源最密集的地区，聚集着几乎占到全国的1/3的科技资源，科技工作在全国具有举足轻重的地位。北京地区科技发展状况如何是各级管理部门及社会各界普遍关注的重要问题。编辑出版《北京科学技术指标(2009)》不仅能够全面地反映北京地区科技活动的现状及其对经济、社会产生的深刻影响，而且能够反映出科技进步的动态效应以及其中存在的问题，从而为科技管理和科学决策提供基础依据。

进入21世纪以来，北京科技发展取得了长足进步。本书主要依据2000年以来北京地区的科技统计数据以及相关的经济、社会统计信息，分别从科技资源、创新活动、产业发展与服务交流等方面，系统地介绍了北京地区科技基础资源、科技项目、科技产出成果，分析了政府研究机构、高等院校、企业等科技活动状况以及北京市高技术产业、现代服务业的发展状况，并对北京市技术交易、地区科技协作等服务交流状况进行了详细阐述。

在本书的策划、编写和完善过程中，得到了北京市统计局、北京市教育委员会、中关村科技园区管理委员会、科学技术部、中国科学技术发展战略研究院、华中科技大学等部门和单位的领导、专家的热情帮助与悉心指导，谨致以诚挚的感谢！

《北京科学技术指标2009》
编辑委员会
2009年12月

目　录

科技资源篇

科技活动篇

科技产出篇

科技促进篇

附　　录

科 技 资 源 篇

第一章　科技人力资源

科技人力资源是指实际从事或有潜力从事系统性科学和技术知识的产生、发展、传播和应用活动的人力资源。科技人力资源既包含从事科技活动的劳动力，也包含可能从事科技活动的劳动力。科技人力资源是反映科技投入和科技实力的重要指标，对区域科技发展起着决定性作用。

科技活动

科技活动是指在自然科学、工程和技术、医学、农业科学、社会科学及人文科学等科学技术领域内，与科技知识的产生、发展、传播和应用密切相关的有组织的系统活动。科技活动分为研究与试验发展活动、研究与发展应用活动、科技服务活动三类。

北京地区科技人力资源丰富，在科技人才的聚集和培养方面具有明显优势。本章根据《中国统计年鉴》、《中国科技统计年鉴》、《北京市统计年鉴》和《北京市研究与发展(R&D)数据汇编》的数据资料从科技活动人员、R&D人员和科技人力资源的培养三个方面描述北京地区科技人力资源的规模与结构状况及其发展变化趋势。

第一节　科技活动人员

科技活动人员是指直接从事科技活动以及专门从事科技活动管理和为科技活动提供直接服务的人员。科学家和工程师是指具有大学本科及以上学历或不具备上述学历但具有高、中级专业技术职称(职务)，并参与科技活动的人员。

一、科技活动人员总量及其结构

科技活动人员及其科学家和工程师的数量反映了科技人力资源投入的规模及质量。“十五”以来，北京地区科技活动人员的规模不断扩大，在全国占有重要地位，特别是集中了全国约一半的中国科学院院士和中国工程院院士，形成了北京地区独特的科技人力资源优势。

1. 科技活动人员数量稳步增长

2001年以来，北京地区科技活动人员数量整体上呈现出稳步增长态势，科技队伍不断壮大。“十五”期间北京地区科技活动人员数量年均增幅达12.3%，“十一五”开局继续延续了这一增长态势，2007年科技活动人员达45.0万人(图1-1)，比2006年增加6.7万人，增加 17.5%，占全国科技活动人员总数的 9.9%。2007 年北京地区科技活动人员比 2001 年增加了 20.9 万人，年平均增长率为 11.0%。

科学家和工程师是开展科技活动的核心力量。2007 年，北京地区从事科技活动的科学家和工程师为 35.9 万人，比 2006 年增加 5.3 万人，增长 17.3%，占全国科学家和工程师总数的 11.5%。与 2001 年相比，2007 年从事科技活动的科学家和工程师增加了 16.5 万人，年均增长率为 10.8%。

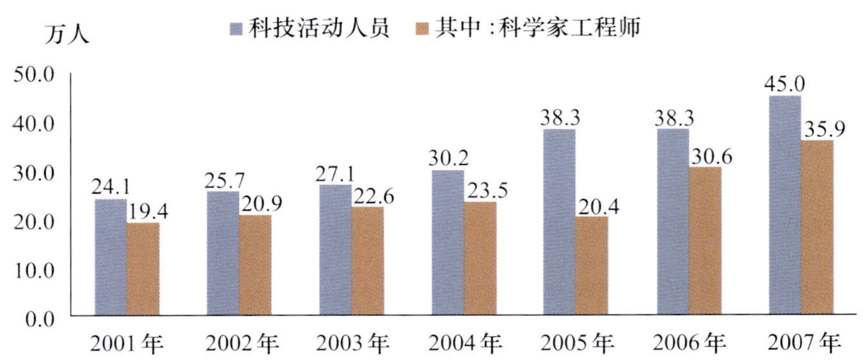

图 1-1　北京地区科技活动人员发展趋势(2001—2007 年)

资料来源：北京市统计局，国家统计局北京调查总队. 北京统计年鉴. 2002-2008.

2. 科技活动人员的结构变化

科学家和工程师数量占科技活动人员的比重是反映科技活动人员结构和素质的重要指标。

2001 年到 2007 年，北京地区从事科技活动的科学家和工程师占科技活动人员总数的比重一直保持在 80%左右，2007 年达到 79.8%。科学家和工程师数量的增加及其占科技活动人员的较高比重显示出北京地区科技活动人员规模的扩大，以及科技队伍整体的素质和水平的优势(表 1-1)。

表 1-1　北京地区科技活动人员的规模和结构(2001—2007 年)

	2001 年	2002 年	2003 年	2004 年	2005 年	2006 年	2007 年
科技活动人员(万人)	24.1	25.7	27.1	30.2	38.3	38.3	45.0
其中：科学家和工程师(万人)	19.4	20.9	22.6	23.5	20.4	30.6	35.9
占科技活动人员比重(%)	78.8	81.3	83.4	77.8	79.4	79.9	79.8
每万名从业人员中科技活动人员数量(人)	383	379	385	353	436	416	478
每万名从业人员中科学家和工程师数量(人)	303	307	322	275	346	333	381

资料来源：北京市统计局，国家统计局北京调查总队. 北京统计年鉴. 2002-2008.

每万名就业人员中科技活动人员以及科学家和工程师的数量是反映地区科技投入的两个重要指标。随着经济和教育事业的快速发展,北京地区每万名就业人员中科技活动人员以及科学家和工程师的数量逐年增长。2001年,北京地区每万名从业人员中科技活动人员为383人,2007年达到478人,比2001年增加95人。2001—2007年,每万名就业人员中科学家和工程师由303人增加到381人,增加了78人。

从事科技活动人员数量的增加和结构的变化,反映出北京地区科技活动人力资源投入能力的不断增强。

3. 中国科学院和中国工程院院士构成了北京特有的高级专家层

我国的中国科学院院士和中国工程院院士,即两院院士北京地区占一半左右,他们对北京的科技进步、创新型城市建设等作出了重要贡献,是北京独有的科技优势,构成了北京特有的高级专家层。2007年,在京两院院士719名,占全国的比重为50.4%,其中在京中国科学院院士405名、中国工程院院士314名,占全国的比重分别为57.1%和43.7%。

二、科技活动人员在中央属单位与北京市属单位的分布

北京地区拥有众多中央部门属的高等学校、科研机构和大型企业。长期以来,这些中央属单位汇聚了北京地区大部分科技人力资源。“十五”以来,北京市属单位科技活动人员快速增长,并超过了中央属单位的科技活动人员数量。2007年,北京地区科技活动人员按隶属关系的分布发生了根本性变化。

1. 北京市属单位科技活动人员增幅超过中央属单位

北京地区科技活动人员按隶属关系分为中央属单位和北京市属单位。2007年,北京地区45.0万科技活动人员中,中央属单位的科技活动人员为20.8万人,北京市属单位的科技活动人员为24.3万人,分别占地区科技活动人员总数的46.2%和53.8%。

2001—2007年,中央属单位科技活动人员数量年均增长5.6%,北京市属单位科技活动人员数量年均增长17.8%,增幅高出中央属单位12.2个百分点,北京市属单位科技活动人员增长速度明显快于中央属单位。

北京市属单位科技活动人员的增加主要来源于市属企业科技活动人员的快速增长,2001年北京市属企业中科技活动人员为6.7万人,占北京市属单位科技活动人员总数的73.4%,2007年增加至21.8万人,比2001年增加2.3倍,占北京市属单位科技活动人员总数的89.8%,所占比重提高16.4个百分点。与2001年对比,2007年北京市属政府研究机构中科技活动人员数量增加了30.1%,北京市属高等学校中科技活动人员数量增加40.3%。

在2007年北京地区45.0万科技活动人员中有35.9万名科学家和工程师,其中,中央属单位17.1万人,占总量的47.6%;市属单位18.8万人,占总量的52.4%。2001—2007年,中央属单位科学家和工程师年均增长率为6.7%;北京市属单位年均增长率为16.8%,增幅比中央属单位高10.1个百分点。

2. 科技人力资源由中央属单位向市属单位集中

对北京地区科技活动人员按隶属关系分布的分析显示,科技活动人员已逐渐由集中在中央属单位向北京市属单位集中发生转变。2007年中央属单位的科技活动人员为

20.8万人，占科技活动人员总量的比重为46.2%(图1-2)，相比2001年，所占比重下降了16.0个百分点；北京市属单位的科技活动人员为24.3万人，占科技活动人员的比重为53.8%，与2001年相比，所占比重上升了16.0个百分点。

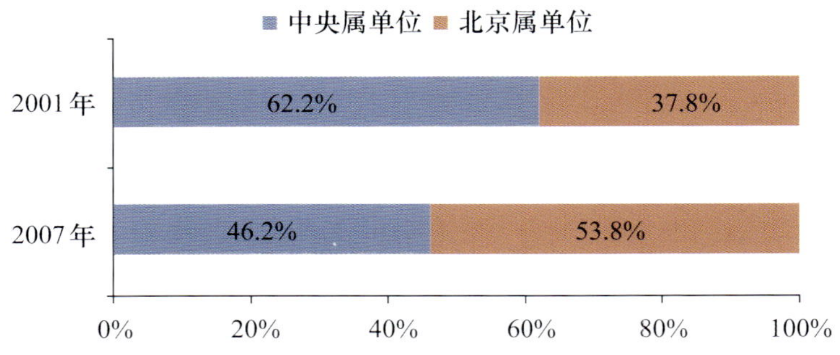

图1-2 北京地区科技活动人员按隶属关系分布的变化(2001年，2007年)

资料来源：北京市科学技术委员会，北京市统计局，北京市教育委员会. 北京市研究与发展(R&D)数据汇编. 2002，2008.

三、科技活动人员在执行部门中的分布

企业、高等学校和科研机构是科技活动的主要执行部门，也是科技活动人员最集中的三个部门。"十五"以来，企业科技活动人员以更快的速度增加，进一步改变了北京地区科技活动人员的部门分布结构，有力地推进以企业为主体、市场为导向、产学研相结合的创新体系建设。

1. 科技活动人员逐渐向企业集中

2001年以来，北京地区的科技活动人员在执行部门中的分布发生了结构性变化，主要表现为企业中科技活动人员增加较快，占全地区的比重逐年上升，越来越凸显出在科技活动中的主体地位(表1-2)。相比之下，政府研究机构和高等学校中科技活动人员增幅不大，占全地区科技活动人员的比重逐年下降。

表1-2 北京地区科技活动人员按执行部门的分布(2001—2007年)

	科研机构科技活动人员(万人)	科学家和工程师	高等院校科技活动人员(万人)	科学家和工程师	企业科技活动人员(万人)	科学家和工程师
2001年	7.9	5.7	4.0	3.9	10.9	8.4
2002年	7.6	5.6	3.6	3.5	13.3	10.9
2003年	7.8	5.8	5.4	5.2	12.8	10.8
2004年	7.9	5.9	4.5	3.8	16.6	12.9
2005年	10.1	8.2	4.5	3.8	22.4	17.3
2006年	10.7	8.6	4.9	4.1	21.3	16.8
2007年	11.1	9.3	4.7	4.0	27.7	21.4

资料来源：北京市科学技术委员会，北京市统计局，北京市教育委员会. 北京市研究与发展(R&D)数据汇编. 2002-2008.

2007 年北京地区企业中科技活动人员达 27.7 万人，占地区科技活动人员总数的 61.6%，比 2001 年增长 1.5 倍，所占比重比 2001 年上升 16.4 个百分点；政府研究机构中科技活动人员为 11.1 万人，占科技活动人员总数的 24.7%，比 2001 年增加 40.5%，所占比重较 2001 年下降 8.1 个百分点；高等学校中有科技活动人员 4.7 万人，占科技活动人员总数的 10.4%，比 2001 年增加 17.5%，所占比重较 2001 年下降 6.2 个百分点（图 1-3）。可以看出，北京地区科技活动人员在执行部门中的分布逐渐向企业集中，企业科技活动人员的快速增加也成为北京地区科技活动人员增加的主要原因。

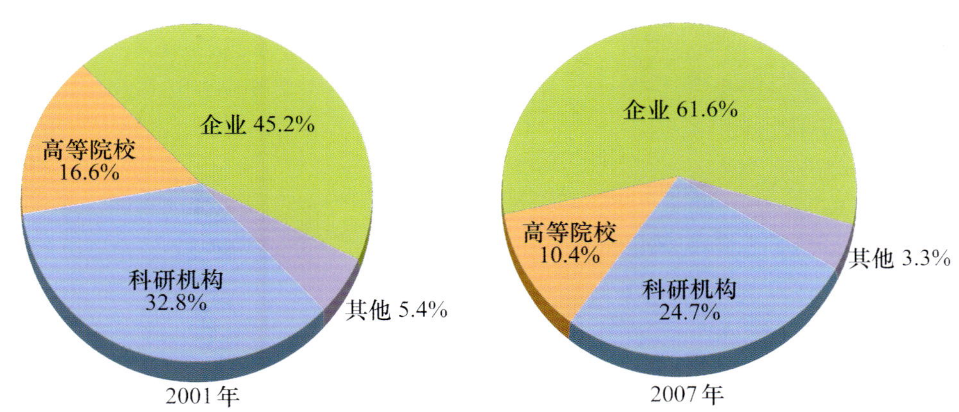

图 1-3 北京地区科技活动人员按执行部门分布的变化（2001 年，2007 年）

资料来源：北京市科学技术委员会、北京市统计局、北京市教育委员会. 北京市研究与发展（R&D）数据汇编. 2002，2008.

科技活动人员在执行部门中的分布发生变化以及企业中科技活动人员快速增长是科技体制改革的逐步推进和企业逐步成为创新主体的具体体现，特别是实施了隶属政府部门的研究开发类院所企业化转制以来，逐渐壮大了企业科研力量。

2. 企业集聚了约 60%的科学家和工程师

近年来，北京地区科学家和工程师在执行部门的分布也发生了相应的变化，集中表现为企业中的科学家和工程师快速增加。企业中科学家和工程师由 2001 年的 8.4 万人增加到 2007 年的 21.4 万人，2001—2007 年的年均增长率达 16.9%。2007 年企业科学家和工程师超过了政府研究机构和高等学校的总和，占地区科学家和工程师总数的 59.6%，比 2001 年的 43.3%提高了 16.3 个百分点。

2001—2007 年，政府科研机构中科学家和工程师由 5.7 万人增加到 9.3 万人，年均增长率为 8.5%，占地区科学家和工程师的比重由 29.4%减少为 25.9%，下降了 3.5 个百分点。同期，高等学校中科学家和工程师由 3.9 万人变为 4.0 万人，6 年间仅增加了 0.1 万人，增长 2.6%，占地区科学家和工程师的比重也由 20.1%减少到 11.1%，下降了 9 个百分点。

北京地区科技活动人员以及科学家和工程师在执行部门间的结构变化，反映出科技活动人员和科学家和工程师有向企业集聚的趋势。

四、科技活动人员在行业中的分布

科技活动人员在国民经济行业中的分布状况反映了各个行业科技人力资源的投入力度及行业科学技术活动和技术创新活动的实力与水平，显示了科学技术对地区经济的促进作用。

1. 科技活动人员高度集中在第三产业

“十五”以来，北京实施高端产业发展战略，加快发展生产性服务业、文化创意产业、高技术产业和现代制造业，服务型经济主导地位进一步巩固。2007 年第三产业从业人员的比重达到了 69.3%，第三产业对地区生产总值的贡献率达到了 72.3%。北京产业结构的变化也使科技人员的分布发生了变化。

2007 年第三产业从事科技活动的科技活动人员占北京地区总量的 68.1%，科技活动人员中科学家和工程师占总量的比重为 69.8%(图 1-4)。科技活动人员和从事科技活动的科学家和工程师在三次产业中的分布，呈现高度集中态势，对发展高技术产业和现代服务业提供了强有力的支撑。

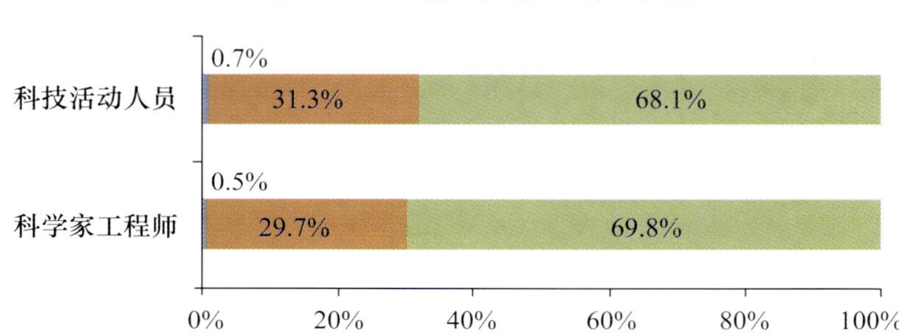

图 1-4　北京地区科技活动人员及科学家和工程师在三次产业中的分布(2007 年)

资料来源：北京市科学技术委员会，北京市统计局，北京市教育委员会. 北京市研究与发展(R&D)数据汇编 2008.

2. 软件业和研究与试验发展业是科技活动人员集中的重点行业

从国民经济行业分布来看，北京地区科技活动人员主要集中在软件业和研究与试验发展业。2007 年，软件业中的科技活动人员占北京地区的比重为 25.6%，科学家和工程师占全地区的比重为 24.8%；研究与试验发展业中科技活动人员、科学家和工程师人数分别占全地区的 25.1%和 26.5%。表 1-3 列出了 2007 年北京地区科技活动人员在国民经济行业中排前 6 位的分布情况，这 6 个行业集中了全地区 72.2%的科技活动人员和 73.8%的科学家与工程师。

进一步分析可以看出，科学家和工程师占科技活动人员比重最高的为教育业，比重为 87.0%；其次是研究与试验发展业，比重为 83.9%。

表 1-3 北京地区科技活动人员在主要行业中的分布情况(2007 年)

序号	行业名称	科技活动人员数量(万人)	占地区总数的比重(%)	科学家和工程师数量(万人)	占科技活动人员比重(%)	占地区总数的比重(%)
1	软件业	11.5	25.6	8.9	77.2	24.8
2	研究与试验发展	11.3	25.1	9.5	83.9	26.5
3	教育	4.2	9.3	3.6	87.0	10.1
4	通信设备、计算机及其他电子设备制造业	2.9	6.4	2.4	82.8	6.6
5	专用设备制造业	1.3	2.9	1.0	76.4	2.8
6	仪器仪表及文化、办公用机械制造业	1.3	2.9	1.1	80.5	2.9

资料来源:北京市科学技术委员会,北京市统计局,北京市教育委员会. 北京市研究与发展(R&D)数据汇编 2008.

第二节 R&D 活动人员

R&D 活动

R&D 活动是指为了增进知识(包括有关人类、文化和社会的知识)以及运用这些知识创造新的应用所进行的系统的、创造性的工作。R&D 活动由基础研究、应用研究和试验发展三类活动构成。基础研究是指为获得新知识而进行的创造性研究。其目的是揭示观察到的现象和事实的基本原理和规律,而不以任何特定的实际应用为目的。应用研究也是为获得新知识而进行的创造性研究。它主要针对某一特定的实际应用目的。应用研究通常是为了确定基础研究成果或知识的可能的用途或是为达到某一具体的、预定的实际目的,确定新的(原理性)方法或途径。试验发展利用从研究或实际经验获得的知识,为产生新的材料、产品和装置,建立新的工艺和系统,以及对已产生或建立的上述各项进行实质性的改进,而进行的系统性工作。R&D 活动是科技活动的核心,是科学知识与技术知识产生的源泉。

一、R&D 人员总量及其结构

R&D 人员是指直接从事 R&D 活动的人员以及直接为 R&D 活动提供服务的管理人员等,是科技人力资源中至关重要的组成部分,其数量与质量代表了一个区域的科技实力和创新能力。

1. R&D 人力资源规模继续扩大

自 20 世纪 90 年代以来,北京地区 R&D 人员总量呈现整体上升趋势(表 1-4)。“十五”期间年均增长率达到17.0%,其中2004年是增长最快的一年,比上年增长了38.2%。“十一五”前两年延续了增长态势,2007年北京地区R&D人员总量达20.5万人年,比2006年增加3.6万人年,增长21.3%,占全国R&D人员总量的11.8%。

表1-4　北京地区R&D人员总量的变化趋势(2001—2007年)

	2001年	2002年	2003年	2004年	2005年	2006年	2007年
R&D人员折合全时人员(万人年)	9.5	11.5	11.0	15.2	17.8	16.9	20.5
其中:科学家和工程师	8.2	9.9	9.6	13.2	15.3	14.8	17.9
占R&D人员比重(%)	86.3	86.1	87.3	86.8	86.0	87.6	87.3

资料来源:北京市科学技术委员会,北京市统计局,北京市教育委员会.北京市研究与发展(R&D)数据汇编.2002-2008.

2001年以来,北京地区R&D人员中科学家和工程师也呈现稳步增长态势,“十五”期间年均增长率达到16.9%,增长速度高于R&D人员的增长速度。2007年从事R&D活动的科学家与工程师为17.9万人年,比2006年增加3.1万人年,增长20.9%,占全国R&D活动人员中科学家与工程师总量的12.6%。

北京地区丰富的科技人力资源,随着R&D人员规模的扩大,投入强度也不断提高。与全国其他地区相比,北京地区的R&D人员中科学家和工程师占有很高的比重。2007年该比重达87.3%,反映出参与R&D活动人员具有相当高的质量。

每万名从业人员中R&D人员数量和每万名从业人员中从事R&D活动的科学家和工程师数量是两个反映R&D人员投入强度指标。2007年,北京地区每万名从业人员中R&D人员为217.1人年;每万名从业人员中从事R&D活动的科学家和工程师为190.0人年。由于北京地区聚集了中央和地方的科技力量,具有得天独厚的科技优势,从而使两个指标的数值明显高于全国水平。

2. 试验发展人员增长最快

R&D人员和经费在基础研究、应用研究和试验发展活动中的分布反映了科技资源在R&D活动各阶段上的配置状况。2007年北京地区R&D人员中,从事基础研究人员2.4万人年,从事应用研究人员5.5万人年,从事试验发展人员12.5万人年,分别占总数的11.8%、27.0%和61.2%。

表1-5　北京地区R&D人员按活动类型的分布(2001—2007年)

	2001年	2002年	2003年	2004年	2005年	2006年	2007年
R&D人员合计(万人年)	9.5	11.4	11	15.2	17.8	16.9	20.4
其中:基础研究	1.5	1.7	1.8	2.2	2.3	2.4	2.4
应用研究	3.3	3.5	3.7	4.6	5.3	5.1	5.5
试验发展	4.7	6.2	5.5	8.4	10.2	9.4	12.5

资料来源:北京市科学技术委员会,北京市统计局,北京市教育委员会.北京市研究与发展(R&D)数据汇编.2002-2008.

从 R&D 人员按活动类型分布的变化趋势看，2001 年以来基础研究人员基本稳定在 2.0 万人年左右，年均增长率为 8.1%。应用研究人员稳步增长，年均增长率为 8.9%。试验发展人员波动较大，自 2003 年起呈现较快增长，2006 年虽然出现下降，但 2001 年以来的年均增长率仍达 17.7%，在三种类型活动中增长最快(图 1-5)，2007 年试验发展人员数量创近年新高。从三类活动人员占地区 R&D 人员总量的比重来看，在 2001—2007 年，基础研究人员所占比重由 15.8%下降到 11.8%，减少了 4 个百分点；应用研究人员所占比重由 34.7%下降到 27.0%，减少了 7.7 个百分点。随着试验发展人员的快速增长，其占 R&D 人员总量的比重由 49.5%上升到 61.3%，提高了 11.8 个百分点。

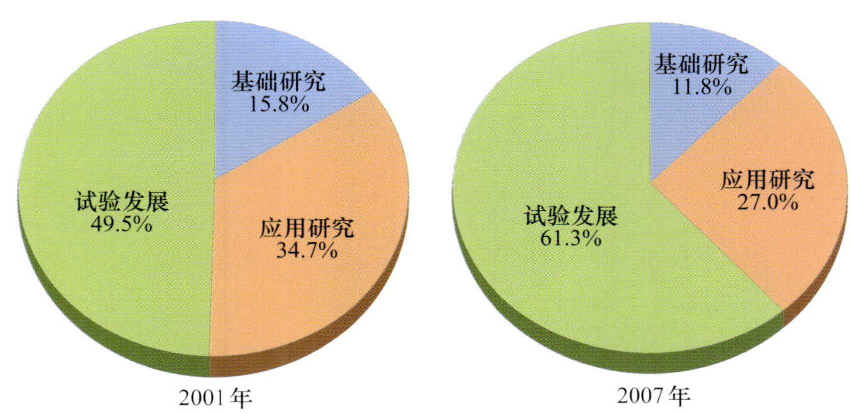

图 1-5 北京地区 R&D 人员按活动类型分布的结构变化(2001 年，2007 年)

资料来源：北京市统计局，国家统计局北京调查总队. 北京统计年鉴. 2002，2008.

二、R&D 人员按执行部门的分布

科研机构、高等学校和企业是开展 R&D 活动的主要执行部门。随着科技体制改革的逐步推进，原来的一部分政府科研机构实行企业化转制和重组，以及企业越来越多地开展技术创新活动，R&D 人员在执行部门间的分布发生了明显变化。

1. 企业的 R&D 人员超过半数

2001 年以来，企业 R&D 人员和 R&D 活动中的科学家和工程师数量大幅增加；科研机构 R&D 人员和 R&D 活动中的科学家和工程师数量小幅增加；高等学校 R&D 人员和 R&D 活动中的科学家和工程师数量相对稳定。

2007 年，科研机构、高等学校、企业中的 R&D 人员分别为 6.6 万人年、2.5 万人年和 11.0 万人年，占北京地区 R&D 人员总量的比重分别由 2001 年的 46.3%、18.9%和 28.4%变为 32.2%、12.2%和 53.7%(表 1-6)。科研机构、高等学校、企业中从事 R&D 活动科学家和工程师分别为 5.6 万人年、2.4 万人年和 9.4 万人年，占 R&D 活动科学家和工程师的比重分别由 2001 年的 43.7%、21.5%和 29.7%变为 2007 年的 31.5%、13.6%和 52.6%。可以看出，2001—2007 年，企业中 R&D 人员占全地区比重提高了 25.3 个百分点，科研机构和高等学校中 R&D 人员所占比重分别减少了 14.1 个百分点和6.7个百分点。企业参与R&D活动日益活跃，已成为R&D活动人员集中的部门。

表1-6　北京地区R&D人员按执行部门的分布(2001—2007年)

	R&D人员合计(万人年)	R&D人员(万人年)				占总量比重(%)			
		科研机构	高等院校	企业	其他单位	科研机构	高等院校	企业	其他单位
2001年	9.5	4.4	1.8	2.7	0.6	46.3	18.9	28.4	6.4
2002年	11.5	4.8	2.5	3.9	0.3	41.7	21.7	33.9	2.6
2003年	11.0	5.0	2.0	3.7	0.3	45.5	18.2	33.6	2.7
2004年	15.2	5.1	2.4	7.4	0.3	33.6	15.8	48.7	2.0
2005年	17.1	5.4	2.4	9.7	0.3	30.3	13.5	54.5	1.7
2006年	16.9	5.9	2.6	8.0	0.4	34.9	15.4	47.3	2.4
2007年	20.5	6.6	2.5	11.0	0.4	32.2	12.2	53.7	2.0

资料来源：北京市统计局，国家统计局北京调查总队. 北京统计年鉴. 2002-2008.

2. 企业成为拉动地区R&D人员增长的主要因素

2007年北京地区R&D人员较2001年增加11.0万人年，其中企业增加了8.3万人年；科研机构增加了2.2万人年；高等学校增加了0.7万人年，全地区R&D人员增长中的75.5%来自企业。

R&D人员中科学家和工程师的增加也主要源于企业。2001—2007年，企业R&D人员中科学家和工程师年均增长率为25.6%；科研机构年均增长率为7.6%；高等学校年均增长率为4.9%。企业R&D人员的大幅增长成为拉动全地区R&D人员增长的主要因素。

上述分析可以看出，2004年企业R&D人员数量首次超过科研机构，2007年超过了科研机构和高等学校两个部门合计的R&D人员数，拥有北京地区大部分科技人力资源。

3. 科学研究人员集中在科研机构，试验发展人员集中在企业

科研机构、高等学校和企业在三类R&D活动中发挥着不同的作用。企业是R&D人员最多的部门，正逐步成为R&D活动的主体。同时，北京地区的研究机构和高等学校也发挥着特有的研发作用。

北京地区R&D人员在执行部门中分布的特点表现在：基础研究人员主要集中在科研机构，试验发展人员主要集中在企业。2007年，科研机构占全地区基础研究人员的62.0%，高等学校和企业分别占全地区基础研究人员的33.9%和2.6%；应用研究人员也主要集中在科研机构，占全地区应用研究人员的44.0%，高等学校和企业分别占全地区应用研究人员的22.3%和30.4%；试验发展人员逐渐向企业集中，2007年企业试验发展人员占北京地区的73.7%，科研机构和高等学校试验发展人员分别占北京地区的21.1%和3.5%(图1-6)。

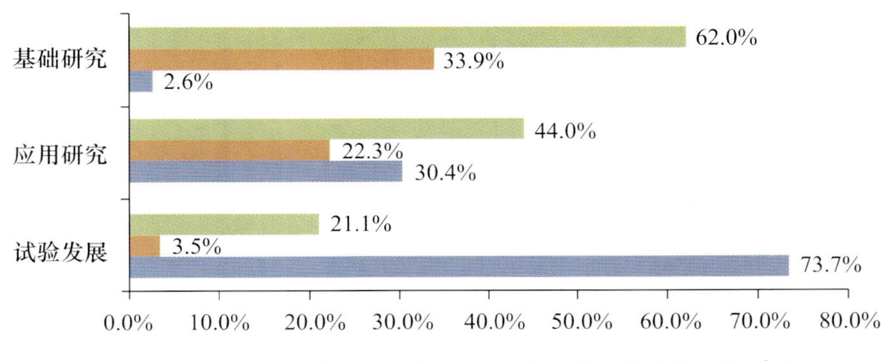

图 1-6 北京地区三类 R&D 活动人员按执行部门的分布(2007 年)

资料来源:北京市统计局,国家统计局北京调查总队. 北京统计年鉴 2008.

第三节 科技人力资源的培养

新中国成立以来,特别是改革开放以来,在政府和全社会的共同努力下,我国人口受教育程度发生了根本性变化,劳动者素质有了极大提高。高等教育在培养科技人力资源中发挥了重要作用。北京地区高等学校培养科技人力资源的数量持续增加,层次和质量不断提升。

一、人口受教育程度概况

受教育程度是人口的重要社会特征,是人口素质的重要组成部分,也是评价一个国家或地区创新能力的重要指标。随着教育的发展和科学技术的进步,北京地区人口的受教育程度也在不断提高。

1. 受教育人口中文化层次不断提高

2007 年,北京 6 岁及以上年龄的各种受教育人口中,具有大学本科及以上文化程度的占 18.0%,大专占 12.1%,高中占 22.9%,初中占 30.2%,小学占 13.2%。与 2000 年第五次人口普查相比,大专及以上学历所占比重提高 12.6 个百分点,高中学历所占比重下降 1.2 个百分点,初中学历所占比重下降 5.6 个百分点,小学文化程度所占比重下降 4.5 个百分点。总体上看,北京地区的受教育人口中高学历人口不断增加,文化层次不断提高。

2. 平均受教育年限明显增加

人口平均受教育年限是衡量一个国家或地区教育发展水平的重要指标。随着教育投入的不断加大和科教兴国战略的实施,2007 年,北京地区 6 岁及以上人口的平均受教育年限为 11.0 年,与 2000 年的 9.8 年相比,增加了 1.2 年。普通本科高等学校平均规模达 6842 人,比 2000 年的平均规模 4790 人增加 2052 人,增加 42.8%,北京地区人口受教育程度有了较大提升。

二、高等教育

高等学校是科技人力资源形成和培养体系中的关键部门，是科技人力资源开发的根本所在。高等教育对于提高科技人力资源质量和科技水平具有十分重要的作用。2007 年，北京拥有全日制普通高等学校 79 所，其中，中央部门属高等学校 36 所，占全国总数的 32.4%；重点高等学校 28 所，占全国总数的 23.0%。理工农医类高等学校 36 所，人文社科类高等学校 39 所，分别占全国理工农医类和人文社科类高等学校总数的 48.2%和 35.4%。北京地区 23.2%的高等学校设有研究生院，是全国最大的研究生教育和科研基地。

1. 普通高等学校本专科招生人数、在校生和毕业生数量持续增加

北京是全高等教育发达地区，高等教育涵盖的学科门类齐全，每年向社会输送大批科技人力资源。北京高等学校是北京地区科技人力的培养、储备和供给基地。“十五”期间，随着高等学校入学率的提高，办学规模的扩大，我国高等教育逐步从精英教育转变为大众教育。2007 年北京地区普通高等学校的本专科毕业生数、招生人数和在校生数分别为 13.9 万人、15.7 万人和 56.8 万人(图 1-7)，相比 2006 年分别增长 4.5%、1.3%和 2.3%。与 2001 年相比，毕业生人数和招生人数分别增加了 8.3 万人和 4.1 万人，2001—2007 年的年均增长率分别为 16.4%和 5.2%。随着招生规模的扩大，2007 年本专科在校生比 2001 年增加了 22.8 万人，年平均增长 8.9%。

从图 1-7 中招生数和在校生规模可以看出，北京地区高等教育在“十五”期间经历了扩招之后，从 2005 年开始，高等学校扩招的速度放缓，开始从注重学生培养数量转向注重学生培养质量。

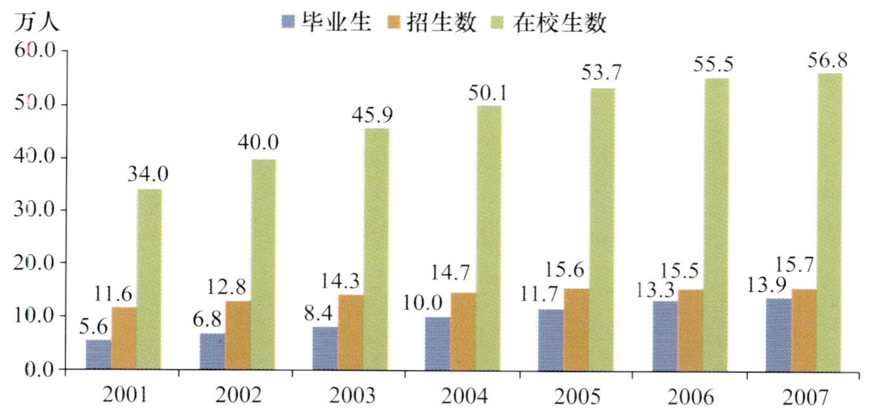

图 1-7　北京地区普通高等学校本的专科毕业生、招生数和在校生数(2001—2007 年)

资料来源：北京市教育委员会网站 www.benic.gov.cn.

研究生作为科技人力后备资源，反映了科技人力储备水平和供给能力。2007 年博士和硕士研究生招生数、在校生数和毕业生数分别为 6.5 万人、18.7 万人和 5.3 万人(图 1-8)，分别是 2001 年的 2.4 倍、2 倍和 3.5 倍。2001—2007 年，博士生和硕士生的在校生

数量、招生人数和毕业人数的年平均增长率分别为12.5%、15.4%和23.4%。

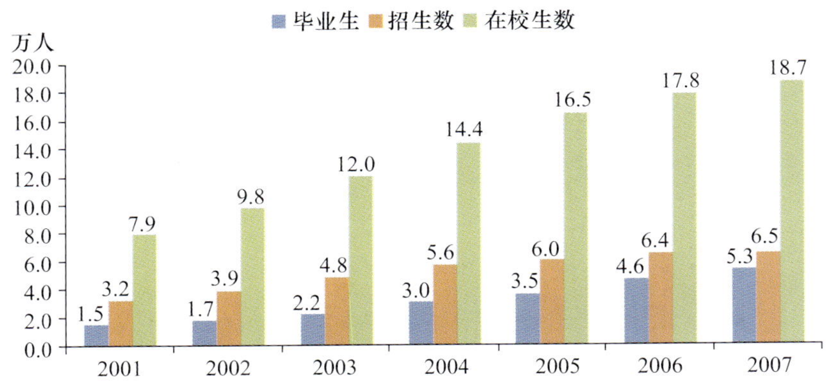

图1-8　北京地区普通高等学校博士、硕士研究生的发展(2001—2007年)

资料来源:北京市教育委员会网站 www.benic.gov.cn.

研究生培养的高速发展使得普通高等学校的学士、硕士、博士毕业生的比例由2004年的12∶4∶1变为2007年的9∶4∶1。

2. 自然科学与工程技术领域毕业生是科学家和工程师的主要来源

高等教育中的自然科学和工程技术领域包括理学、工学、农学、医学四大学科门类。北京地区科学家和工程师供给的主要来源是高等学校自然科学和工程技术领域毕业的本专科学生和研究生毕业生。2007年,北京自然科学与工程技术领域本专科毕业生人数为7.1万人,占当年本专科毕业生总数的51.1%,其中理工科、农学、医学本专科毕业人数分别占自然科学与工程技术领域本专科毕业生总数的80.7%、14.4%和4.9%。

2007年,北京自然科学和工程技术领域研究生毕业人数为2.9万人,占研究生毕业总人数的比重达55.5%。其中,博士占25.7%,硕士占74.3%。从自然科学与工程技术领域四门学科毕业人数所占比例的变化情况看,2002—2007年各学科毕业生比例发生了一些变化:工学比例上升,理学比例下降,农学比例略有上升,医学略有下降。2007年各学科毕业生所占比例与2002年相比,工学由64.5%上升为66.7%,理学由20.5%下降到18.4%,农学由4.0%上升到5.0%,医学从11.1%下降到10.0%(表1-7)。

表1-7　自然科学与工程技术领域研究生毕业生数按学科分布(2002—2007年)

	研究生毕业总数(人)	自然科学与工程技术领域	理学	工学	农学	医学
2002年	17303	9853	2018	6354	391	1090
2003年	22496	12554	2489	8198	517	1350
2004年	29549	15663	2824	10562	618	1659
2005年	35151	19361	3550	13227	673	1911
2006年	46114	25668	4541	17663	1182	2282
2007年	52759	29273	5387	19513	1455	2918

资料来源:北京市统计局,国家统计局北京调查总队.北京统计年鉴.2003-2008.

3. 人文与社会科学领域毕业生所占比重不断上升

高等教育中管理学、经济学、法学等门类顺应社会经济发展对人才资源需求多样化的要求得到了快速发展，高等教育中研究生专业设置和毕业生结构都发生了变化，逐渐由理工科为主调整为自然科学与工程技术科学和人文与社会科学协调发展，从而使人文与社会科学领域的研究生所占比例不断上升。2007 年，人文与社会科学领域毕业研究生人数达 2.4 万人，占研究生毕业总人数的比重由 2002 年的 43.1%上升到 44.5%。其中，管理学所占比例最高，占 31.1%；法学和文学比例有所上升，分别占 22.0%和 20.8%；经济学的比例稳定在 15.0%（表 1-8）。

表 1-8　人文与社会科学领域研究生毕业生数按学科分布（2002—2007 年）

	人文与社会科学领域（人）	哲学	经济学	法学	教育学	文学	历史学	军事学	管理学
2002 年	7450	239	1111	1806	376	1166	240	8	2504
2003 年	9942	320	1555	2298	547	1514	333	10	3365
2004 年	13886	347	2337	3479	779	2229	404	22	4289
2005 年	15790	439	2689	3929	894	2762	383	32	4662
2006 年	20446	487	3376	4736	1239	4266	471	28	5843
2007 年	23486	555	3520	5161	1484	4888	551	34	7293

资料来源：北京市统计局，国家统计局北京调查总队. 北京统计年鉴. 2003-2008.

随着人才需求的多元化发展，自然科学与工程技术领域研究生毕业人数占研究生毕业总人数的比重由 2002 年的 56.9%下降到 2007 年的 55.5%。

第二章 科技活动经费

科技活动经费是开展科技活动的基本物质保障，科技经费特别是其中的R&D经费通常是衡量一个国家和一个地区科学技术发展水平和创新能力的重要指标。科技活动经费一般包括科技活动经费筹集额、科技活动经费内部支出额、科技活动经费外部支出额以及R&D经费内部支出额等。

本章主要根据历年《中国科技统计年鉴》、《北京统计年鉴》和《北京市研究与发展(R&D)数据汇编》等资料提供的相关数据描述和分析了北京地区科技活动经费的总量、来源、分布、结构及其变化趋势，并着重分析了R&D经费的规模、强度、类型和结构，反映出北京地区科技活动(包括R&D活动)，以及知识和技术创新活动的规模、实力和水平。

第一节 科技活动经费

科技经费是指用于开展科技活动的经费。科技经费分为筹集额和支出额两大部分，前者主要反映经费的投入和来源，后者是指经费的使用，包括经费的内部支出和外部支出。

随着经济持续快速增长，特别是企业实力的增强及创新能力的提升，政府和企业对科学技术活动的经费投入日益增大。“十五”以来，北京地区的科技活动经费进入了一个新的高速增长期。

一、科技经费总量及来源

科技经费筹集额是指从各种渠道筹集到的计划用于科技活动的经费，包括政府资金、企业资金、事业单位资金、金融机构贷款、国外资金和其他资金等，反映各社会和经济主体对促进科技进步所做的努力和贡献。

1. 科技经费快速增长

2000年以来，北京地区的科技活动经费筹集额保持了快速增长态势，2001—2007年期间年均增长率为16.3%，并自2004年起以高于20%的增幅高速增长。“十一五”以来延续了这一增长态势，2006年共筹集科技活动经费874.8亿元，2007年达989.7亿元(图2-1)，比2006年增长13.1%，占全国科技经费筹集额总量的12.9%。

2001—2007年，北京地区科技经费内部支出年均增长率为16.2%。2007年科技经费内部支出突破800亿元，达846.3亿元，较2006年增长14.9%，占全国科技经费内部支出总额的11.9%。

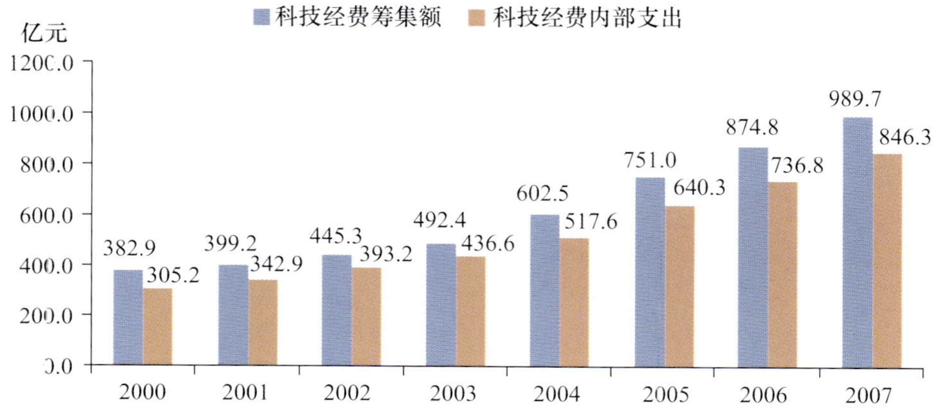

图 2-1　北京地区科技经费筹集额及科技经费内部支出的变化(2000—2007 年)

资料来源:北京市统计局,国家统计局北京调查总队. 北京统计年鉴. 2001-2008.

2. *政府部门是主要资助者*

政府部门一直是科技活动的主要资助者。近年来,北京地区来自政府的科技经费持续增加。2007 年,北京地区科技经费筹集额中来自政府的资金为 474.3 亿元,比 2000 年增加 1.8 倍,占 47.9%(图 2-2)。

随着企业经济实力和创新意识的增强以及科研院所企业化转制的逐步推进,企业的科技活动投入也日益增加。2007 年,北京地区科技经费筹集额中来自企业的资金为 371.3 亿元,比 2000 年增加 2.1 倍,占 37.5%,所占比重比 2000 年上升 5.0 个百分点。可以看出,政府部门仍是北京地区科技活动的主要资助者,同时企业对科技经费的投入以更快的速度增长,并逐渐向科技活动投资主体转变。

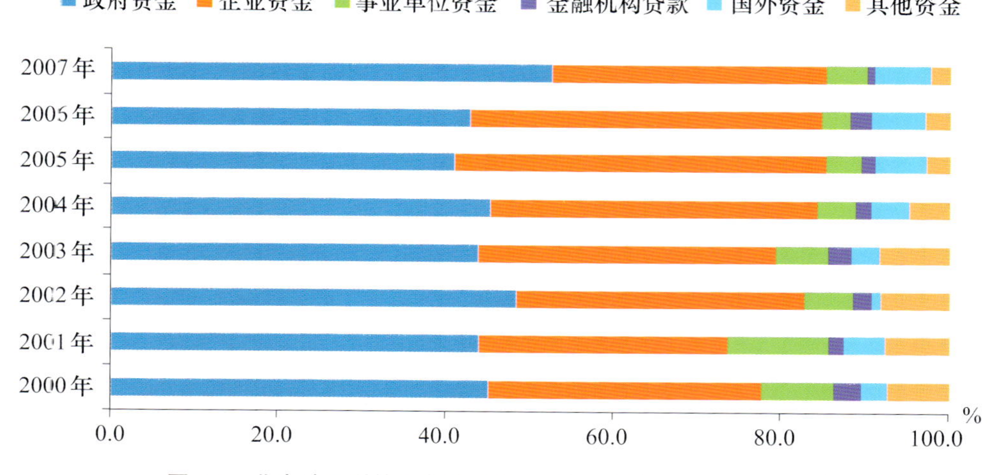

图 2-2　北京地区科技经费筹集额来源结构变化(2000—2007 年)

资料来源:北京市统计局,国家统计局北京调查总队. 北京统计年鉴. 2001-2008.

地方财政科技拨款

地方财政科技拨款是地方各级政府部门用于支持科技活动的财政经费，是实现政府科技发展目标的重要手段之一。

2000 年以来，北京市政府不断加大对科技活动的支持力度，地方财政科技拨款保持着稳步增长。2007 年，北京地方财政科技拨款达 88.4 亿元，比 2006 年增长 46.1%，占当年地区财政支出的比重达 5.0%，较 2006 年提高 0.3 个百分点。2000—2007 年，北京地方财政科技拨款累计达 296.1 亿元，年平均增长率为 31.9%，远远高于同时期地区财政支出 20.7%的年均增长率，也高于《北京市十一五时期科技发展与自主创新能力建设规划》中“2010 年北京财政科技经费支出年增长率继续保持在 20%以上”的目标。

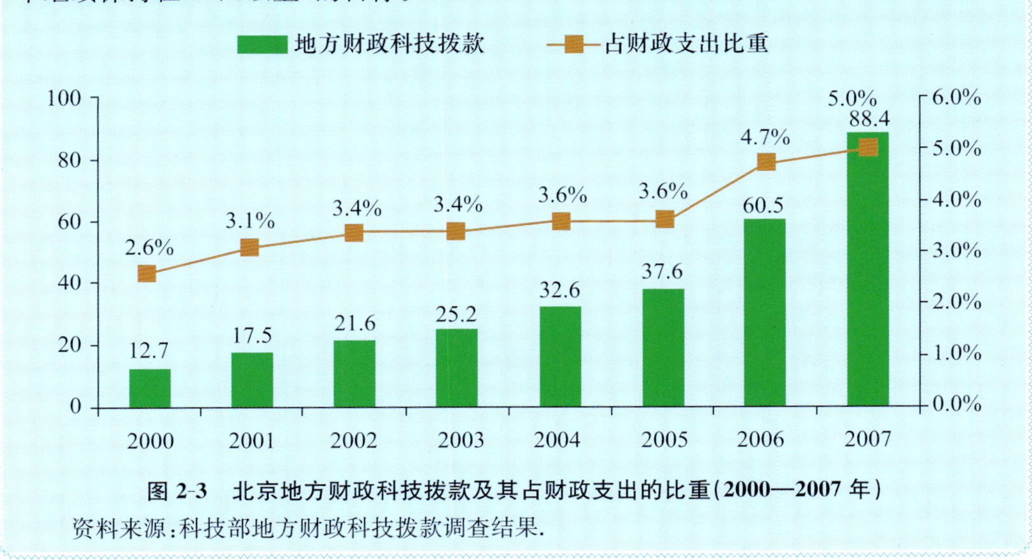

图 2-3　北京地方财政科技拨款及其占财政支出的比重(2000—2007 年)

资料来源：科技部地方财政科技拨款调查结果.

3. 政府和企业的资金投向各有侧重

一直以来，政府和企业支持科技活动的方向、领域和目标各有侧重，因此，对科技活动经费的投向也有所不同。政府资金主要投向政府研究机构和高等学校。2007 年，北京地区的科技经费筹集额共 989.7 亿元，其中来自政府的资金达到 473.3 亿元，政府资金的 86.0%投向了政府研究机构和高等学校，占到政府研究机构当年科技经费筹集额的 84.9%和高等学校当年科技经费筹集额的 59.7%，并集中投向承担国家级科技计划项目的政府研究机构和研究型高等学校；政府资金中的 8.2%投向企业，所占比重与 2000 年基本持平，占企业当年科技经费筹集额的 8.8%。

企业资金主要投向企业。2007 年，企业科技经费筹集额达 371.3 亿元(图 2-4)，其中 87.6%用于企业的科技活动；仅有 2.9%投向政府研究机构，9.1%的投向高等学校。

2007 年，北京地区科技经费筹集额中，来自国外的资金为 66.7 亿元，占 6.7%。其中，91.8%投向企业，仅 3.1%和 4.9%投向于政府研究机构和高等学校。

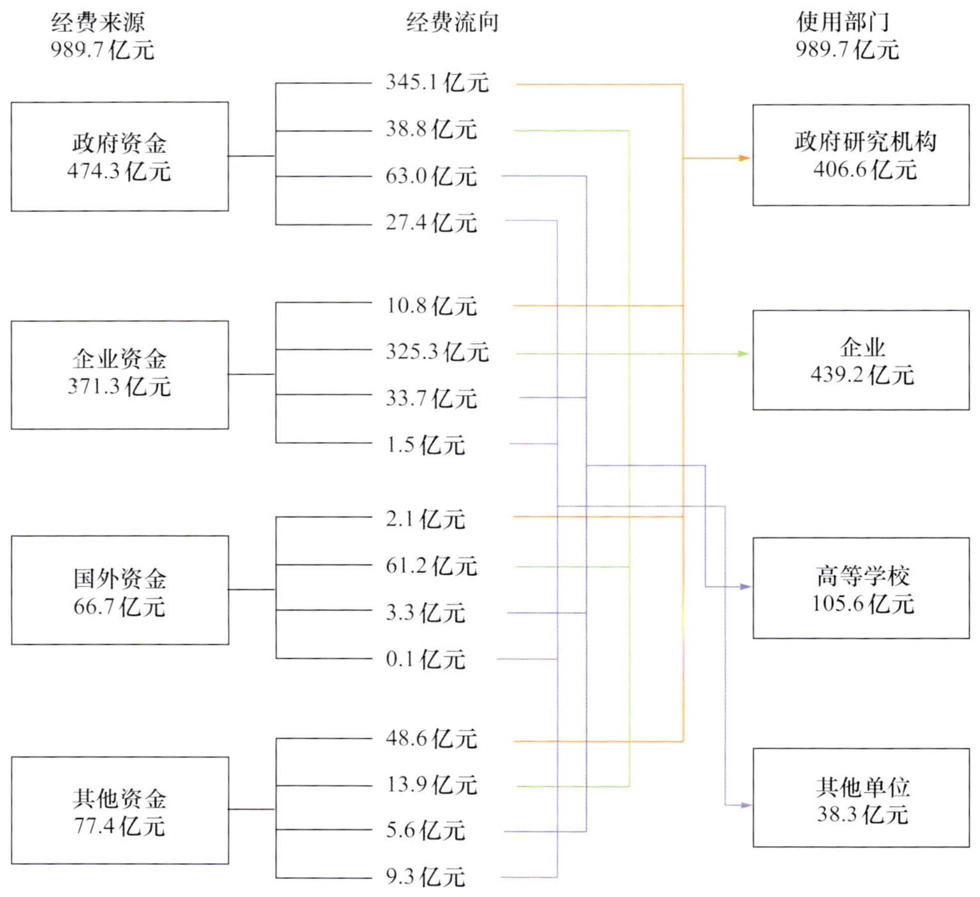

图 2-4　北京地区科技经费的来源与流向(2007 年)

资料来源:北京市统计局,国家统计局北京调查总队.北京统计年鉴 2008.

二、科技活动经费支出

科技经费支出分为科技经费内部支出和外部支出两部分。科技经费内部支出是指执行部门内部用于开展科技活动的实际经费支出,按支出类别,主要包括用于人员劳务费支出、科研业务费、科研管理费、仪器设备购置支出、科研基建支出以及其他日常支出。科技经费外部支出指支付给其他执行部门用于开展科技活动的经费支出。为避免重复计算,科技经费支出通常是指科技活动经费的内部经费支出。

1. 中央属单位支配着大部分科技经费,市属单位支配比例逐渐增大

从隶属关系看,中央属单位支配着北京地区大部分的科技经费。2007 年,中央属单位的科技经费内部支出额为 537.5 亿元,占全地区科技经费内部支出总量的 63.5%,比 2000 年的 73.6%下降了 10.1 个百分点。2007 年,北京市属单位的科技经费内部支出额为 308.8 亿元,占全地区科技经费内部支出总量的 36.5%,所占比重比 2000 年的 26.4%

上升了 10.1 个百分点(图 2-5)。

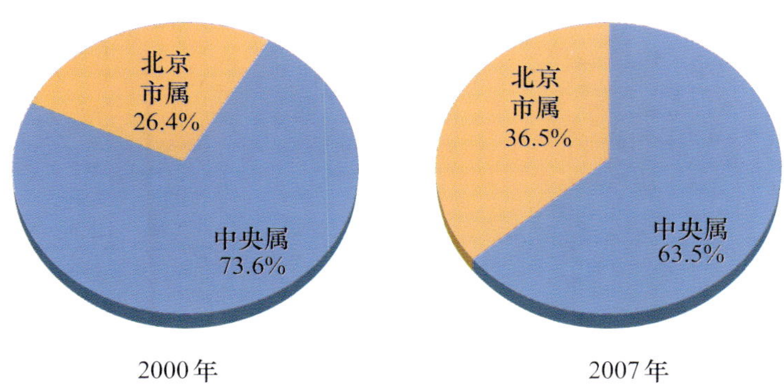

图 2-5　北京地区科技经费内部支出按隶属关系分布(2000 年,2007 年)

资料来源:北京市统计局,国家统计局北京调查总队. 北京统计年鉴. 2001,2008.

以上数据可以看出,北京市属单位支配的科技经费比例逐渐增大。北京市属单位科技经费主要投向北京市属企业,并呈现向企业倾斜的趋势。2007 年,北京市属企业支配的科技经费为 283.9 亿元,比 2000 年增加 3.1 倍,占北京地区科技经费内部支出额的 91.9%,比 2000 年提高了 6.1 个百分点。同一时期,北京市属政府研究机构的科技经费内部支出额所占比重下降了 5.9 个百分点,高等学校支配的科技经费内部支出额所占比重略有提高,提高 0.2 个百分点(图 2-6)。

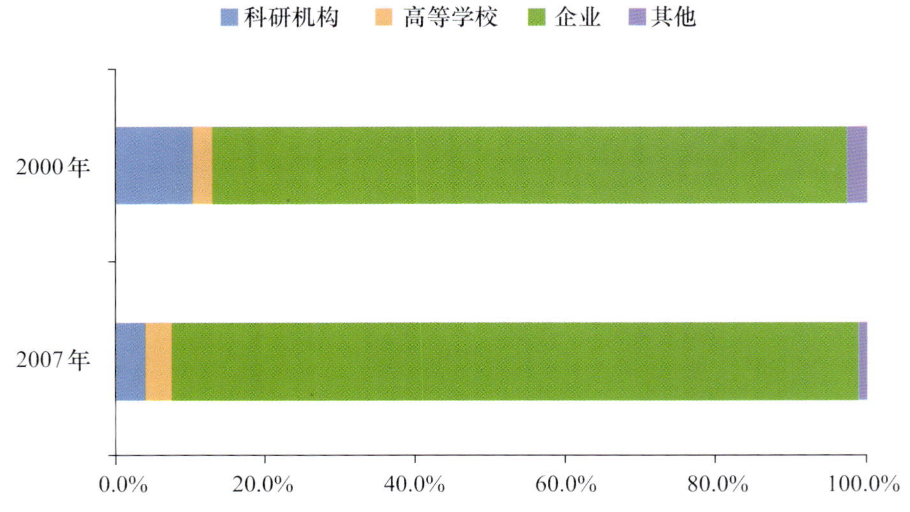

图 2-6　北京市科技经费内部支出在各部门中的分布(2000 年,2007 年)

资料来源:北京市科学技术委员会,北京市统计局,北京市教育委员会. 北京市 R&D 清查数据汇编,北京市研究与发展(R&D)数据汇编. 2001,2008.

2. 人均科技经费大幅提高

人均科技经费可用平均用于每个科技活动人员的科技经费内部支出额，以及科技活动人员的人均劳务费两个指标来测度。人均科技经费反映了一个地区科技活动的规模、强度和实力。2007年，北京地区平均每个科技活动人员的科技经费支出为18.8万元/人，相比2000年的11.7万元/人有了较大幅度增加，反映出地区科研实力的增强。

在2007年科技经费内部支出中，人员劳务费支出占25.5%，高于全国水平。随着薪酬制度改革和社会福利制度的逐渐到位，科技活动人员的人均劳务费逐年增加，2007年科技活动人员人均劳务费为4.8万元/人，比2000年的2.4万元/人增长了1倍。人均劳务费的提高有利于吸引科技人力资源，有利于提高科技活动的水平。

从国民经济行业看，科技活动人员的人均劳务费支出的行业差异很大。最高的行业是地质勘查业，2007年地质勘查业人均劳务费为11.7万元/人；其次是通信设备、计算机及其他电子设备制造业，为11.0万元/人（表2-1）。林业、渔业以及燃气生产与供应等行业的人均劳务费相对较低，均在1万元以下。

表2-1　北京地区科技活动人员人均劳务费居前10位行业（2007年）

序号	国民经济行业	科技活动人员人均劳务费（万元/人）
1	地质勘查业	11.7
2	通信设备、计算机及其他电子设备制造业	11.0
3	有色金属矿采选业	10.8
	计算机服务业	10.8
4	电信和其他信息传输服务业	10.4
5	石油和天然气开采业	9.9
6	环境管理业	8.8
7	石油加工、炼焦及核燃料加工业	8.6
8	专业技术服务业	7.4
	烟草制品业	7.4
9	科技交流和推广服务业	7.0
10	文化艺术业	6.5

资料来源：北京市科学技术委员会，北京市统计局，北京市教育委员会. 北京市研究与发展（R&D）数据汇编2008.

第二节　R&D经费

R&D活动是科技活动的核心，R&D经费是指用于开展R&D活动的经费支出。R&D经费是反映一个地区开发投入规模、科技实力和创新能力的重要指标。

一、R&D 经费的规模和强度

"十五"以来，特别是 2004 年以来，北京地区的 R&D 经费进入新的高速增长期，将对北京地区科学技术的发展、创新型城市建设，以及对经济和社会的发展产生重大影响。

1. R&D 经费呈高速增长态势

2000 年以来，随着经济、社会的快速发展，北京地区 R&D 经费呈现高速增长态势，2004 年首次突破 300 亿元，2001—2007 年期间年均增长率达 20.6%，比同期科技经费支出额的年均增长率 16.2%还高出 4.4 个百分点。这一增长速度高于全国平均水平，也远远高于同一时期发达国家的增长速度。特别是近年来自主创新战略的提出，R&D 经费呈现出加速增长的趋势，2006 年突破 400 亿元，2007 年突破 500 亿元，达到 527.1 亿元的历史最高水平，比 2006 年增长 21.7%(图 2-7)，占全国 R&D 经费内部支出总额的 14.2%。自 2002 年起，北京地区 R&D 经费的增长速度已经连续六年超过地区生产总值的增长速度。

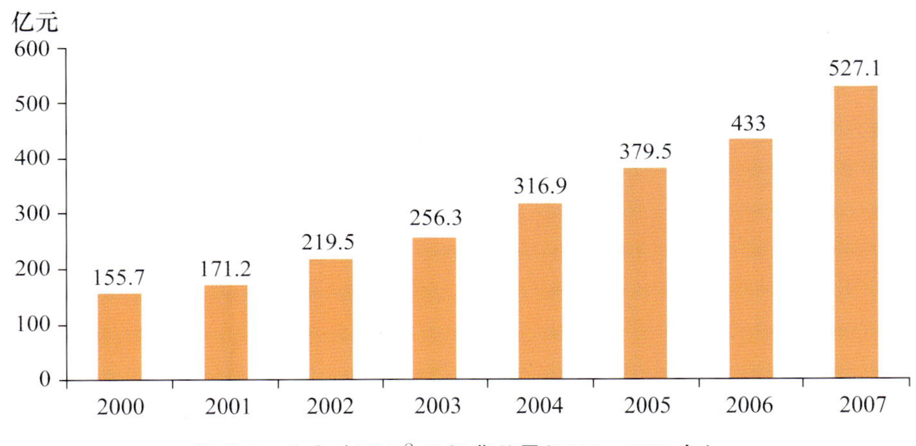

图 2-7　北京地区 R&D 经费总量(2000—2007 年)

资料来源：北京市统计局，国家统计局北京调查总队. 北京统计年鉴. 2001-2008.

2. R&D 经费强度较高

R&D 经费强度是衡量一个国家和地区知识创新和自主创新能力的投入水平，也是评价经济增长方式和经济发展潜力的重要指标。国际上通常采用 R&D 经费与地区生产总值之比(R&D/地区生产总值)来计算 R&D 经费强度。

伴随着经济和 R&D 经费的显著增长，北京地区 R&D 经费强度进一步提高，且保持了良好的发展态势，2006 年 R&D 经费与地区生产总值的比值达到 5.5%，2007 年为 5.6%，比上年递增 0.1 个百分点。

不同地区的经济、科技发展不同，R&D 经费强度也呈现出很大差异，基本分为四种情况(图 2-8)：

第一类是人均地区生产总值与 R&D 经费强度均高于全国平均水平，如北京、上海、江苏、浙江、广东和山东等省市。这些地区经济发展较快，科技发展水平较高。

第二类是人均地区生产总值低于全国平均水平，R&D经费强度高于全国平均水平，如陕西、湖北和四川等省市。这些地区的科技教育比较发达，政府研究机构和高等学校较多，科技投入强度比人均地区生产总值相近的地区高。

第三类是人均地区生产总值高于全国平均水平，而R&D经费强度低于全国平均水平，如河北、内蒙古、吉林、福建等省区。这些地区近年来经济发展速度加快，但对R&D投入不足，科技发展相对滞后。

最后一类是人均地区生产总值与R&D经费强度均低于全国平均水平，多数为中西部地区，经济和科技发展均较为缓慢。

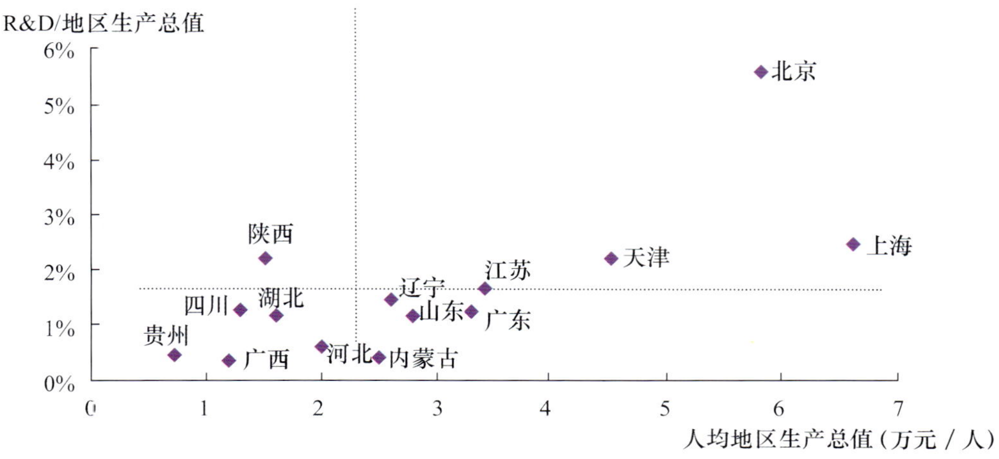

图2-8 人均地区生产总值与R&D/地区生产总值的地域分布(2007年)

资料来源：国家统计局. 中国统计年鉴. 2008年. 国家统计局，科学技术部. 中国科技统计年鉴2008.

与"十五"初期相比，"十五"末期北京地区R&D经费与地区生产总值的比值提高了0.9个百分点，每年递增约0.2个百分点。如果能继续保持R&D经费和地区生产总值近几年来的增长速度，预计到"十一五"末期的2010年北京地区基本可以达到R&D经费占地区生产总值的比重达到6.0%的目标。

二、R&D经费的来源

北京地区R&D经费主要来自政府部门和企业。近几年来，来自政府部门R&D经费的比重呈下降趋势，而企业R&D经费投入的比重在不断上升。

1. 来自政府的资金占一半

北京地区R&D经费主要来自政府部门。2007年，北京地区527.1亿元R&D经费总支出中，来自政府的R&D经费为264.4亿元，占50.2%，所占比重比2000年的58.3%下降了8.1个百分点；来自企业的R&D经费为210.1亿元，占R&D经费总量的39.9%，所占比重比2000年上升15.9个百分点，平均每年递增约2.3个百分点；来自国外机构的R&D经费为27.6亿元，占R&D经费总量的5.2%，所占比重比2000年上升4.3个百分点；来自其他渠道的R&D经费为25.0亿元，占R&D经费总量的4.7%(图2-9)。

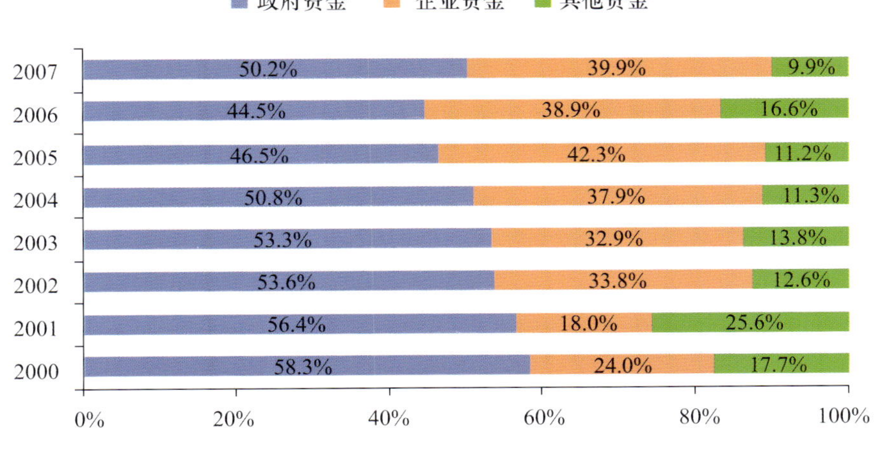

图2-9 北京地区R&D经费来源结构的变化(2000—2007年)

资料来源：北京市统计局，国家统计局北京调查总队. 北京统计年鉴. 2001-2008.

随着科技体制改革的深入和企业技术创新意识的增强，北京地区R&D经费总支出中来自企业的R&D经费快速增长。2000年以来，来自企业R&D经费年均增长率为28.0%；来自政府R&D经费年均增长率为16.5%；来自其他渠道的R&D经费年均增长率为9.7%。来自企业R&D经费大幅增长是促使全地区R&D经费增长的主要因素，企业已经成为R&D经费的另一主要来源，与政府部门共同成为技术创新活动投资的主体。

2. 政府R&D经费集中在政府研究机构和高等学校

政府R&D经费重点支持基础研究与应用研究活动，集中投向政府研究机构和高等学校。2007年来自政府的R&D经费共264.4亿元，其中投向政府研究机构和高等学校的R&D经费分别为213.5亿元和27.3亿元，分别占80.7%和10.3%，两项合计为91.0%，仅有6.4%的政府R&D经费投向企业(表2-2)。

各个部门R&D经费的来源各不相同，2007年，来自政府的R&D经费已占民口政府研究机构当年R&D经费内部支出的86.0%，高等学校当年R&D经费内部支出中有57.3%来自政府资金，企业R&D经费支出中80%以上源于企业自身。

表2-2 北京地区R&D经费在各执行部门中的分布情况(2007年)

	政府研究机构		高等学校		企业		其他单位	
	经费额(亿元)	比重(%)	经费额(亿元)	比重(%)	经费额(亿元)	比重(%)	经费额(亿元)	比重(%)
各部门的R&D经费	237.8	45.1	47.7	9.0	233.0	44.2	8.6	1.6
其中：来自政府的经费	213.5	80.7	27.3	10.3	16.8	6.4	6.8	2.6
来自企业的经费	6.8	3.2	16.0	7.6	186.9	89.0	0.4	0.2

资料来源：北京市统计局，国家统计局北京调查总队. 北京统计年鉴2008.

三、R&D 经费的类型分布

R&D 经费按基础研究、应用研究和试验发展三类活动的分布结构，其中的基础研究和应用研究又统称为科学研究，侧重于知识生产活动。“十五”以来，企业对 R&D 经费投入的快速增长，企业成为 R&D 活动投入和执行的主要部门，北京地区 R&D 经费的结构也随着发生了很大变化。

1. 试验发展经费增长显著

2007 年，北京地区基础研究经费支出为 47.1 亿元，应用研究经费支出为 116.4 亿元，试验发展经费支出为 363.6 亿元，基础研究经费支出与 2006 年持平，应用研究经费支出比 2006 年减少了 23.2%，试验发展经费支出比 2006 年增长 55.2%。按 2000—2007 年三类经费支出的年平均增长速度分析，基础研究和应用研究经费的年均增长率均为 15.3%，低于同期地区 R&D 总经费的增长率 19.0%，试验发展经费的年均增长率高达 21.1%，成为推动整个 R&D 经费增长的主要因素(图 2-10)。

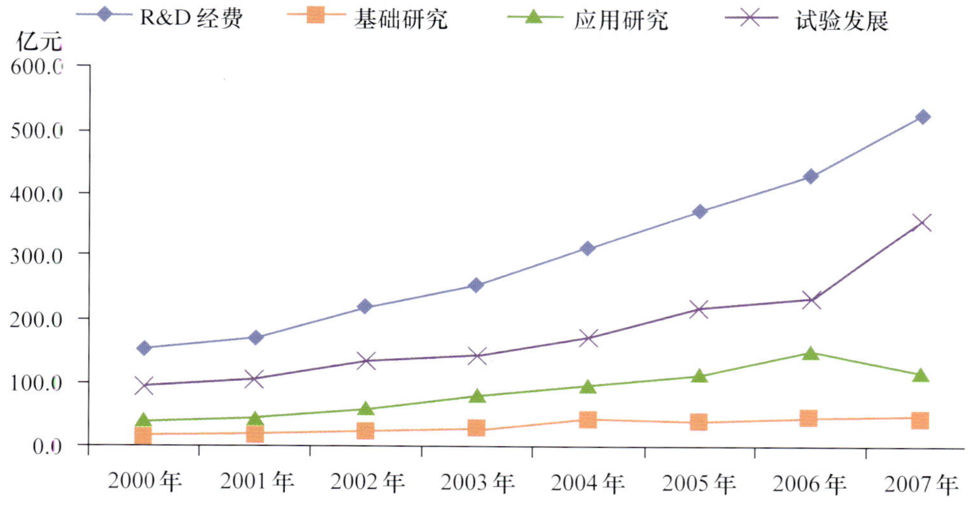

图 2-10 北京地区 R&D 经费及三类活动经费的变化趋势(2000—2007 年)

资料来源：北京市统计局，国家统计局北京调查总队. 北京统计年鉴. 2001-2008.

从三类活动经费在 R&D 总经费中所占比重来看，2007 年基础研究、应用研究和试验发展三类活动经费占 R&D 总经费的比重分别为 8.9%、22.1%和 69.0%(图 2-11)。与往年相比，基础研究经费和应用研究经费所占的比重有所下降，比 2000 年分别下降了 2.3 和 5.5 个百分点，试验发展经费所占比重比 2000 年提高了 7.7 个百分点。

2. 科学研究经费的比重偏低

科学研究(包括基础研究和应用研究)是新知识产生和自主创新的源泉，发达国家注重对科学研究，特别是对其中基础研究的投入，发达国家和新兴工业化国家的科学研究经费占 R&D 经费的比重一般均在 40%左右，并呈进一步提高趋势。2007 年，北京地区科学研究经费支出占 R&D 总经费的比重仅为 31.0%，与发达国家相比，所占比重明显偏低(表 2-3)。北京地区仍需继续加大对科学研究经费的投入力度，提高科学研究经费在 R&D 活动整体中的比重，以增强地区的原始创新能力。

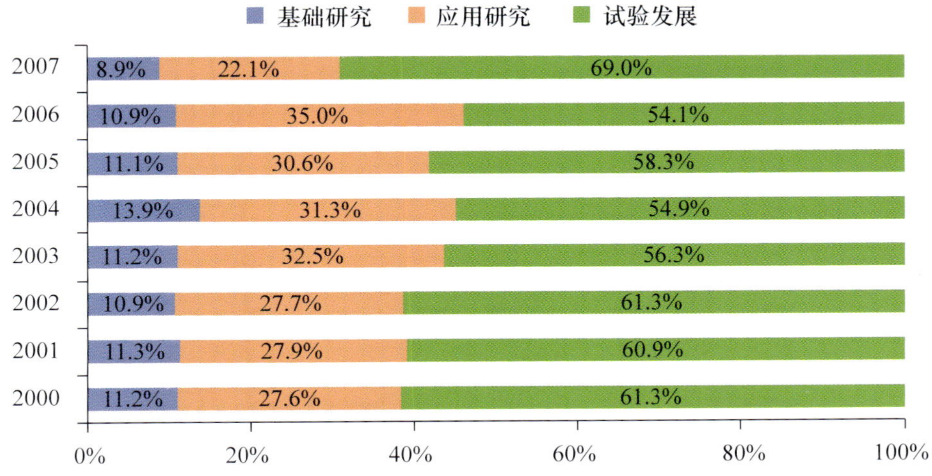

图 2-11 北京地区 R&D 经费按活动类型的分布(2000—2007 年)

资料来源：北京市统计局，国家统计局北京调查总队. 北京统计年鉴. 2001-2008.

表 2-3 北京与部分国家 R&D 经费按活动类型分布情况

	年份	基础研究(%)	应用研究(%)	试验发展(%)
北京	2007	8.9	22.1	69.0
美国	2006	18.6	23.1	58.3
日本	2005	12.7	22.2	65.2
韩国	2006	15.2	19.9	65.0
法国	2005	23.7	39.0	37.3
意大利	2005	27.7	44.4	27.9
俄罗斯	2006	15.4	15.3	69.3
澳大利亚	2002	23.2	38.1	38.7

资料来源：国家统计局，科学技术部. 中国科技统计年鉴 2008.

3. 大部分科学研究经费用于研究机构和高等学校，试验发展经费主要用于企业

不同执行部门开展 R&D 活动的特点不同，这就决定了三类活动经费在各个部门不同的分布结构。2007 年，在政府研究机构的 R&D 经费支出中，基础研究、应用研究和试验发展三类活动经费支出所占的比重分别为 13.3%、29.7%和 57.0%(图 2-12)。其中，试验发展经费最多，其次是应用研究经费。高等学校 R&D 经费支出中，三类活动经费支出所占的比重分别为 30.6%、53.5%和 15.9%。其中，以应用研究为主，其次是基础研究。企业 R&D 经费支出中，三类活动经费支出所占的比重分别为 0.4%、8.5%和 91.1%，90%以上的企业 R&D 经费集中在试验发展。

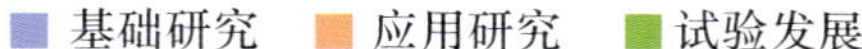

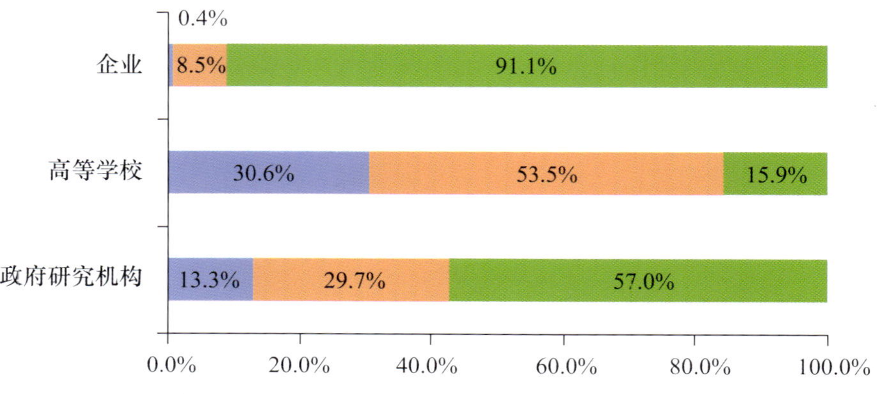

图 2-12 不同执行部门中三类 R&D 活动经费的分布(2007 年)

资料来源:北京市科学技术委员会,北京市统计局,北京市教育委员会. 北京市研究与发展(R&D)数据汇编 2008.

可以看出,政府研究机构和高等学校具有科学研究的显著优势,承担着北京地区绝大部分的基础研究和应用研究工作。

2007 年,北京地区基础研究经费中,政府研究机构为 31.6 亿元,占 67.1%,高等学校为 14.6 亿元,占 31.0%。北京地区 98.1%的基础研究经费集中在政府研究机构和高等学校两个部门,所占比重比 2000 年提高了 5.0 个百分点(表 2-4、表 2-5)。

应用研究经费集中在政府研究机构,高等学校与企业中的应用研究经费基本持平,应用研究经费在政府研究机构、高等学校、企业中的分布比例约为 3.5 ∶ 1.3 ∶ 1。2007 年,政府研究机构和高等学校的应用研究经费占北京地区的比重达 82.6%,比 2000 年提高了 7.3 个百分点。可以看出,北京地区的基础研究与应用研究经费逐渐向政府研究机构和高等学校集聚。

试验发展经费主要集中在企业,2007 年企业的试验发展经费支出为 212.0 亿元,占北京地区试验发展经费的 58.3%,比 2000 年提高了 19.6 个百分点,而企业的基础研究经费仅占全地区的 2.1%。由于企业的 R&D 活动侧重于试验发展,并且近年来企业 R&D 经费增长较快,这是形成全地区试验发展经费增长较快的主要原因。

表 2-4 北京地区三类 R&D 经费按执行部门的分布(2000 年)

	合计		基础研究		应用研究		试验发展	
	经费(亿元)	比例(%)	经费(亿元)	比例(%)	经费(亿元)	比例(%)	经费(亿元)	比例(%)
北京地区	155.7	100.0	17.4	100.0	42.9	100.0	95.4	100.0
政府研究机构	86.1	55.3	12.2	70.1	22.1	51.5	51.8	54.3
高等学校	17.4	11.2	4.0	23.0	10.2	23.8	3.2	3.4

续表

	合计		基础研究		应用研究		试验发展	
	经费（亿元）	比例（%）	经费（亿元）	比例（%）	经费（亿元）	比例（%）	经费（亿元）	比例（%）
企　　业	48.4	31.1	1.2	6.9	10.3	24.0	36.9	38.7
其他单位	3.8	2.4	0	0	0.3	0.7	3.5	3.7

资料来源：北京市统计局，国家统计局北京调查总队. 北京统计年鉴 2001.

表 2-5　北京地区三类 R&D 经费按执行部门的分布(2007 年)

	合计		基础研究		应用研究		试验发展	
	经费	比例	经费	比例	经费	比例	经费	比例
北京地区(亿元)	527.1	100.0%	47.1	100.0%	116.4	100.0%	363.6	100.0%
政府研究机构	237.8	45.1%	31.6	67.1%	70.7	60.7%	135.5	37.3%
高等学校	47.7	9.0%	14.6	31.0%	25.5	21.9%	7.6	2.1%
企　　业	233.0	44.2%	1.0	2.0%	19.9	17.1%	212.0	58.3%
其他单位	8.6	1.7%	0	0%	0.3	0.3%	8.3	2.3%

资料来源：北京市统计局，国家统计局北京调查总队. 北京统计年鉴 2008.

四、R&D 经费的部门分布

企业、研究机构和高等学校是主要的 R&D 活动部门，由于三个部门 R&D 活动的目标和重点各有差异，因此，R&D 经费在三个执行部门中的分布结构将影响一个地区 R&D 活动的性质、方向和特征。

1. 企业 R&D 经费的份额明显提高

近年来，北京努力建立以企业为主体、市场为导向、产学研相结合的技术创新体系，同时随着企业化转制的推进、市场竞争的加剧和创新意识的增强，企业科技资源进一步得到优化，科技实力稳步壮大，在创新体系中发挥着越来越重要的作用。“十五”以来，三大执行部门的 R&D 经费都呈快速增长的态势，从 2001—2007 年各部门 R&D 经费的年均增长速度来看，企业为 26.4%，政府研究机构为 17.4%，高等学校为 14.7%。

同时，北京地区 R&D 经费在执行部门中的分布结构发生了明显变化，集中表现在企业 R&D 经费支出占 R&D 总经费的比重逐年上升，并在 2005 年首次超过政府研究机构(表 2-6)。与此相反，政府研究机构和高等学校 R&D 经费所占比重逐年下降。

表 2-6　北京地区各部门 R&D 经费的增长(2000—2007 年)

	2000 年	2001 年	2002 年	2003 年	2004 年	2005 年	2006 年	2007 年
北京地区(亿元)	155.7	171.2	219.5	256.3	316.9	379.5	433.0	527.1
政府研究机构	86.3	91.0	117.3	138.1	155.2	164.0	189.6	237.8
高等学校	16.8	20.9	23.3	25.4	28.3	35.8	37.3	47.7
企　　业	48.4	52.9	77.2	91.0	129.5	175.5	200.0	233.0
其他单位	4.2	6.4	1.8	1.7	3.9	4.4	6.1	8.6

资料来源:北京市统计局,国家统计局北京调查总队.北京统计年鉴.2001-2008;国家统计局,科学技术部.中国科技统计年鉴.2001-2008.

2007 年,企业 R&D 经费支出为 233.0 亿元,比 2006 年增长 16.5%,占北京地区 R&D 经费支出总额的 44.2%,相比 2000 年提高了 13.1 个百分点;政府研究机构 R&D 经费支出为 237.8 亿元,比 2006 年增长 25.4%,占 R&D 经费支出总额的 45.1%,相比 2000 年下降了 10.3 个百分点;高等学校 R&D 经费支出为 47.7 亿元,比 2006 年增长 27.9%,占 R&D 经费支出总额的 9.0%,相比 2000 年下降了 1.8 个百分点。政府研究机构与企业 R&D 经费支出所占比重呈现此消彼长趋势,高等学校 R&D 经费所占比重仍然相对较低(图 2-13)。

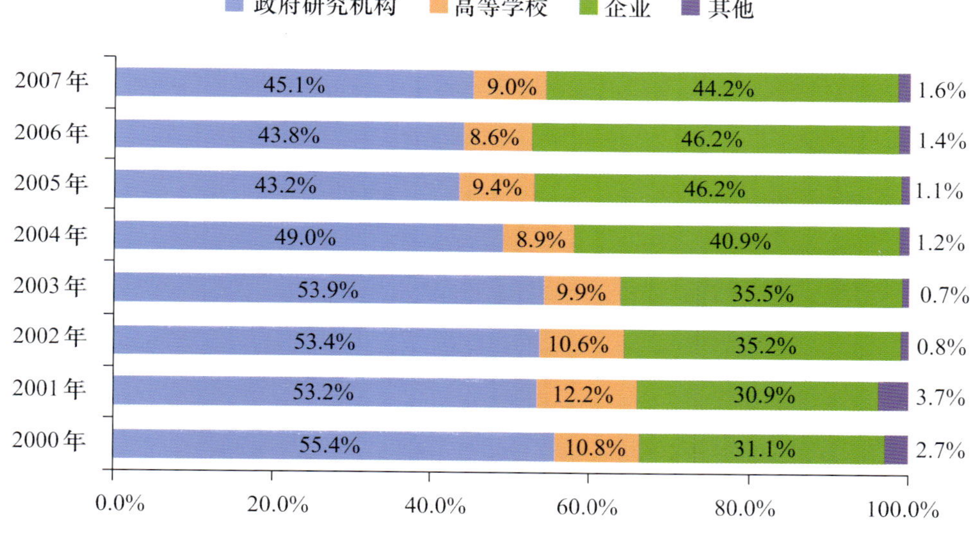

图 2-13　北京地区 R&D 经费按执行部门分布的变化(2000—2007 年)

资料来源:北京市统计局,国家统计局北京调查总队.北京统计年鉴.2001-2008.

2000—2007 年,企业 R&D 经费支出占 R&D 经费支出总额的比重每年递增约 1.9 个百分点,依据这样的增长速度,预计在"十一五"末期的 2010 年,企业的 R&D 经费支出占北京地区 R&D 经费支出的比重将达 50%左右,企业创新主体地位基本形成。

2. 北京市属单位的R&D经费增长快于中央属单位

从隶属关系来看，北京地区中央属单位和北京市属单位开展R&D活动的经费支出均有所增长。“十五”期间中央属单位R&D经费支出年均增长率为23.3%，北京市属单位年均增长率为38.7%，北京市属单位的R&D经费增长率高于中央属单位15.4个百分点。2007年，北京地区中央属单位支出R&D经费为339.4亿元，占R&D经费总支出的64.4%；北京市属单位支出R&D经费为187.7亿元，占R&D经费总支出的35.6%。由于北京市属单位R&D经费增长较快，所占比重较2000年上升了12.1个百分点（图2-14）。

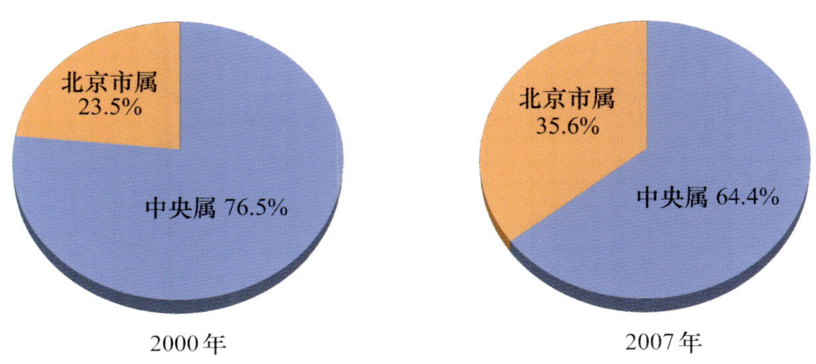

图 2-14　北京地区 R&D 经费按隶属关系分布(2000 年,2007 年)

资料来源：北京市统计局，国家统计局北京调查总队．北京统计年鉴．2001，2008．

北京市属单位R&D经费的增加主要来源于市属企业R&D经费的快速增长，2000年北京市属企业R&D经费支出为32.5亿元，占北京市属单位R&D经费支出总额的88.8%，2007年增加至177.6亿元，比2000年增加4.5倍，占北京市属单位R&D经费支出总额的94.6%，所占比重提高5.8个百分点。同一时期，北京市属政府研究机构R&D经费支出增加1.1倍，北京市属高等学校R&D经费支出增加1.9倍。

专题一 科技基础设施

北京地区聚集了全国一流水平的研究机构和高等学校等科技组织，其中，设在北京地区的国家重点实验室和国家工程技术中心占全国的近1/3。高水平的科技组织与雄厚的基础设施是北京地区具备强大科研攻关能力的重要保障，并将在很长时期内保持较强的科技潜力。

一、国家重点实验室

为解决我国基础研究整体实力薄弱、力量分散、经费投入难以大幅度增加等问题，1984年，由国家计划委员会、国家科学技术委员会、国家教育委员会和中国科学院联合组建了以基础研究和基础性应用研究为主的国家重点实验室。国家重点实验室的建设是党中央、国务院为实施"科教兴国"和"可持续发展"两大战略，加强基础研究和科技工作做出的重要决策，旨在加强原始性创新，在更深的层面和更广泛的领域解决国家经济与社会发展中的重大科学问题，以提高我国自主创新能力和解决重大问题的能力，为国家未来发展提供科学支撑。

国家重点实验室的主要任务是紧紧围绕农业、能源、信息、资源环境、人口与健康、材料等领域国民经济、社会发展和科技自身发展的重大科学问题，开展多学科综合性研究，提供解决问题的理论依据和科学基础；进行相关的、重要的、探索性强的前沿基础研究；培养和造就有创新能力的优秀人才；建设一批高水平、能承担国家重点科技任务的科学研究基地，并形成若干跨学科的综合科学研究中心。

经过20多年的发展和建设，国家重点实验室已经成为我国国家科技创新体系的重要组成部分，是我国组织高水平基础研究和应用基础研究、聚集和培养优秀科学家、开展高层次学术交流的重要基地。国家重点实验室取得的一批创新成果，促进了相关学科的建设和发展；拥有了一批先进的仪器设备，并向全国开放和共享；促进了国内外科学技术交流和合作，已经成为我国重要的学术交流活动中心。

北京聚集了众多自然科学领域的国家重点实验室，2007年，北京的国家重点实验室有70个，占全国总数的31.8%；所涉及的领域较广，基本覆盖了基础学科的各个领域。2007年，在北京的数理科学领域国家重点实验室10个，占在京国家重点实验室总数的14.3%，占全国数理科学领域国家重点实验室总数的66.7%；生命科学领域、地球科学领域和信息科学领域的国家重点实验室分别为25个、13个和8个，分别占在京国家重点实验室总数的35.7%、18.6%和11.4%，占全国各学科领域国家重点实验室总数的41.7%、37.1%和26.7%(专图1-1)。北京地区在基础学科领域具有明显优势，对推动北京乃至全国的基础科学事业的发展发挥着重要作用。

在北京的国家重点实验室分属9个主管部门管理，主要集中在中国科学院和教育部，分别有 30 个和 26 个，占在京国家重点实验室总数的 42.9%和 37.1%，两者合计占北京地区国家重点实验室总数的 80.0%。其余为卫生部 4 个、农业部 2 个、国防科工局 3 个、地震局 1 个、气象局 1 个、国家计生委 1 个、总后勤卫生部 2 个。

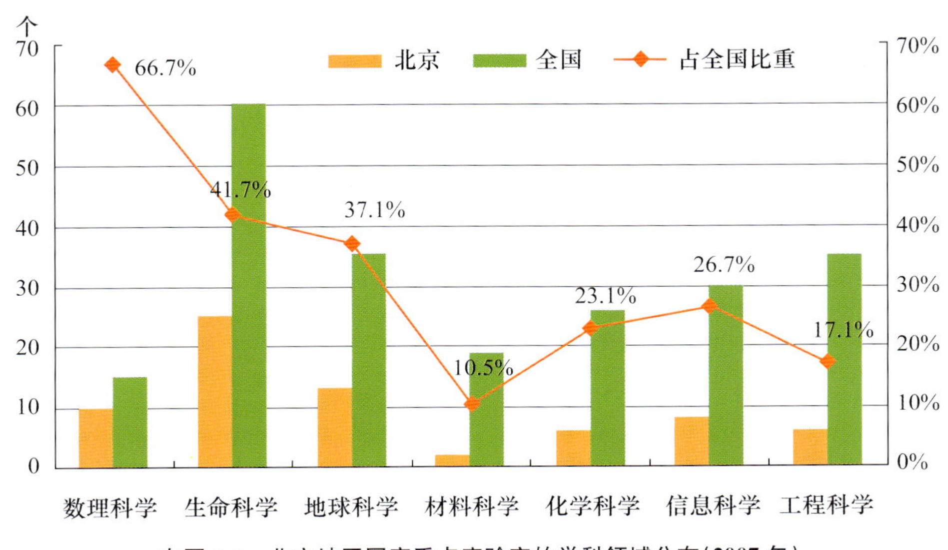

专图 1-1　北京地区国家重点实验室的学科领域分布(2007 年)

资料来源:国家重点实验室网站.

北京市重点实验室是为了适应北京市经济、社会发展的需要，进一步加强基础研究和基础应用研究，引导高等学校积极参与北京重大创新工程。北京市教育委员会与北京市科学技术委员会自 2001 年起在高等学校中建立市级重点实验室。2007 年，共有 33 所高等学校建立了 66 个北京市重点实验室，其中，在中央属 19 所高等学校中建立北京市重点实验室 43 个，市属 14 所高等学校中建立北京市重点实验室 23 个，分别占市重点实验室总数的 65.2%和 34.8%。

北京市重点实验室的建立主要立足于促进战略高技术领域发展，其中城市建设与管理领域 10 个、城市社会发展领域 5 个、电子信息领域 7 个、现代制造领域 8 个、环保与资源综合利用领域 9 个、基础科学领域 3 个、都市农业领域 7 个、生物医学与新医药领域 8 个、新材料领域 9 个。

二、国家工程技术研究中心

国家工程技术研究中心是国家科技发展计划的重要组成部分，是研究开发条件能力建设的重要内容。国家工程中心建设是在“创新、产业化”方针指引下，探索科技与经济结合的新途径，加强科技成果向生产力转化的中间环节，促进科技产业化；面向企业规模生产的需要，推动集成、配套的工程化成果向相关行业辐射、转移与扩散，促进新兴产业的崛起和传统产业的升级改造；促进科技体制改革，培养一流的工程技术人才，建设一流的工程化实验条件，形成我国科研开发、技术创新和产业化基地。

2007年已有172个国家工程技术研究中心，分布于农业、能源、制造业、信息与通信、生物技术、材料、建设与环境保护、资源开发利用、轻纺、医药卫生等领域，遍及全国二十多个省、自治区和直辖市。其中在北京建立的国家工程技术研究中心49个，占全国国家工程技术研究中心总数的28.5%(专表1-1)。在北京的国家工程技术研究中心分布于农业、能源、制造业、信息与通信、生物技术、材料、建设与环境保护、资源开发、轻纺、医药卫生等诸多领域，形成了科研开发、技术创新和产业化基地，对提高科技成果转化水平起着积极作用。

专表1-1 在京国家工程技术研究中心按领域分布及占全国比重情况(2007年)

	在京国家工程技术研究中心数量(个)	全国国家工程技术研究中心数量(个)	北京占全国比重(%)
合计	49	172	28.5
农业	9	36	25.0
材料	7	45	15.6
资源开发	1	7	14.3
能源与交通	6	14	42.9
制造业	6	24	25.0
信息与通信	8	15	53.3
轻纺、医药卫生	8	19	42.1
建设与环境保护	4	12	33.3

资料来源:国家工程技术研究中心网站.

在北京的国家工程技术研究中心集中分布于政府研究机构和高等学校等研究部门。2007年，设在政府研究机构和高等学校的国家工程技术研究中心占在京国家工程技术研究中心总数的比重超过90%。

三、科技企业孵化器

科技企业孵化器是创新体系的重要组成部分。北京地区科技企业孵化器建设起于1989年，经过近二十年的发展，科技企业孵化器发展态势良好，孵化器的数量及在孵企业的总体规模快速增长，其种类与运作形式呈现多样化，在与其他社会资源的结合上也做了许多新的探索，孵化器已成为北京发展高科技产业的重要措施，在促进科技成果转化、孵化培育科技企业和企业家等方面发挥了示范和带头作用。据统计，截至2007年底，北京地区共建立各类科技企业孵化器47家，数量占全国总数的7.7%，其中国家级科技企业孵化器16家。科技企业孵化器共有孵化面积113.7万平方米，累计总投资12.3亿元。

近几年来，科技企业孵化器逐步进入规模化良性发展轨道。2007年北京地区有在孵企业4273家，在孵企业数超过200家的孵化器达到3家，超过100家的孵化器已经达到10家。其中在孵企业最多的是中关村科技园区丰台园科技创业服务中心，2007年的在孵企业达到1553家。2007年各类孵化器累计毕业企业达100家以上的孵化器已经达到6家，分别是中关村科技园区丰台园科技创业服务中心、北京高技术创业服务中心、北京中关村国际孵化器有限公司、北京建科兴达科技企业孵化器有限责任公司、北京普天德胜科技孵化器有限公司、清华创业园。

北京地区科技孵化器的资金来源中自有资金的比重有所提高且占主导地位。2007年孵化器资金总额共计12.3亿元，其中，自有资金达7.6亿元，占61.8%，较2006年提高了5.5个百分点。同时，2007年孵化器资金中来自政府拨款的部分有较大增长，达到1.7亿元，比2006年增加了0.9亿元，政府拨款占孵化器资金的比例也相应地由2006年的6.7%提高到13.8%。国家级孵化器中源自政府拨款的资金为1.5亿元，占当年政府向孵化器拨款总额的88.2%，可见，政府拨款主要投向了国家级孵化器。

2007年在孵企业中从业人员7.5万人，其中，本科以上学历的人员占63.2%，所占比重比上年提高了2.4个百分点，说明在孵企业从业人员的素质有所提高。从业人员中留学回国人员达1582人。在国家级孵化器中的留学归国人员有996人，占留学归国人员总数的63.0%。

2007年北京市的科技企业孵化器和在孵企业持续稳定发展，经济规模有了进一步的提高，取得了较好的经济效益。据统计，截止2007年底，在孵企业2007年共实现收入489.9亿元，比上年增长36.7%，实现工业总产值257.0亿元，实现的净利润达110.1亿元，上缴税金为21.3亿元，实现出口创汇2.3亿美元，在经济发展中发挥着日益重要的作用。

为强化科技企业的自主研发能力和科技成果转化能力，科技企业孵化器中的孵化企业积极申报专利。2007年，在孵企业共申请专利1418项，其中申请发明专利696项，占49.1%。当年获得授权专利有735项，其中发明专利授权329项，占44.8%。从平均数来看，每家企业平均申请专利数仅为0.3件，获得的专利授权数平均每家仅为0.2件，这说明在孵企业的科技创新能力还有待加强。

四、科技信息机构

在当今日新月异的信息化社会中，科技信息与人员、经费等同样重要，是科技资源的必备构件，成为科技创新中诸多生产力要素之一。

1. 全国七成的中央属科技信息机构集聚北京

20世纪80年代以来，北京地区科技信息建设取得巨大成绩，海量的科技信息资源构成了又一科技优势。2006年，北京拥有行业性专业科技信息机构25个，其中中央属科技信息机构14个，占全国中央属科技信息机构总数的70.0%。

科技信息机构涉及科学研究、技术服务和地质勘查业，文化、体育和娱乐业，卫生、社会保障和社会福利业等10个行业(专表1-2)，涵盖了图书馆情报与文献学、管理学、中医学与中药学、矿山工程技术、机械工程、信息科学与系统科学、计算机科学技术、农学、地球科学、体育科学、经济学等11个一级学科领域。

专表 1-2　北京科技信息机构按国民经济行业分布(2007 年)

服务的国民经济行业	机构数(个)	服务的国民经济行业	机构数(个)
农林牧渔业	2	信息传输、计算机服务和软件业	1
采矿业	2	科学研究、技术服务和地质勘查业	8
制造业	3	卫生、社会保障和社会福利业	3
电力、燃气及水的生产和供应业	1	文化、体育和娱乐业	3
交通运输、仓储和邮政业	1	公共管理和社会组织	1

资料来源:北京科技统计信息中心.

2. 拥有较发达的专业信息网络,引领全国网上科技信息发展

北京地区的科技信息机构中拥有大量的国内外专业文献资料。截至 2006 年底,共拥有图书资料达 1082.1 万册,其中外文会议录 50.8 万册、外文科技报告 84.5 万册;拥有各类期刊 10.7 万种,其中外文原版期刊 4.4 万册;拥有文献型、数值型数据库 2320 个,其中引进国外数据库 1899 个,引进国内数据库 128 个,自建数据库 293 个。丰富的馆藏科技文献资源为科学技术研究提供了有力支持。

北京是全国的信息中心、通信枢纽和因特网中心,信息化水平居全国第一。中央各部委、中国科学院、国防科技系统等的政府研究机构以及高等学校、企业等构成北京发达而专业化的科技信息网络系统。

北京在科技信息资源建设领域积极开拓创新,探索更新更高效的服务模式,引领全国网上科技信息的发展。近几年来,通过国家的集中投入,陆续开展了几项比较有规模的项目。2000 年,由中国科学院文献情报中心(附设院图书馆)、中国科技信息研究所(附设中国工程院图书馆)、机械工业信息研究所(附设原机械工业部图书馆)、冶金工业信息标准研究院(附设原冶金工业部图书馆)、中国化工信息中心、中国农业科学院文献信息中心(附设院图书馆)和中国医学科学院医学信息研究所(附设院图书馆)7 家单位联合组建的国家科技图书文献中心,以一个基于网络环境的虚拟形式使得信息资源在共建共享中得到盘活。国家科技图书文献中心的建设在全国科技信息资源的数字化、网络化和集成化进程中迈出了重要的第一步。2003 年中心成员单位订购外文文献达 1.7 万余种,约占国内订购品种的 2/3,使全国的科技文献信息资源有了大幅度恢复性增长,大大缓解了科技界外文文献紧缺的困难。当年 7 家图书馆到网上检索达 1600 万人次,上网的外文期刊中 90%被检索利用,越来越多的人转向了网络查询。2004 年,中心网络服务系统的数据已达到 2700 多万条。

科 技 活 动 篇

第三章　科技项目(课题)状况

科技项目(课题)是科学研究与技术开发活动的基本形式,是科技成果产生的主要载体。科技项目的投入与产出集中反映了一个地区或一个部门科技活动的实力和水平,以及技术创新活动的能力。

本章内容分三个部分:第一部分是北京地区开展科技项目的总体情况,反映了科技项目的投入、来源、结构和实施等内容。第二部分是北京地区承担的国家科技计划项目情况,反映了北京地区开展国家级基础性研究计划项目、高技术产业类计划项目及产业化计划项目的来源、经费和人员投入、技术领域及产学研合作等。第三部分是北京市科技计划项目,反映北京市为促进本地区科技进步和社会经济的发展组织实施科技计划项目的情况。

第一节　总体情况

本节综合介绍北京地区企业、高等学校和科研机构等单位开展的科技项目总体状况,反映包括自然科学与工程技术领域、人文与社会科学领域内科技项目的数量、投入的经费与人员,科技项目的来源、类型和分布,以及承担单位和产学研合作等。

一、科技项目(课题)

随着科学技术的加速发展,科技在社会经济中的作用日益增强。"十五"以来,北京地区科技活动十分活跃,开展的科技项目(课题)数量逐年增加,参加科技项目研究的人员规模不断壮大,项目经费支出稳步增长。

1. 科技项目的规模不断扩大,经费稳步增长

2001年以来,北京地区当年开展研究的科技项目数量由2001年的3.6万项增加到2007年的9.3万项,科技项目经费支出也由153.7亿元增加到506.5亿元,参加科技项目的研究人员由9.9万人年增加到23.4万人年(表3-1)。2001—2007年,科技项目数量、项目支出经费和参加项目研究人员年均增长率分别为17.0%、22.0%和15.4%。

表3-1　北京地区科技项目(课题)情况(2001—2007年)

	2001年	2002年	2003年	2004年	2005年	2006年	2007年
科技项目(课题)数量(项)	36196	41868	46788	62843	74691	86149	92953
项目(课题)经费支出(亿元)	153.7	180.1	283.1	291.3	384.4	427.5	506.5

续表

	2001 年	2002 年	2003 年	2004 年	2005 年	2006 年	2007 年
参加研究人员折合工作量(万人年)	9.9	11.2	11.3	16.8	21.7	22.3	23.4
其中:科学家和工程师	8.4	9.3	9.5	14.2	18.1	19.3	20.6
科学家和工程师所占比重(%)	84.8	83.0	84.1	84.5	83.4	86.5	88.0

资料来源:北京市科学技术委员会,北京市统计局,北京市教育委员会. 北京市研究与发展(R&D)数据汇编. 2002-2008.

科技项目的人均经费支出,即科技项目经费强度,采用科技项目经费支出与参加科技项目研究人员数之比来测量,反映了对科技项目的经费投入强度,以及开展科技活动的规模和实力。2007 年北京地区开展的科技项目中,平均每个参加项目研究人员的项目经费支出为 21.6 万元,比 2001 年的 15.5 万元有了显著增加。

2. 项目来源以国家科技项目为主,企业委托项目显著增加

科技项目(课题)来源包括政府科技项目、单位自选项目及接受委托进行研究的科技项目。

政府科技项目是各级政府为落实科技发展规划、引导科技发展走向、合理配置科技资源的重要手段,在满足科技发展需求,提高科技竞争力方面发挥着重要作用。由于聚集了实力较强的隶属中央部门属科研机构及高等学校,因而北京地区科技项目的来源以承担国家科技计划项目为主。2007 年全部科技项目中,来自国家科技项目有 3.7 万项,占科技项目总数的 39.4%;其次为项目承担单位自选项目,有 2.2 万项,占科技项目总数的 23.2%;接受企业委托的科技项目 2.0 万项,占科技项目总数的 21.5%。另外,来自北京市科技项目、其他科技项目和来自国外科技项目分别为 0.8 万项、0.4 万项和 0.3 万项,分别占科技项目总数的 8.2%、4.7%和 3.0%(图 3-1)。

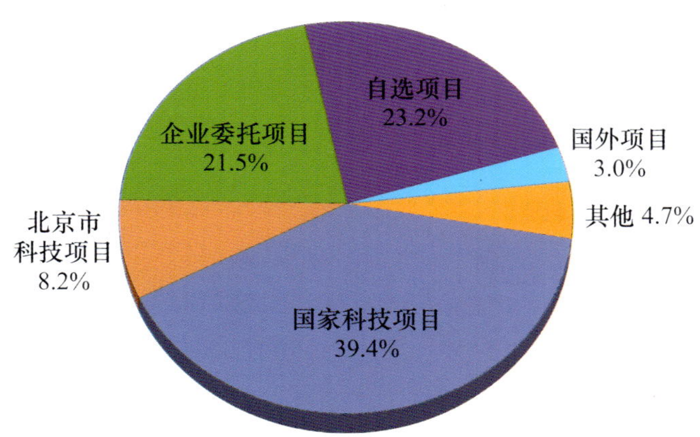

图 3-1 北京地区科技项目的来源分布(2007 年)

资料来源:北京市科学技术委员会,北京市统计局,北京市教育委员会. 北京市研究与发展(R&D)数据汇编. 2002-2008.

随着企业创新意识的增强和经济实力的提高，企业委托研究的科技项目数量显著增长，2000 年以来年平均增长幅度为 28.2%。2007 年，企业委托研究科技项目共 2.0 万项，占科技项目总量的比重为 21.5%，比 2000 年的 10.5%提高了 11 个百分点，表明了企业技术创新的能力和利用首都优势科技资源的能力在逐渐增强。

科技项目(课题)经费的来源有政府资金、企业委托研究资金、项目承担单位自有资金、国外资金和其他资金。从科技项目经费的来源来看，北京地区的科技项目经费主要来自政府。2007 年北京地区的科技项目经费支出共 506.5 亿元，其中：来自政府的资金占 45.1%；项目承担单位自有资金占 31.8%；企业委托资金占 11.3%；国外资金和其他资金分别占 6.5%和 5.3%(图 3-2)。

2000—2007 年，政府资金和企业委托资金的年平均增长幅度分别为 31.3%和 35.9%；自有资金的年平均增长幅度为 26.7%；国外资金和其他资金也实现了稳步增长，年平均增长幅度分别为 22.1%和 32.6%。

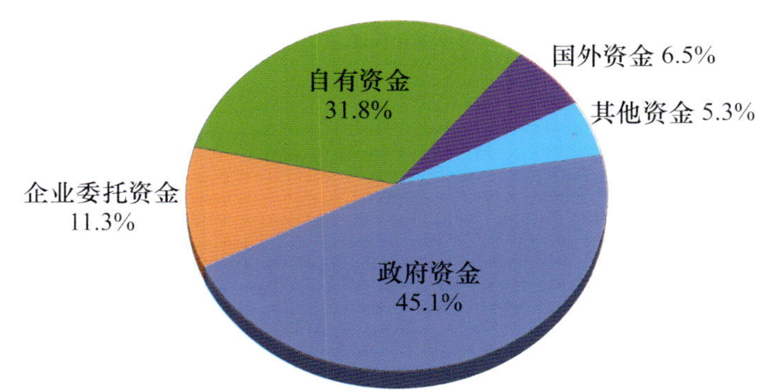

图 3-2　北京地区科技项目经费按来源分布(2007 年)

资料来源：北京市科学技术委员会，北京市统计局，北京市教育委员会. 北京市研究与发展(R&D)数据汇编. 2002-2008.

二、R&D 项目(课题)

在我国科技统计工作中，把科技活动按类型分为 R&D 活动、R&D 成果应用和科技服务三大类。其中 R&D 活动又分成基础研究、应用研究和试验发展三类。R&D 项目是科技活动的核心和重点，反映一个地区科技发展的特点、重点和实力。

1. R&D 项目持续增长

2001 年以来，北京地区继续发挥雄厚的科技资源优势和研发优势，大规模地开展科技活动，R&D 项目数量不断增加，“十五”期间 R&D 项目数量年平均增长 22.2%，比同期科技项目的年均增长速度(19.9%)快。2007 年开展 R&D 项目 7.6 万项，比 2006 年增加 40.5%，占科技项目数的 82.2%。

2007 年北京地区开展的 R&D 项目中，基础研究项目、应用研究项目和试验发展项目分别为 2.0 万项、3.0 万项和 2.6 万项，分别占 26.8%、39.4%和 33.9%。2001—2007

年，三种类型R&D项目逐年增加(表3-2)。其中，基础研究项目增长了2倍，应用研究项目增长了1.8倍，试验发展项目增长了2倍。三类项目的年平均增长率分别为19.8%、18.6%和20.4%，都高于科技项目的增长速度(17.0%)，更高于非R&D类项目的增长速度(8.8%)。相对而言，基础研究项目增长速度快于应用研究项目，与试验发展项目的增长速度相当。

表3-2　北京地区科技项目(课题)按活动类型分布(2000—2007年)

	2000年	2001年	2002年	2003年	2004年	2005年	2006年	2007年
科技项目(课题)(项)	29585	36196	41868	46788	62843	74691	86149	92953
R&D项目(课题)	22036	26256	33313	37655	48899	58579	54411	76427
基础研究	5514	6907	8509	10437	13347	14424	14019	20464
应用研究	8826	10837	12746	15486	17919	22422	22946	30083
试验发展	7696	8512	12058	11732	17633	21733	17446	25880
研究与发展成果应用	3259	4480	4258	4098	8334	10070	25603	10340

资料来源：北京市科学技术委员会，北京市统计局，北京市教育委员会. 北京市研究与发展(R&D)数据汇编. 2002-2008.

2. 试验发展项目经费增长最快

“十五”以来，北京地区的R&D项目经费支出也呈现持续增长的趋势，2007年R&D项目经费支出为391.8亿元，比2006年增长21.8%，占科技项目经费支出总额的77.4%。在2007年的R&D项目中，用于基础研究项目经费支出为36.2亿元，应用研究项目经费支出为82.5亿元，试验发展项目经费支出为273.0亿元，分别占R&D项目经费支出的9.2%、21.1%和69.7%。

从北京地区三类R&D项目经费的变化趋势看，基础研究项目经费由2000年的9.8亿元增加到2007年的36.2亿元，年均增长率为20.5%(图3-3)。应用研究项目经费除2007年出现减少外，2000年以来总体呈增长趋势，年均增长率达19.1%。试验发展项目经费由2000年的28.9亿元增加到2007年的273.0亿元，增长了8.4倍，达到历史最高水平，年均增长率达37.8%，在三种类型活动中增长最快。

三、主要部门的科技项目

政府研究机构、高等学校和企业是开展科技项目的主要部门。其中，政府研究机构和高等学校是开展科学研究项目、从事知识创新的重要部门。企业侧重于试验发展项目，是技术创新活动的主要力量。近年来，北京地区三个部门开展的科技项目呈增长趋势，但各个部门开展科技项目的重点、类型及合作方式各具特点。

1. 企业是科技项目的主要承担者

2007年，北京地区政府研究机构、高等学校和企业承担的科技项目数分别为2.2万项、4.7万项和2.3万项，占全部科技项目的比重分别为23.1%、50.3%和24.6%。2007年，北京地区开展科技项目的经费支出共计506.5亿元，其中，政府研究机构、高等学校和企业三个部门承担科技项目的经费支出分别为173.9亿元、60.5亿元和261.5亿元，分别占科技项目经费支出总额的34.3%、11.9%和51.6%(图3-4)。可以看出，高等学校承担着北京地区半数以上的科技项目，而北京地区科技项目经费的一半以上用于企业。

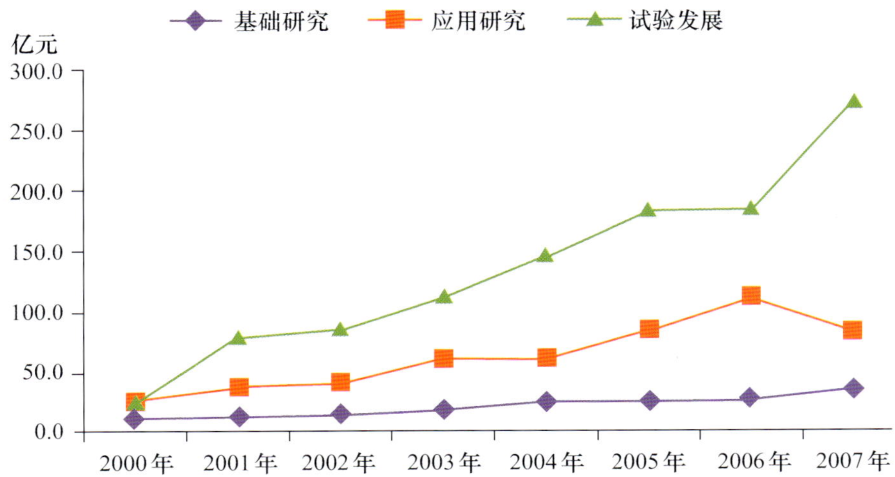

图3-3　北京地区基础研究、应用研究和试验发展三类项目经费的变化(2000—2007年)

资料来源：北京市科学技术委员会，北京市统计局，北京市教育委员会. 北京市研究与发展(R&D)数据汇编. 2002-2008.

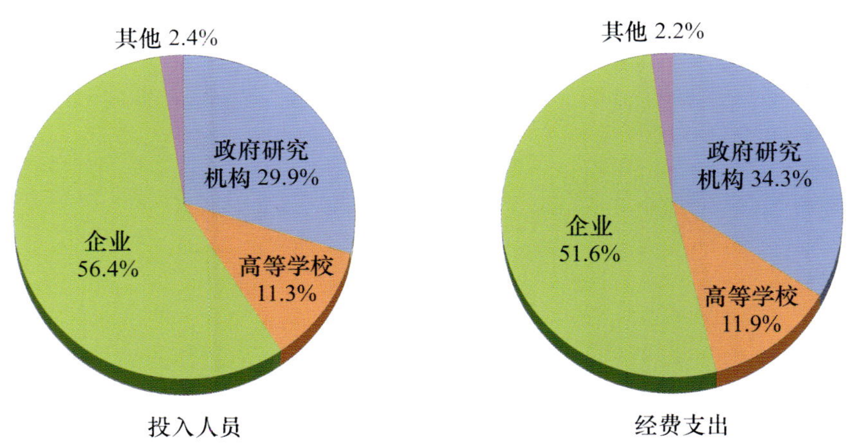

图3-4　北京地区科技项目投入人员和经费支出的主要部门分布(2007年)

资料来源：北京市科学技术委员会，北京市统计局，北京市教育委员会. 北京市研究与发展(R&D)数据汇编. 2002-2008.

2000年以来，北京地区政府研究机构、高等学校和企业的科技活动非常活跃，开展的科技项目数量稳步增加，项目经费均呈现增长趋势。2000—2007年，政府研究机构、高等学校、企业承担科技项目的经费支出年平均增长幅度分别为33.2%、20.8%和30.3%；政府研究机构、高等学校和企业参加科技项目研究人员的年均增长幅度分别为13.2%、1.0%和25.4%。2007年，北京地区开展科技项目研究投入的人员共23.4万人年，其中，政府研究机构占29.9%，高等学校占11.3%，企业占56.4%(图3-4)。可见，在北京地区科技项目的人员投入和经费支出中，企业所占比重都超过半数，企业是科技项目的主要承担者。

2. 不同部门承担的项目类型差异较大

由于高等学校、政府研究机构和企业三个部门的性质和职能不同，因此，各自承担的科技项目类型存在很大差异。2007年，北京地区政府研究机构承担科技项目的经费支出为173.9亿元，其中开展基础研究、应用研究和试验发展三类项目经费所占比重分别为10.6%、26.0%和47.4%(图3-5)。包括基础研究和应用研究的科学研究项目经费支出少于试验发展项目经费支出。高等学校承担科技项目的经费支出为60.5亿元，主要用于科学研究项目，基础研究和应用研究项目经费分别占26.7%和46.1%。企业承担科技项目经费支出共261.5亿元，主要用于试验发展项目，占企业项目经费支出的69.6%，而用于基础研究和应用研究的项目经费分别占0.5%和3.2%。从各个部门R&D项目经费占各自全部科技项目经费支出的比重来看，政府研究机构为84.1%，高等学校为82.8%，企业为73.2%。可见，三个部门科技项目经费大部分都用于R&D项目，但各有侧重，企业主要以试验发展项目为主，高等学校以科学研究项目为主，而政府研究机构则科学研究和试验发展项目并重。2007年，北京地区由高等学校和政府研究机构承担的科学研究(含基础研究、应用研究)项目数和项目经费占科学研究项目总量的96.3%和90.8%。试验发展项目主要由企业承担，其承担的试验发展项目数和项目经费占试验发展项目总量的54.1%和66.7%。

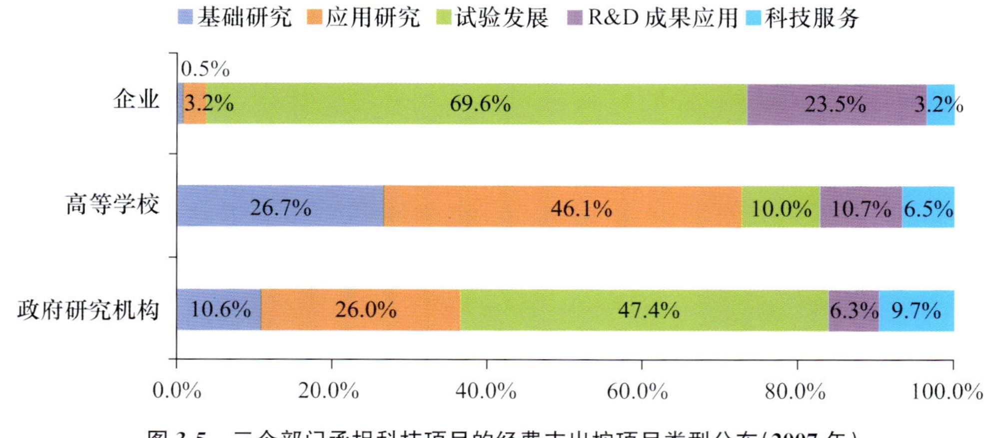

图3-5　三个部门承担科技项目的经费支出按项目类型分布(2007年)

资料来源：北京市科学技术委员会，北京市统计局，北京市教育委员会. 北京市研究与发展(R&D)数据汇编. 2002-2008.

从图3-5中可以看出，在非R&D项目经费支出中，企业主要用于R&D成果应用项目，政府研究机构主要用于科技服务项目。

3. 科技项目以独立完成为主

科技项目的研究方式主要有立项单位独立完成研究和与其他单位合作完成研究两种。2007 年北京地区开展的 9.3 万项科技项目中，由立项单位独立完成的科技项目为 6.9 万项，占 74.2%，实际经费支出 331.1 亿元，占全部科技项目经费总支出的 65.4%。与其他单位合作完成的科技项目为 2.1 万项，占科技项目总数的 22.6%，项目经费支出 143.7 亿元，占全部科技项目经费总支出的 28.4%。数据表明，北京地区开展的科技项目中以立项单位独立研究为主。

从近几年统计数据反映的趋势看，北京地区承担的科技项目中，独立完成研究项目占科技项目总数的比重由 2000 年的 64.4%提升为 2007 年的 74.2%。而且 2000 年以来，合作研究科技项目占北京地区科技项目总数的比例未曾超过 1/3，由 2000 年的 32.0%下降为 2007 年的 22.3%。

在科技项目研究过程中开展多种形式合作对于强化企业在技术创新中的主体地位，建立以企业为主体、产学研相结合的创新体系起着重要作用，有利于发挥全社会的科技资源优势。

在北京地区 2007 年 2.1 万项合作研究的科技项目中，政府科研机构参与合作的项目共 7583 项，占合作研究科技项目总数的 36.6%，是参与合作研究的主要部门。高等学校参与合作研究的科技项目 4516 项，占合作研究科技项目总数的 21.8%。与境外机构合作研究的科技项目 2148 项，占合作研究科技项目总数的 10.4%。与境内注册外商独资企业合作研究的科技项目 1238 项，占合作科技项目总数的 6.0%。与境内注册企业合作项目 5221 项，占合作研究科技项目总数的 25.2%(图 3-6)。

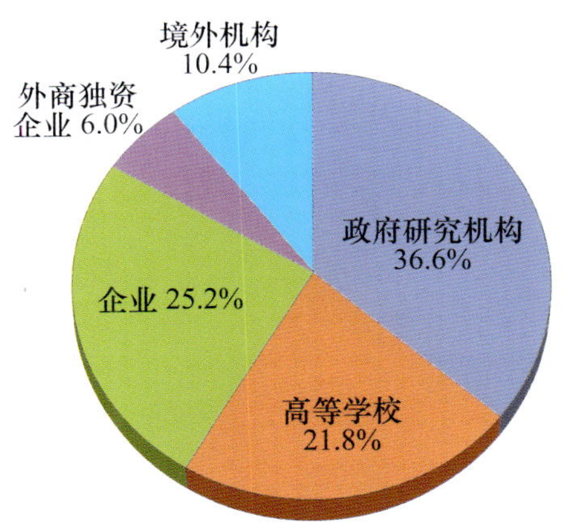

图 3-6 北京地区合作研究的科技项目按参与机构的分布(2007 年)

资料来源：北京市科学技术委员会，北京市统计局，北京市教育委员会. 北京市研究与发展(R&D)数据汇编. 2002-2008.

第二节　国家科技计划项目

国家科技计划是国家有目标、有步骤、有组织开展科学研究和技术开发活动的基本形式。实施国家科技计划是政府按照国家科技发展的基本方针和科技工作的总体部署，提高国家综合实力的重要手段。为了促进科学技术的快速发展，依靠科技进步推动社会经济的全面发展，我国相继出台了一系列国家科技计划。北京是承担国家科技计划项目的主要地区。

本节主要根据历年科技部《国家级科技计划项目执行情况统计调查报告》提供的数据和资料，反映北京地区承担的各类国家级科技计划项目，包括国家自然科学基金项目、攀登计划与“973”计划项目、“863”计划项目、科技攻关（支撑）计划项目、火炬计划和星火计划项目的实施情况，以及这些科技计划项目中的产学研合作情况。

一、基础研究类科技计划项目

为促进基础性研究的持续稳定发展，我国设立了国家自然科学基金，先后实施了国家基础性研究重大项目计划（攀登计划）、基础研究重大项目前期研究专项、国家重点基础研究发展计划（“973”计划）等科技计划。这些不同时期实施的基础研究计划由中央财政专项拨款资助，是国家对基础性研究内容和研究方向的全面部署，计划的实施有力地推动了我国原始创新和科技事业的全面发展。

1. 国家自然科学基金项目

1986年，为了资助基础研究，鼓励科学家自由探索和培养基础研究人才，我国设立了国家自然科学基金。国家自然科学基金按照资助类别可分为面上项目、重点项目和重大项目等，其中资助面最广、经费规模最大的是面上项目。

（1）北京地区承担的国家自然科学基金项目总量和变化趋势

2000年以来，北京地区每年申请获得资助的面上项目数和经费显著增长。分时段考察北京地区每年申请并获批准资助的面上项目*，1989—2000年，项目数基本持平，项目经费持续增加；2001—2007年，项目数逐年增加，项目经费增长加快（图3-7）。2007年申请并获批准项目为2784项，资助经费达到7.5亿元，分别是1989年的2.8倍和21.7倍。

（2）北京地区承担的国家自然科学基金项目占全国的比重

北京地区每年申请获得资助的面上项目数和经费远远高于其他地区。1989—2007年，北京每年获资助面上项目数占当年总量的比例为24%—32%，项目经费占当年总量的比例为25%—34%。这充分表明北京地区与其他地区相比，具有极强的基础研究能力。2001年以来，其他地区获得的自然科学基金面上项目不断增加，北京地区获得资助

* 2006年及以前，面上项目主要包括自由申请项目、青年科学基金项目、地区科学基金项目，2007年起，面上项目不再包括后两类项目。本文为了按同口径进行时间序列比较，2007、2008年数据加上了青年科学基金项目、地区科学基金项目。

的面上项目数和经费占全国的比例呈现缓慢下降，2007 年分别为 24%和 25%。

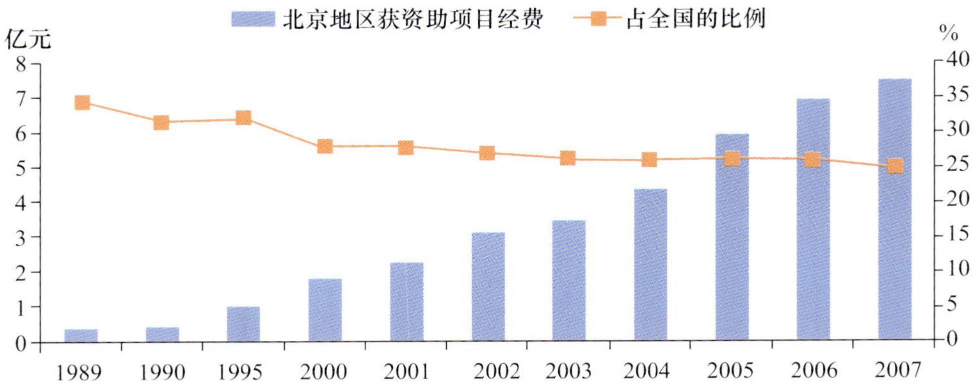

图 3-7 北京地区获资助的国家自然科学基金面上项目经费(1989—2007 年)

资料来源：国家自然科学基金委员会. 年度报告. 1989-2007.

2. 攀登计划和“973”计划项目

攀登计划(1992—2000 年)是国家为加强对基础研究和应用基础研究的支持，推动基础性研究持续稳定地发展，攀登世界科学高峰而设立的科技计划。2001 年，攀登计划改为国家基础研究重大项目前期研究专项(2001—2005 年)。

1998 年设立的国家重点基础研究发展计划(“973”计划)是在更深的层面和更广泛的领域解决国家经济与社会发展中的重大科学问题，以提高我国自主创新能力和解决重大问题的能力，为国家未来发展提供科学支撑。

(1)资金总量及变化趋势

1998 年我国开始实施“973”计划，中央财政对这一计划的投资逐年加大，同一时期并行实施的还有从攀登计划延续的基础研究重大项目前期研究专项，其投资规模基本保持不变。从这时起，北京地区承担这两类计划项目的数量增加，到位资金迅速提高，2002 年达到 6.7 亿元，是 1994 年 0.3 亿元的 20 多倍。此后数年到位资金规模涨跌互现。2007 年，北京地区承担的“973”项目到位资金为 11.8 亿元，其中中央财政专项拨款资金为 10.6 亿元，占 90.0%。

按五年计划的周期观察，北京地区承担计划项目的到位资金呈阶梯形增长，“八五”后两年累计 0.7 亿元，“九五”期间为 6.0 亿元，比“八五”后两年增长了 8 倍，“十五”期间为 29.9 亿元，比“九五”期间增长了 4 倍，“十一五”前三年到位资金已达 24.5 亿元(图 3-8)。

北京地区是承担攀登计划项目和“973”计划项目的主力，1994 年以来攀登计划或“973”计划项目到位资金占全国总量的比例一直高于 46%，最高时曾超过 70%。从变化趋势看，“九五”及以前基本保持在 60%以上，“十五”期间下降，近 5 年基本稳定在 46%—49%。

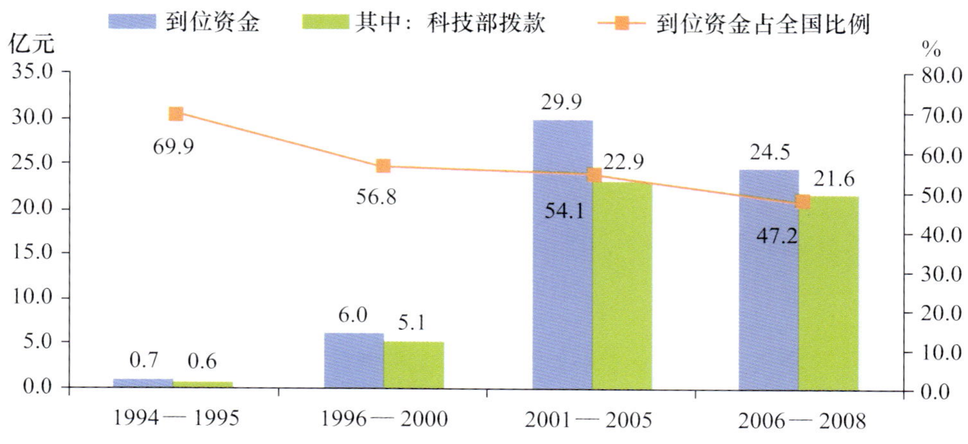

图 3-8　北京地区承担攀登计划和 973 计划项目资金情况(1994—2008 年)

资料来源:国家级科技计划项目执行情况统计调查报告,1995-2009.

(2)主要承担单位

攀登计划和"973"计划作为国家的基础研究计划,其项目牵头单位(第一承担单位)主要是科研院所和高等学校。"十五"之前,北京地区项目的牵头单位全部是科研院所和高等学校,并且是以科研院所为主。"十五"以来,这种状况发生了两个十分明显的变化。一是随着科技计划宗旨、目标和内容的调整,由科研院所和高等学校垄断基础研究类计划项目的局面被打破,少数企业也开始成为项目牵头单位,这其中主要是一些大型企业集团设立具有研究实力的研究院,以及由原来属于行业大院大所的科研院所转制而成的科技型企业。另一个变化,则是在项目资金配置和人员投入上科研院所所占的比例大幅下降,高等学校所占比例显著上升。

按照每 5 年制定一次国家科技发展计划和规划的时间段划分,可以十分清楚地看出上述变化:"八五"时期的 1994—1995 年,实施的是攀登计划,在北京地区承担的攀登计划项目中,科研院所牵头的项目数和经费(指当年到位资金,下同)所占比例超过 3/4,高达 75.8%和 79.7%,高等学校牵头项目的数量和经费分别占 24.2%和 20.3%;"十一五"时期的 2006—2008 年,实施的是"973"计划,科研院所牵头项目数和经费所占比例仍然超过半数,但已下降到 56.8%和 50.8%,高等学校牵头项目的数量和经费所占比例上升到 32.8%和 36.3%,企业和其他单位牵头项目的数量和经费所占比例分别为 10.3%和 12.9%(图 3-9)。

(3)主要学科分布

2006—2008 年,北京地区承担的"973"项目共分布在 28 个一级学科,其学科分布重点与"十一五"时期我国重点发展的基础学科、关系国计民生重大问题的重点学科密切相关,因而是国家资助的重点。2006—2008 年 3 年到位资金累计超过亿元的有 6 个学科,其经费规模从高到低分别是生物学,地球科学,物理学,农学,化学,电子、信息与自动控制技术。这 6 个学科到位资金之和为 15.3 亿元,占北京地区承担项目的到位资金总和的 62.3%(表 3-3)。上述经费投入大的学科同时也是人力投入的重点。

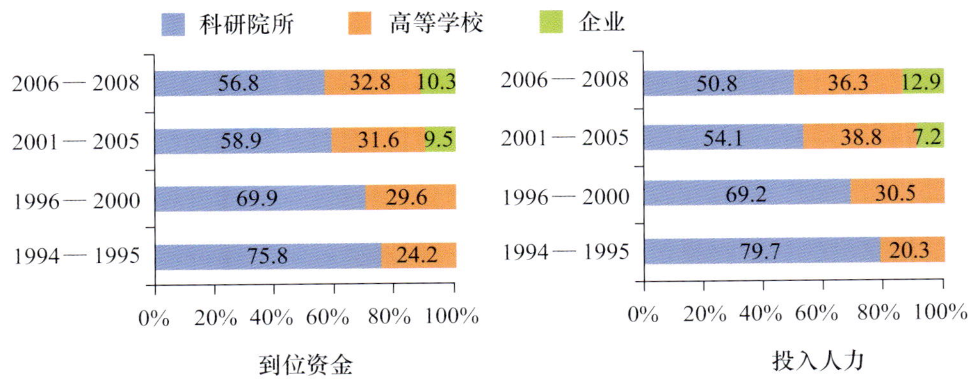

图 3-9　北京地区各类单位承担攀登计划和 973 计划项目的情况(1994—2008 年)

资料来源:国家级科技计划项目执行情况统计调查报告. 1995-2009.

表 3-3　北京地区"973"计划项目投入的主要学科分布(2006—2008 年)

	到位资金		投入人力	
	(千元)	%	(人年)	%
北京地区合计	2449421	100	29702	100
生物学	554461	22.6	6222	20.9
地球科学	259681	10.6	2920	9.8
物理学	233552	9.5	1804	6.1
农学	178048	7.3	1969	6.6
化学	170751	7.0	915	3.1
电子、信息与自动控制技术	130358	5.3	1829	6.2

资料来源:国家级科技计划项目执行情况统计调查报告. 2007-2009.

二、"863"计划和国家科技攻关/支撑计划项目

1986 年,中国政府批准实施了《高技术研究发展计划("863"计划)纲要》。"863"计划是一项涉及国家跨世纪发展的战略性高技术发展的研究计划。该计划的实施使我国在相关的高技术领域取得了巨大的进步,缩短了与发达国家的差距。"十五"期间,"863"计划在信息技术、生物和现代农业技术、新材料技术、先进制造与自动化技术、能源技术和资源环境技术等 8 个领域的若干个主题和重大专项进行部署。"十一五"时期,"863"计划涉及的技术领域有所扩展,在原有基础之上进行调整并增加了现代交通技术、地球观测导航技术。

国家科技攻关计划是我国组织实施的第一个国家级科技计划。该计划自 1983 年开始实施以来，在科技促进农业发展、传统工业的技术更新、重大装备的研制、新兴领域的开拓以及生态环境和医疗卫生水平的提高等方面都取得重大进展，解决了一批国民经济和社会发展中难度较大的技术问题。"十五"期间国家科技攻关计划通过重大关键技术的突破、引进技术的创新、高新技术的应用及产业化，为产业结构调整、社会可持续发展及提高人民生活质量提供技术支撑。根据"十一五"国家科技发展计划总体目标安排，国家科技攻关计划调整为国家科技支撑计划。

1. 总量及占全国的比重

"863"计划和科技攻关/支撑计划是中央财政拨款规模最大的科技计划，以 5 年为一个周期滚动实施。

自"八五"以来的数个五年计划期间，北京地区承担的这两类计划项目数量、经费和人力都不断增加。"十五"时期，累计到位项目资金 225.3 亿元，其中政府资金 93.1 亿元，投入人力 10.5 万人年，分别是"九五"时期的 4.3 倍、3.4 倍和 1.9 倍，"十一五"前三年，累计到位项目资金已经达到 186.1 亿元、政府资金 69.1 亿元，投入人力 8.5 万人年，分别达到"十五"期间的 82.6%、74.2%和 81.0%(图 3-10)。

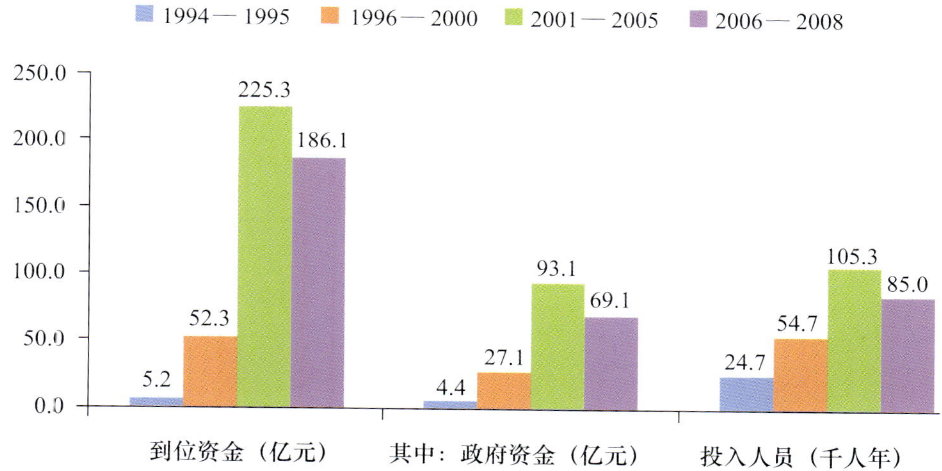

图 3-10　北京承担的 863 和国家科技攻关/支撑项目到位资金和投入人员(1994—2008 年)

资料来源：国家级科技计划项目执行情况统计调查报告. 1995-2009.

北京地区在"863"计划和国家科技攻关/支撑计划项目的实施中扮演了重要角色。1994 年以来，在全国实施的两类计划项目中，北京地区作为项目牵头单位承担的项目数、投入人年、每年实际到位的政府资金占全国总量的比例基本保持在 30%—45%的水平，近几年项目到位资金占全国的比例呈现出波动下降趋势。尽管如此，在 31 个省(自治区、直辖市)中北京地区仍然是比例最高的，大多数年份高于 20%，北京在两类计划项目许多重要研究领域的地位和作用无可替代。

2. 主要承担单位与资金来源结构

“十五”时期，吸收更多企业参与国家科技计划，企业的参与使研发的各项成果更利于产业部门应用。

1994 年，北京地区承担的“863”和国家科技攻关/支撑项目中，由科研院所和高等学校牵头的项目分别占 63.0%和 28.8%，企业牵头的项目只占 3.3%。2007 年，北京地区承担的这两类项目中，47.9%由科研院所牵头，30%由高等学校牵头，企业牵头的项目占 15.6%。

企业的参与扩大了社会资金对国家科技计划项目的投资，对北京地区承担的“863”和国家科技攻关/支撑项目资金的来源结构影响颇大。在两类国家科技计划项目的资金中，“八五”时期，84.6%来源于政府，特别是中央政府。“九五”时期，政府资金仍超过半数，企事业单位自有资金占 36.7%。“十五”期间，政府资金和企事业单位资金分别占 41.3%和 50%，企事业单位资金已超过政府资金，其中企业的自有资金已达到 37.5%。“十一五”前三年，政府资金比例进一步下降到 37.1%，企业资金比例达 52.1%，企事业单位投入共占 62.3%(图 3-11)。这一时期政府资金的大部分(74.5%)投向科研院所和高等学校牵头的项目，在企业牵头项目中，政府资金主要发挥引导作用。

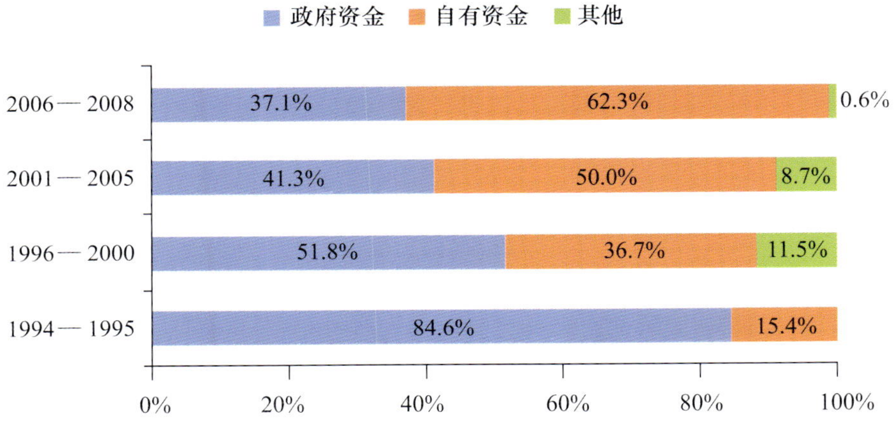

	政府资金	自有资金	其他
2006—2008	37.1%	62.3%	0.6%
2001—2005	41.3%	50.0%	8.7%
1996—2000	51.8%	36.7%	11.5%
1994—1995	84.6%	15.4%	

图 3-11 北京地区承担的 863 和国家科技攻关/支撑项目的资金来源(1994—2008 年)

资料来源：国家级科技计划项目执行情况统计调查报告. 1995-2009.

3. 技术领域分布

“863”计划和国家科技攻关/支撑计划的目标和宗旨不同，前者专注于高技术领域的探索和研究，为我国高技术产业的发展奠定技术基础，国家科技攻关/支撑计划则以产业部门和社会发展中的重要问题为对象提供技术支撑。

据对 2006 年和 2007 年立项项目的统计，在北京地区承担的“863”计划项目中，政府资金主要投向生物医药技术(21%)、先进能源技术(16.2%)、信息技术(15.5%)、资源环境技术(12.3%)。这四个技术领域项目的政府资金占了北京地区全部“863”计划项目政府资金的 65%(图 3-12)。在北京地区承担的国家科技攻关/支撑项目中，政府资金主要投向农业

(22.9%)、公共安全与其他社会事业(12.8%)、交通运输(10.3%)、环境(10.1%)和人口与健康(9.9%)。这5个领域项目的政府资金占了北京地区全部科技支撑项目政府资金的66%(图3-12)。政府资金投入如此集中,不仅反映了它们是国家重点关注、以政府资助为主的领域,同时也表明北京地区在这些领域的研发能力较强、参与度较高。

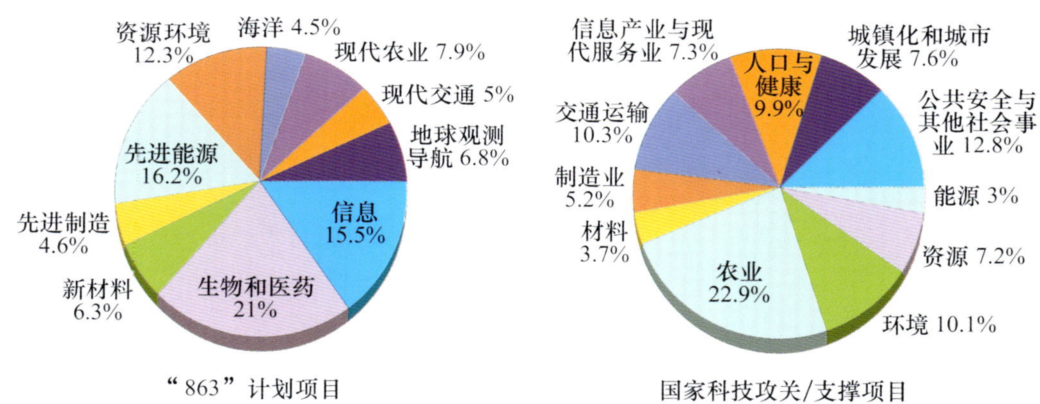

图3-12 北京地区承担"863"计划项目和国家科技攻关/支撑项目政府资金的领域分布(2006—2008年)

资料来源:国家级科技计划项目执行情况统计调查报告.2007-2009.

三、国家火炬计划项目和国家星火计划项目

国家火炬计划是针对高技术领域研发成果的产业化应用,国家星火计划是以科学技术支持我国"三农"(农业、农村、农民)的发展,建立科技服务体系,推广使用新技术。这两个国家科技计划作为产业化计划,其实施单位主要是企业,项目资金绝大部分来源于社会,尤其是承担项目的企业,政府的资助只作为引导资金发挥激励作用。

1. 总量及占全国的比重

1994年以来,北京地区承担国家火炬计划项目和国家星火计划项目到位资金基本呈上升趋势。2007年,这两类项目到位资金为23.0亿元(图3-13),达到历史最高,其中国家火炬项目到位资金17.7亿元,国家星火项目到位资金5.3亿元。同年,两类项目从各级政府部门获得的引导资金(包括科技部拨款、部门匹配资金、地方政府资助资金)也是历年最多的,为0.7亿元,占3.1%。企业投资18.0亿元,占78.1%,其中国家火炬项目和星火项目分别为13.6亿元和4.3亿元。其他社会资金投入为4.3亿元,占18.7%,其中国家火炬项目和星火项目分别为3.7亿元和0.6亿元。

一直以来,在31个省(自治区、直辖市)中,北京地区承担国家火炬和星火项目数量并不很多,项目资金规模也不算大,这主要与北京作为我国首都以及政治和文化中心、地方地区生产总值构成中第一、二产业所占的比例较低有关。2007年北京地区两类计划项目的各项指标占全国的比例为:承担项目数占3.2%,到位资金占2%,政府引导资金占8.6%,参加人员占4.1%。

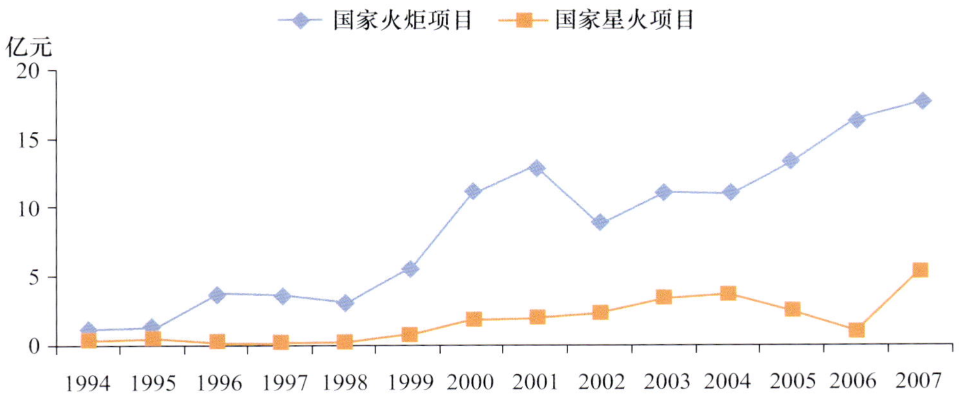

图 3-13　北京地区国家火炬和星火计划项目到位资金(1994—2007 年)

资料来源:国家级科技计划项目执行情况统计调查报告. 1995-2008.

2. 项目资金的技术领域分布

2007 年,北京地区承担的国家火炬项目到位资金达 17.7 亿元,其中半数以上分布在光机电一体化(占 37.5%)、电子与信息(23.4%),其次是新能源和高效节能(13.8%)、新材料(11.9%),资金投向生物、医药技术领域和环境保护领域较少,分别只占 6.6% 和 5.2%(图 3-14)。

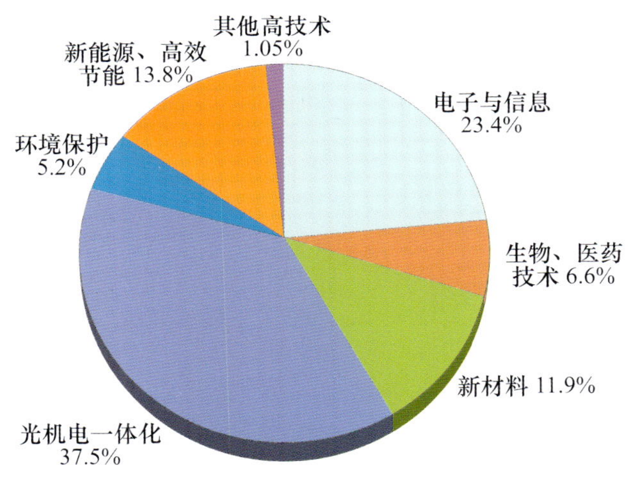

图 3-14　北京地区国家火炬计划项目到位资金的技术领域分布(2007 年)

资料来源:国家级科技计划项目执行情况统计调查报告. 2008.

2007 年,北京地区承担的国家星火项目到位资金为 5.3 亿元,其中绝大部分用于新农村建设的示范村建设(87.2%),用于农林牧渔业和制造业的资金分别占 4.7% 和 6%,用于专业技术服务和推广服务的资金占 1.6%,其他占 0.5%。

四、国家科技计划项目中的产学研合作

政府鼓励以产学研合作方式实施国家科技计划项目。产学研合作项目是指以北京地区单位牵头，并有企业与科研院所或高等学校共同参与的科技项目。“九五”以来，国家科技计划项目中的产学研合作项目不断增加。

1. 产学研合作项目总体情况

从“九五”至今，北京地区承担的国家科技计划项目中都有一定比例的产学研合作项目。“九五”期间，北京承担的国家科技计划项目中，产学研合作项目有 371 项，约占 10%。“十五”期间，国家科技计划项目在立项时注重支持产学研合作类项目。这一时期北京地区的产学研合作项目数达到 1105 项，占北京地区承担国家科技计划项目总数的 24.1%，与“九五”比较，项目数几乎增加了 2 倍，所占比例则提高了 14 个百分点。“十一五”前三年，产学研合作项目数为 897 项，所占比例为 22.5%。随着“十一五”后两年新立项的项目，产学研合作项目数将会继续增加(表 3-4)。

表 3-4　北京地区承担的国家科技计划项目中产学研合作项目情况

	“九五”时期（1996—2000 年）	“十五”时期（2001—2005 年）	“十一五”前三年（2006—2008 年）
北京地区承担五类国家科技计划项目总数(项)	3800	4585	3983
其中：产学研合作项目数	371	1105	897
“973”项目	1	31	29
“863”项目	117	678	396
国家科技攻关/支撑项目	232	291	432
国家火炬项目	15	37	18
国家星火项目	6	40	22
产学研合作项目所占比例(%)	9.8	24.1	22.5

资料来源：国家级科技计划项目执行情况统计调查报告. 1996-2009.

就不同类型科技计划项目而言，“863”计划和科技攻关/支撑项目中产学研合作最广泛、合作项目数最多，这种状况从“九五”一直延续至今。“十五”时期，这两类计划的产学研合作项目分别为 678 项和 291 项，占北京地区同类计划项目总数的比例分别为 31.2%%和 22.6%。“十一五”前三年，这两类计划的产学研合作项目分别为 396 项和 432 项，占北京地区同类项目总数的比例分别为 20.2%和 33.4%。

“十一五”前三年，北京地区牵头承担的“973”计划项目共 213 项，其中产学研合作项目 29 项，占 13.6%；北京地区承担的国家火炬计划项目中多数是以企业为主，将高技术研发成果直接产业化，因而产学研合作项目比例仅为 5.7%。北京地区承担的国家星火计划项目中产学研合作项目的比例为 11.1%。

2. 合作方式

根据参加单位在项目中的作用，科技计划项目中的产学研合作可以有几种方式：其一，以企业为主，科研机构和高等学校配合研发、技术攻关；其二，以科研院所和高等学校为主导进行研究，产业部门参加；其三，其他单位牵头的产学研合作。

"十一五"前三年北京地区实施的897项产学研合作项目表明，不同科技计划项目中的产学研合作方式各有特点（图3-15）。

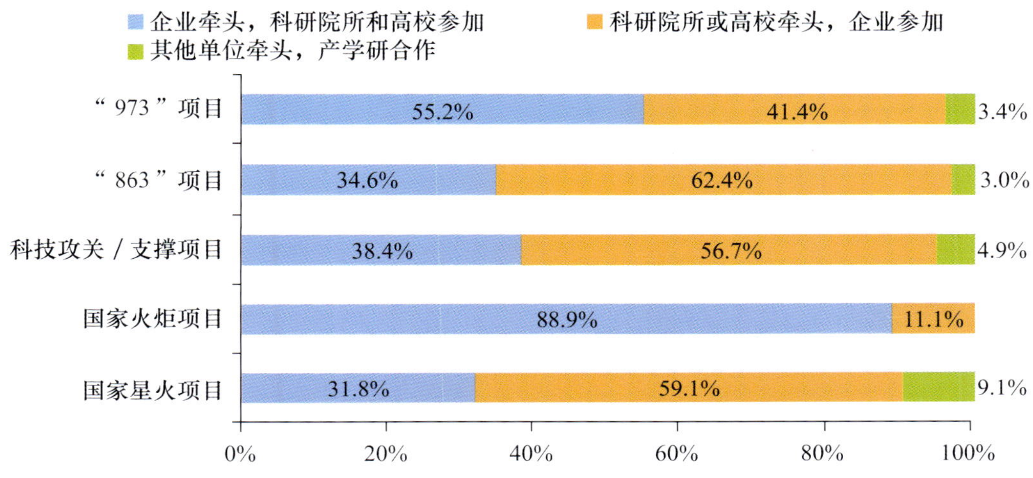

图3-15 北京地区产学研合作项目按合作方式的分布（2006—2008年）

资料来源：国家级科技计划项目执行情况统计调查报告. 2007-2009.

"973"计划项目中的产学研合作项目有29项，其合作方式以前两种为主，以企业为主的合作项目占55.2%，以科研院所或高等学校为主的合作项目占41.4%。

"863"项目和科技攻关/支撑计划项目中的产学研合作项目分别为396项和432项，其产学研合作方式以科研院所或高等学校牵头占多数，分别占62.4%和56.7%；以企业为主的合作方式分别占34.6%和38.4%；另外有部分产学研合作项目采取了第三种方式。

国家火炬计划项目中有18项产学研合作项目，其合作方式近九成采取企业牵头，科研院所或高等学校参加，第二种合作方式占一成多。

国家星火计划项目中有22项产学研合作项目，合作方式中，有59.1%是以科研院所或高等学校牵头，提供技术支持、推广应用技术成果，企业主导的产学研合作项目占31.8%，第三种方式的产学研合作项目占9.1%。

3. 区域间的合作

以北京地区项目承担单位牵头的产学研合作项目中，既有本地区内的合作，也有跨地区的合作。从其区域间合作情况，可以更好了解北京科研机构和高等学校作为技术辐射源的作用，也反映出北京地区企业向外部寻求合作的情况（表3-5）。

表 3-5 北京地区产学研合作项目中区域间的合作情况(2006—2008 年)

北京地区承担"973"计划等 5 类国家计划项目总数(项)	3983
其中:产学研合作项目	897
北京地区科研院所和高等学校:与北京企业合作	311
与外地企业合作	125
与北京和外地企业共同合作	85
外地科研院所和高等学校:与北京企业合作	66
与外地企业合作	3
与北京和外地企业共同合作	56
北京和外地科研院所和高等学校:与北京企业合作	115
与外地企业合作	97
与北京和外地企业共同合作	39

资料来源:国家级科技计划项目执行情况统计调查报告.2007-2009.

表 3-5 列出了 2006—2008 年调查的 897 个产学研合作项目由北京地区及北京以外地区的单位合作的情况,它反映出以下特点:

区域间合作广泛。完全由本地产学研单位合作的项目为 311 项次,占全部产学研合作项目的 34.7%,有北京地区及外地科研院所、高等学校或企业参加的区域间合作项目占 65.3%。

科研机构和高等学校作为技术辐射源的作用显著。北京地区科研机构或高等学校与外地企业的合作(向外地辐射技术)项目共 346 项,占北京地区产学研合作项目的 38.6%;外地科研机构或高等学校与北京企业的合作(向北京辐射技术)项目有 276 项,占北京地区产学研合作项目的 30.8%,北京地区向外地辐射技术高于外地向北京辐射技术。

北京地区企业积极向本地和外地寻求技术合作。北京地区企业参与的产学研合作项目共 672 项,占北京地区产学研合作项目的 74.9%。其中 396 项只涉及与本地科研院所或高等学校的合作,122 项只涉及与外地科研院所或高等学校的合作,154 项同时与本地和外地科研院所或高等学校的合作。

不少企业跨区域联手进行产学研合作。北京地区与外地企业共同参加的产学研合作项目 180 项,占北京地区产学研合作项目的 20.1%。

第三节 北京市科技计划项目

北京市科学技术委员会按照北京市科学技术发展的基本方针和科技工作的总体部署,每年遴选出一批对北京市社会经济发展具有重要意义的科技项目,给予财政经费方面的支持，这些科技项目成为北京市科技计划项目。自 2000 年以来，为了不断提高科技计划项目的管理水平，增强科技引领作用，北京市科学技术委员会不断深化科技管理改革，提高项目管理水平。

2000 年，北京市科学技术委员会提出实施“首都二四八重大创新工程”，即创建两个体系、建设四个产业化基地、实施八个产业化示范工程。这是北京市委依据创新发展的思路，完善区域创新体系，打造首都创新发展引擎的战略规划。2003 年，在“首都二四八重大创新工程”的基础上，北京市科委确立了“实现一个转变、两个加强、实施三大行动”的“一二三”科技工作思路。一个转变即实现由院所、高等学校为中心的技术主导型的科研体制向以企业为中心的市场主导型的科研体制转变；两个加强即加强科技创新资源向郊区县的辐射、扩散，加强科技对城市建设、城市管理和社会发展方面的支撑；三大行动即“引擎行动”、“涌泉行动”、“科技奥运行动”。2005 年，北京市科学技术委员会探索并启动了重点产业竞争力提升、现代服务业促进、应用基础和战略高技术研究等八大“科技工作主题计划”，重新构架了科技工作体系。

为了全面贯彻落实党的十七大精神，充分发挥首都科技优势，市委、市政府于 2009 年 4 月发布“科技北京”行动计划（2009—2012 年），实施“2812 工程”，促进自主创新水平的提高。其中，“2”即积极承接国家重大科技专项和重大科技基础设施建设，带动一批关系首都经济社会发展的关键技术实现重点突破；“8”即加快电子信息产业、生物医药产业、新能源和环保产业、装备制造业、汽车产业、文化创意产业、科技服务业、都市型现代农业等 8 个产业的发展，努力在重大关键技术上形成突破，切实做大做强一批企业；“12”即实施 12 项科技支撑工程，推广一批具有自主知识产权并能带动形成新的市场需求、改善民生的成熟技术和产品，加大产业化、商业化和规模化应用力度。在市委、市政府的统一领导下，根据“科技北京”行动计划工作总体部署，行动计划内容由北京市科学技术委员会牵头，全市 20 多家委办局按领域分别负责实施。

本部分依据北京市科学技术委员会每年的科技计划项目财政预算数据，着重分析 2003—2007 年期间北京市科技计划项目的财政经费投入、布局和进展。

一、科技计划项目情况

北京市科技计划项目的组织实施集中反映了政府的主要科技政策取向，对政府调控和配置科技资源，实现北京市中长期科技发展规划目标具有重要作用。随着地方经济和科技事业的发展，政府投向科技项目的经费不断增长。

1. 总体情况

2003 年以来，北京市科技计划项目经费投入呈现逐年上升趋势。项目经费（仅指财政投入经费，下同）投入由 2003 年的 5.9 亿元增加到 2007 年的 7.7 亿元，年均增长 6.9%。由于北京市地方财政拨款在 2003—2007 年期间以年均 36.9%的速度增长，比科技项目经费的年均增长速度高出 30 个百分点，因此，科技项目经费占当年财政科技拨款的比重呈急剧下降的趋势，由 2003 年的 23.4%减少到 2007 年的 8.7%，下降了 14.7 个百分点。

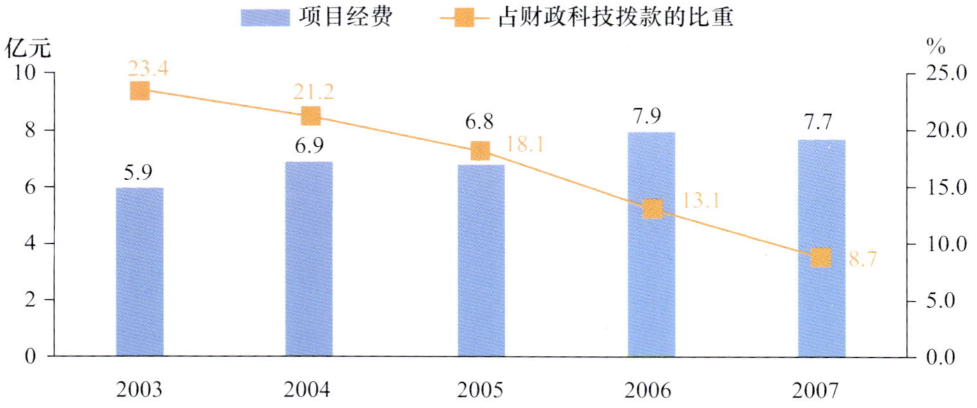

图 3-16　北京市科技计划项目经费投入及其占财政科技拨款的比重(2003—2007 年)

资料来源:财政科技拨款数据来自科技部地方财政科技拨款的统计调查结果.

2. 技术领域分布

北京市科技计划项目,从技术领域上主要分为光机电一体化、新材料、现代农业、电子与信息技术、生物医药技术、社会发展等六大领域。

从近 5 年北京市科技计划项目中的经费投入情况可以看出,电子与信息技术领域、光机电一体化领域、生物医药与医疗卫生领域一直是科技计划项目支持的重点,这些技术领域不仅科技项目经费较多,而且经费快速增长。其次是现代农业和社会发展领域的科技项目经费相对较少,近年经费有较快增长。第三类是新材料领域,其项目经费最少,经费的增长速度也相对缓慢(表 3-6)。

表 3-6　北京市科技计划项目经费按各技术领域的分布(2003—2007 年)

	2003 年	2004 年	2005 年	2006 年	2007 年
合计(亿元)	5.9	6.9	6.8	7.9	7.7
电子与信息技术	1.2	1.4	1.5	2.2	1.9
光机电一体化	1.1	2.0	1.4	1.7	1.5
生物医药与医疗卫生	0.9	0.9	1.1	1.4	1.3
现代农业	0.8	0.9	1.1	1.2	1.2
社会发展	0.7	0.6	0.6	0.8	1.3
新材料技术	0.5	0.4	0.7	0.6	0.5
其他	0.7	0.5	0.5	0.0	0.1

资料来源:北京市科学技术委员会科技计划项目信息系统.

到 2007 年,北京市科技计划项目中,重大项目经费投入共计 7.7 亿元,主要投入到电子与信息技术领域、光机电一体化领域、生物医药与医疗卫生、社会发展等领域,新材料等领域的经费投入相对减少。其中,电子与信息技术领域科技投入为 1.9 亿元,占总投入的24.6%;光机电一体化领域科技项目投入1.5亿元,占总投入的18.9%;生物医药、医疗卫生技术领域科技项目投入1.3亿元,占总投入的16.6%;社会发展领域科技项目投入1.3亿元,占总投入的16.5%;现代农业领域科技项目投入1.2亿元,占总投入的15.4%;新材料技术领域科技项目投入0.5亿元,占总投入的7.0%(图3-17)。

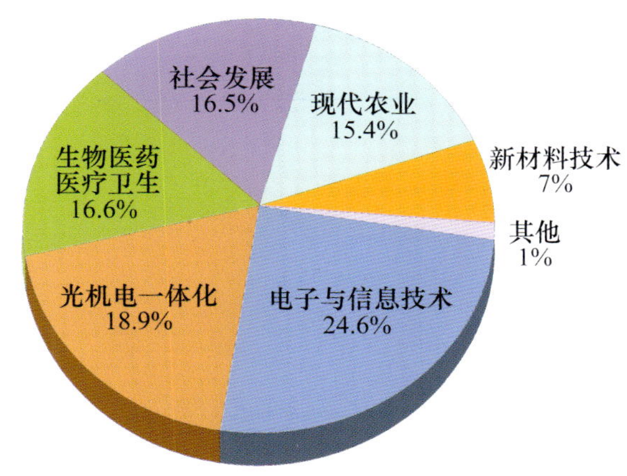

图3-17 北京科技计划项目经费在各技术领域的分布(2007年)

资料来源:北京市科学技术委员会科技计划项目信息系统.

与2003年相比,除了新材料技术领域外,2007年,五个主要技术领域的项目经费都有较大增长。其中:经费增加最多的是电子与信息技术领域,2007年比2003年增加了0.7亿元;社会发展领域居第二位,增加了0.6亿元;其次是现代农业、生物医药与医疗卫生及光机电一体化技术领域,均增加了0.4亿元。按2003—2007年项目经费的年均增长率计算,增长最快的是社会发展领域,增长率为16.5%;现代农业和电子与信息技术领域的增长率差不多,分别为11.9%和11.7%;生物医药与医疗卫生领域的增长率为10.1%;而光机电一体化技术领域的经费年均增长率为7.8%。

由于不同的经费增长速度,这些技术领域的项目经费在科技计划项目总经费中所占的比重也发生了变化。其中,电子与信息技术领域项目经费所占份额由2003年的20.7%增加到2007年的24.6%,提高了3.9个百分点;社会发展领域由11.7%增加到16.4%,提高了4.7个百分点;现代农业技术领域由12.9%增加到15.4%,提高了2.5个百分点;生物医药与医疗卫生、光机电一体化所占比重分别提高了1.7和0.5个百分点;而新材料技术领域项目经费所占比重则由2003年的9.2%减少到2007年的7.0%,下降了2.2个百分点。

二、重大科技计划项目情况

从管理角度来看,北京市科委组织实施的科技计划项目包括重大项目和预研项目两大类。相对于预研项目等其他项目而言,重大项目更能体现政府的科技计划工作思路和重点。

2005年开始,为发挥科技进步和创新在首都经济社会发展中的巨大作用,推动经济增长方式的转变,及时解决市区两级政府提出的重大科技需求,北京市科委设立绿色通道项目，为各区县解决重大科技问题提供财政支持。

1. 总体情况

重大科技计划项目经费*投入由2003年的4.7亿元增加到2007年的7.0亿元，平均每年增加0.6亿元(图3-18)。重大项目经费在科技计划项目经费中所占的比重也是呈现逐年上升趋势，由2003年的79.7%增加到2007年的90.3%，提高了10.6个百分点。

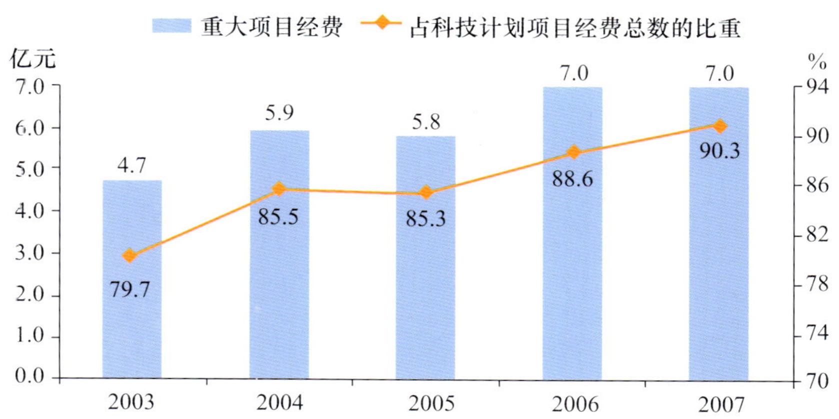

图3-18 北京市重大项目经费及其占科技计划项目总经费的比重(2003—2007年)

资料来源:北京市科学技术委员会科技计划项目信息系统.

2003—2007年，每年新上重大项目的科技拨款总额**波动较大，从统计数据来看，2005年和2006年的科技拨款总额明显高于2003年和2004年的水平，也高于2007年的科技拨款总额(图3-19)。

每年新上重大项目是北京市科技计划项目的主要组成部分，集中反映了当年科技工作的思路和重心。因此下面将重点分析2003—2007年新上重大项目的经费投入的技术领域分布及项目的承担单位构成等情况。

2. 新上重大项目经费的技术领域分布

从每年各技术领域新上重大项目的科技拨款总额情况可以看出，每年新上项目的重点技术领域在不断调整。总体来说，2003年的立项重点在光机电一体化领域；2004—2006年，电子与信息技术领域以及现代农业领域成为重点领域；2007年，光机电一体化领域再次成为立项的重点领域，同时社会发展技术领域的科技项目也成为重点。

2003年，光机电一体化领域新上项目的科技拨款总额最多，为1.0亿元，占当年新上项目科技拨款总额的26.0%；其次是电子与信息技术领域和医药卫生领域，分别占当年新上重大项目科技拨款总额的22.0%和20.2%(图3-20)。

---

* 重大科技计划项目经费包括了新上重大项目、延续重大项目和绿色通道延续项目的财政经费。

** 每年的新上重大项目一般都要在未来的几年内完成，因此每一个新上重大项目的财政经费一般也要分几年分别拨付。每一年拨付的经费都归入拨付年度的经费预算。一个项目在研期间所有年度拨付经费的总和成为该项目的科技拨款总额。

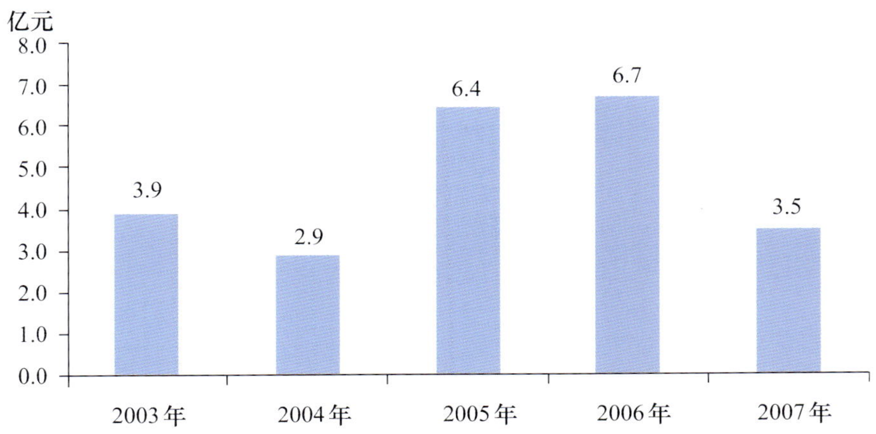

图 3-19 北京市科技计划项目中新上重大项目的科技拨款(2003—2007 年)

资料来源:北京市科学技术委员会科技计划项目信息系统.

2004 年,电子与信息技术领域成为新上重大项目的立项重点领域,占当年新上重大项目科技拨款的 27.5%。

2005 年,电子与信息技术领域和现代农业技术领域是新上项目的重点领域,两个领域分别占当年新上重大项目科技拨款总额的 27.8%和 27.3%。

2006 年,电子与信息技术领域依然是新上重大项目的重点,占当年新上重大项目科技拨款总额的 30.9%。

2007 年,光机电一体化和社会发展领域成为新上重大项目的重点领域,两个技术领域分别占当年新上重大项目科技拨款总额的 24.2%和 21.4%。

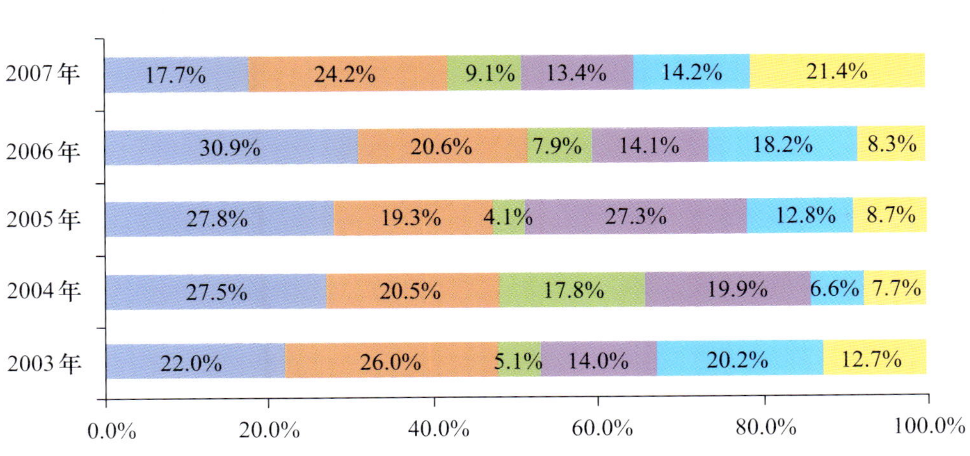

图 3-20 当年新上重大项目科技拨款按技术领域分布(2003—2007 年)

资料来源:北京市科学技术委员会科技计划项目信息系统.

3. 新上重大项目的主持单位

项目主持单位一般都是项目成果的最终使用者，或者在该项目所属研究领域拥有比较明显优势的单位。

从每年新上重大项目科技拨款按主持单位的分布来看，企业主持项目的科技拨款比较多，2004 年和 2006 年几乎占当年新上重大项目科技拨款总额的一半（表 3-7）。特别是 2006 年，企业主持项目的科技拨款是高等学校和科研院所主持项目科技拨款合计的 5.4 倍。2007 年企业主持项目占当年新上重大项目科技拨款的比重有所下降，为 27.0%。在每年新上重大项目科技拨款中，高等学校和科研院所所占份额较低，2007 年分别为 8.8%和 5.7%。

同时，一个突出的趋势是：其他类单位主持的项目，无论是项目数量还是项目拨款总额都在稳步增长。其他类单位主要包括医疗机构、行业协会、政府属事业单位及政府部门等。到 2007 年，其他类单位主持的项目数占当年新上重大项目数的 55.9%，项目科技拨款占当年新上重大项目科技拨款总额的 58.5%。

表 3-7　新上重大项目科技拨款按项目主持单位的分布（2003—2007 年）

	2003 年	2004 年	2005 年	2006 年	2007 年
企　　业（%）	42.6	49.9	32.5	49.4	27.0
高等学校（%）	6.1	12.2	7.2	6.2	8.8
科研院所（%）	14.3	5.8	9.5	3.0	5.7
其　　他（%）	36.9	32.1	50.8	41.3	58.5

资料来源：北京市科学技术委员会科技计划项目信息系统.

第四章　政府研究机构的科技活动

政府研究机构是指隶属于县以上各级政府部门的独立的科学研究与技术开发机构。从学科领域看，政府研究机构由自然科学与技术领域的研究机构（其中包括科技信息与文献机构）以及社会科学与人文科学领域的研究机构两部分组成。政府研究机构是进行基础研究、战略高技术研究和社会公益研究的主要部门，与高等院校及各类企业组成我国科技创新体系的主力军。北京地区政府研究机构在全国具有举足轻重的地位。

本章根据《中国科技统计年鉴》、《北京统计年鉴》、《北京市研究与发展（R&D）数据汇编》提供的数据和资料分析北京地区政府研究机构（不包括国防科工委系统研究机构，下同）的转制和分类管理改革、科技活动及其变化趋势、在全国研究机构中的作用以及转制机构的改革与发展。

第一节　研究机构的转制和分类管理改革

"九五"期末与"十五"期间是政府研究机构进行管理体制改革的重要时期。1999 年 2 月，国务院对国家经贸委管理的 242 个研究机构实行企业化转制开始启动。随后，2001 年公益类研究机构的分类管理改革逐步展开。在中央部门研究机构改革的带动下，北京地区研究机构的企业化转制和分类管理改革也全面启动并稳步推进。到目前为止，各类机构改革任务已基本完成。经过改革，研究机构的数量和人员规模大幅度减小，分布结构发生了根本性变化，为国民经济和社会提供科研公共产品和服务的职能定位进一步明确。

一、研究机构的规模

以企业化转制和分类管理改革为重点的组织结构调整，使北京地区政府研究机构的数量和人员规模大幅度减小。

在机构的数量上，北京地区政府研究机构从企业化转制和分类改革前的 1998 年的 420 个减少为 2007 年的 265 个，减少 155 个，减少了 37%。其中，中央属政府研究机构由 311 家减少为 221 家，减少 90 家，减少了 29%；地方属研究机构由 109 家减少为 44 家，减少 65 家，减少了 59.6%。

在研究机构的人员规模上，从业人员从 1998 年的 12.7 万人减少为 2007 年的 8.5 万人，减少 4.2 万人，减少了 33.1%；科技活动人员从 7.9 万人减少为 6.8 万人，减少 1.1 万人，减少了 13.9%。

二、研究机构的结构

按照服务的领域，研究机构可分为以下五类：综合科学研究类机构、农业类研究机构、专业技术服务类研究机构、社会事业类研究机构和产业类研究机构。研究机构的企业化转制和分类管理改革，主要是在自然科学与技术领域研究机构系统进行，1999—2007年，北京地区政府研究机构数量和规模的大幅度减少主要是以下三类机构。

第一类是产业类研究机构，是服务于工业、建筑业、交通仓储、邮政以及信息传输与计算机服务等产业部门的研究机构。这类机构从1998年143个减少为35个，从业人员从6.1万人减少为1万人，科技活动人员从3.5万人减少为0.7万人，机构数量减少了75.5%，从业人员和科技活动人员分别减少了83.6%和80.0%。这些减少的机构服务于产业部门，属于技术开发型机构，已转制成为科技型企业、科技中介服务机构或者进入企业。

第二类属于专业技术服务类研究机构，是在气象、地震、海洋、测绘、地质勘查、技术检测、环境检测、工程技术与规划管理以及其他专业技术服务领域进行科研的研究机构。这类机构从1998年的74个减少为28个，从业人员从1.6万人减少为0.8万人，科技活动人员从1.2万人减少为0.7万人，机构数量减少了62.2%，从业人员和科技活动人员分别减少了50.0%和41.7%。减少的这部分机构虽属于公益类研究机构，但具有面向市场能力，通过分类管理改革已经转向企业化运营。

第三类为综合科学研究类机构，是在自然科学、工程技术、医学、农学以及社会人文科学领域主要从事科学研究即知识创新的研究机构，不以具体的国民经济行业为服务对象。这类机构从1998年的56个减少为45个，从业人员从1.9万人增加到2.9万人，科技活动人员从1.4万人增加到2.6万人，机构数量减少了19.6%，从业人员和科技活动人员分别增加了52.6%和85.7%，虽然机构数少了，但科研队伍的力量却是加强了。

以上情况表明，改革使北京地区政府研究机构的结构发生了根本性变化，政府研究机构已经从产业部门以及可以面向市场的研究领域退出。

三、研究机构的资源分布

目前，政府研究机构的资源，主要分布在科学研究和社会公益性研究领域。2007年，北京地区政府研究机构的资源分布情况如表4-1所示。

综合科学研究类机构有45个，其从业人员、科技活动人员和政府拨款分别占研究机构总量的34.5%、38.7%和39.3%。这类研究机构是以中国科学院为主体，集聚了我国最优秀和最高水平的研究机构，是基础科学研究和战略高技术领域研究的核心力量。社会事业类研究机构有66个，其从业人员、科技活动人员和政府拨款分别占研究机构总量的27.4%、21.7%和15.6%。

专业技术服务类研究有28个，其从业人员、科技活动人员和政府拨款分别占研究机构总量的9.1%、9.7%和15.8%。农业类科研机构共有22个，其从业人员、科技活动人员和政府拨款分别占研究机构总量的7.9%、8.4%和12.2%。产业类研究机构数量为35个，其从业人员、科技活动人员和政府拨款分别占北京地区研究机构总量的11.7%、

10.8%和10.7%。

表 4-1 北京地区政府研究机构的资源分布(2007 年)

	机构数		从业人员		科技活动人员		政府拨款	
	(个)	%	(个)	%	(个)	%	(个)	%
合计	265	100	85332	100	68263	100	177.2	100
自然科学技术领域	196	74.0	77305	90.6	60927	89.3	165.9	93.6
农业类研究机构	22	8.3	6734	7.9	5744	8.4	21.6	12.2
产业类研究机构	35	13.2	9966	11.7	7343	10.8	19.0	10.7
综合科学研究类机构	45	17.0	29443	34.5	26419	38.7	69.7	39.3
专业技术服务业类研究机构	28	10.6	7724	9.1	6609	9.7	28.0	15.8
社会事业类研究机构	66	24.9	23438	27.4	14812	21.7	27.6	15.6
社会人文领域	69	26.0	8027	9.4	7336	10.7	11.3	6.4

资料来源:北京科技统计信息中心.

社会与人文科学研究机构有69个,其从业人员、科技活动人员和政府拨款分别占北京地区政府研究机构总量的9.4%、10.7%和6.4%。

2007年,北京地区政府研究机构的R&D经费和R&D人员分别为103亿元和3.8万折合全时人员。在各类机构中R&D经费和R&D人员的分布是:综合科学研究类机构分别占49.4%和47.7%;社会事业类研究机构分别占12.7%和17.9%;专业技术服务类研究机构分别占13.8%和8.0%;农业类研究机构分别占7.9%和8.0%;产业类研究机构分别占11.2%和8.7%;社会与人文科学研究机构分别占4.9%和9.7%。

科技资源的分布情况表明,研究机构的科技工作已经集中在基础科学和战略高技术领域以及社会公益领域,研究机构为国民经济和社会提供科研公共产品和服务的职能定位进一步明确。

第二节 研究机构的科技活动

2007年是实施《北京市国民经济和社会发展第十一个五年规划纲要》和《北京市"十一五"时期科技发展与自主创新能力建设规划》的第二年,北京地区政府研究机构的科技活动保持着良好的发展势头。科技创新的能力和水平都进入了一个新的发展阶段,对全国科技事业的发展和北京创新型城市建设产生日益重要的推动作用。

一、科技活动人员

近十年来政府研究机构处于大变革、大发展的时期,改革前后其规模、职能都发生了巨大的变化。

1. 两个不同变化阶段

2007 年，北京地区政府部门研究机构的科技活动人员*为 6.8 万人，比上年增加了 0.4 万人，增长 6.3%；其中科学家和工程师为 6.2 万人，比上年增加了 0.6 万人，增长 10.7%。

1998—2007 年期间，科技活动人员的变化可以划分为具有截然不同变化趋势的两个阶段。1998—2003 年为第一阶段。在这一阶段，由于企业化转制和分类管理改革，研究机构科技活动人员数量不断减少，呈现下降的变化趋势。1998 年，科技活动人员有 7.9 万人，到 2003 年，仅有 3.9 万人，减少了 4 万人，减少 50.6%。2004—2007 年为第二阶段，在这一阶段，科技活动人员数量不断增加，呈现上升的变化趋势。2003 年，研究机构的转制和分类管理改革已基本完成，2004 年以后政府研究机构进入了新的稳定增长的阶段，其科技活动人员数量稳步增长。2007 年北京地区政府研究机构科技活动人员达到 6.8 万人，比 2004 年增加 1.0 万人，增长 17.2%。十年期间，政府研究机构科技活动人员总量减少 1.0 万人，减少 13.5%。

2007 年，北京地区政府研究机构科技活动人员中科学家和工程师人数达到 6.2 万人，与 2006 年相比增加 0.6 万人，增长 10.0%。1998—2007 年期间，科学家和工程师人数的变化趋势与科技活动人员变化趋势相同。1998—2003 年，科学家和工程师数量从 5.6 万人减少到 3.1 万人，减少 2.5 万人，减少 44.6%；2004—2007 年间，科学家和工程师的数量不断上升，2007 年的数量超出 1998 年的水平。十年间科学家和工程师总量增加 0.6 万人，增长 10.7%。科学家和工程师数量的增加标志着科研队伍中独立开展科学研究、技术开发的人才资源的扩大。

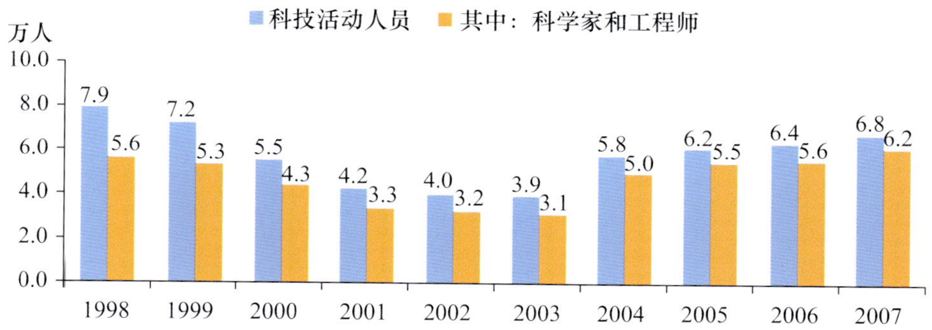

图 4-1　政府研究机构科技活动人员及其科学家工程师数量的变化（1998—2007 年）

资料来源：北京市统计局，国家统计局北京调查总队. 北京统计年鉴. 1999-2008.

2. 科技活动人员素质显著提高

1998 年以来，北京地区政府研究机构科技人力资源出现了新的变化。一是科技人力

* 政府部门研究机构科技活动人员的统计口径，2004 年以前仅为单位在职科技活动人员，从 2004 年起，除单位在职科技活动人员外，增加了外聘研究人员和在读研究生。

资源中出现了新的力量，即外聘研究人员和在读研究生。他们的出现不仅弥补了科技人力投入的不足，而且使科学研究步入开放化的新局面。2007 年政府研究机构科技活动人员总量是 6.8 万人，其中编制内科技活动人员、外聘研究人员及在读研究生的人数是 4.3 万人、0.5 万人和 2.0 万人，分别占总量的 63.2%、7.4%和 29.4%。在各学科领域中，外聘研究人员和在读研究生都是一支不可忽视的骨干力量。特别是自然科学领域，科技活动人员中外聘研究人员和在读研究生的比例高达 55.3%。在农业科学、医药科学、工程技术科学、社会与人文科学领域，外聘研究人员和在读研究生的比例分别为 35.4%、23.3%、32.1%和 22.5%。

表 4-2　政府研究机构科技活动人员中流动研究人员情况(2007 年)

	自然科学	农业科学	医药科学	工程与技术科学	社会与人文科学
科技活动人员总计(人)	20632	5822	11343	20302	10164
其中：在职人员	9228	3795	8705	13787	7873
外聘流动研究人员	2372	198	198	1644	580
在读研究生	9032	2440	2440	4871	1711

资料来源：北京科技统计信息中心.

二是科技活动人员中具有高素质的人才比例不断上升，科技人力资源的素质有明显提高。2007 年，政府研究机构的科学家和工程师为 6.2 万人，占科技活动人员的比重达到 91.0%，比 1998 年提高了 20.1 个百分点；科技活动人员中具有博士和硕士学位人员达到 2 万人，占科技活动人员的比重为 44.9%，比 1998 年的 17%增加了 27.9 个百分点。其中，具有博士学位人员为 1 万人，占科技活动人员的比重为 22.0%，比 1998 年的 4.3%增加了 17.7 个百分点。

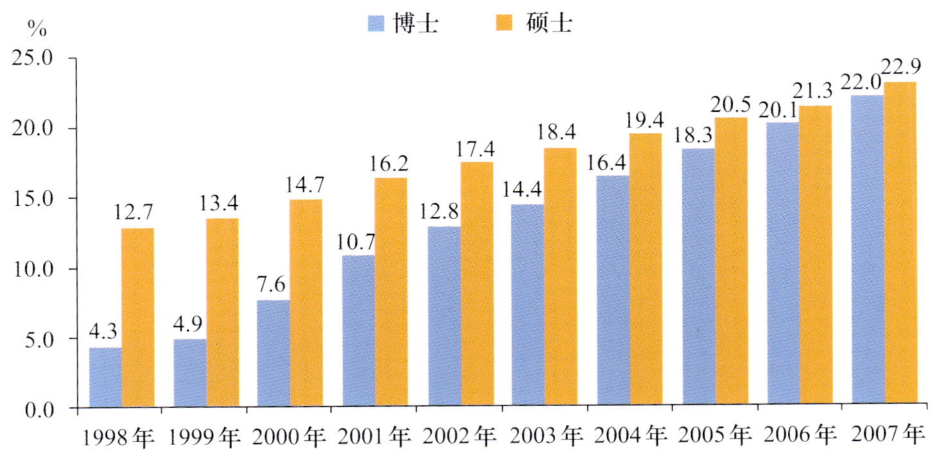

图 4-2　政府研究机构科技活动人员中博士和硕士所占比重的变化(1998—2007 年)

资料来源：北京科技统计信息中心.

二、科技活动经费

科技经费是指研究机构用于开展基础研究、应用研究、试验发展、研究与试验发展成果应用、科技服务等科技活动的经费。政府研究机构的科技经费主要来自各级政府的财政拨款,除此之外还有来自企业委托的开发资金、技术性收入、银行科技贷款、国外援助、捐赠等。随着政府研究机构改革的深入发展,科技经费的投入规模、结构、强度发生了新的变化。

1. 科技经费中政府资金占八成

2007年,北京地区政府研究机构科技经费筹集额为217.8亿元,与上年相比,增加56.6亿元,增长35.1%;与1998年相比,增加111.3亿元,增长104.6%,年平均增长8.3%。尽管由于体制改革的原因使政府研究机构数量减少,但科技经费总量仍然保持稳定增长态势。2004年由于统计上对科技经费的内涵做了新的修订,科技经费的统计口径变小,使2004年的科技经费筹集额比2003年小。2005—2007年,科技经费收入保持年均20.7%的速度增长,特别是2007年,增速达到35.1%的历史最高水平。

"九五"以来,北京地区政府研究机构的科技经费持续增长,在研究机构企业化转制和分类管理改革,以及建立现代研究院所制度的过程中,政府拨款不断增加,成为研究机构改革、发展的主要推动力。

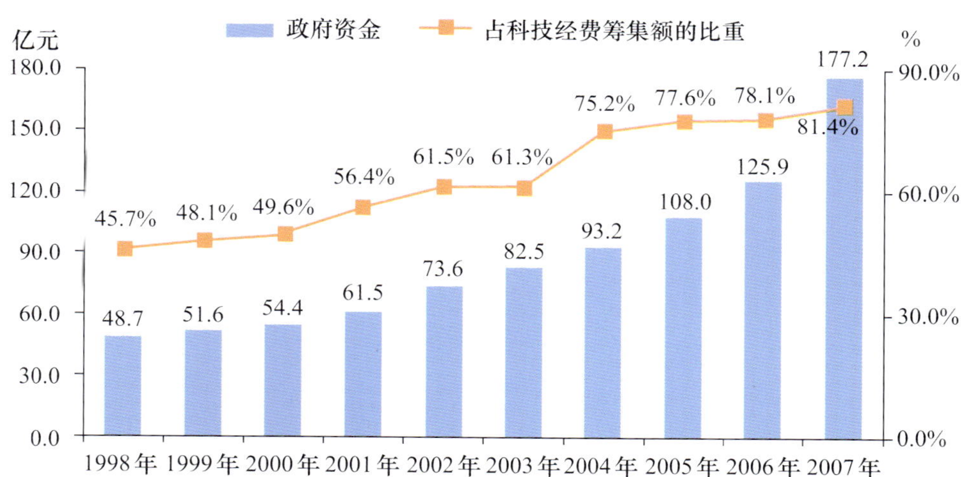

图4-3 研究机构政府资金及其占科技经费筹集额的比重(1998—2007年)

资料来源:北京科技统计信息中心.

北京地区政府研究机构科技经费收入的增长主要来自政府拨款,2007年政府资金为177.2亿元,比上年增加51.3亿元,增长40.7%。对比1998年,政府资金增加了128.5亿元,增长了2.6倍,年平均增长15.4%。同期,政府资金的增长速度比科技经费的增长速度高出7.1个百分点。

"九五"以来,政府研究机构科技经费收入的结构发生了很大的变化。1998年科技经费收入中政府资金、企业资金、银行贷款和其他资金所占比重分别为45.7%、7.7%、

8.2%和38.4%。之后,来自政府资金所占的比重不断上升,从1998年的45.7%提高到2007年的81.4%,提升了35.7个百分点,导致研究机构科技经费来源结构发生根本性变化,由原来以非政府资金为主转变为以政府资金为主。

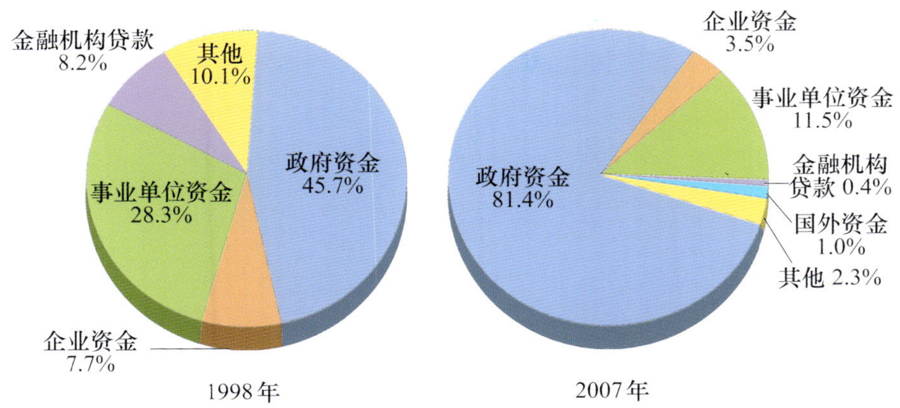

图4-4 北京地区政府研究机构科技经费的来源结构的变化(1998年,2007年)

资料来源:北京科技统计信息中心.

北京地区政府研究机构经费来源发生结构变化的原因,一是政府加大了对研究机构的经费投入,使政府资金的比重快速上升;二是研究机构的转制和分类管理改革使研究机构系统的结构发生了变化,从而导致非政府资金的比重进一步下降。现有的研究机构系统主要由科学研究类机构和公益型机构所组成,这些机构的性质决定了科技经费以政府资金为主的特点。

2. 科技经费主要用于R&D活动

政府研究机构改革前后的科技经费支出,特别是其中的R&D经费支出的变化,反映出研究机构职能和任务的转变。2007年北京地区政府研究机构的科技经费支出达到176.4亿元,比2001年的98.8亿元增长了78.5%,2001－2007年的年均增长率为10.1%。

2007年北京地区政府研究机构R&D经费支出为103.1亿元,比2006年增加27.4亿元,增长36.2%。2001—2007年,研究机构的R&D经费从35.2亿元增加到103.1亿元,增长1.9倍,年均增长速度为19.6%。R&D经费增长速度超过同期科技经费筹集额及科技经费内部支出的增长速度,导致研究机构科技经费支出结构发生根本性变化。R&D经费占科技经费支出的比重由1998年的29.5%增加到2007年的58.4%,提高了28.9个百分点。

科技经费的结构性变化反映出北京地区政府研究机构科技活动由非R&D活动为主向R&D活动为主的转变,表明改革后研究机构主要开展知识创新活动,从事基础研究、战略高技术研究和社会公益研究,成为推进重要研究领域发展和支撑经济社会发展的重要力量。

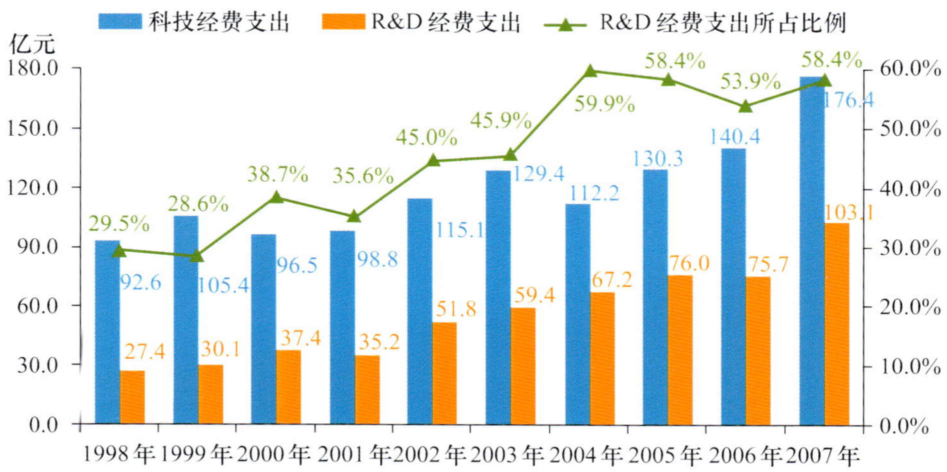

图 4-5　北京地区政府研究机构 R&D 经费支出及其占科技经费支出的比重(1998—2007 年)

资料来源:北京科技统计信息中心.

三、科技项目

科研 2 课题或科技项目是科技活动的主要形式,通过对实施科技项目的数量、投入的人力及经费等数据的分析,反映了北京地区政府研究机构科技活动的规模、性质,以及研发活动能力和水平的变化。

1. 经费投入大幅增长

"十五"以来,北京地区政府研究机构经过转制改革后规模有所缩减,但研究机构开展的科技项目及其投入的科研人员与科技经费保持增长的态势,科技项目的支持强度有了显著提高。2007 年,北京地区政府研究机构开展的科研项目有 2.0 万项,比上年增加 3395 项,增长 20.6%;投入全时人员 4.3 万人年,比上年增长 13.5%;项目经费支出 76.4 亿元,比上年增长了 44.1%。与转制改革前的 2001 年相比,科技项目数增加了 7834 项,增长了 65.5%;投入科技项目的人员增加了 1.9 万人年,增长了 80.5%;科技项目实际经费支出增加了 51.6 亿元,增长了 2.1 倍。

表 4-3　北京地区政府研究机构科技项目情况(2001—2007 年)

	2001 年	2002 年	2003 年	2004 年	2005 年	2006 年	2007 年
科技项目数(万项)	1.2	1.3	1.4	1.4	1.5	1.6	2.0
投入工作量(万人年)	2.4	2.4	2.6	3.3	3.6	3.8	4.3
当年经费支出(亿元)	24.9	33.9	45.0	45.4	52.0	53.0	76.4
项均投入人员(人年/项)	2.0	1.9	1.9	2.3	2.4	2.3	2.2
项均经费支出(万元/项)	20.7	26.5	32.6	31.8	33.8	32.3	38.6

资料来源:北京科技统计信息中心.

从科技项目的经费强度来看，2001年平均每个科技项目的经费支出为20.7万元，2007年科技项目的项均经费支出达到38.6万元，比2001年增长了86.3%。表明研究机构改革以来，不仅承担的科技项目数量大幅增长，而且科技项目的经费强度有了显著的提高。

从科技项目投入的人力来看，由2001年的2.4万人年发展到2007年的4.3万人年，也有较大增长。但平均每个科技项目投入的研究人员并没有多大变化。表4-3的数据表明，大致平均每个科技项目仅投入2个人年的工作量。显然，这样的状况难于保证科技项目的完成和质量，也不利于科研水平的提高。

2. 承担国家任务为主

政府研究机构科技项目按来源分类，可以分为国家项目、地方项目、企业委托项目、自选项目、国际合作项目和其他项目等。按科技项目的经费支出分析，2007年北京地区政府研究机构科技项目经费支出共76.4亿元，其中，来自国家科技项目的经费支出为55.4亿元，占72.4%；来自地方政府的科技项目经费支出为5.3亿元，占6.9%；企业委托项目的经费支出为5.2亿元，占6.8%；研究机构自选项目的经费支出为5.1亿元，占6.7%。另外，还有国际合作项目和其他项目，这两类项目的经费支出分别占科技项目经费总支出的2.2%和4.9%。

数据表明，政府研究机构主要承担政府的任务，在科技项目经费支出中，来自国家和地方政府的项目经费支出占总经费的79.3%，表明北京地区政府研究机构开展的科技项目中，将近八成是承担的政府项目，其中72.4%是国家任务。与改革之前相比，政府研究机构科技项目的来源结构发生了很大变化。

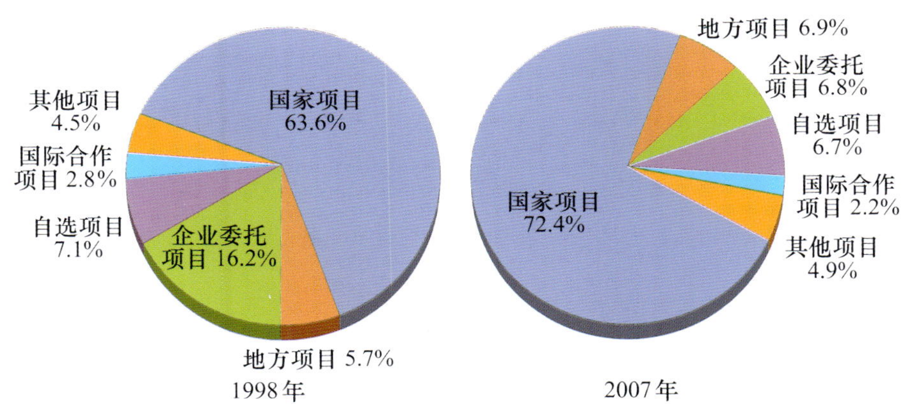

图4-6 北京地区政府研究机构科技项目经费支出来源结构的变化(1998年,2007年)

资料来源:北京科技统计信息中心.

图4-6清晰地显示出，改革前的1998年，北京地区政府研究机构在为政府服务的同时，还要面向企业、面向社会，这是其中有一大批开发类研究机构的原因。与1998年相比，2007年政府研究机构承担政府科研任务的比重提高了10个百分点，而为企业服务的比重减少了近10个百分点。这表明，改革后政府研究机构的职能是为政府服务，主要任务是服务于国家目标。

3. 主要从事 R&D 活动

科技项目按活动类型可分为基础研究、应用研究、试验发展、R&D 成果应用和科技服务等，前三类称为 R&D 活动，后两类归并为非 R&D 活动。

2007 年，北京地区政府研究机构开展的科技项目中，R&D 项目 1.5 万项，占科技项目总数的 76.0%；投入的 R&D 课题全时人员 2.2 万人年，占科技项目全时人员总数的 75.7%；当年 R&D 项目经费支出 57.2 亿元，占科技项目经费总支出的 74.8%。

从科技项目经费支出来看，2007 年，北京地区政府研究机构科技项目经费支出中，R&D 项目经费支出占 74.8%，非 R&D 项目经费支出占 25.2%。2001—2007 年期间，R&D 项目经费由 18.8 亿元增加到 57.2 亿元，增长了 2 倍，年均增长率达到 20.3%。"十五"以来，北京地区政府研究机构开展的科技项目中科学研究、知识创新活动占主导地位。

四、科技成果

专利、科技论文、科技著作等是反映研究机构科技活动产出的重要指标。2001 年以来，随着改革和发展的推进，北京地区研究机构的实力和创新能力不断增强，科技活动产出快速增长。

1. 专利申请大幅增长，发明专利占九成

"十五"期间，特别是我国实施专利战略和加入世贸组织以来，北京地区研究机构专利申请量一直保持增长趋势。特别是 2002 年以来专利申请量的增长开始提速，当年专利申请量达到 1308 件，与 2001 年相比增加 535 件，增长幅度为 69.2%。2007 年专利申请量达到 1993 件，比 2001 年增长 1.6 倍，平均每年专利申请增长速度为 17.1%。

发明专利申请量在 2002 年也有大幅上升，当年发明专利申请量为 1047 件，比 2001 年增长 83.7%。2007 年发明专利申请量达到 1784 件，比 2001 年增长 2.1 倍，年均增长 20.9%。

北京地区政府研究机构专利申请中发明专利所占比重较高。2007 年发明专利占专利申请量的比重高达 89.5%，比 2001 年的 73.7%提高了 15.8 个百分点。说明北京地区政府研究机构发明创造活动的水平和专利的技术含量相对较高。

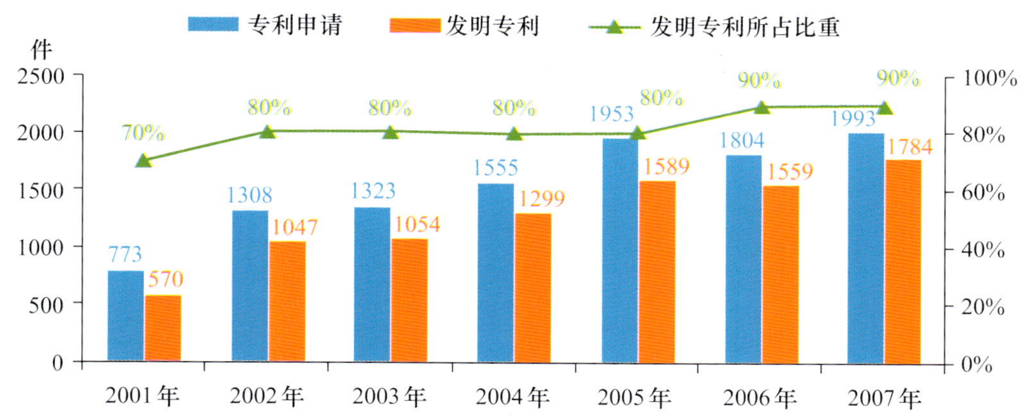

图 4-7 北京地区政府研究机构专利申请量及其发明专利所占比重(2001—2007 年)

资料来源：北京科技统计信息中心.

2. 科技论文持续增长

科技论文与科技著作是政府研究机构科技活动,特别是R&D活动的主要成果,是衡量知识创造能力和科研水平的重要指标。2007年,北京地区政府研究机构发表科技论文37232篇,比上年增加2546篇,增长7.3%(见图4-9),比2000年增加10287篇,增长38.2%,年平均增长4.7%。

第三节　中央和地方的研究机构

北京地区政府研究机构的科技资源主要分布在中央部门属研究机构。中央部门属研究机构和北京市属研究机构不仅规模不同,各自科技活动的方向、重点及形式等都表现出不同的特点。

一、政府研究机构的隶属关系

北京地区政府研究机构的构成以中央部门属研究机构为主。无论是科技人力资源、科技经费还是科技产出,都高度集中在中央部门属研究机构,各种指标几乎都超过90%以上。

在科技人力资源方面,2007年,北京地区政府研究机构的单位在职科技活动人员总量中,中央部门属研究机构占88.4%;具有博士学位的人员以及R&D人员中,中央部门属研究机构分别占95.3%和94.4%。

表4-4　北京地区研究机构科技活动人员、经费按隶属关系分布(2007年)

	科技活动人员		R&D人员		科技经费支出		R&D支出	
	(万人)	%	(万人)	%	(亿元)	%	(亿元)	%
合计	4.3	100.0	4.6	100.0	176.4	100.0	103.1	100.0
中央部门属	3.8	88.4	4.4	94.4	163.9	92.9	99.0	96.0
地方部门属	0.5	11.6	0.3	5.6	12.5	7.1	4.1	4.0

资料来源:北京科技统计信息中心.

在科技经费方面,北京地区研究机构来自政府的资金中,中央部门属研究机构占93.3%;科技活动经费支出和R&D经费内部支出也主要集中在中央部门属研究机构,分别占92.9%和96.0%;基础研究经费的99.2%集中在中央部门属研究机构。

在科技产出方面,北京地区研究机构的专利及发明专利的申请量中,中央部门属研究机构分别占96.6%和97.5%;在拥有的发明专利中,中央部门属研究机构占97.3%;在发表的科技论文和科技著作中,中央部门属研究机构分别占91.3%和92.6%。

表 4-5　北京地区研究机构科技产出按隶属关系分布(2007 年)

	专利申请		发明专利申请		拥有发明专利		科技论文		科技著作	
	件	%	件	%	件	%	万篇	%	种	%
合计	1993	100	1784	100	4410	100	3.7	100	1489	100
中央部门属	1925	96.6	1740	97.5	4289	97.3	3.4	91.3	1379	92.6
地方部门属	68	3.4	44	2.5	121	2.7	0.3	8.7	110	7.4

资料来源:北京科技统计信息中心.

二、中央和地方研究机构的科技活动特点

北京地区中央部门属研究机构和北京市属研究机构的科技活动在功能、类型和领域等方面都表现出不同的特点。

中央部门属研究机构的科技活动以知识创新和自主创新为主,科技活动经费支出中R&D活动经费支出所占的比例高,2007 年达到 60.4%。北京市属研究机构科技活动的重点是 R&D 研究成果的产业化和应用活动,以及向社会和公众提供科技服务的活动,2007 年的科技活动经费支出中用于这方面的比例达到 67.2%,R&D 活动经费支出所占的比例仅为 32.8%(图 4-8)。

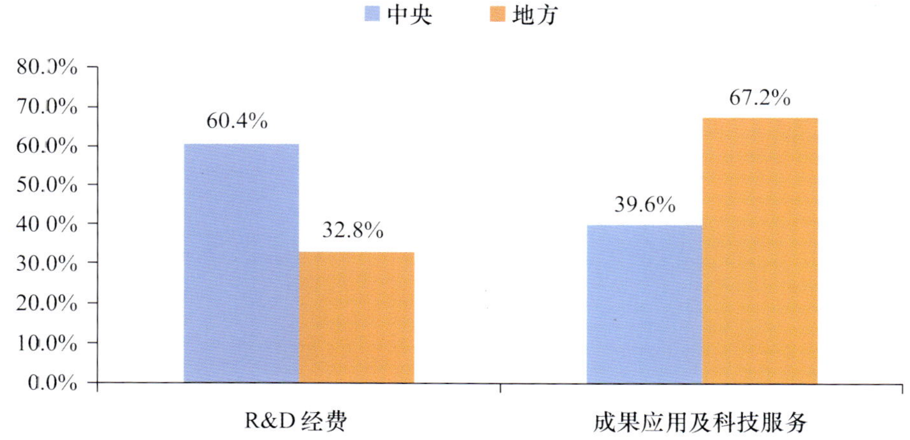

图 4-8　中央、地方研究机构科技活动经费按活动类型分布的比较(2007 年)

资料来源:北京科技统计信息中心.

在 R&D 活动中,中央部门属研究机构和地方部门属研究机构的重点也是不同的。中央部门属研究机构侧重知识创新,R&D 活动经费支出中基础研究和应用研究比例高,2007 年分别为 26.4%和 44.4%,两者合计所占的比例高达 70.8%。地方部门属研究机构侧重技术创新,R&D 经费内部支出中试验发展占有很高的比例,2007 年达到 62.7%。

在经费强度上,中央部门属研究机构的经费强度明显高于北京市属研究机构。2007 年,这两类机构按科技活动人员平均的科技经费支出分别为 42.7 万元和 25 万元,人均

政府资金分别为43万元和23.8万元。

以上情况表明,中央部门属研究机构和市属研究机构的社会功能和任务是不同的。中央部门属研究机构的主要功能是面向全国提供知识型的科研公共产品和服务,科技活动的主要任务是进行知识创新,提高自主创新能力,通过生产科研公共产品为经济建设和社会发展提供科技支撑。北京市属研究机构的主要功能是面向北京,为经济建设和社会发展服务,科技活动的重点是技术创新,进行研究成果的产业化。

第四节　研究机构在全国的地位

北京作为首都,不仅是全国的政治中心,也是全国的科学和技术中心。北京地区集中了全国402个中央政府部门研究机构中的221个,占55%。由于其特殊的区位优势,丰富的科技资源和政府的重点支持,使北京成为全国政府研究机构中创新能力最强、科技水平最高和科技产出最多的地区。

一、科技人力资源

北京地区政府研究机构的科技人力资源,无论是数量上还是质量上,在全国都占有显著的优势。我国政府研究机构的科技人力资源主要集中在北京、辽宁、上海、山东、江苏、广东和四川。2007年,全国政府研究机构的科技活动人员和科学家和工程师中,这7个省市合计分别占48.5%和51.0%,其中北京地区分别占19.1%和21.4%,远高于其他省市。

在高学历科技人力资源方面,全国政府研究机构具有博士学位和硕士学位人员中,上述7个省市合计分别占78.1%和61.6%,其中北京地区分别占51.5%和29.6%,也远高于其他6个省市。科技活动人员中具有博士、硕士学位人员所占的比例,北京地区政府研究机构也是最高的,分别占22.0%和22.9%,比全国政府研究机构的平均水平分别高出14个百分点和8个百分点。

表4-6　部分地区政府研究机构的科技人员占全国的比重(2007年)

	全国	北京	辽宁	上海	江苏	山东	广东	四川
科技活动人员(%)	100.0	19.1	4.4	5.2	4.6	6.2	5.0	4.0
其中:科学家和工程师	100.0	21.4	4.7	5.7	4.6	6.3	4.5	3.8
博士	100.0	51.5	3.4	9.9	3.8	3.7	4.1	1.6
硕士	100.0	29.6	3.8	6.9	5.6	5.8	6.3	3.5
科技活动人员中的博士(%)	8.1	22.0	6.4	15.3	6.8	4.9	6.7	3.4
科技活动人员中的硕士(%)	14.8	22.9	12.8	19.5	18.0	13.9	18.5	13.2

资料来源:北京科技统计信息中心.

二、科技经费

2007年,全国政府研究机构的科技经费支出、R&D经费内部支出及基础研究经费支出分别达到1095亿元、687.9亿元和74.7亿元,北京分别占33.6%、40.6%和47.9%。即全国政府研究机构的科技活动有1/3是由北京承担的,R&D活动有2/5是由北京承担的,基础研究有近1/2是由北京承担的。

全国政府研究机构的科技经费主要也是集中在北京、辽宁、上海、山东、江苏、广东、辽宁和四川等省市。2007年,政府研究机构的科技经费支出、R&D经费内部支出以及基础研究经费支出中,除北京外其他6个省市合计所占的比重分别为31.7%、28.6%和27.8%,比北京分别低1.9个百分点、12个百分点和20.1个百分点。除北京外,上海市的这三项指标最高,分别为9.1%、8.4%和15.6%,但都不到北京的1/3。

表4-7 部分地区政府研究机构科技经费支出占全国的比重(2007年)

	全国	北京	辽宁	上海	江苏	山东	广东	四川
科技经费支出(%)	100.0	33.6	4.2	9.1	4.9	4.8	5.9	2.8
其中:R&D经费支出(%)	100.0	40.6	3.9	8.4	4.6	3.3	5.5	2.9
其中:政府资金	100.0	36.0	3.7	8.5	6.0	1.4	1.5	8.1
其中:基础研究支出	100.0	47.9	2.8	15.6	2.0	3.8	2.7	0.9
人均科技经费支出(万元)	23.1	23.1	40.7	21.9	40.3	24.8	18.1	27.2

资料来源:北京科技统计信息中心.

政府研究机构的科技经费主要来自政府,北京科技事业的发展得到了各级政府的重点支持。无论是经费总量,还是经费的强度,政府对北京地区政府研究机构的支持都远远高于其他省市。

2007年,全国政府研究机构的487.1亿元的政府资金中,北京有177.2亿元,占36.4%;辽宁、上海、江苏、山东、广东和四川等6个省市合计仅占29.1%,比北京低7.3个百分点,其中比例最高的上海市仅有8.4%,还不到北京的1/4。

在政府支持的强度方面,从按科技活动人员平均的政府资金看,北京也是最高,为40.8万元,其次为上海市的34.3万元,而江苏省等其他5省市的人均政府资金均不超出北京的1/2。

三、科技产出

在全国政府研究机构的主要科技产出中,北京地区研究机构约占1/3以上,占有十分明显的优势。

在科技论文和科技著作方面,2007年北京政府研究机构的科技论文、国外发表论文及科技著作占全国研究机构总量的比例分别为34.0%、47.7%和41.3%。上海等6省市中这三项指标所占比例最高的分别仅6.1%、13.3%和6.2%。

在专利申请受理量及发明专利申请受理量上,2007年北京地区政府研究机构分别占全国研究机构总量的30.2%和33.3%,其他6省市中这两项指标的最高比例为13.3%和13.5%。在专利授权量及发明专利授权量上,北京地区政府研究机构分别占全国研究机构总量的29.7%和33.1%,其他6省市中这两项指标所占比例最高的分别为16.4%和17.0%。在专利国外授权及拥有发明专利数上,北京地区政府研究机构分别占全国研究机构总量的38.6%和34.2%，其他6省市中这两项指标所占比例最高的分别为19.3%和12.3%。

表4-8 部分地区政府研究机构科技产出占全国的比重(2007年)

	全国	北京	辽宁	上海	江苏	山东	广东	四川
科技论文(%)	100.0	34.0	4.0	6.1	4.7	5.3	3.9	2.9
国外发表	100.0	47.7	6.2	13.3	4.0	3.1	2.3	1.2
科技著作(%)	100.0	41.3	1.7	4.0	4.0	6.2	3.9	2.8
专利申请受理数(%)	100.0	30.2	10.7	13.3	3.2	5.6	3.4	2.3
发明专利	100.0	33.3	11.3	13.5	3.0	4.5	3.2	2.4
专利授权数(%)	100.0	29.7	10.9	16.4	2.5	5.9	3.7	1.7
发明专利	100.0	33.1	11.3	17.0	2.5	5.0	3.4	1.4
专利国外授权(%)	100.0	38.6	0.0	19.3	0.0	1.8	0.0	1.8
拥有发明专利总数(%)	100.0	34.2	9.6	12.3	2.9	4.4	3.4	1.9

资料来源:北京科技统计信息中心.

第五节 转制机构的改革与发展

政府研究机构完成转制后(以下称转制机构),在新的管理体制和环境下,这些转制机构的科技活动仍然以较高的速度增长,不但继续承担政府的科技项目,在高技术领域进行研究,而且充分发挥科技特长,为企业的发展进行研发和技术创新活动,并取得了可喜的成绩。本节转制机构的统计范围是具有法人资格的国有转制机构。

一、人员构成

2007年,已经完成转制的政府研究机构有126家。其中中央属机构80家,北京市属机构46家,从业人员共有5.8万人。

在转制机构5.8万从业人员中,科技活动人员有3.1万人、生产经营人员近2万人,两类人员占从业人员的比重分别是53.4%和34.5%。与2001年相比两类人员所占比重发生了很大变化,科技活动人员所占比重下降了1.3个百分点,生产经营人员所占比重上升了6个百分点。说明伴随着转制和改革的发展,这些进入市场的转制机构在发展科技产业方面投入了更大的力量。

2007年,转制机构的科技活动人员有2.9万人,比2001年增加了42.5%。其中科学家和工程师有2.2万人,占科技活动人员的比重为75.9%;博士和硕士占科技活动人员的比重分别为5.5%和22.8%。科学家和工程师、博士、硕士占科技活动人员的比重相比2001年分别增加了5.5个百分点、3个百分点和10个百分点(图4-9)。表明经过改革以后,转制机构的科技活动人员规模不断扩大,科技活动人员的素质有了很大的提高。

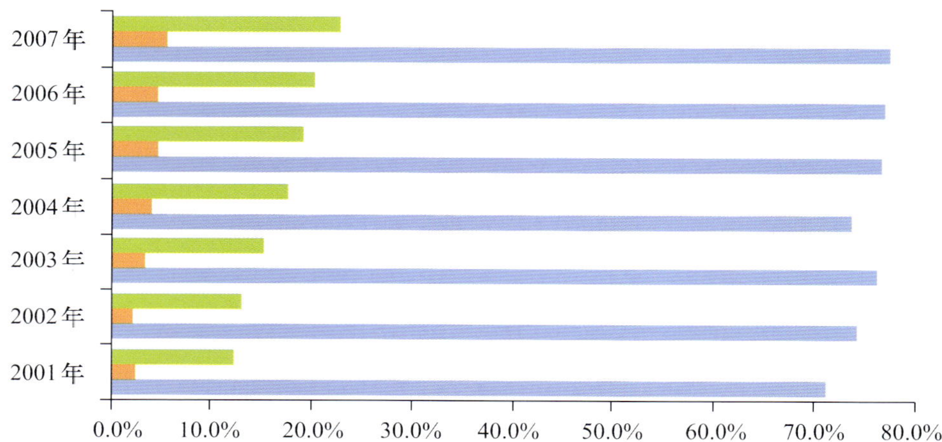

图 4-9 转制机构科技活动人员中科学家工程师、博士、硕士所占比重(2001—2007 年)

资料来源:北京科技统计信息中心.

二、经费收入与支出

转制机构的经费收入由政府资金、技术性收入、生产经营收入等四部分组成。近年来,转制机构生产经营收入的增长十分明显,2007 年 126 个转制机构实现总收入 341.6 亿元,比上年增长 53.7%。在 2007 年总收入中生产经营收入最多,达 222.6 亿元,比上年增长 68.0%;其次是技术性收入,为 78.5 亿元,比上年增长 29.1%,两项收入分别占总收入的 65.1%和 23.0%(图 4-10)。来源于政府的资金 25 亿元,仅占总收入的 7.3%。可以年出改革以来转制机构的经费收入增长较快,生产经营收入和技术性收入成为经费来源结构的主要部分。显然与政府研究机构的经费来源结构不同,转制机构已不在依赖政府的资金支持。

转制机构的经费支出分为生产经营支出、科技经费支出和其他支出三个部分。改革以来北京地区转制机构的经费支出增长较快,由 2001 年的 78.6 亿元增加到 2007 年的 298 亿元,年均增长率达到 24.9%。在 2007 年的经费总支出中,生产经营支出为 194.0 亿元、科技经费支出为 92.6 亿元、其他支出为 11.3 亿元。2001 年,转制机构的经费总支出中最大的项目是科技经费支出,占 59%,生产经营支出只占经费总支出的 41%(图 4-11)。2007 年,转制机构支出结构发生了很大变化,科技经费支出、生产经营支出和其他支出分别为经费总支出的 31%、65%和 4%,生产经营支出取代科技经费支出成为经费总支出中的最大部分。与 2001 年相比,转制机构的经费总支出中生产经营支出所占比重增加了 24 个百分点,而科技经费支出所占比重下降了 28 个百分点,这反映出转制机构由研发为主向生产经营为主的根本性转变。

2001—2007 年,北京地区转制机构科技经费支出由 46.4 亿元增加到 92.6 亿元,年平均增长为 12.2%。R&D 活动的投入出现明显增长趋势。2001—2007 年转制机构的

R&D 活动支出占科技活动经费支出的比重由 14.1%增加到 38.3%，增长了 24.2 个百分点，年平均增长 4 个百分点。这说明，转制机构加强了研发活动，成为创新开拓的技术支撑力量。

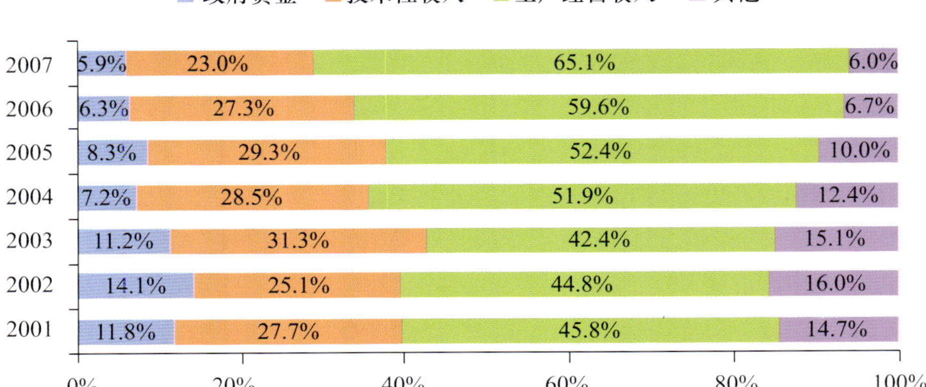

图 4-10 北京地区转制机构经费收入来源结构的变化(2001—2007)

资料来源:北京科技统计信息中心.

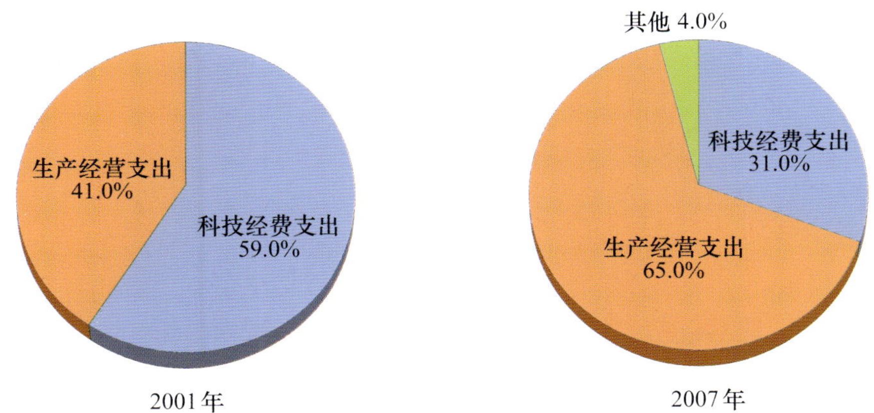

图 4-11 北京地区转制机构经费支出结构对比(2001 年,2007 年)

资料来源:北京科技统计信息中心.

三、科技项目

完成改革后，转制机构的科技活动并没有削弱，仍然以较高的速度发展，并继续承担政府的科技项目，为提高企业的竞争力，而开展各类研发活动和技术创新活动。

2007 年，北京地区转制机构在研科技项目 3800 项，投入科技人员折合全时工作量 1.4 万人年，当年项目经费支出 33.2 亿元。2001—2007 年，科技项目经费支出增长了 2.6 倍，年平均增长 23.5%。

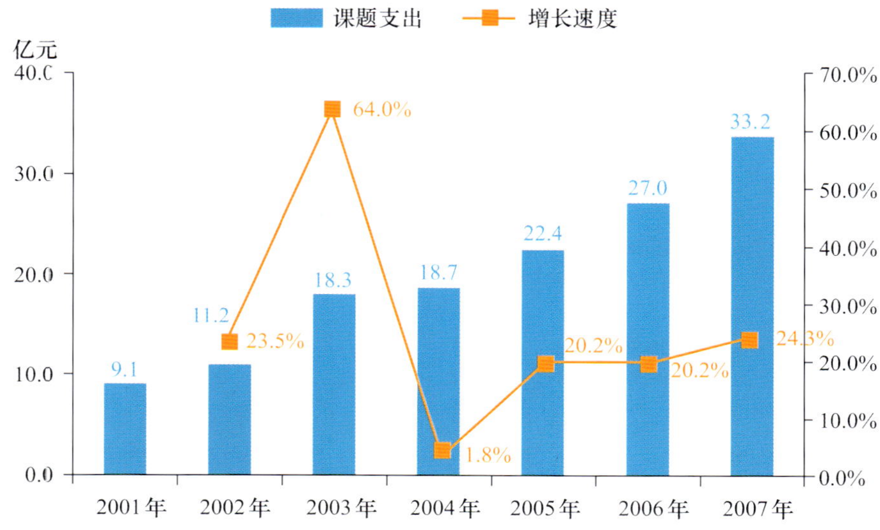

图 4-12 北京地区转制科研机构历年科技项目经费支出(2001—2007 年)

资料来源:北京科技统计信息中心.

从转制机构承担的科技项目的来源来看,2007 年,科技项目经费总支出为 33.2 亿元(图 4-12),其中,来自政府的项目经费为 11.5 亿元,占 34.6%;其他企业委托科技项目经费为 10.4 亿元,占 31.3%;自选项目经费为 2.9 亿元,占 8.7%;其他科技项目经费为 8.1 亿元,占 24.4%。另外,还有来自国外的科技项目经费,仅占 1.0%。

同年,政府研究机构科技项目经费来源中,来自政府的项目经费占 79.3%,企业委托项目经费占 6.8%(图 4-13),与此相比,转制机构科技项目经费中,前者的比重低 44.7 个百分点。从科技项目经费来源结构的比较可以看出,与政府研究机构主要承担政府任务不同,改革后的转制机构主要以市场为导向,提高竞争力为目标。

从转制机构承担科技项目的活动类型来看,R&D 项目是科技活动的主要部分。2007 年北京地区转制机构的全部科技项目中,R&D 项目有 2297 项,投入工作量 0.9 万人年,项目经费支出 18.8 亿元。R&D 项目、工作量、项目经费支出分别占相应总量的 60.1%、64.3%和 56.6%。

2001—2007 年,转制机构的 R&D 项目经费由 4.4 亿元增加到 18.8 亿元,年均增长 27.4%;R&D 项目经费占全部科技项目经费的比重也由 48.9%增加到 56.6%,上升了 7.7 个百分点。可见转制机构的 R&D 活动在改革中不断得到发展和加强,处于不断上升的阶段。

四、科技成果

近十年来,转制机构在大变革中保持了技术优势,科技活动取得了发展,科技成果增长明显。2007 年北京地区转制机构的专利申请量达到 1319 件,比上年增加 356 件,增长 37%;与 2001 年相比,增加 939 件,增长 247.1%,年平均增长 23.1%。发明专利申请为 952 件,比上年增加 251 件,增长 35.8%,与 2001 年相比,增加 661 件,增长 227.1%,年平均增长

21.8%；同时发明专利占专利申请总数的72.2%（图4-14）。转制机构发明专利拥有量达到3014件，比2001年增加了2002件，增长了197.8%。在学术研究方面也取得较快的发展。2007年转制机构发表科技论文5414篇，比2001年增加1665篇，年均增长达到21.7%。

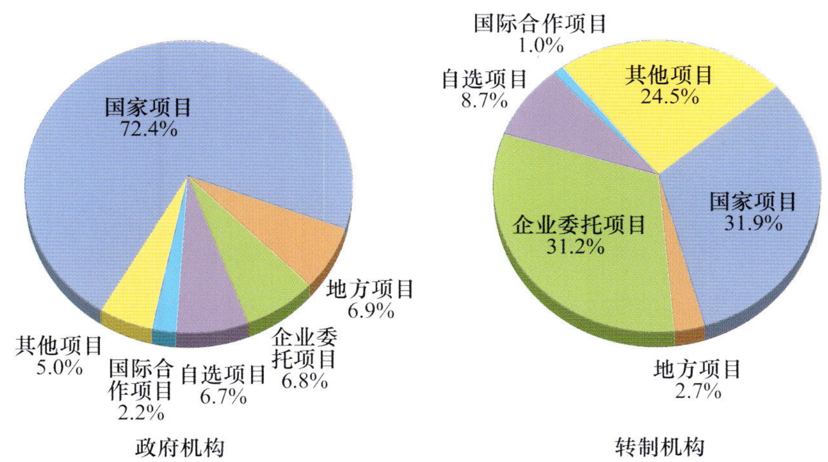

图4-13　北京地区转制机构与政府研究机构科技项目经费来源结构的比较（2007年）

资料来源：北京科技统计信息中心.

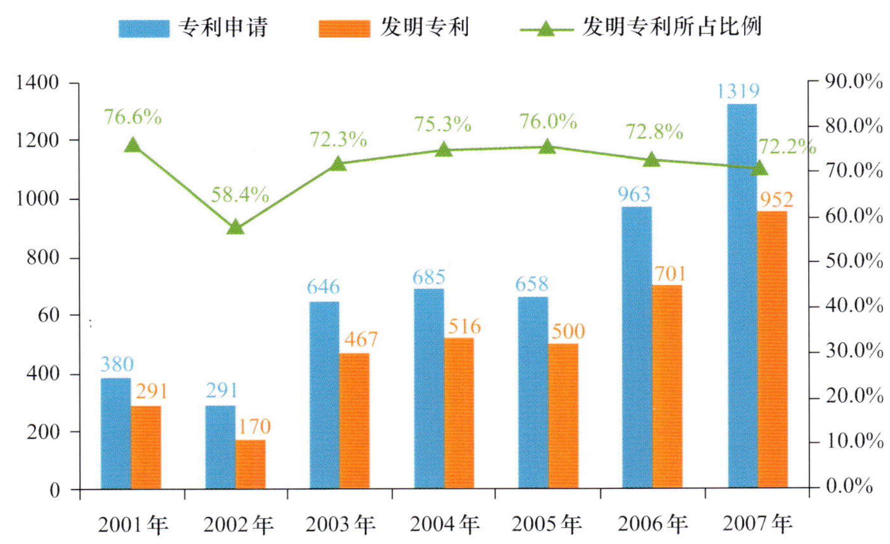

图4-14　转制科研机构历年专利申请、发明专利及占比例（2001—2007年）

资料来源：北京科技统计信息中心.

完成改革以来，转制机构已逐渐成为技术市场中活跃的交易主体。2007年北京地区转制机构的技术交易实现了技术性收入78.5亿元，比2001年的20.4亿元增加了58.1亿元，增长了2.8倍，年平均增长25.2%。管理体制的改革使转制机构较快提高了市场竞争力。

第五章　高等学校的科技活动

作为政治、文化、科技的中心，北京也是我国高等学校的聚集地。2007 年我国 1908 所全日制普通高等学校中有 79 所在北京，其中，教育部和国务院其他部门所属高等学校 41 所，北京市属市管高等学校 38 所。

本章主要通过北京高等学校科技活动，尤其是研究与发展（R&D）活动的人员和经费指标，以及这些高等学校的科技机构的发展，反映北京地区高等学校科技活动和 R&D 活动的规模、特点和发展趋势，及其在北京乃至我国科技体系中的地位；通过北京高等学校的论文、专利等产出指标，反映北京地区高等学校科学研究的成就及作为科学技术发源地的重要作用；通过北京高等学校与产业界合作情况，反映技术扩散及对北京地区企业创新的影响。

第一节　R&D 活动

北京高等学校是北京地区科技力量的重要组成部分，是 R&D 活动的重要基地。北京高等学校科学研究活动的整体发展水平，代表着为北京乃至为全国服务的科技实力，是建设创新型城市的基础力量。

一、R&D 人员

截至 2007 年底，北京地区高等学校中从事科技活动人员为 4.7 万人，投入 R&D 活动的人员为 2.5 万人年，比 2006 年减少 4.3%（图 5-1）。从 R&D 人员数量变化趋势看，"九五"中后期曾有所下降，"十五"以来基本呈上升趋势，其中 R&D 科学家和工程师所占比例保持在 95%以上。

北京是全国高等学校 R&D 活动最发达的地区之一，从近五年（2003—2007 年）北京高等学校 R&D 人员的分布看，基础研究人员约占三分之一，应用研究人员接近 50%，试验发展人员占 15%—20%，从事科学研究活动的人员达到或超过 80%。

1. 研究生是 R&D 活动的生力军

北京高等学校在培养人才和开展科研活动方面具有很强的能力。在北京高等学校中，既有以清华大学、北京大学为代表的教学科研实力雄厚的研究型大学，也有诸如北京航空航天大学、北京邮电大学、北京农业大学等具有明显专业特征的大学，以及其他诸多综合性大学。2006 年，北京拥有博士点的普通高等学校 37 所，拥有硕士点的普通高等学校 52 所；拥有国家级重点学科 293 个，北京市重点学科 113 个。这些得天独厚的教学、科研基地和条件，有利于培养具有深厚专业知识的人才队伍，也为高等学校造就了从事

R&D 活动的有生力量。

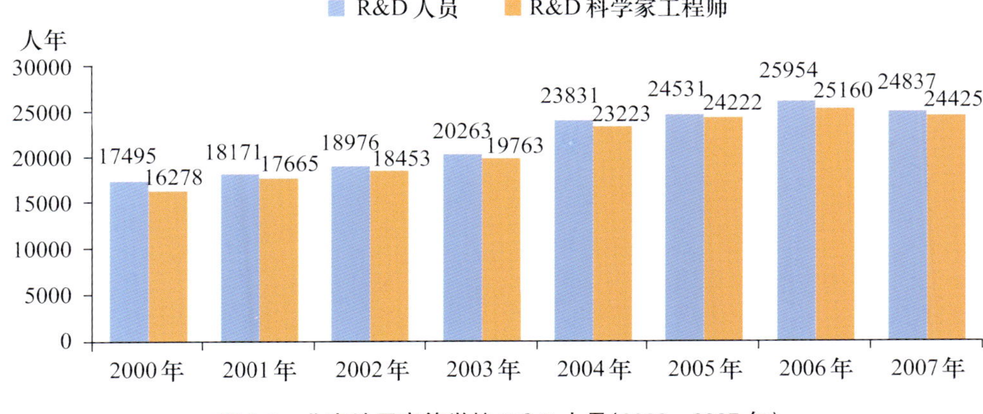

图 5-1　北京地区高等学校 R&D 人员(2000—2007 年)

资料来源:国家统计局,科学技术部. 中国科技统计年鉴. 2001-2008.

近年来,随着研究生规模的扩大,北京高等学校中参与各类科技活动的研究生越来越多,参与 R&D 项目的研究生人数由 2001 年的 1.7 万人增加到 2007 年的 4.8 万人,增加了 1.8 倍。这表明,研究生教育为北京高等学校的科研活动提供了大量的科技人力资源,研究生已逐渐成为高等学校 R&D 活动的重要力量。

2. 课题人员集中在工程与技术科学和人文与社会科学领域

在我国,大量 R&D 活动是通过 R&D 课题来组织和实施的,借助对 R&D 课题的分析可了解 R&D 活动状况。

2007 年北京高等学校从事课题活动的人员以工程与技术科学领域和人文与社会科学领域居多,分别占课题活动人员总数的 35.1% 和 30.6%,自然科学和医药科学分别占 14.4% 和 16.1%,农业科学课题人员投入最少,仅占 3.8%(图 5-2)。北京高等学校课题参加人员的学科分布特点一是人文与社会科学领域课题人员投入较为集中,超过 30%,远远高于全国高等学校的平均水平(21%),表明北京高等学校在人文与社会科学领域的人力资源较多;二是课题人员在各个学科领域的分布与课题经费的分布相比差异较大,这既反映了不同学科的研究对人力资源和对研究条件、实验设备手段等的需求不同,也从另一个角度反映出资金投入力度上的显著差异(图 5-2)。

二、R&D 经费

2007 年北京高等学校用于开展 R&D 活动的经费支出为 47.7 亿元,比 2006 年增加 10.4 亿元,增长 27.9%,是 2001 年以来增幅最大的一年。

1. 经费高速增长

近 20 年中,除个别年份外,北京高等学校 R&D 经费呈逐年增加态势。从 1988 年的 1.7 亿元,到 1998 年达到 11.3 亿元,再到 2007 年创历史最高的 47.7 亿元,其 R&D 活动规模不断扩大(图 5-3)。

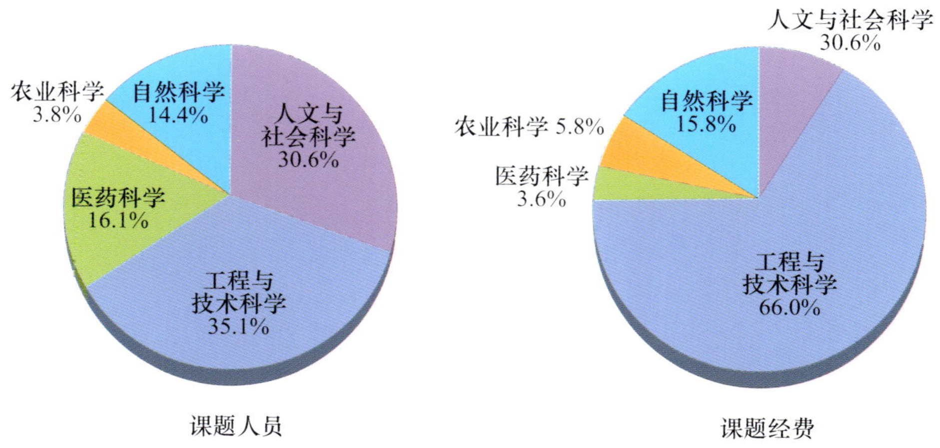

图 5-2　北京高等学校课题参加人员和经费支出按学科的分布(2007 年)

资料来源:北京市科学技术委员会,北京市统计局,北京市教育委员会.北京市研究与发展(R&D)数据汇编 2008 年.

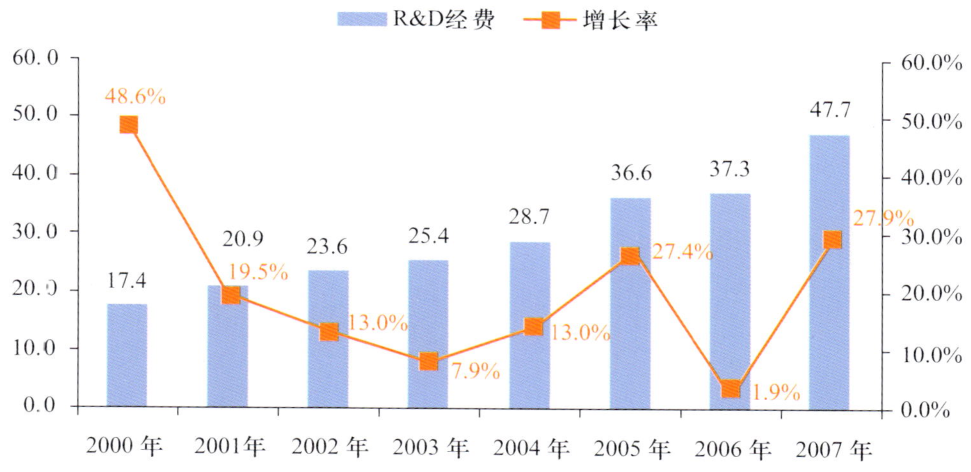

图 5-3　北京地区高等学校 R&D 经费的变化趋势(2000—2007 年)

资料来源:国家统计局,科学技术部.中国科技统计年鉴.2001-2008.

"十五"期间北京地区高等学校 R&D 经费进入快速增长期。这一时期,国家和北京市推行了一系列战略、政策和举措,包括"建设创新型国家"战略,为促进高等教育事业发展而实施的"211 工程"、"985 工程"等,无疑为高等学校 R&D 活动的开展提供了有利条件和更多资金。2002 年 6 月,教育部颁发了《关于充分发挥高等学校科技创新作用的若干意见》;2004 年 1 月,中共中央颁发了《关于进一步繁荣发展哲学社会科学的意见》;同年 4 月,中共北京市委颁发了《关于进一步繁荣发展首都哲学社会科学的意见》,对进一步释放高等学校科技创新潜力和活力产生了积极影响，也为北京高等学校提供了一个千载难逢的发展机遇。

政策的激励使北京高等学校用于R&D活动的经费保持快速增长，"十五"期间各年R&D经费增长速度保持在13%以上，2007年更是呈跳跃式增长，增长速度达27.9%。

2. 政府资金是R&D经费的主要来源

政府的资助是高等学校R&D活动经费最重要、最稳定和最集中的资金来源，对改进高等学校的科研设施和条件，扩大高等学校科技活动规模，提高科研水平具有积极的推动作用。2007年，北京高等学校R&D经费中来源于政府的资金为27.3亿元，比2006年增长33.2%，占R&D经费总额的57.3%（图5-4）。

政府的投入既包括国家投入，也包括地方政府的投入。国家的投入主要支持与国家总体科学技术发展相关的重要领域和有关国计民生问题的研究，地方政府的投入则是为了服务于地方经济、社会、科技发展的需求。

北京众多的部属院校和行业重点大学在争取国家科技项目和国务院其他部门科技项目上具有独特优势。政府对北京高等学校的科技经费投入，包括来自国务院各部门的投入及国家主要科技计划项目的经费投入，主要集中在基础研究和应用研究领域。2006年，北京高等学校由政府投入的科技经费包括教育部经费投入4.5亿元，国家自然科学基金项目经费5.6亿元，国家科技攻关计划项目经费2.4亿元，"863"计划项目经费3.5亿元，"973"计划项目经费2.3亿元，以及国务院其他部门的项目经费8.1亿元。

北京高等学校来源于地方政府的科技经费主要是北京市教委和北京市科委的科技投入，北京市有关部门注重提高高等学校为北京市的科技发展和经济建设服务的能力，满足北京市总体发展的需求。2001年以来，为提升北京高等教育水平和科学研究水平，有关部门多次加大投资，除常规科技项目外，新增投资规模较大的项目有：建立了十大学科群和182个北京市重点学科，建立了66个北京市重点实验室和24个北京市哲学社会科学研究基地，显著改善了北京地区高等学校的科研基础条件。

3. 来自企业的资金持续增长

接受企业委托是高等学校科技活动的重要内容之一，企业委托项目资金是北京高等学校R&D经费的另一个重要来源。2007年，北京高等学校R&D经费中，来源于企业的经费达历史最高的16.0亿元，比2006年增长8%，占33.5%。企业委托资金在北京高等学校R&D经费总额中所占的比重，"十五"以来基本保持在32%—37%，与政府资金占53%—59%形成相对稳定的格局，其他来源的资金近年约占10%左右（图5-4）。

4. 用于科学研究的经费占八成

近十年来，北京高等学校的R&D经费大部分用于科学研究活动。R&D经费按活动类型的结构为：基础研究经费的份额基本保持在20%—30%的范围内，应用研究经费的份额大多数年份在50%以上，试验发展经费的份额在20%上下波动。虽然投向基础研究、应用研究、试验发展经费的结构有所变化，但多年来科学研究活动一直占据主体地位，表明北京高等学校有更多的原始创新的基础和资源。2007年北京地区高等学校的

R&D经费内部支出中，用于科学研究的经费占八成以上，其中基础研究占30.4%，应用研究占52.9%，而用于试验发展的经费仅占16.7%。

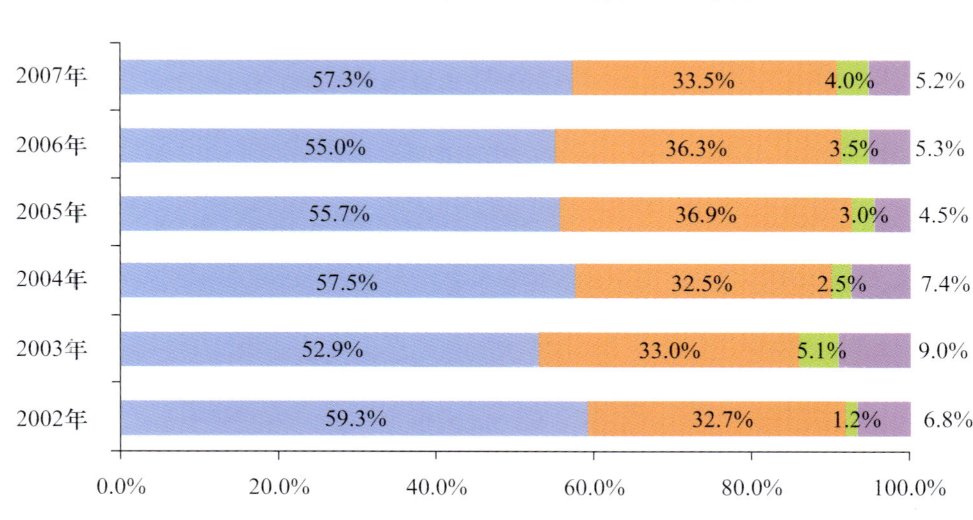

图 5-4 北京高等学校 R&D 经费来源构成(2002—2007 年)

资料来源：北京市科学技术委员会，北京市统计局，北京市教育委员会. 北京市研究与发展(R&D)数据汇编. 2003-2008.

高等学校的R&D活动主要以R&D课题形式进行。2007年，北京高等学校R&D经费内部支出中近90%用于开展R&D课题，北京高等学校不同学科领域R&D课题活动的经费分布，在一定程度上反映了R&D活动的方向和特点。

2004年，信息技术、新材料、先进制造技术三个领域在《北京市科技发展重点领域指南(2005—2008)》中被列为北京市未来科技发展的主要领域。近几年来，北京高等学校R&D课题经费向发展较快的信息技术、新材料、先进制造技术等学科领域集中，反映出北京高等学校的R&D活动能够较好地服务于北京市科技发展的总体需求。

2006年，信息技术、新材料和先进制造技术等学科领域的R&D课题经费合计占北京高等学校R&D课题总经费的44.0%。其中：

信息技术领域中，与基础理论有关的信息科学与系统科学学科的R&D课题经费1.7亿元，与技术应用有关的电子、通信与自动控制技术学科和计算机科学技术学科的R&D课题经费分别达到了5.1亿元和3.6亿元。

新材料领域中，材料科学学科R&D课题经费2.7亿元、化学工程学科R&D课题经费1.4亿元。

先进制造技术领域中，机械工程学科R&D课题经费2.1亿元，动力与电气工程R&D课题经费3.4亿元。

三、研究机构

北京高等学校中建立了为数众多的研究机构，包括各类实验室、工程中心和研究基地。这些机构是院系体系之外专业研究领域更明确、研究任务相对稳定和集中的科研基地。

1. 研究机构的发展

2007 年，北京高等学校拥有各类研究机构 443 个，数量比五年前的 2003 年增加了 25.5%。这些机构既有由国家设立的、中央部门或北京市政府设立的，也有各高等学校自己设立的。其中包括众多以理工科领域科学研究活动为主的国家实验室、国家重点实验室、教育部重点实验室和北京市重点实验室，以工程化技术开发为主的国家工程中心、国家工程技术研究中心、教育部工程研究中心，在人文与社会科学领域有国家人文社科基地、教育部人文社会科学重点研究基地及北京市哲学社会科学研究基地(图 5-5)。这些实验室和科研基地构成了自然科学、人文与社会科学共同发展，学科门类较为齐全的科研体系。

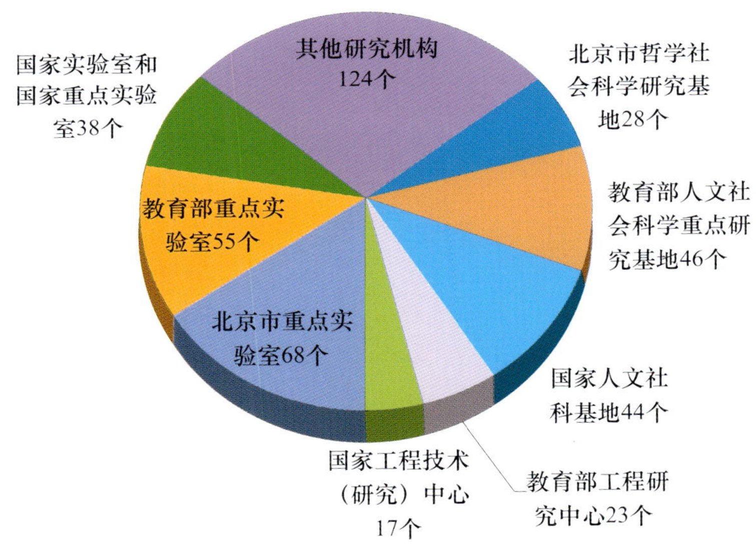

图 5-5 北京高等学校研究机构的类型分布(2007 年)

近几年来，北京高等学校的研究机构发展很快，科研基地、实验场所不断扩大，实验设备扩充和更新较快，科研条件逐步得到改进和完善，其中尤以国家级、省部级基地和实验室投资增加较快。仅在 2005—2007 年的三年间，科研机构的资产和科研设备都有较大幅度增长，固定资产原值从 34.3 亿元增加到 57.2 亿元，增长了 66.7%；仪器设备从 27.8 亿元增加到 44.4 亿元，增长了 60.1%，2007 年的科技人员人均仪器设备拥有量达到 35.5 万元。

这些机构中科技活动快速发展，培养高素质人才的教学活动和科研活动融为一体，有利于促进理论和实践互相结合。2007 年共有 1.3 万人从事科技活动和 R&D 活动，科技经费支出 23.6 亿元，R&D 经费内部支出 17.6 亿元，分别比 2003 年增长 56.5%、197.1%和 132.9%。这些研究机构是北京高等学校持续开展科技活动和 R&D 活动以及进行重大项目研究的重要场所，2007 年的科技经费和 R&D 经费分别占当年北京高等学校科技经费和 R&D 经费总额的 32.8%和 37.0%。

2. 面向不同领域和行业的研究

高等学校的科学研究主要以学科发展为导向，因此科研机构所面向的学科重点，也是科研活动的重点领域。从学科角度看，443 个研究机构分布如下：自然科学领域占 14.2%，农业科学占 10.6%，医药科学占 4.1%，工程与技术科学占 40.6%，人文与社会科学占 30.5%。

科研机构的人力、经费、设施和设备等科技资源的配置也具有明显的学科特征。其中，工程与技术科学领域占各类资源的 50%—65%，自然科学领域占 15%—25%，其他领域占有的资源较少(图 5-6)。

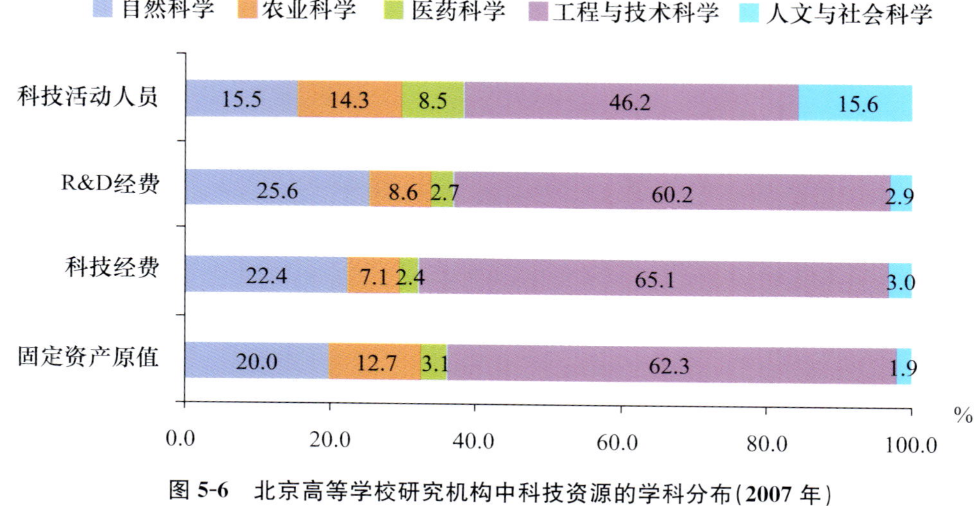

图 5-6 北京高等学校研究机构中科技资源的学科分布(2007 年)

资料来源：北京市科学技术委员会，北京市统计局，北京市教育委员会. 北京市研究与发展(R&D)数据汇编 2008.

面向多个行业开展科学技术活动是北京高等学校研究机构的另一个主要特征。2007 年 443 个机构的科技活动涉及 13 个行业(表 5-1)，其中，面向农、林、牧、渔业，制造业，教育，科学研究、技术服务和地质勘查业的机构数合计占 83.5%；R&D 活动规模较大的行业则是农、林、牧、渔业，采矿业，制造业，科学研究、技术服务和地质勘查业，面向这些行业研究机构的 R&D 经费占全部研究机构 R&D 经费的 80.4%。研究机构面向行业的广泛性，不仅显示高等学校科技活动内容的多样性，同时也表明其研究领域与经济和社会的诸多方面密切关联。

表 5-1　北京高等学校研究机构科技活动人员和经费在主要行业中的分布(2007 年)

	机构数(个)	科技活动人员(人)	科技经费内部支出(万元)	
				R&D 经费
合计	443	12452	236056	176106
农、林、牧、渔业	49	1824	18071	15590
采矿业	5	359	16114	16046
制造业	97	2679	98632	61868
信息传输、计算机服务和软件业	16	764	15603	9749
科学研究、技术服务和地质勘查业	82	2904	54024	48169
教　　育	142	2070	10108	7832

资料来源:北京市科学技术委员会,北京市统计局,北京市教育委员会. 北京市研究与发展(R&D)数据汇编 2008.

四、地位与作用

北京众多高等学校每年承担着大批国家、部门和地方政府的科技计划项目,是北京地区科技活动和 R&D 活动的主要部门之一,对北京地区的自主创新体系建设影响重大,作为全国科学技术辐射源的作用十分突出。

1. R&D 活动规模在全国居首位

全国高等学校按所在地分布统计,位于北京地区的高等学校不仅数量上占优势,并且行业或专业特色突出,基础雄厚,科研实力和能力很强,在全国高等学校中占有特殊的地位(表 5-2)。

表 5-2　北京高等学校 R&D 资源及其占全国的份额(2000—2007 年)

	2000 年	2001 年	2002 年	2003 年	2004 年	2005 年	2006 年	2007 年
全国高等学校 R&D 人员(万人年)	15.9	17.1	18.2	18.9	21.2	22.7	24.3	25.4
北京高等学校 R&D 人员(万人年)	1.8	1.8	1.9	2.0	2.4	2.5	2.6	2.5
占全国的比重(%)	11.0	10.6	10.5	10.7	11.2	10.8	10.7	9.8
全国高等学校 R&D 经费(亿元)	76.7	102.4	130.5	162.3	200.9	242.3	276.8	314.7
北京高等学校 R&D 经费(亿元)	17.4	20.9	23.6	25.4	28.7	36.6	37.3	47.7
占全国的比重(%)	22.7	20.4	18.1	15.7	14.3	15.1	13.5	15.1

资料来源:国家统计局,科学技术部. 中国科技统计年鉴. 2001-2008.

北京高等学校拥有一支科学研究能力很强的科研队伍,2007 年,全国高等学校投入 R&D 活动的人力有 1/10 来自北京。北京高等学校 R&D 活动规模远高于其他地区,

2007 年，北京高等学校 R&D 支出占全国高等学校 R&D 支出的 15.1%，科学研究支出占全国高等学校的 16.0%（图 5-7）。因此，北京高等学校科技力量的发展、科学技术活动的扩大，有力地推动着我国整个高等教育部门科学技术事业的发展。

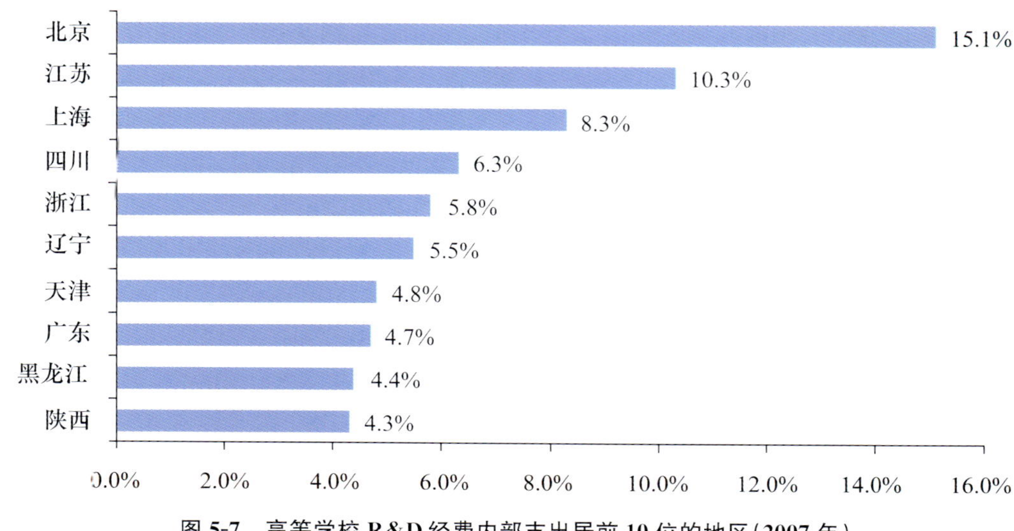

图 5-7　高等学校 R&D 经费内部支出居前 10 位的地区（2007 年）

资料来源：国家统计局，科学技术部. 中国科技统计年鉴 2008.

2. 北京创新体系的重要组成部分

在以企业、高等学校、科研机构为主体的北京创新体系中，高等学校的作用十分重要。从 2000 年以来的 R&D 活动规模看，北京高等学校 R&D 人员投入量约占北京地区 R&D 人员投入总量的 12%—20%，R&D 经费内部支出约占北京地区 R&D 经费内部支出总量的 9%—12%，2007 年这两项比例分别为 12.2%和 9.0%（表 5-3）。

表 5-3　北京高等学校 R&D 人员和经费及其占北京地区总量的份额（2000—2007 年）

	2000 年	2001 年	2002 年	2003 年	2004 年	2005 年	2006 年	2007 年
北京地区 R&D 人员总量（万人年）	9.9	9.5	11.5	11.0	15.2	17.8	16.9	20.5
其中：高等学校 R&D 人员（万人年）	1.5	1.8	2.5	2.0	2.4	2.4	2.6	2.5
高等学校所占比重（%）	15.2	18.9	21.7	18.2	15.8	13.5	15.4	12.2
北京地区 R&D 经费总量（亿元）	155.7	171.2	219.5	256.3	316.9	379.5	433	527.1
其中：高等学校 R&D 经费（亿元）	16.8	20.9	23.3	25.4	28.3	35.8	37.3	47.7
高等学校所占比重（%）	10.8	12.2	10.6	9.9	8.9	9.4	8.6	9.0

资料来源：北京市统计局，国家统计局北京调查总队. 北京统计年鉴. 2001-2008.

北京地区的三个 R&D 活动主要执行部门中，高等学校 R&D 活动规模并不大，仅位列第三，但是由于 R&D 活动集中在科学研究（基础研究和应用研究）领域，因此，高等学校对北京地区 R&D 活动的结构具有重要影响。2007 年，北京高等学校的基础研究经费和应用研究经费占北京地区相应经费总量的比例分别达到 30.8%和 21.7%（图 5-8），换言之，北京地区科学研究活动近四分之一是由北京高等学校完成的，这也是近五年来的最高比例。这表明北京高等学校在探索新知识，以及将知识发展成具有原创性的新技术方面拥有巨大能力，是重要的知识发源地和技术辐射源，是对技术创新的强有力支撑。

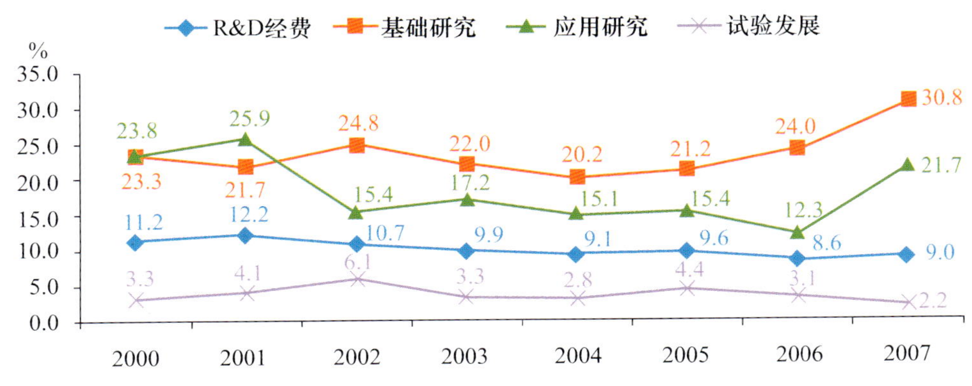

图 5-8　北京高等学校三类 R&D 经费占北京地区总量的比例（2000—2007 年）

资料来源：国家统计局，科学技术部. 中国科技统计年鉴. 2001-2008. 北京市统计局，国家统计局北京调查总队. 北京统计年鉴. 2001-2008.

北京高等学校 R&D 活动主要集中在清华大学、北京大学、北京航空航天大学、北京理工大学、北京科技大学等实力较强的中央部门属高等学校，这五所学校在北京高等学校中 R&D 支出规模最大。2006 年，这五所学校筹集的科技经费共 47.1 亿元，占北京高等学校总量的 57.0%。这些学校成为北京地区创新体系中的重要力量。

3. 以承担国家任务和企业项目为主

2005—2007 年，北京高等学校科技项目经费支出共 149.2 亿元。其中：65.5 亿元用于国家科技项目，占 43.9%；67.3 亿元用于企业委托项目，占 45.1%；地方政府科技项目经费为 7.0 亿元，占 4.6%。这种分布表明，北京高等学校的科技活动以科学探索为主导，服务于国家发展科学技术的一些重要目标，并为企业的需求提供服务。

将北京地区高等学校、科研院所和工业企业三个部门的科技项目经费按项目来源进行比较，三者的明显差异在一定程度上反映了各个部门科技活动的不同特点和功能（图 5-9）。2005—2007 三年中，北京高等学校以承担国家科技项目和企业委托项目为主，企业委托项目经费的规模达到 67.3 亿元，远远大于科研院所（16.1 亿元）和工业企业（29.1 亿元）；北京科研院所近 3/4 的科技项目经费（131.2 亿元，占 72.3%）用于国家科技项目，企业委托项目经费是三个部门中最少的；北京工业企业的科技项目经费主要投向以自身需求和市场导向的研发活动和技术创新项目，自选项目经费占了 52.0%。

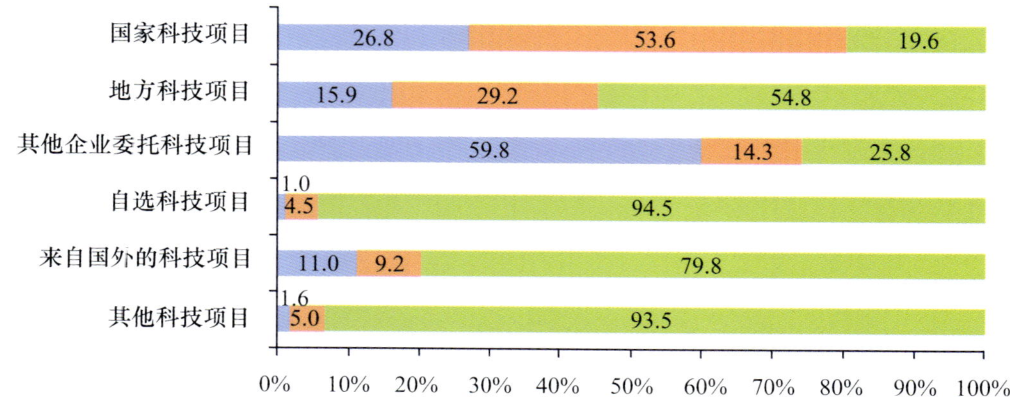

图 5-9 北京高等学校、科研机构和企业科技项目经费支出按项目来源分布(2005—2007 年合计)

资料来源:北京市科学技术委员会,北京市统计局,北京市教育委员会.北京市研究与发展(R&D)数据汇编 2008.

第二节 科技活动的成果

一、科技论文

科技论文是科学研究活动的重要产出形式之一。"十五"以来,北京高等学校年发表论文数呈持续增长态势。2007 年发表科技论文达 8.3 万篇,年均增幅 11.0%(图 5-10)。比 2000 年的 4.0 万篇提高了 103.8%。

从自然科学与工程技术领域论文被三大检索工具收录的论文数来看,2007 年,北京高等学校被三大检索系统收录的论文总数为 27299 篇,占北京地区三大检索系统收录论文总数的 66.3%。

二、专利

专利是一种独占性的知识产权,是衡量科技活动直接产出的重要指标。随着国家知识产权战略的实施和高等学校知识产权保护意识的增强,北京高等学校的创造发明活动日趋活跃,专利申请和授权量持续增长。

从我国 1985 年实施专利法以来,对于保护北京高等学校科研成果的知识产权发挥了积极作用。20 世纪 90 年代中期,北京高等学校的专利申请量和授权量处于相对缓慢增长的状态。从 1998 年开始,专利申请量和授权量进入连年增长局面,到"十五"期间乃至"十一五"前期,则表现出快速发展的态势。

知识经济时代,国际竞争已从产品竞争前移至技术创新乃至研究与发展(R&D)领域。技术已经成为当代经济增长的主要推动力,而技术的表现形式除技术秘密和专有技术外,主要就是发明专利。2002 年,科技部提出实施"人才"、"专利"和"技术标准"三大战略,强化了科技项目评价体系中知识产权成果的比重,这一战略激发了我国科技成果申请专利的积极性,此后一段时期北京高等学校专利申请十分活跃,专利授权量也大幅增加。在 2002 年,北京高等学校专利申请量取得重大突破,增长率达 80.7%;2003 年专利授权量增长率达 147.7%;2007 年北京高等学校共提出专利申请 4207 件,比 2006 年增加了 1388 件,增长率为 49.2%。获得专利授权 1801 件,比 2006 年增加了 440 件,增长率为 32.3%(图 5-11)。

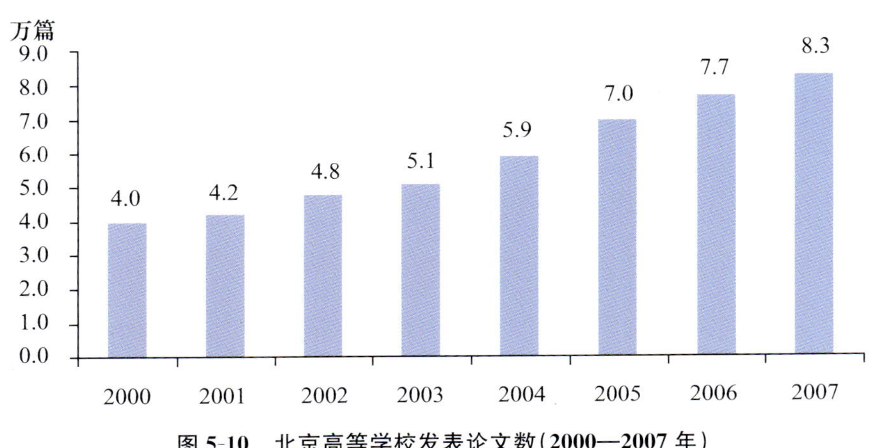

图 5-10 北京高等学校发表论文数(2000—2007 年)

资料来源:北京市科学技术委员会,北京市统计局,北京市教育委员会.北京市研究与发展(R&D)数据汇编.2001-2008.

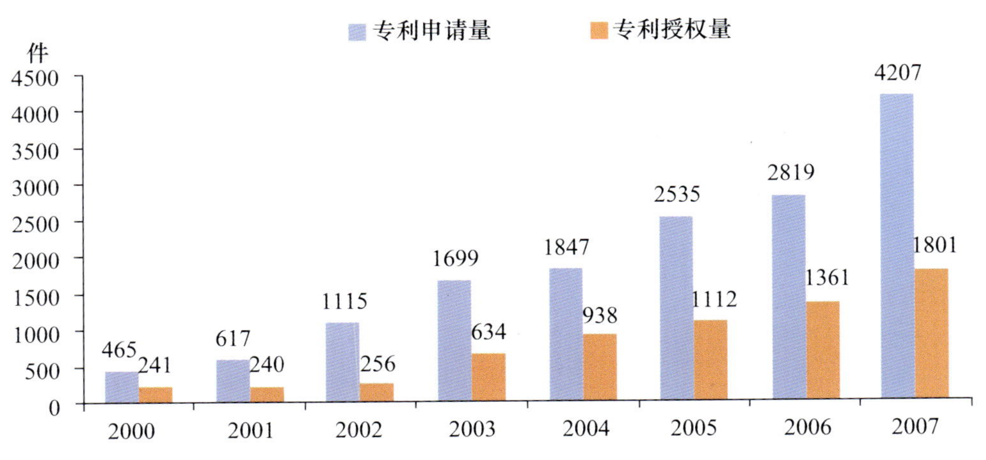

图 5-11 北京高等学校专利申请量及授权量(2000—2007 年)

资料来源:北京市统计局,国家统计局北京调查总队.北京统计年鉴.2001-2008.

从统计数据来看,北京高等学校的专利产出以发明专利为主,发明专利申请量在全部专利申请量中占优势,并呈现出稳步上升的趋势。2007 年,北京高等学校的发明专利申请量达 3417 件,比上年增长 20.5%,占高等学校专利申请总量的 86.9%。

随着发明专利申请量的不断增加，发明专利授权量也大幅增加。2007 年北京高等学校拥有的发明专利数达到 9984 件，比 2006 年增长了 17.3%。

三、科学技术奖励

我国科技奖励制度旨在鼓励各种形式的自主创新，用法律手段维护发明创造主体的合法权益，激发广大科技工作者勇于探索、献身科学事业的积极性和创造性，促进国家科学技术的发展。科技奖励是我国现阶段评价科技活动成效的重要方式之一。

国家级科技奖励在我国科技奖励中最具代表性和权威性。"十五"以来，北京高等学校有大量优秀科技成果获得了国家级科技奖励(表 5-4)。

表 5-4 "十五"以来北京高等学校获国家级科学技术奖励情况

	国家自然科学奖(项)			国家发明奖(项)			国家科技进步奖(项)		
	合计	一等	二等	合计	一等	二等	合计	一等	二等
2001 年	6	0	6	0	0	0	14	1	13
2002 年	2	0	2	4	0	4	24	1	23
2003 年	4	0	4	4	0	4	33	2	31
2004 年	4	0	4	5	1	4	21	1	20
2005 年	5	0	5	7	0	7	32	3	29
2006 年	0	0	0	1	0	1	6	0	6
2007 年	6	—	6	13	1	12	38	1	37

资料来源：国家科学技术奖励工作办公室.

从表 5-4 可以看出，北京高等学校获国家级科技奖励数逐年增加，2007 年达到历史最高的 57 项，比 2001 年增加了 37 项，年平均增长率 19.7%。

第三节　产学研合作

20 世纪 80 年代，我国政府提出了"科学技术必须面向经济建设，经济建设必须依靠科学技术"的发展方针，我国产学研合作不断加强。高等学校作为科技活动的重要部门，接受企业委托开展的科技项目规模一直在扩大，加速了高等学校科技成果直接向产业部门的转移。

一、接受企业委托开展科研

1997—2007 年，企事业单位委托经费占北京高等学校科技经费筹集额的比例基本在 30%—40%(图 5-12)。2007 年，北京高等学校来自企事业单位委托经费达到 33.7 亿元，占科技经费筹集额 31.9%，与 1997 年相比，企事业单位委托经费增加了 29.2 亿元，增长了 7.4 倍。这既反映了这一段时期北京高等学校与企业合作的规模不断扩大，也体现出高等学校在产业技术水平提高和创新型国家建设中的作用日益加强。

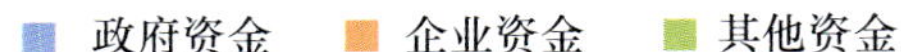

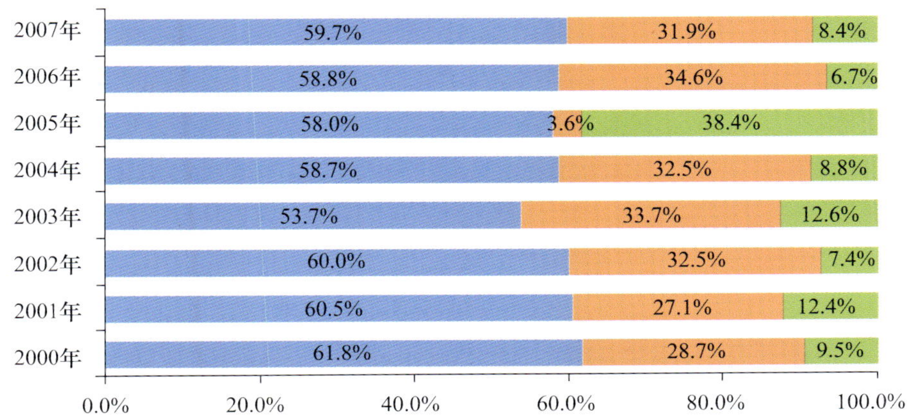

图 5-12　北京高等学校科技经费筹集额按来源分布(1997—2007 年)

资料来源:国家统计局,科学技术部. 中国科技统计年鉴. 1998-2008.

二、与企业合作项目

北京高等学校在科技活动中与外部建立了较为广泛的合作机制,合作对象既有国内的,也有国外的,既有其他高等学校和科研院所这类学术部门,也有产业部门,而企业一直是高等学校开展合作项目的主要对象。近年来,每年的科技项目经费支出中有近三分之一用于各类合作项目。2007 年,北京高等学校科技项目经费支出为 60.5 亿元,其中,各类合作项目经费支出为 19.8 亿元,占 32.7%(图 5-13)。与境内注册企业的合作项目经费为 8.1 亿元,占科技项目经费支出总额的 13.4%。在与企业合作项目经费中,98%是与内资企业和各类合资合作企业的合作项目,与外商独资企业的合作项目经费仅占 2%。

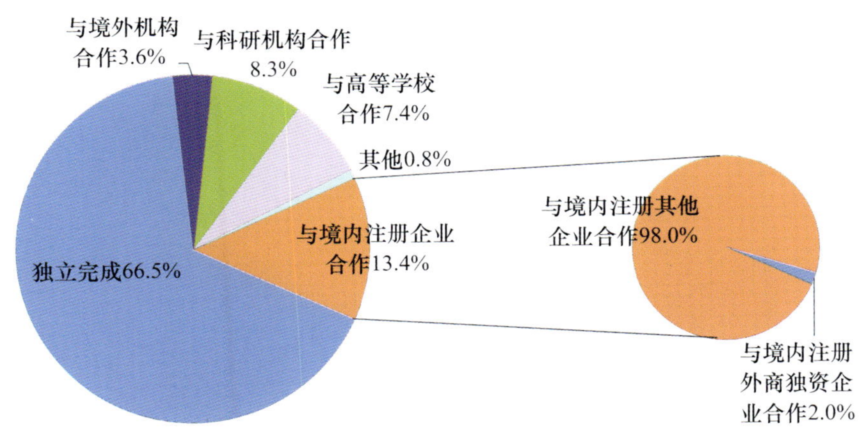

图 5-13　北京高等学校科技项目经费支出按合作形式分布(2007 年)

资料来源:北京市科学技术委员会,北京市统计局,北京市教育委员会. 北京市研究与发展(R&D)数据汇编 2008.

北京高等学校与企业合作项目经费的规模近年虽有较大波动，但总体呈增长趋势。2002年与企业合作项目经费为4.3亿元，2005年和2007年相继提高到6.1亿元和8.1亿元，分别比2002年增长了40%和87%。

北京市政府鼓励高等学校与企业加强合作，为引导科技成果快速向生产领域转移，推动高等学校与企业的直接合作，北京市启动了“校企合作产学研工程”。2006年度，北京市教委围绕生物医药、环保节能、城市建设等北京市重点发展领域，支持北京高等学校与企业进行校企合作，共支持了7个校企合作产学研项目，投入700万元，吸引社会资金2000多万元。

三、技术交易

技术交易使技术转化为可买卖的商品，它促进了技术的流动和扩散，使技术从发明人向购买人乃至使用人转移。我国为促进技术交易形成的技术市场，为科学技术成果的流动、扩散和应用提供了有效途径。

经过“九五”的发展，“十五”是北京高等学校技术贸易的全新时期，这一时期北京高等学校主要通过在技术市场签订的技术转让合同进行技术转让，大致可分为两个阶段：

第一阶段，2001—2003年，技术转让合同数保持强势增长，2003年达历史最高的1677项；而这三年的技术转让合同成交金额则基本保持稳定，分别为6.4亿元、4.3亿元和6.0亿元。

第二阶段，2004—2006年，形态则比较复杂，与2003年相比，2004年技术转让合同数出现了大幅度的下降，降幅高达37.6%，2005年和2006年维持在2004年的水平。同期，技术转让合同成交金额也出现了大幅萎缩：2004年为2.6亿元，降幅56.5%；2005年恢复性增长，当年增幅42.8%，达3.7亿元；2006年相比2005年小幅下降，为3.4亿元。2001年以来的状况表明，技术市场促进了高等学校科技成果向外部转移，显然，北京高等学校技术成果的转移和扩散能力仍有较大的发展空间。

数据的大幅起落，反映出北京高等学校自身科技成果转化工作的不足。应该看到，相对于R&D活动的稳定、持续、快速发展，北京高等学校科技成果转化工作起伏性较大，同时在技术市场成交合同数和合同成交金额占技术市场总量的比重在不断下降(表5-5)。

表5-5 北京高等学校技术合同成交情况

	北京技术市场签订合同数			北京技术市场合同成交金额		
	(项)	高等学校	%	(亿元)	高等学校	%
2001年	23921	1684	7.0	191.0	4.8	2.5
2002年	27038	1306	4.8	221.2	4.1	1.8
2003年	32173	2594	8.1	265.4	8.3	3.1
2004年	35549	2382	6.7	425.0	9.4	2.2
2005年	37625	2633	7.0	489.6	9.2	1.9
2006年	51570	2968	5.8	697.3	12.3	1.8
2007年	50972	3126	6.1	882.6	13.5	1.6

资料来源：北京市科学技术委员会，北京技术市场管理办公室. 北京技术市场统计公报. 2001-2007.

第六章　工业企业的科技活动

工业企业是国民经济行业分类中采矿业，制造业，电力、燃气及水的生产和供应业共计 39 个行业企业的统称。工业企业是科技活动的主要执行部门之一，是北京企业科技活动的重要力量。本章从工业企业在国民经济中的地位、工业企业的科技活动及产出、工业企业产学研合作等方面分析北京地区工业企业科技活动的现状及历史变化特征。

第一节　工业企业在国民经济中的地位

随着经济的发展和产业结构的升级，服务业已经成为北京地区的主导产业，然而工业企业在首都经济中仍然占有十分重要的地位。"十五"以来，北京地区的规模以上工业企业数量有了大幅提高，同时工业企业在解决就业和促进地区经济增长方面也作出了重要贡献。

一、工业企业规模及变化

从工业企业数量来看，北京地区国有及年主营业务收入 500 万元以上非国有企业已经由 2001 年的 4356 家增长到 2007 年的 6398 家，6 年间增加了 2042 家，年均增速为 6.6%。与之相对应的是工业企业的从业人员从 2001 年的 108 万人增加到 2007 年的 119.3 万人，年平均增长速度为 1.7%，在一定程度上缓解了北京的就业压力（图 6-1）。然而随着服务业的飞速发展，工业企业已经不是北京解决就业问题的主要部门，工业企业从业人员占地区从业人员的比重处于逐年下降的趋势，2007 年这一比重为 12.6%，比 2001 年下降了 4.6 个百分点。

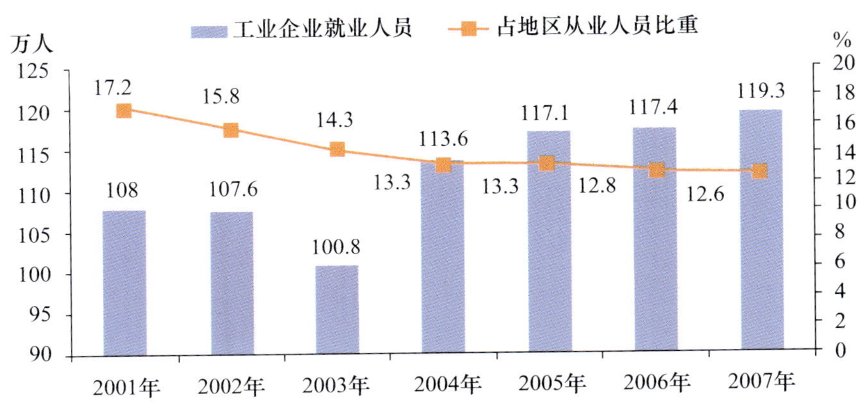

图 6-1　北京工业企业从业人员及其占地区从业人员的比重（2001—2007 年）

资料来源：北京市统计局，国家统计局北京调查总队. 北京统计年鉴. 2002-2008.

从经济产出来看，近年来，工业企业一直处于良好发展态势，为首都经济增长作出了重要贡献。2007年，北京地区实现工业增加值2082.8亿元（图6-2），工业企业利税总额达到1055.2亿元，上缴税金359.6亿元。虽然工业企业增加值和上缴税金占地区生产总值和税收总额的比例整体处于下降趋势，但仍高于20%，其中上缴税金占地区税收总额的1/4。

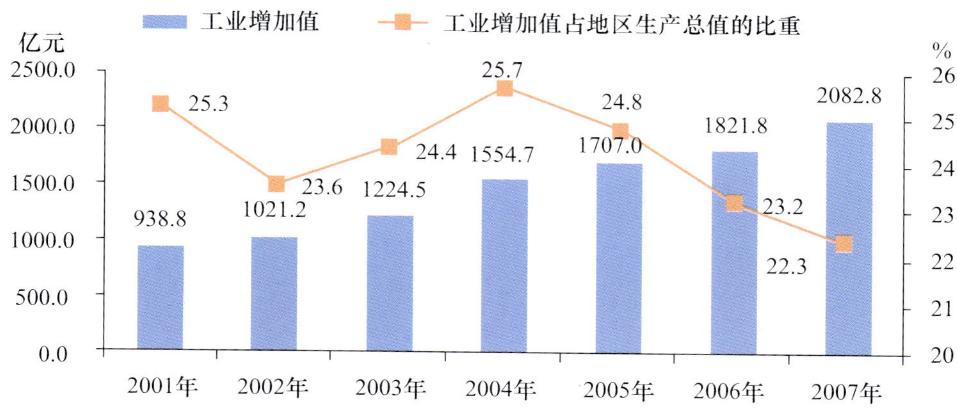

图6-2 北京工业企业增加值及其占地区生产总值的比重（2001—2007年）

资料来源：北京市统计局，国家统计局北京调查总队. 北京统计年鉴. 2002-2008.

二、工业企业行业和注册类型分布

从行业分布来看，北京地区工业企业主要集中在资本投入密集度较高的高新技术产业和现代制造业领域。企业数最多的前十个行业的企业数合计约占全部工业企业总数的2/3，而其从业人员和工业增加值也占全部工业企业的1/2以上。无论从企业数量还是从业人员和经济产出规模来看，通信设备、计算机及其他电子设备制造业企业都是北京工业的第一大行业。而占企业总数5.9%的交通运输设备制造业创造的工业增加值和吸收的从业人员都占全部工业企业的9%以上（表6-1）。

表6-1 企业数最多的十个行业占全部工业企业的比重（2007年）

	企业数（%）	从业人员（%）	工业增加值（%）
十个行业合计	65.3	56.7	50.3
通信设备、计算机及其他电子设备制造业	8.1	12.2	16.8
专用设备制造业	8.0	6.1	3.9
通用设备制造业	7.3	5.6	3.9
非金属矿物制品业	6.7	5.6	2.4
化学原料及化学制品制造业	6.6	3.7	3.4
电气机械及器材制造业	6.3	4.3	4.0

续表

	企业数(%)	从业人员(%)	工业增加值(%)
金属制品业	6.2	3.6	1.9
交通运输设备制造业	5.9	9.1	9.0
仪器仪表及文化、办公用机械制造业	5.5	2.8	3.3
印刷业和记录媒介的复制	4.6	3.8	1.6

资料来源:北京市统计局,国家统计局北京调查总队.北京统计年鉴2008.

从所有制构成来看,北京地区工业企业以内资企业居多,但三资企业(指港、澳、台商投资企业和外商投资企业)则吸收了更多的从业人员、创造了更多的经济产出。2007年,在北京地区6398家工业企业中,内资企业为4947家,占77.3%,从业人员和实现的工业增加值分别占69%和62.9%,内资企业是北京工业企业的主体。但是三资企业的规模和劳动生产率水平却占有明显优势。虽然三资企业数量仅占22.7%,然而其占从业人员总数达到了31.0%,创造的工业增加值占全部工业企业的比重更是高达37.1%(表6-2)。

表6-2 工业企业按注册类型分布(2007年)

	企业数(%)	从业人员(%)	工业增加值(%)
内资企业	77.3	69.0	62.9
三资企业	22.7	31.0	37.1
港澳台商投资企业	5.9	7.5	7.9
外商投资企业	16.7	23.5	29.1

资料来源:北京市统计局,国家统计局北京调查总队.北京统计年鉴2008.

第二节 工业企业的科技活动

工业企业是北京科技活动的重要主体之一,在转变经济增长方式、促进产业结构升级、推动首都经济科学发展等方面发挥着重要作用。本节根据《北京市研究与发展(R&D)数据汇编》公布的数据对北京地区工业企业的科技活动特征进行深入分析。

一、科技活动概况

近年来,随着企业对科技的重视程度不断提高,北京地区工业企业中有科技活动的企业所占比重不断上升。2007年,在《北京市研究与发展(R&D)数据汇编》统计的7817家工业企业中,有科技活动的企业为2884家,占36.9%,比“十五”末期的2005年上升了3.3个百分点。北京地区工业企业科技活动日益活跃。

1. 有科技活动的工业企业

2007 年，在北京地区 7817 家工业企业中，有科技活动的企业为 2884 家，占工业企业总量的 36.9%。

按登记注册类型，6087 家内资工业企业中有科技活动的为 2308 家，占 37.9%。在 1730 家外商投资企业和港澳台商投资企业中，有科技活动的为 576 家，占 33.3%。内资企业中有科技活动的企业比重高出外资企业 4.6 个百分点。

按单位隶属关系，549 家央企中有科技活动的为 349 家，占 63.5%；在 7268 家地方企业中有科技活动的为 2535 家，占 34.9%。央企的科技活动的活跃程度要高于地方企业。

在制造业的 7619 家企业中，有科技活动的企业为 2845 家，占制造业企业的 37.3%，高于北京地区工业企业的一般水平。

2. 科技人员及科学家和工程师

2007 年，北京工业企业科技活动人员为 12.9 万人，其中科学家和工程师为 9.8 万人，分别比上年增长了 11.2%和 10.1%（图 6-3）。2004—2007 年工业企业科技活动人员、科学家和工程师分别平均增长了 13.0%和 12.3%。

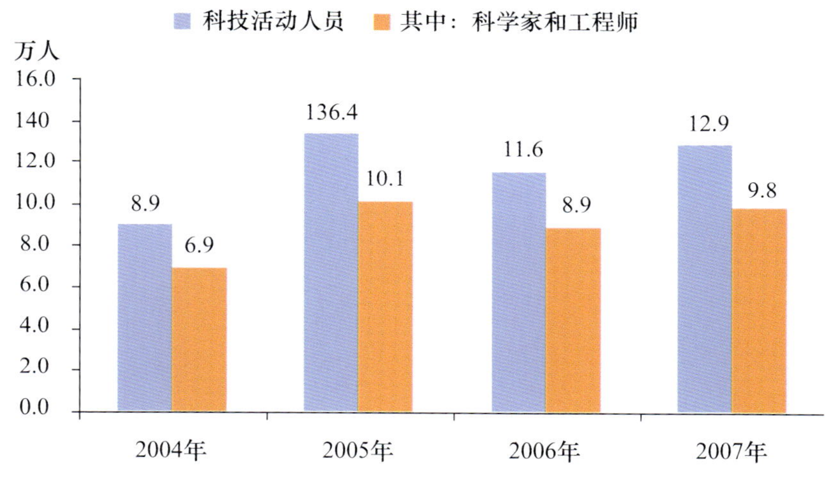

图 6-3 北京工业企业科技活动人员的变化情况（2004—2007 年）

资料来源：北京市科学技术委员会，北京市统计局，北京市教育委员会. 北京市研究与发展（R&D）数据汇编. 2005-2008.

2007 年工业企业科学家和工程师占科技活动人员的比例为 75.8%，其中内资企业科学家和工程师占科技活动人员比重为 74.2%，港澳台商和外商投资企业的比例为 81.1%，高于内资企业 6.9 个百分点。从图 6-4 可以看出港澳台商投资企业和外商投资企业的科学家和工程师占科技活动人员的比重均高于内资企业。

从隶属关系分组看，2007 年中央企业科学家和工程师的比重为 77.0%，比 2004 年增加了 1.1 个百分点；地方企业为 75.3%，比 2004 年下降了 2.6 个百分点（图 6-5）。

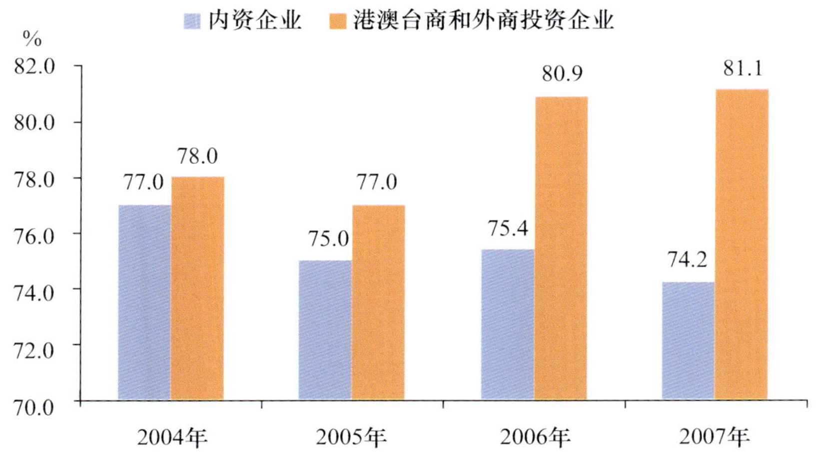

图 6-4　内资和三资企业科学家和工程师占科技活动人员比重变化(2004—2007 年)

资料来源:北京市科学技术委员会,北京市统计局,北京市教育委员会. 北京市研究与发展(R&D)数据汇编. 2005-2008.

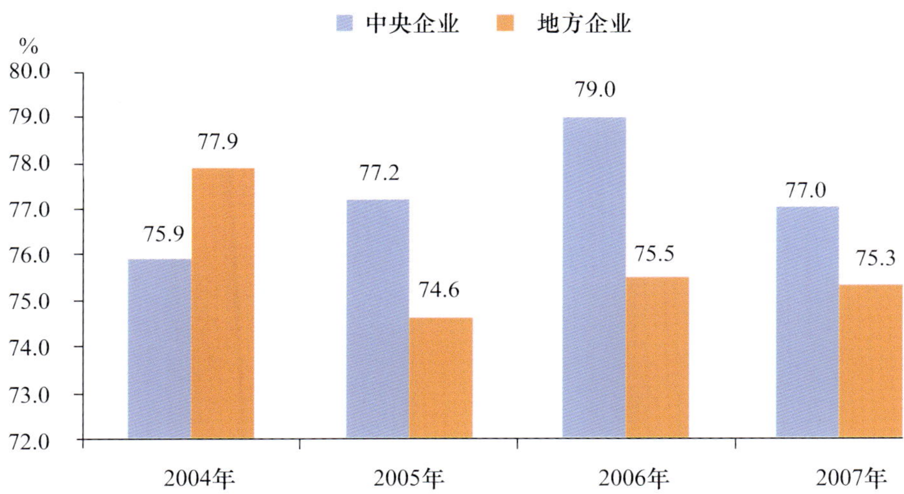

图 6-5　中央和地方企业科学家和工程师占科技活动人员比重变化(2004—2007 年)

资料来源:北京市科学技术委员会,北京市统计局,北京市教育委员会. 北京市研究与发展(R&D)数据汇编. 2005-2008.

3. 科技经费的筹集情况

2007 年,北京地区工业企业科技经费筹集额达到了 291.6 亿元,比 2004 年增加了 126.2 亿元,年平均增长速度为 20.8%。从科技经费筹集额的来源分析,2007 年科技经费筹集额的主要来源是企业自身,占总经费的 75.5%,来自政府的资金占 10.4%,国外资金占 10.8%。与 2004 年相比,企业经费的比重下降了 1.5 个百分点,政府资金提高了 2.4 个百分点,国外资金提高了 4.6 个百分点(图 6-6)。

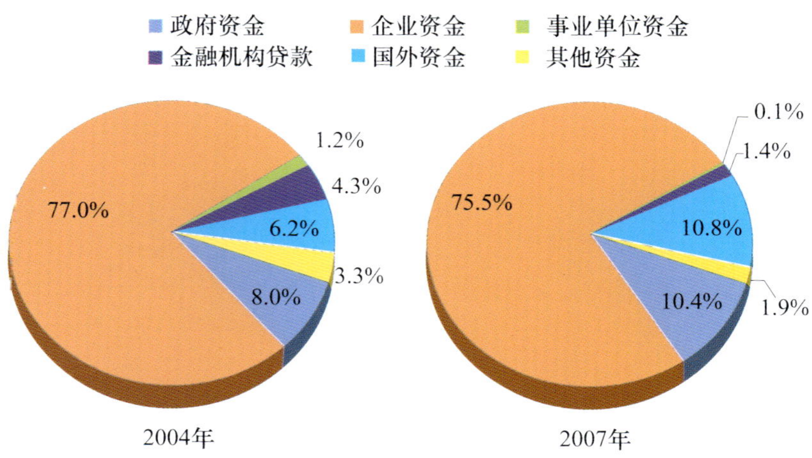

图 6-6 北京地区工业企业科技经费筹集额经费来源变化(2004 年,2007 年)

资料来源:北京市科学技术委员会,北京市统计局,北京市教育委员会.北京市研究与发展(R&D)数据汇编.2005,2008.

从工业企业登记注册类型分析,内资企业科技经费筹集额中,来自企业的经费占81.9%,政府资金占14.1%,企业和政府资金占科技经费筹集额的90%。港澳台商和外商投资企业经费60.4%来自企业自身,35.9%为国外资金(图 6-7)。

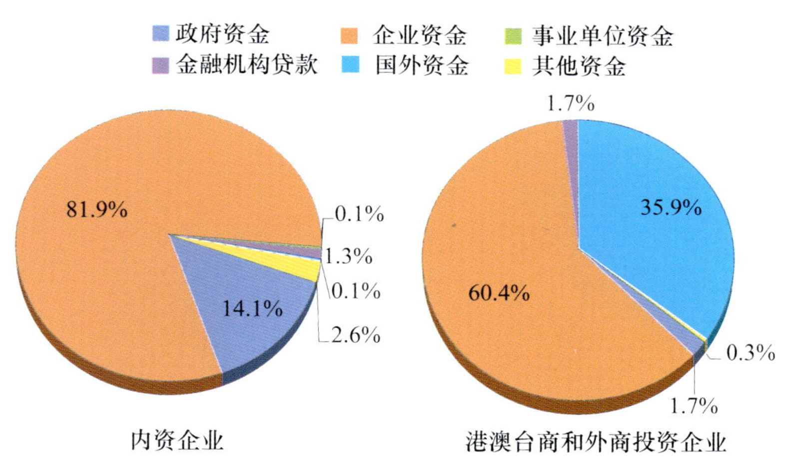

图 6-7 北京内资和三资工业企业科技经费筹集额来源构成(2007 年)

资料来源:北京市科学技术委员会,北京市统计局,北京市教育委员会.北京市研究与发展(R&D)数据汇编 2008.

从工业企业隶属关系分析,地方工业企业中,来自企业的资金占科技经费筹集额的74.1%,国外资金占18.6%,政府资金占4.2%。中央企业的科技经费筹集额中,来自企业的资金占77.4%,比地方企业高3.3个百分点,来自政府的资金占18.9%,高出地方企业14.7%百分点。

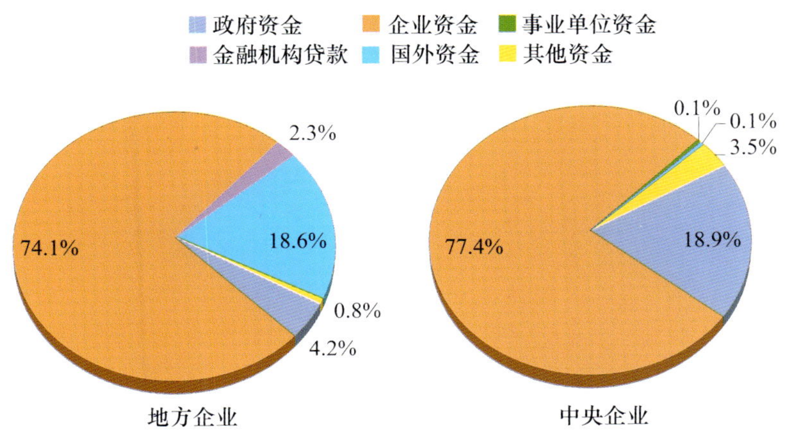

图 6-8　北京地方和中央企业科技经费筹集额来源的分布情况(2007 年)

资料来源:北京市科学技术委员会,北京市统计局,北京市教育委员会. 北京市研究与发展(R&D)数据汇编 2008.

由此看出,无论是内外资企业,还是中央和地方企业,科技经费筹集额的主要来源都是来自企业自身。由此可以看出,企业对技术创新的重视程度在不断地提高。

4. 企业科技机构

企业科技机构是企业实现科技活动制度化、常规化、组织化的重要保障,是企业进行工艺创新、产品创新的重要载体,是提升企业自主创新能力的重要平台。近年来北京地区工业企业设立的科技机构保持在 1000 家左右,2007 年达到了 1047 家。在企业科技机构中从事科技活动的人员也达到了 5.7 万人,企业科技机构科技活动经费内部支出额达到了 148.6 亿元的历史最高水平(图 6-9)。

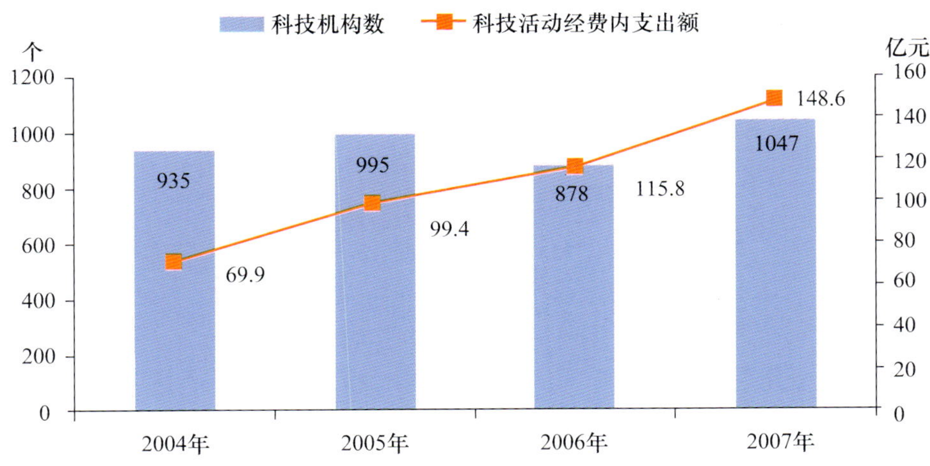

图 6-9　工业企业办科技机构及其科技活动经费内部支出(2004—2007 年)

资料来源:北京市科学技术委员会,北京市统计局,北京市教育委员会. 北京市研究与发展(R&D)数据汇编. 2005-2008.

北京地区工业企业科技机构集中分布在高新技术及现代制造业领域。2007年,通信设备、计算机及其他电子设备制造业,仪器仪表及文化、办公用机械制造业,专用设备制造业的企业科技机构数量均达到了120家以上,三个行业企业科技机构合计为446家,占全部工业企业科技机构总数的42.6%。企业科技机构数量排在前十位的行业共有876家科技机构,机构中从事科技活动的人员达到4.1万人,机构科技活动经费支出额为98.5亿元,分别占全部工业企业科技机构的83.7%、71.2%和66.3%(表6-3)。

表6-3 工业企业科技机构数量最多的十个行业情况(2007年)

行业	机构数(个)	机构从事科技活动人员(万人)	机构科技经费内部支出(亿元)
工业企业合计	1047	5.7	148.6
通信设备、计算机及其他电子设备制造业	180	1.4	51.1
仪器仪表及文化、办公用机械制造业	146	0.4	4.6
专用设备制造业	120	0.5	5.5
医药制造业	93	0.2	4.0
通用设备制造业	79	0.6	9.1
化学原料及化学制品制造业	68	0.1	2.2
工艺品及其他制造业	59	0.1	1.7
电气机械及器材制造业	49	0.3	9.4
交通运输设备制造业	42	0.3	8.2
非金属矿物制品业	40	0.2	2.6

资料来源:北京市科学技术委员会,北京市统计局,北京市教育委员会.北京市研究与发展(R&D)数据汇编2008.

二、研究与发展活动

研究与发展(R&D)活动是企业科技活动的核心,是提高企业自主创新能力的关键因素之一。北京地区工业企业的R&D投入规模逐步提高,R&D的活动类型、行业及注册类型分布表现出一些不同的特征。

1. R&D人员规模及分布

2007年北京地区工业企业R&D人员为5.4万人年,比2004年增加了1.2万人年,年平均增长速度为8.6%。与2006年相比增长22.5%。R&D科学家和工程师达到4.5万人年,占R&D人员的83.7%(图6-10)。工业企业R&D人员占北京地区R&D人员总量的26.2%,比2006年增长了1.6个百分点。

从登记注册类型分析,2007年内资企业的R&D人员占工业企业全部R&D人员的比重为76.7%,港澳台商和外商投资企业占23.3%;内资企业R&D人员中科学家和工程师的比重为76.5%,港澳台商和外商投资企业占24.1%。与2004年相比,内资企业R&D人员占全部工业企业R&D人员比重和R&D人员中科学家和工程师的比重都降低了 1.9 个百分点。

从企业隶属关系上看，2007 年，其 R&D 人员和 R&D 科学家和工程师分别达 1.6 万人年和 1.3 万人年，分别占工业企业总量的 29.4% 和 29.9%。地方企业 R&D 人员和 R&D 科学家和工程师分别达 3.9 万人年和 3.1 万人年，分别占 70.6% 和 70.1%，分别比 2004 年提高了 2 个百分点和 0.4 个百分点。

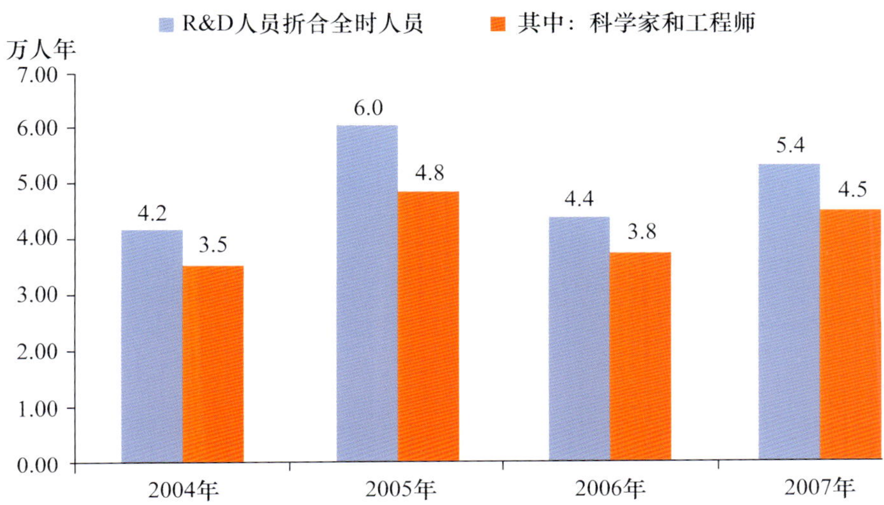

图 6-10 北京工业企业 R&D 人员变化情况(2004—2007 年)

资料来源：北京市科学技术委员会，北京市统计局，北京市教育委员会. 北京市研究与发展(R&D)数据汇编. 2005-2008.

2. R&D 经费总额及活动类型分布

工业企业在北京企业研发活动中占据主导地位，是北京地区研发活动中的一支重要力量。2007 年，北京工业企业研发经费内部支出总额为 145.0 亿元，占北京企业研发经费总额(233.0 亿元)的 62.3%，占北京地区研发经费总额(527.1 亿元)的 27.5%(图 6-11)。值得注意的是，随着非工业企业研发投入力度的加大，近年来工业企业在企业研发活动中的地位整体处于下降趋势。

与全国企业研发经费的活动类型分布类似，北京地区工业企业研发经费高度集中在试验发展研究领域。2007 年，北京工业企业研发经费中基础研究、应用研究和试验发展三类活动支出所占比重分别为 0.1%、3.6% 和 96.3%。同年，我国企业研发经费中，三个比重分别为 0.4%、3.5% 和 96.1%，可见北京地区工业企业对科学研究(基础研究和应用研究)的投入力度与全国企业整体水平相比几乎没有表现出任何优势。

3. R&D 经费按行业和企业注册类型分布

北京地区工业企业研发经费高度集中在少数技术和资金密集型行业。这些行业包括一些高新技术产业，如通信设备、计算机及其他电子设备制造业，仪器仪表及文化、办公用机械制造业，医药制造业等；包括北京重点发展的现代制造业产业，如交通运输设备

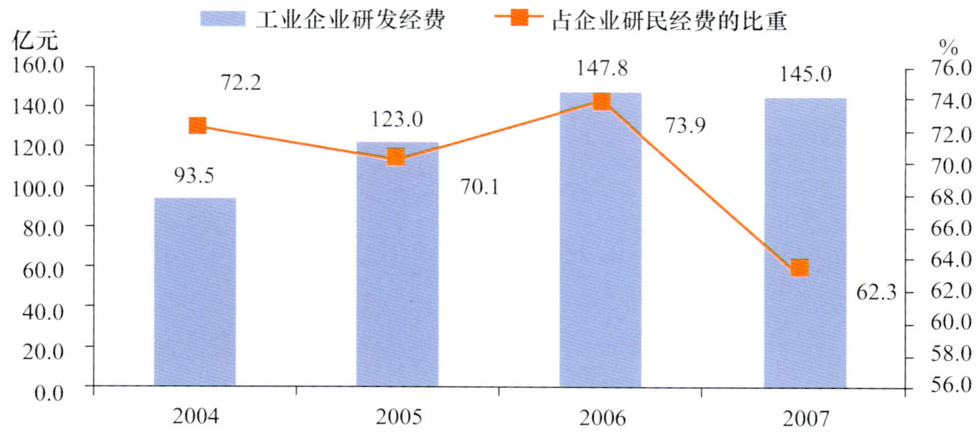

图 6-11　工业企业 R&D 经费及其占北京企业 R&D 经费的比重(2004—2007 年)

资料来源:北京市科学技术委员会,北京市统计局,北京市教育委员会. 北京市研究与发展(R&D)数据汇编. 2005-2008.

制造业、专用设备制造业和电气机械及器材制造业等;还包括北京地区具有长期技术积累的重点传统产业,如石油加工、炼焦及核燃料加工业,黑色金属冶炼及压延加工业等。2007 年,北京工业企业研发经费最高的十个行业研发经费合计占全部工业企业总额的 83.0%,而且从历年数据看,这 10 个行业研发经费合计占全部工业企业总额的比例始终保持在 80%以上(表 6-4)。

表 6-4　北京工业企业 R&D 经费最高的 10 个行业分布(2006 年,2007 年)

2007 年		2006 年	
行业	R&D 经费比重(%)	行业	R&D 经费比重(%)
10 个行业合计	83.0	10 个行业合计	87.5
通信设备、计算机及其他电子设备制造业	36.7	通信设备、计算机及其他电子设备制造业	50.9
交通运输设备制造业	7.3	交通运输设备制造业	5.8
专用设备制造业	6.8	专用设备制造业	5.7
石油加工、炼焦及核燃料加工业	5.6	石油和天然气开采业	5.5
电气机械及器材制造业	5.3	仪器仪表及文化、办公用机械制造业	4.7
石油和天然气开采业	5.0	电气机械及器材制造业	3.9
仪器仪表及文化、办公用机械制造业	4.6	黑色金属冶炼及压延加工业	3.2
通用设备制造业	4.4	通用设备制造业	3.0
黑色金属冶炼及压延加工业	3.9	电力、热力的生产和供应业	2.8
医药制造业	3.5	医药制造业	2.0

资料来源:北京市科学技术委员会,北京市统计局,北京市教育委员会. 北京市研究与发展(R&D)数据汇编. 2007-2008.

从企业的注册类型来看，2007 年内资企业 R&D 经费内部支出为 92.2 亿元，与 2004 年相比增加了 41.1 亿元，年平均增长速度为 21.7%（图 6-12）。港澳台商和外商投资企业的 R&D 经费内部支出为 52.9 亿元，比 2004 年增加了 10.5 亿元，年均增速为 7.7%。2004 年内资企业 R&D 经费内部支出占总量的比重为 54.7%，2007 年这一比重上升到 63.5%。2006 年之前港澳台商和外商投资企业研发经费内部支出占北京工业企业研发经费总额始终保持在 40%以上，但整体呈下降趋势，2007 年下降到 36.5%，数据表明这是由于内资企业研发经费增长速度高于港澳台商和外商企业。

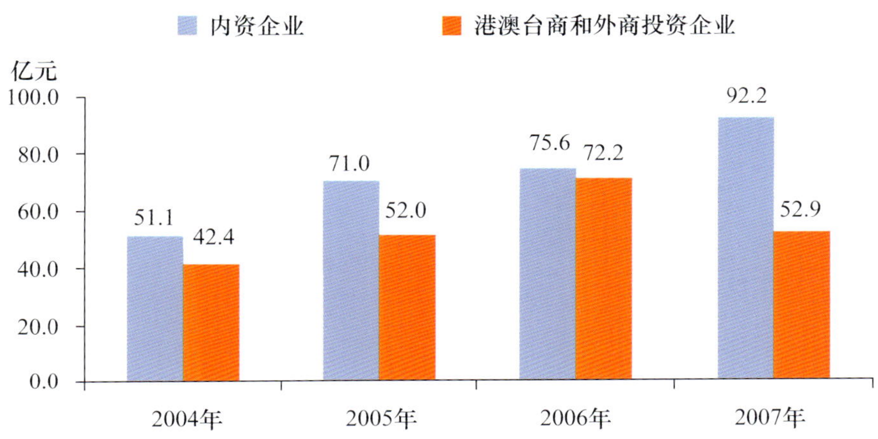

图 6-12　R&D 经费内部支出按登记注册类型分类（2004—2007 年）

资料来源：北京市科学技术委员会，北京市统计局，北京市教育委员会. 北京市研究与发展（R&D）数据汇编. 2005-2008.

第三节　工业企业科技活动产出

获得先进的生产工艺、创造出有市场竞争力的产品是工业企业开展科技活动的重要目的。本节从新产品产出和获取专利情况两个方面分析北京地区工业企业科技活动产出特征。

一、新产品

产品创新活动是企业最主要的创新活动，而新产品产出是将企业创新活动转化为现实生产力的重要标志。近年来，随着北京地区规模以上工业企业新产品开发经费投入规模和投入强度的增长，新产品销售收入及其占主营业务收入的比重也在稳步提高。“十五”初期的 2001 年，北京地区规模以上工业企业投入新产品开发经费 21.0 亿元，到 2007 年增长到 94.4 亿元，是 2001 年的 4.5 倍，年均增长 28.5%（图 6-13）。尤其是“十一五”以来，北京地区规模以上工业企业的新产品开发经费投入更是呈现出加速增长趋势。

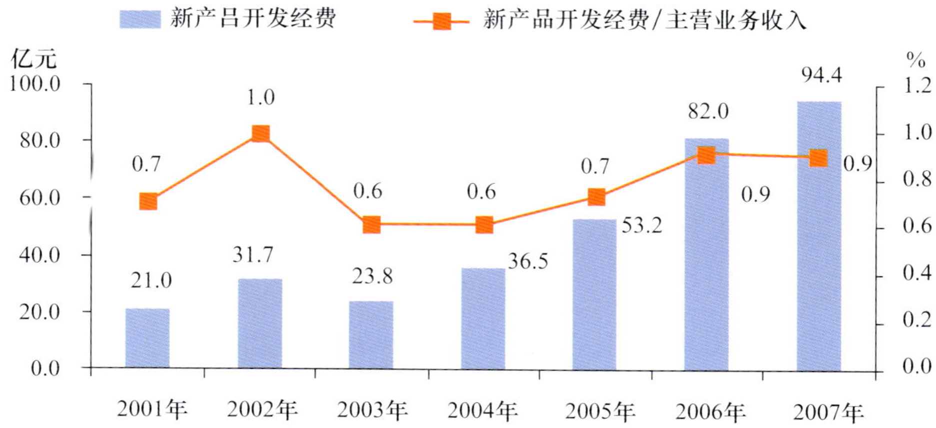

图 6-13　北京地区规模以上工业企业新产品开发经费及投入强度(2001—2007 年)

资料来源:北京市统计局,国家统计局北京调查总队.北京统计年鉴.2002-2008.

新产品开发经费占主营业务收入的比重能直接反映企业新产品开发投入强度。近年来北京地区规模以上工业企业新产品开发投入强度逐年提高,从最低的 2003 年(0.6%)稳步提高到 2007 年的 0.9%。

"十五"中期以来,北京地区规模以上工业企业新产品销售收入呈逐年增长趋势,新产品销售收入在企业主营业务收入中所占比重进一步提升。2001 年北京地区规模以上工业企业新产品销售收入为 691.1 亿元,2007 年达到了 2895.5 亿元的历史最高值,是 2001 年的 4.2 倍,年均增长 27.0%(图 6-14)。

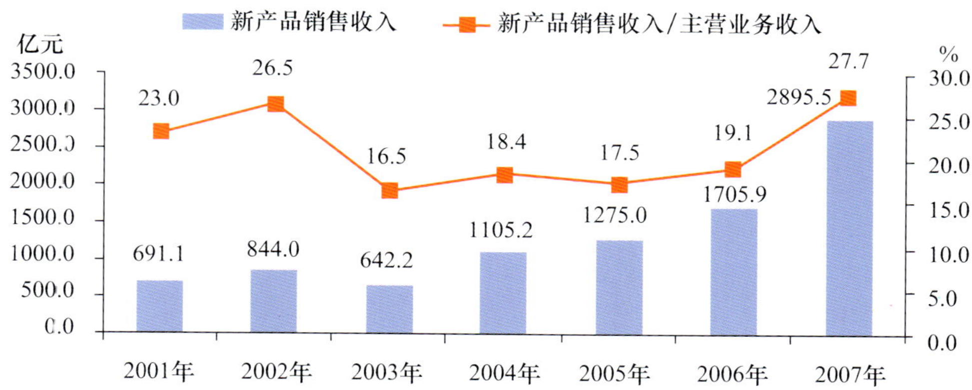

图 6-14　北京地区规模以上工业企业新产品销售收入及所占份额(2001—2007 年)

资料来源:北京市统计局,国家统计局北京调查总队.北京统计年鉴.2002-2008.

随着新产品销售收入的大幅增长,其在企业主营业务收入中的份额也在波动中提升。已经从最低的 16.5%(2003 年)提高到 2007 年的 27.7%。新产品销售收入规模的增长和销售份额的提升说明北京地区规模以上工业企业的产品创新能力得到了有效增强。

二、专利

企业申请专利数量在一定程度上代表了其创新能力及创新活跃程度。企业拥有专利数量的多少，尤其是技术含量相对较高的发明专利数量的多少在很大程度上显示了其技术力量的强弱和市场竞争优势的高低。

2007 年，北京地区工业企业专利申请量和发明专利申请量均达到了历史新高，分别为 6544 件和 3990 件，分别比 2004 年增长了约 40％和 70％（图 6-15）。同时，发明专利申请量占专利申请总量的比重由 2004 年的 51.1％提高到 2007 年的 61.0％，表明工业企业申请专利的技术含量得到了明显提升。

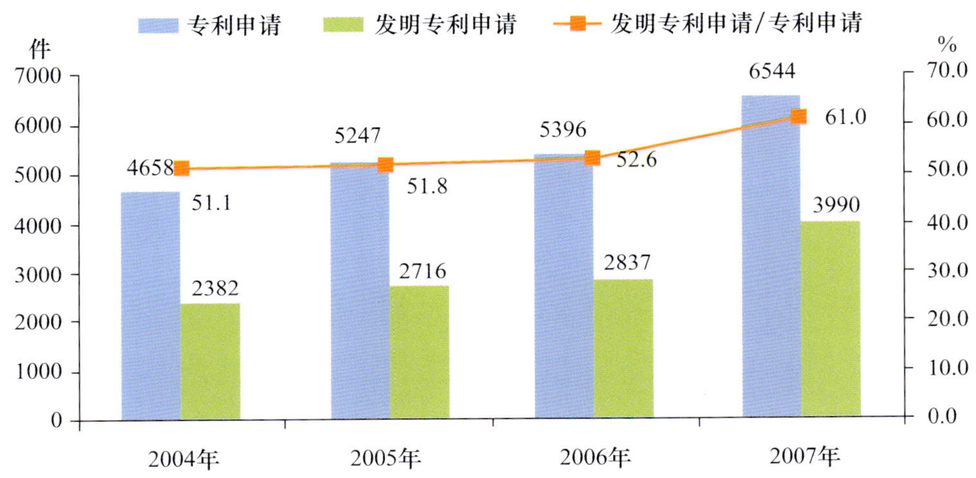

图 6-15　北京地区工业企业专利申请和发明专利申请量（2004—2007 年）

资料来源：北京市科学技术委员会，北京市统计局，北京市教育委员会. 北京市研究与发展（R&D）数据汇编. 2005-2008.

从工业企业的注册经济类型来看，2007 年，内资企业的专利申请量、发明专利申请量以及拥有发明专利数量所占比例均高于三资企业，其拥有发明专利更是占全部工业企业的 73.9％（表 6-5）。但是与内资企业的数量所占比例（77.9％）相比较而言，其专利产出并没有显著优势。从企业隶属关系上看，占北京地区工业企业总数 7％的中央企业，其专利申请、发明专利申请和拥有发明专利所占比重均在 20％以上，占企业数 93％的地方企业专利比重在 70％左右。从具体行业分布来看，北京地区工业企业专利分布的一个最鲜明特征是通信设备、计算机及其他电子设备制造业企业十分突出，其专利申请量和发明专利申请量占全部工业企业的比重均在 1/3 以上，而且远远高于其他任何行业的水平。

表 6-5　北京地区工业企业专利分布情况(2007 年)

	专利申请所占比例(%)	发明专利申请所占比例(%)	拥有发明专利所占比例(%)
按注册经济类型分			
三资企业	31.8	40.2	26.1
内资企业	68.2	59.8	73.9
按企业隶属关系分			
中央企业	24.5	27.9	30.7
地方企业	75.5	72.1	69.3
按行业分			
通信设备、计算机及其他电子设备制造业企业	36.2	44.6	27.4
其他行业企业	63.8	55.4	72.6

资料来源:北京市科学技术委员会,北京市统计局,北京市教育委员会.北京市研究与发展(R&D)数据汇编 2008.

第四节　工业企业产学研合作

产学研合作是优化科技资源配置、促进企业技术创新的重要途径。高等院校与科研机构不仅为企业提供各类专业人才和科研成果,还为企业提供了重要的基础科研条件。北京地区集聚了中央和地方、国内和国际各类丰富的科技资源,为工业企业开展产学研合作、提高技术创新能力提供了得天独厚的条件。

一、产学研合作项目构成

工业企业与学术部门开展科技合作项目研究是产学研合作的重要方式。近年来北京地区工业企业科技项目数量不断增长,项目人员和经费支出规模有了较大提高。2007 年,北京地区工业企业共实施科技项目 16020 项,参加人员达到 6.9 万人年,项目实际经费支出额达到 177.3 亿元。从科技项目的合作方式来看,以企业独立完成为主,但无论从项目数量还是从项目经费支出额来看,企业与国内高等学校合作项目、企业与国内独立科研机构合作项目都占有较大份额(图 6-16)。其中,工业企业科技项目中约 10%的项目是与高等学校或者科研机构合作完成;其项目经费支出所占比重接近 13%。

二、产学研合作项目发展趋势

近年来,北京地区工业企业产学研合作事业稳步推进。其中,工业企业与国内高等学校合作项目经费支出额在 2007 年有了大幅增长,首次突破 10 亿元,达到了 11.2 亿元;工业企业与国内独立科研机构合作项目经费支出额逐年提高,2007 年首次超过与高等学校的合作项目经费,达到了 11.7 亿元(图 6-17)。同时,工业企业与高等学校及科研机构合作项目经费占其全部科技项目经费的比重在经历连续两年下降之后,2007 年有了大幅提升。北京地区工业企业产学研合作事业展现出良好的发展局面。

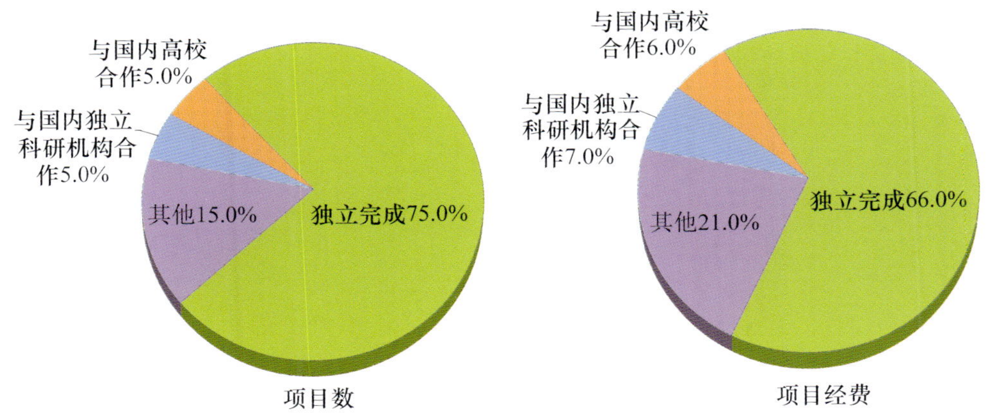

图 6-16 北京地区工业企业科技项目数量和经费支出按合作方式分布(2007 年)

资料来源:北京市科学技术委员会,北京市统计局,北京市教育委员会.北京市研究与发展(R&D)数据汇编 2008.

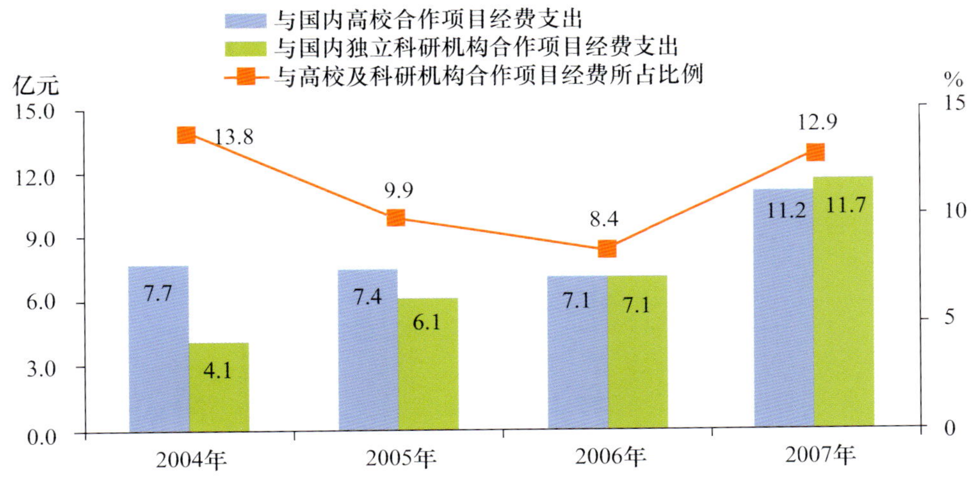

图 6-17 北京地区工业企业与高等学校及科研机构合作项目经费支出及占科技合作项目经费总额的比例(2004—2007 年)

资料来源:北京市科学技术委员会,北京市统计局,北京市教育委员会.北京市研究与发展(R&D)数据汇编.2005-2008.

除了与国内高等学校、国内独立科研机构开展科技项目合作以外,近年来北京地区工业企业还与境内其他企业以及国外机构积极开展科技合作活动。2007 年,北京地区工业企业与境内注册外商独资企业开展科技合作项目 105 项,与境内注册其他企业开展科技合作项目 760 项,与境外机构合作项目 216 项,工业企业在这些科技项目中实际支出经费合计达 22.4 亿元。北京地区工业企业与学术机构、技术开发机构及产业部门开展全方位的深入合作,为提高自身创新能力和市场竞争力打下了坚实的基础。

专题二　外商投资研发机构的科技活动

在世界经济全球化的大背景下，为谋求最大利润和争夺竞争制高点，跨国公司在构建国际化生产和销售网络的同时，纷纷在海外设立研发机构，投资研发活动。

自 20 世纪 80 年代起，研发活动国际化进入加速发展时期，以美国为首的西方发达国家成为跨国公司海外研发活动最集中的地区，同时，他们也是在海外投资研发活动最多的国家。为了提升在中国的产业竞争力，跨国公司从 20 世纪 80 年代起就向中国布局研发资源。进入 21 世纪，特别在加入世贸组织以来，我国巨大的市场潜力，成为外商在华投资研发活动的热土。北京的区位优势成为外商投资研发机构的首选之地。

本章主要依据《北京市研究与发展（R&D）数据汇编》等资料，着重分析北京地区 200 家外商投资研发机构及其科技活动发展的现状和特点。

第一节　外商投资研发机构概况

外商在北京地区投资研发活动可以追溯到 20 世纪 80 年代，经过 20 多年的发展，外商投资研发机构已具有一定规模，并成为北京创新体系中不可忽视的组成部分。

一、外商投资研发机构的发展

调查资料显示，从 1987 年成立第一家外资研发机构起，到 1993 年摩托罗拉在北京设立“摩托罗拉全球软件集团中国中心”为止，这一时期是外商在北京投资设立研发机构的起始阶段。此后，微软、IBM、英特尔等世界 500 强企业陆续跟进，特别在 1997 年我国实施“鼓励设立中外合资、合作研发中心办法”之后，出现了外商投资设立研发活动的高潮，保洁、朗讯、诺基亚等大型企业相继在北京成立研发机构。1999 年北京市政府出台的《北京市鼓励在京设立科研开发机构的暂行规定》（以下简称《暂行规定》）成为外商加快在京投资研发活动的一个重要政策因素。据北京市统计局的资料，到 2000 年底，外商在北京投资设立的研发机构主要有专表 2-1 所列的 18 家。

专表 2-1　外商在北京投资设立的研发机构（2000 年）

企业名称	国家（地区）	行业	企业名称	国家（地区）	行业
IBM 中国研究中心	美国	信息技术	安捷伦科技有限公司	美国	电子
微软中国研究开发中心	美国	信息技术	诺维信生物制药研究中心	瑞典	生物医药
微软中国研究院	美国	信息技术	恩益禧—中科院软件研究所有限公司	日本	信息技术

续表

企业名称	国家（地区）	行业	企业名称	国家（地区）	行业
诺基亚（中国）研究中心	芬兰	信息技术	北京三星通信技术研究有限公司	韩国	信息技术
北京宝洁技术有限公司	美国	化工	金宝电子（北京）有限公司	台湾	电子
英特尔中国研究中心	美国	信息技术	斯伦贝谢（中国）技术有限公司	法国	光机电一体化
朗讯（中国）有限公司贝尔实验室	美国	信息技术	德尔福技术研究所	美国	汽车
摩托罗拉中国研究院	美国	信息技术	北京 GE 航卫公司研究中心	美国	医疗设备
富士通研究开发中心有限公司	日本	信息技术	SMC 气动研究中心	日本	精密仪器

资料来源：北京市科学技术委员会，北京市统计局，北京市教育委员会．北京市研究与发展（R&D）数据汇编 2001.

进入 21 世纪以来，随着中国加入世界贸易组织和经济全球化进程的加速发展，外商投资设立研发机构呈现高速增长态势。2002 年北京市政府对 1999 年制定的《暂行规定》做了全面修改，颁布《北京市鼓励在京设立科技研究开发机构的规定》，体现了北京市政府对外商投资研发机构在人才引进、土地使用、知识产权保护及研发活动等方面给予财政及税收的有力支持。在“十五”期间，外商投资研发活动进入新的快速发展阶段。外商在京设立的研发机构快速增长，其中还有一些机构成为大型跨国公司亚洲或全球的研发中心。

根据 2007 年对 200 家外商投资研发机构的统计，这些机构的科技活动人员已达 3.4 万人，科技活动经费支出额达 92.9 亿元，分别占北京地区科技活动人员和科技经费总数的 7.5％和 10.1％。可见，外商投资研发机构已成为北京科技活动的新生力量。

二、外商投资研发机构的基本情况

1. 规模较大，投入较强

2007 年，200 家外商投资研发机构共有科技活动人员 3.4 万人，平均每家机构科技活动人员为 169 人；而北京地区工业企业创办的科技机构有 1047 家，从事科技活动人员 5.7 万人，平均每家机构科技活动人员约为 55 人。再从科技活动经费内部支出看，200 家外商投资研发机构为 92.9 亿元，平均每家机构为 4642.7 万元；而北京工业企业科技机构的科技活动经费为 148.6 亿元，平均每家机构为 1419.2 万元。外商投资研发机构的科技活动人员规模和科技经费支出都为北京工业企业科技机构的 3 倍。

在 200 家外商投资研发机构中，科技活动人员超过 500 人的有 15 家。这 15 家机构不仅规模大，而且实力强。其中特别引人注目的是世界 500 强跨国公司设立的研发机构，它们的科技活动人员都在 500 人以上，投入的科技活动经费都超过 1 亿元（专表 2-2）。

表 2　10 家由世界 500 强跨国公司设立的研发机构(2007 年)

公司名称	国家(地区)	行业	科技活动人员(人)	科技活动经费(亿元)
北京乐金系统集成有限公司	韩国	计算机系统服务	616	1.2
伟创力(中国)电子设备有限公司	美国	研究与发展	625	2.5
朗讯科技(中国)有限公司	美国	通信设备制造	747	3.0
日电卓越软件科技(北京)有限公司	日本	公共软件服务	789	2.1
思爱普(北京)软件系统有限公司	德国	公共软件服务	836	2.9
索尼爱立信移动通信产品(中国)有限公司	瑞典	通信设备制造	838	2.3
日电信息系统(中国)有限公司	日本	计算机系统服务	981	1.7
微软(中国)有限公司	美国	公共软件服务	1030	1.6
威盛电子(中国)有限公司	台湾	电子器件制造	1431	1.3
摩托罗拉(中国)技术有限公司	美国	通信设备制造	1530	12.7

资料来源:北京市科学技术委员会,北京市统计局,北京市教育委员会.北京市研究与发展(R&D)数据汇编 2008.

2. 研发机构的总部或母公司主要位于达国家(地区)

从 200 家外商投资研发机构的总部或母公司所在国家(地区)来看,来自美国、日本、欧盟等发达国家的企业所设立的研发机构最多,合计超过半数。其中,美国有 49 家,占总数的 24.5%,日本和欧盟各有 35 家,分别占总数的 17.5%(专图 2-1)。韩国企业设立的研发机构有 8 家,占总数的 4%。我国香港、澳门和台湾地区企业在北京设立的研发机构共有 29 家,占总数的 14.5%。另有 29 家机构是由英属开曼群岛和英属维尔京群岛的公司设立,占总数的 14.5%。剩余的 15 家机构则由澳大利亚、加拿大、马来西亚、新加坡、印度、古巴、毛里求斯以及西萨摩亚等国家的企业设立。从跨国公司在京研发机构的总部或母公司的地区分布状况可以看出,这些机构主要由发达国家或新兴工业化国家(地区)的企业设立,来自发展中国家的企业设立的研发机构很少。

3. 外商投资研发机构主要集中于高技术行业

从外商投资研发机构所从事的国民经济行业来看,他们主要集中在通信设备、计算机及其他电子设备制造业,计算机服务业,软件业,电信和其他信息传输服务业等高技术行业(专图 2-2)。2007 年,200 家研发机构中有 59 家从事软件业,占总数的 29.5%。随着计算机的普及及通信产业的快速发展,近年来计算机服务业,电信和其他信息传输服务业,通信设备、计算机及其他电子设备制造业是外商投资研发机构的主要领域。2007 年,通信设备、计算机及其他电子设备制造业的外商投资研发机构共有 33 家,计算机服务业有 31 家,电信和其他信息传输服务业有 13 家,在 200 家研发机构中分别占 16.5%,15.5%和 6.5%。总体来看,属于 IT 产业的研发机构在外商投资研发机构中所占的比重为 68.0%。此外,属于医药制造业的有 17 家,占总数的 8.5%。

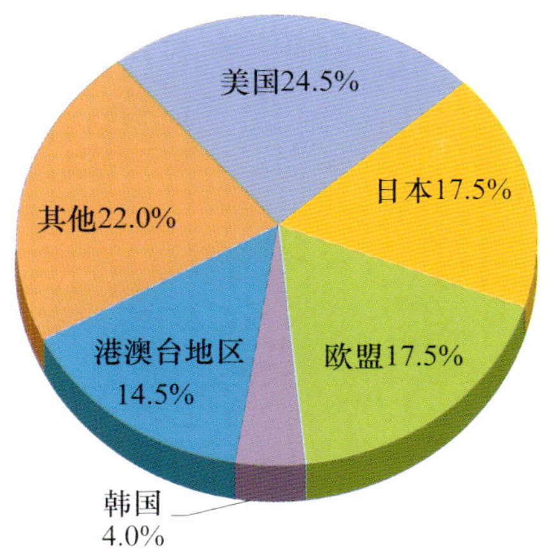

专图 2-1　外商投资研发机构按其总部或母公司所在国家(地区)的分布(2007 年)

资料来源:北京市科学技术委员会,北京市统计局,北京市教育委员会.北京市研究与发展(R&D)数据汇编 2008.

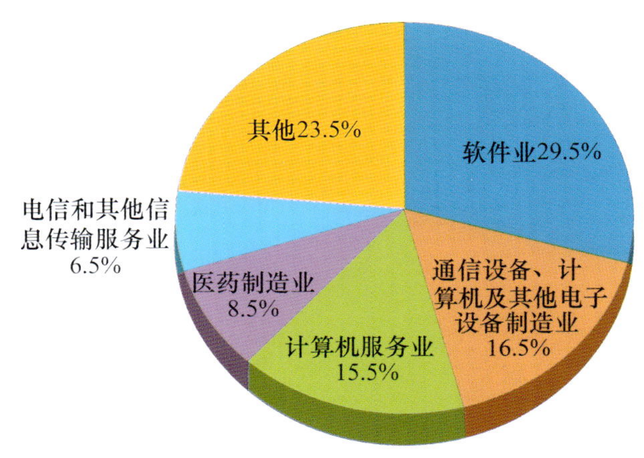

专图 2-2　外商投资研发机构按行业分布(2007 年)

资料来源:北京市科学技术委员会,北京市统计局,北京市教育委员会.北京市研究与发展(R&D)数据汇编 2008.

第二节　科技活动人员和科技经费

进入 21 世纪以来,跨国公司加大了在北京地区研发活动的投资,外商投资研发活动已经扩展到各个领域,成为跨国公司科技资源全球布局中的组成部分,同时也对北京科技投入的快速增长起到推动作用。

一、科技活动人员

随着外商投资研发机构的发展,研发机构科技活动人员的规模不断扩大。2007 年,

200家研发机构的科技活动人员已达3.4万人,其中,从事研发活动人员有1.6万人年。平均每家机构的科技活动人员数达169人。其中,一些跨国公司,如摩托罗拉、威盛、微软等公司研发机构的科技活动人员都在1000人以上。

1. 科学家和工程师的比重在90%以上

在扩大规模的同时,跨国公司加大投入,吸引大批高素质科技人才。2007年,200家研发机构吸纳了3.1万名科学家、工程师,占科技活动人员总数的90.9%;在1.6万人年的研发活动人员中,科学家、工程师所占比重高达94.3%(专图2-3)。

北京是全国的研发中心,拥有一支庞大的高素质科研队伍,在40.2万科技活动人员及18.8万人年研发活动人员中,科学家、工程师所占比重分别为80.8%和87.1%。比较而言,外商投资研发机构科技活动人员的素质具有更明显的优势。

专图2-3依据《中国科技统计年鉴2008》的数据,描述了北京地区大中型工业企业及政府研发机构的科技活动人员和研发活动人员中科学家、工程师所占的比重,并与外商投资研发机构进行比较,同样显示出后者科技活动人员的素质优势。

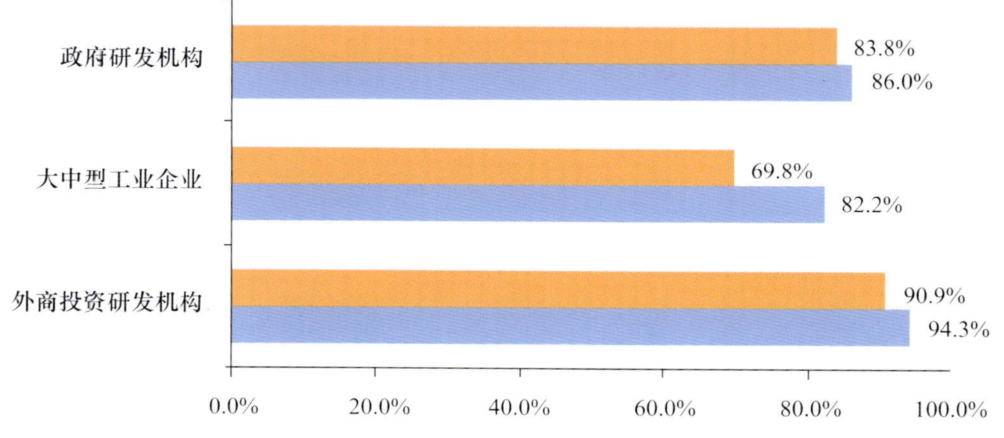

专图2-3 科技活动人员和研发活动人员中科学家和工程师所占比重(2007年)

资料来源:国家统计局,科学技术部.中国科技统计年鉴2008.北京市科学技术委员会,北京市统计局,北京市教育委员会.北京市研究与发展(R&D)数据汇编2008.

2. 科技活动人员中博士和硕士占35.0%,本科以上学历人员占89.1%

从科技活动人员的学位构成看,在200家外商投资研发机构中,2007年从事科技活动的人员有3.4万人,其中具有博士和硕士学位的人员占35.0%,拥有大学本科以上学历的人员占89.1%(专图2-4)。

中国科学院是我国科学技术的最高学术机构,是自然科学与高技术综合研究机构,拥有国内一流的科研队伍。2005年,中国科学院所属的90个研发机构拥有科技活动人员2.5万人,其中科学家、工程师占82.6%;具有博士和硕士学位的人员占43.9%,从事研发活动的人员中，科学家、工程师所占比重为83.3%。平均每个研究机构科技活动人员数，中国科学院达到276人，是外商投资研发机构的1.6倍。科技活动人员中，具有博士和硕士学位人员所占的比重中国科学院比外商投资研发机构高8.9个百分点。特别在科技活动人员所从事的研究领域及其学术水平等方面外商投资研发机构与中国科学院不可类比。但科技活动人员数量多，科学家、工程师占科技活动人员的比重高反映出外商投资研发机构拥有一支规模大、素质高的科技人才队伍，他们将对北京创建一支高素质的国际化人才队伍产生重大影响。

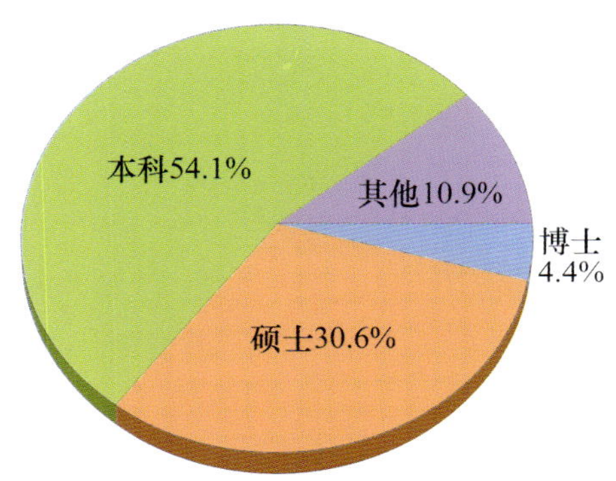

专图 2-4 外商投资研发机构科技活动人员的学位构成(2007年)

资料来源：北京市科学技术委员会，北京市统计局，北京市教育委员会. 北京市研究与发展(R&D)数据汇编 2008.

二、科技活动经费

在知识经济的发展过程中，技术更新速度加快，产品生命周期缩短，企业竞争日益加剧。为获取新知识、新技术，企业不断加大对科技活动的投入。2007年，在北京的200家外商投资研发机构中，科技活动经费筹集额已突破100亿元，达到102.9亿元。占北京地区当年科技活动经费筹集额总数的12.7%。

1. 科技经费的98.6%来自企业系统内部

对筹集资金的来源分析表明，200家研发机构的科技活动经费绝大部分来自国外和企业本身。在102.9亿元筹集经费中，来自国外的资金占56.2%，来自企业的资金占42.4%。这充分反映出这些研发机构的任务是为本国公司总部或母公司开展研发活动，为占领东道国市场及全球市场开发新技术、新产品。

2. 97.5%的科技经费用于研发机构内部

分析外商投资研发机构2007年的科技活动经费支出可以看出，在95.3亿元的总支出中，主要用于机构内部开展科技活动，这部分占97.5%，而用于委托其他单位或与其他单位合作开展科技活动的外部支出经费极少，仅占2.5%。这与98.6%的科技活动经费来自本公司系统的情况相类似，它们与系统外部的联系极少，这与跨国公司在海外设立研发机构的目标是一致的，即为获得最大利润，研发最具竞争力的新技术、新产品并垄断国际市场。因此，它们很少与本地的企业、大学或研发机构进行合作。

3. 人均劳务费大致是本土机构的3倍

在科技活动经费的内部支出中，外商投资研发机构的人员劳务费所占的比重较大，达到52.8%，人均劳务费高达14.5万元。与此相比，北京地区的企业及研发机构用科技活动经费支付给科技活动人员的劳动报酬则低很多(专表2-3)。

专表2-3　科技活动经费中人员劳务费所占比重的比较(2007年)

	科技活动经费内部支出总额（万元）	劳务费（万元）	所占比重（%）	科技活动人员（人）	科技活动人员人均劳务费（万元）
外商投资研发机构	928541	490307	52.8	33807	14.5
大中型工业企业	964622	236430	24.5	50520	4.7
政府研发机构	3390010	560917	16.5	111320	5.0

资料来源：国家统计局，科学技术部.中国科技统计年鉴2008；北京市科学技术委员会，北京市统计局，北京市教育委员会.北京市研究与发展(R&D)数据汇编2008.

专表2-3中数据显示出国内机构与外商投资研发机构在科技活动人员劳动报酬方面的显著差距。显然，高薪是外商投资研发机构吸引国内优秀人才的重要手段，因此，在这些机构聚集的科技活动人员中90%以上是本土人才。这从一个方面反映出，在世界经济全球化进程中，科技人力资源国际化是跨国公司全球化战略的核心部分。

第三节　科技项目

科技项目是为解决与科学技术有关的问题而开展的活动，是外商投资研发机构科技活动的主要形式。2007年，200家外商投资研发机构开展的科技项目共822项，参加人员2.1万人年，经费支出为65.5亿元。

一、投入强度大

按照科技项目的规模和投入强度分析，2007年外商投资研发机构开展的822项科技项目，平均每个项目投入的人员为25人年，投入的经费为797.2万元，人均科技项目经费达到31.7万元。

同年，北京606家大中型工业企业开展的科技项目数为7305项，参加的人员为2.8万人年，项目实际经费支出为75.4亿元。平均每个项目投入的研发人员不足4人年，平均每个项目投入的经费为103.2万元，人均科技项目经费为26.5万元。

两相比较，北京大中型工业企业开展的科技项目数量大，投入人员和经费相对较多。

而外商投资研发机构科技项目的投入强度占有显著优势，尤其是平均每个项目投入的人力和经费是北京大中型工业企业的6—7倍。这清楚表明，跨国公司为保持其技术先进性和产品竞争力，不断加大研发活动的投入力度。

二、主要承担本公司的任务

从科技项目的来源分析，外商投资研发机构在2007年进行或完成的822项科技项目中，自选项目为477项，来自国外的项目有244项，分别占58.0%和29.7%（专图2-5）。另外，其他企业委托的科技项目有83项，占10.1%，还有2.2%的科技项目为承担国家和地方政府的任务。

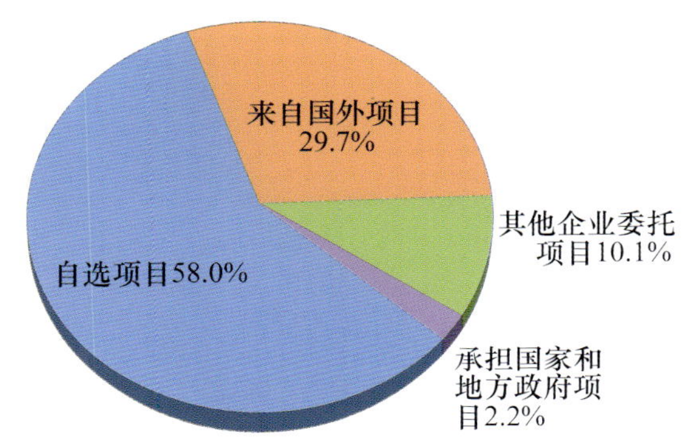

专图2-5 外商投资研发机构科技项目的来源分布（2007年）

资料来源：北京市研究与发展（R&D）数据汇编2008.

外商投资研发机构开展的科技项目中，自选课题和来自国外的科技项目占绝大部分（87.7%），显然，满足本公司的战略需求是这类研发机构科技活动的根本目标。因此，其研发活动基本上不具有为所在地区社会经济服务的功能。

三、科技活动以试验发展活动为主

根据科技活动的性质和特征，科技活动可以分为R&D活动、R&D成果应用和科技服务等类型。对2007年822项科技项目的项目数及项目实际经费支出按类型分析可以看出，外商投资研发机构的科技活动以R&D活动为主。

专图2-6显示，外商投资研发机构开展的科技项目中，R&D项目数占68.9%，R&D项目经费支出占83.6%。表明R&D活动是这类机构科技活动的核心。从200家研发机构从事科技活动的情况看，有25%的机构没有开展R&D活动，其中包括科技活动人员数在600人以上的博科和北京信威两家公司，以及科技活动人员数在1400人以上的威盛和中讯两家公司。

R&D活动可以分为基础研究、应用研究和试验发展。对R&D活动作进一步的分析可以看出，在外商投资研发机构当年开展的567项R&D项目中，基础研究和应用研究的项目分部占1.1%和4.1%，试验发展的项目数占94.8%；在65.5亿元的科技项目经费支出中，基础研究和应用研究的项目经费支出分别占 0.2%和 1.2%，试验发展的项目经费支出占 98.6%。上述数据显示，外商投资研发机构的科技活动基本不从事知识创新，几乎不涉及原始性创新及有关核心技术的科学研究。其开展的科技项目主要是开发具有竞争优势的实用技术。

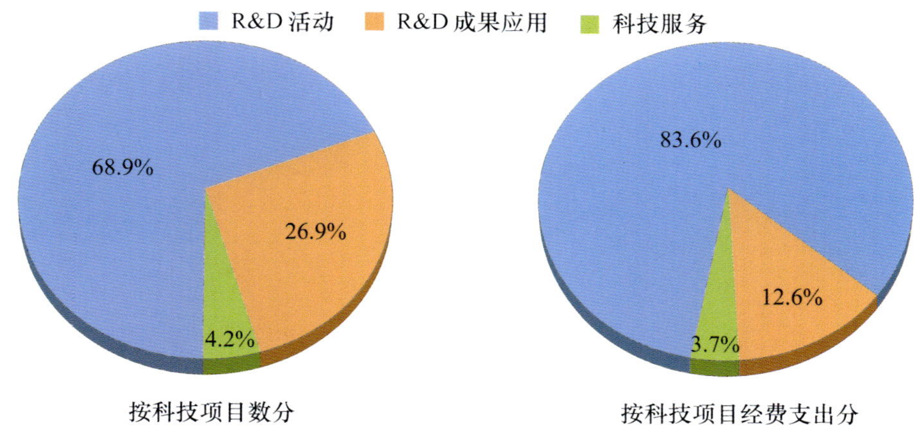

专图 2-6 外商投资研发机构科技项目按活动类型分布(2007 年)

资料来源：北京市科学技术委员会，北京市统计局，北京市教育委员会. 北京市研究与发展(R&D)数据汇编 2008.

四、科技活动集中于信息技术领域

按照科技活动所从事的国民经济行业分类来看，外商投资研发机构 2007 年的科技项目涉及农业、工业和服务业三大门类。按照科技项目实际经费支出分析，服务业占总数的 55.8%，工业占 42.6%，农业仅占 1.6%。

从科技项目经费支出按行业大类分布看，通信设备、计算机及其他电子设备制造业所占份额最大，达 32.2%；其次是软件业，其项目经费支出所占比重为 27.0%。项目数在 10 个以上，项目经费支出额在 1 亿元以上的科技项目主要分布在 9 个行业，有关科技项目在这 9 个行业的分布见专表 2-4。

表 4 部分行业的科技项目情况(2007 年)

行业	项目数（项）	所占比重（%）	参加人员（人年）	所占比重（%）	经费支出（万元）	所占比重（%）
总计	822	100.0	20656	100.0	655302	100.0
医药制造业	74	9.0	546	2.6	11272	1.7
专用设备制造业	24	2.9	312	1.5	14516	2.2
交通运输设备制造业	18	2.2	201	1.0	11309	1.7

续表

行业	项目数（项）	所占比重（%）	参加人员（人年）	所占比重（%）	经费支出（万元）	所占比重（%）
通信设备、计算机及其他电子设备制造业	146	17.8	5455	26.4	210814	32.2
电信和其他信息传输服务业	171	20.8	1257	6.1	52825	8.1
计算机服务业	56	6.8	1388	6.7	35181	5.4
软件业	201	24.5	8134	39.4	176952	27.0
研究与试验发展	20	2.4	1228	6.2	60285	9.2
科技交流和推广服务业	20	2.4	188	0.9	21737	3.3

资料来源:北京市科学技术委员会,北京市统计局,北京市教育委员会. 北京市研究与发展(R&D)数据汇编 2008.

专表 2-4 中所列 9 个行业的三项指标合计分别占总数的比重都在 90%左右,反映出外商投资研发机构 R&D 活动的行业集中度很高。尤其是信息技术领域更突出,这一领域的科技项目,占项目总数的 69.8%,占投入 R&D 全时人员的 78.6%,占项目经费支出总额的 72.6%。说明这些行业的产品和服务具有广阔的市场和极强的竞争力。

在制造业中,以通信设备、计算机及其他电子设备制造业为主,分别占科技项目总数的 17.8%,占研发人员总数的 26.4%,占经费支出总额的 32.2%。在服务业中,软件业占有重要地位,在科技项目总数、投入的人员总数及经费支出总额中,软件业分别占 24.5%、39.4%和 27.0%。专表 2-4 中数据显示,外商投资研发机构的科技活动集中在高技术领域。

五、科技项目以独立完成为主

按照承担和实施的科技项目的机构及其合作形式分类,科技项目可以分为独立完成、与境外机构合作、与境内外资企业合作,以及与国内有关机构合作等。2007 年,200 家外商投资研发机构实施和完成的 822 个科技项目中,2/3 是由这类机构独自承担的,独立完成和与境外机构合作承担的两类项目合计占科技项目总数的 85.4%,占项目经费支出总额的 93.1%(专图 2-7)。这与前面有关科技经费和科技项目的来源,经费支出等分析结果是一致的。即为了保持其技术优势和垄断地位,外商投资研发机构的科技活动基本是在系统内部进行的,很少与外部进行交流与合作,特别与本地有关机构极少有合作。

在外商投资研发机构承担和完成的 822 个科技项目中,与国内企业、高等学校和研究机构等合作完成的项目有 105 项,占 12.8%,科技项目经费支出额为 3.6 亿元,占 5.6%。主要是共同承担国家和地方政府,以及企业委托的科技项目。在与国内有关机构的合作中,与国内企业的合作项目数及其经费分别占合作项目数的 1/3,占合作项目经费的 51.8%。按科技项目的活动类型分析,这些合作项目主要从事试验发展及

R&D成果应用，这两类活动的合作项目经费分别占合作科技项目经费的62.3%和33.2%。显然，这类合作项目的主要目的是实用技术开发以及解决生产中的技术问题。

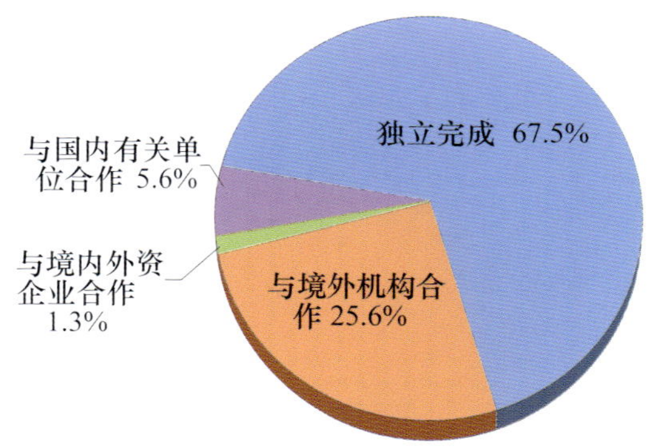

专图 2-7　科技项目经费支出按合作形式分布(2007年)

资料来源：北京市科学技术委员会，北京市统计局，北京市教育委员会. 北京市研究与发展(R&D)数据汇编2008.

第四节　科技活动产出

科技活动产出是指科技活动和技术创新活动所产生的成果。这些科技成果有各种形式，如专利、科技论文、新材料、新产品等等。与此相关的是科技活动产出的流动，即科技成果从"生产者"转移到"使用者"，进而对社会、经济产生影响和作用。

本节通过对专利申请量与授权量以及技术成果转移等指标的分析，反映外商投资研发机构创新发明活动及技术转移的规模、形式及特征。

一、发明专利的申请量和拥有量

专利是研发活动和创造发明的重要成果，是外商投资研发机构利用法律手段保护知识产权，占领市场的有力武器。

1. 发明专利占三类专利申请总量的89.9%

2007年，200家外商投资研发机构申请的发明专利数为1392件，占发明、实用新型和外观设计三类专利申请总量的89.9%；拥有发明专利授权量858件(专表2-5)。这些发明专利分布在国民经济的农业、工业和服务业等三大门类中。其中，工业企业的发明专利申请量为803件，拥有量为475件，分别占总量的57.7%和55.4%；农业和服务业的发明专利申请量为589件，拥有量为383件，分别占总量的42.3%和44.6%。

专表 2-5 发明专利申请量和授权量居前 10 位企业(2007 年)

企业名称	发明专利申请量(件)	企业名称	发明专利授权量(件)
杭州华三通信技术有限公司北京研究所	490	乐金电子(中国)研究开发中心有限公司	151
中国移动通信有限公司研究院	200	北京正大绿洲医药科技有限公司	109
北京三星通信技术研究有限公司	184	杭州华三通信技术有限公司北京研究所	20
航卫通用电气医疗系统有限公司	64	中国移动通信有限公司研究院	19
北京天碁科技有限公司	60	北京轩益兴生物技术有限公司	15
北京德众万全药物技术开发有限公司	49	航卫通用电气医疗系统有限公司	12
都科摩(北京)通信技术研究中心有限公司	40	北京信威通信技术股份有限公司	12
德信无线通讯科技(北京)有限公司	33	安东石油技术(集团)有限公司	5
乐金电子(中国)研究开发中心有限公司	32	北京北大维信生物科技有限公司	5
安东石油技术(集团)有限公司	32	华瑞科力恒(北京)科技有限公司	5

资料来源:北京市科学技术委员会,北京市统计局,北京市教育委员会. 北京市研究与发展(R&D)数据汇编 2008.

如同科技活动经费及研发任务主要来自本国总部或母公司那样,外商投资研发机构技术成果的知识产权归属总部或母公司,因此,在本土申请的中国专利仅仅是其发明创造成果的一部分。

发明专利是对产品、方法或者对其改进所提出的新技术方案。在发明、实用新型和外观设计三类专利中,发明专利最具创造性,技术含量高。发明专利及其占三种专利总量的比重是衡量科技活动产出和进行国际比较的重要指标。为了进一步说明外商投资研发机构的专利情况,采用北京大中型工业企业的专利数据进行比较。为使数据具有可比性,采用工业范围内的 73 家外商投资研发机构的专利数据与北京 606 家大中型工业企业的专利数据进行比较分析。2007 年外商投资研发机构发明专利占专利总量的比重为 87.8%,北京大中型工业企业的这一比重为 58.3%。两者相差将近 30 个百分点,反映出外商投资研发机构创新活动的质量及技术水平的显著优势,说明创新活动是其市场竞争优势的重要基础。

2. 发明专利主要集中在高技术行业

从发明专利申请量和拥有量在工业部门的行业分布来看,外商投资研发机构发明专利的行业集中度很高，仅限于6—7个行业。其中，通信设备、计算机及其他电子设备制造业集中了发明专利申请量的77.2%，发明专利拥有量的62.3%；其次是医药制造业，占发明专利申请量的8.8%，占发明专利拥有量的13.9%。这两个高技术行业合计占发明专利申请量的86%，占发明专利拥有量的76.2%（专图2-8）。

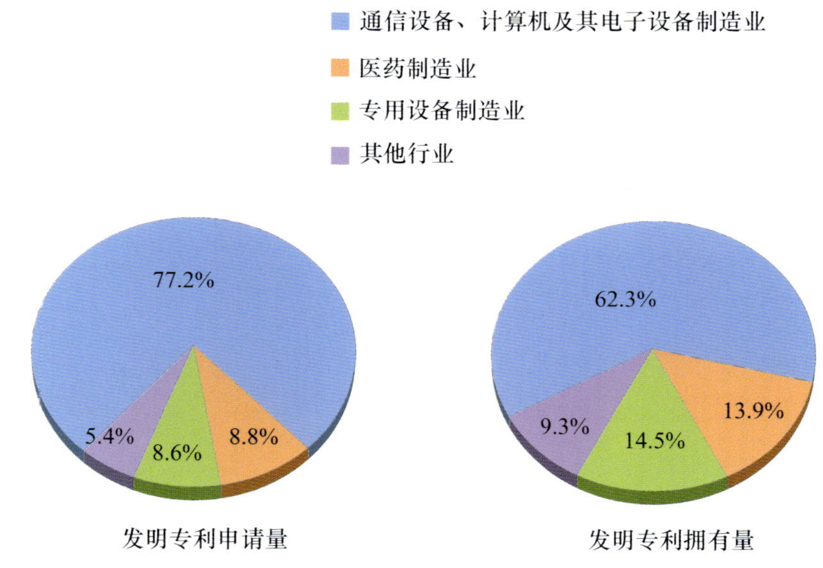

专图2-8 外商投资研发机构发明专利的行业分布（2007年）

资料来源：北京市科学技术委员会，北京市统计局，北京市教育委员会．北京市研究与发展（R&D）数据汇编2008.

与外商投资研发机构相比，北京大中型工业企业发明专利的行业分布很分散，其发明专利申请量分布在工业企业的21个行业中，其中有8个行业的申请量不足10件；发明专利拥有量分散在25个行业中，其中有一半行业的数量不足10件。通信设备、计算机及其他电子设备制造业集中了发明专利申请量的65.6%和发明专利拥有量的38.7%；发明专利拥有量最多的是非金属矿物制品业，占46.1%（专图2-9）。

上述分析反映出外商投资研发机构和北京大中型工业企业在发明创造活动的行业特征、技术创新的方向以及市场竞争领域等方面的差异，也显现出北京地区开展技术创新活动和发明创造活动的不足和差距。

二、技术转移

按照国际化战略目标，外商投资研发机构利用北京地区雄厚的科技资源和良好的创新环境，开展低成本的研发活动，形成具有竞争优势的先进技术，并有效地组织国际化技术转移。下面根据北京技术市场管理办公室的统计数据及相关资料，分析外商投资研发机构的技术转移在规模、方式和方向等方面的特点。

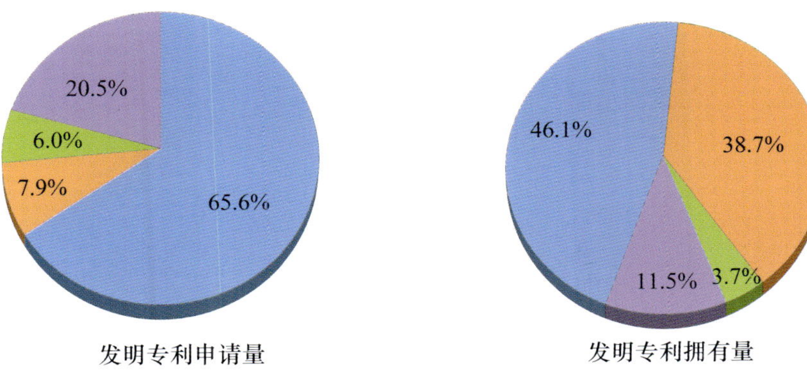

专图 2-9　北京大中型工业企业发明专利的行业分布(2007 年)

资料来源:北京市科学技术委员会,北京市统计局,北京市教育委员会.北京市研究与发展(R&D)数据汇编 2008.

1. 增长快、规模大

进入 21 世纪以来,随着外商投资研发机构的快速发展,这类机构的研发活动日益加强,技术转移也呈现出快速增长的趋势。在 2001—2006 年,外商投资研发机构成交技术合同由 42 项增加到 146 项,增长 2 倍多;技术合同成交额由 3.8 亿元增加到 43.1 亿元,年平均增长 62.8%。

从规模看,外商投资研发机构这一时期累计达成的技术合同共 625 项,技术合同成交额为 102.0 亿元,平均每项合同成交额达到 1631.4 万元,是北京技术合同平均成交额的 15 倍。其中,有 64 项是技术合同成交额在 1000 万元以上的重大技术合同,其成交额为 94.8 亿元,占成交总额的 93.0%。

技术转移的发展速度和规模凸显了外商投资研发机构的研发实力和技术竞争优势。

2. 技术转移以技术密集行业的技术开发合同为主

技术转移的方式一般分为技术开发、技术服务、技术转让和技术咨询等 4 类。2001—2006 年,外商投资研发机构累计 102.0 亿元的技术合同成交额中,有 411 项为技术开发合同,其成交额为 99.0 亿元,占 97.1%,技术转让合同成交额占 2.3%,技术咨询和技术服务合同成交额所占比重不到 1%。

技术开发合同占绝对优势反映了外商投资研发机构主要从事先进技术的研发活动,这类活动主要集中在电子信息和先进制造技术领域。在 2001—2006 年技术转移的 625 个项目中,电子信息技术有 428 项,成交额达 78.4 亿元,占总数的 76.9%;先进制造技术 12 项,成交额为 10.7 亿元,占总数的 10.5%。

3. 大部分技术成果流向本国公司总部

从技术转移的流向看，2001—2006年外商投资研发机构输出的技术合同中，流向国外的技术合同成交额为90.1亿元，占总数的88.3%；流向国内的技术合同成交额为11.9亿元，占总数的11.7%。其中，流向北京地区的技术合同只占技术合同成交额总数的1.9%（专表2-6）。

专表2-6　外商投资研发机构技术转移的流向（2001—2006年）

	技术合同项目数（项）		技术合同成交额（亿元）		平均每项合同成交额（万元）
		所占比重（%）		所占比重（%）	
总计	625	100.0	102.0	100.0	1631.4
流向国外	181	29.0	90.1	88.3	4975.1
流向外省市	246	39.3	10.0	9.8	406.1
流向北京	198	31.7	1.9	1.9	97.0

资料来源：北京市科学技术委员会，北京技术市场管理办公室. 北京技术市场统计公报. 2002-2007.

在流向国外的技术成果中，占技术合同成交额的99.8%转移到本公司总部，其中平均每项合同成交额为6422.1万元。

在国内转移的技术合同中，流向外省市的技术合同平均每项的成交额为406.1万元，流向北京地区的技术合同平均每项成交额仅为97.0万元。按技术合同平均每项成交额计算，流向本国公司总部的是流向外省市的大约16倍，是流向北京地区的66倍。

从知识产权保护形式看，2001—2006年外商投资研发机构转移的技术成果中，技术秘密合同388项，占总数的62.1%；成交额为87.8亿元，占总数的86.1%。计算机软件165项，占总数的26.4%；成交额为12.6亿元，占总数的12.4%。专利技术7项，成交额为0.2亿元，分别占总数的1.1%和0.2%。外商投资研发机构承担本国总部的研发项目，并以合同约定方式进行技术保密，技术成果的知识产权归其总部所有。

纵观外商投资研发机构的研发投入、科技项目、技术转移及知识产权保护等科技活动的各个环节，贯穿着一条主线，即这类机构按照本国总部的国际化战略目标，在本系统内进行研发活动，并掌控着具有竞争优势的技术成果，以占领更大的市场份额。

外地大型企业在北京设立的研发机构

随着我国经济的持续高速发展，涌现出一批具有国际竞争力的大型企业。为了提高技术创新能力和提升竞争力，外地大型企业在北京设立研发机构成为一种新趋势。根据北京市科学技术委员会组织的相关调查资料表明，这类研发机构大部分是在20世纪90年代后期设立的，进入21世纪以来，又有了新的发展。它们充分利用北京的区位优势，尤其是雄厚的科技资源、完善的基础设施及优良的创新环境，积极开展研发活动，与本土企业、跨国公司等形成竞争和合作的格局。

外地大型企业在京设立的研发机构，主要有四类组成形式：

一是企业内部设立的研发机构，如华为技术有限公司北京研究所、中兴通讯公司北京研究所、宁夏有色金属北京研究中心等。

二是独立研发机构，如北京许继电气有限公司、北京亿阳信通软件研究院有限公司、北京禹光生物科学研究中心有限公司等。

三是与大学、科研机构合作，如由海尔集团与广电总局广播科学研究院合作组成的北京海尔广科数字技术有限公司，由山东信得科技集团与北京市农业科学院合作组成的北京信得威特科技有限公司研发中心，由江苏综艺集团、清华大学等合作组成的综艺超导科技有限公司等。

四是与企业合作，如北京云电英纳超导电缆有限公司是由云南电力集团有限公司与北京英纳超导有限公司于2001年合作组建的我国第一家研发、生产、销售高温超导电缆的高技术公司。

外地大型企业在京设立研发机构主要承担总部或母公司的研发任务，大部分从事产品的应用开发，将新技术、新产品、新材料等推向全国，并占领国际市场。

这类机构的研发活动主要涉及战略必争的高技术领域或技术密集行业，如信息产业的电子、集成电路、通信、计算机、软件等，生物医药，能源与环保，化工、新材料等。另外，还有涉及现代农业、城市建设与管理等民生领域。

与跨国公司在京研发机构相比，外地大型企业在京研发机构目前的规模还不大。其中，规模最大的是华为技术有限公司北京研究所，其科技活动人员2007年达到4100人。除此之外大多数机构的科技活动人员都不超过100人，有的甚至不足10人。随着研发国际化的发展，这类机构对北京加快建立以企业为主体、市场为导向、产学研相结合的技术创新体系将产生积极影响。

专题三　科技协作与科学普及

北京作为国家的首都，具有优越的科研环境、强大的技术凝聚力和雄厚的技术创新实力。随着科学技术发展中专业分工越来越细、技术协作越来越频繁，学科之间的交叉性、互渗性和综合性趋势的日益加强，任何一个研发机构在发挥本单位技术优势、注重自身独立创新能力的同时，不可避免地要与科研院所、高等学校及其他具有专业特长的企事业单位开展密切的技术交流与协作，以提高综合与集成创新水平，使每个从事科技活动的单位都蕴藏着巨大的内在的协作动力和互补需求。尤其在北京，拥有着如此众多的专业机构、从事着如此大量的研发活动、富集着如此优越的成果集散条件、涵养着如此活跃的学术氛围，更使得地区的科学技术协作与交流活动越发频繁。

改革开放以来，北京地区的科学技术协作与科学普及活动十分活跃。特别是在北京市委市政府决定创建创新型城市以来，地区的科学技术协作与交流作为北京地区科技事业的重要组成部分，已经成为各级政府和社会各界广泛关注的问题之一。

本章的主要内容包括：科技协作活动整体情况；科技协作机构与人员情况；学术交流与科技咨询活动；科学技术普及与科技培训活动；科协系统编辑的各种科技出版物情况等。

第一节　概　况

2007 年，是北京奥运筹办的决战之年，是坚决贯彻党的十七大精神，坚决贯彻《科普法》和《北京市科学技术普及条例》，全面推进落实《全民科学素质行动计划纲要》、《北京市全民科学素质建设工作方案》的关键一年。遵照中央书记处对科技协作普及工作的指示精神，在市委市政府的正确领导下，以科学发展观为指导，团结和组织广大科学技术工作者，广泛开展“学术交流、科学普及、咨询服务”、“科学技术季谈会”、“金桥工程”、“科技周”等多种活动，在促进经济社会发展、搭建学术交流平台、建设“科技工作者之家”和等方面“三服务、一加强”方面再创新高，极大地提升了北京地区科技交流与普及的社会环境和氛围，促进了首都公民科学文化意识与素质的提高，为推动科学发展、促进社会和谐作出了新的贡献。

市科协系统包括各市级学会*在境内举办国内外学术交流活动约 1200 次，比“九五”计划末期的 2000 年增长 139.6%（专表 3-1），占 2007 年全国省级同类活动总数的 10.0%；交流学术论文 1.8 万余篇，比 2000 年增长 191.2%，占全国省级同类总数的

* 包括协会、研究会等，下同。

5.0%;参加人数 16.2 万人次,比 2000 年增长 326.3%,占全国省级同类人员总数的 11.5%。

举办科普展览近 241 次,比 2000 年增长 282.5%,占 2007 年全国省级同类活动总数的 4.6%;组织科普讲座约 1200 场,比 2000 年增长 164.8%,占全国省级同类活动总数的 5.1%。

完成科技咨询服务项目近 540 项,比 2000 年减少 29.4%,占 2007 年全国省级同类活动总数的 3.0%;实现技术合同金额 3.2 亿元,比 2000 年增长 105.3%,占全国省级同类收入总数的 30.5%。

全市参加科普讲座、科普展览和科技培训活动的人员有 446.1 万人次,比 2000 年增长 11.4 倍,占 2007 年全国省级同类人员总数的 12.9%。

专表 3-1 北京主要科技协作活动指标与全国省级总体水平比较(2000 年,2007 年)

	举办国内外学术交流活动(次)	交流学术论文(篇)	参加交流活动人数(万人次)	举办科普展览(次)	组织科普讲座(场)	完成科技咨询合同项目(项)	实现技术合同金额(亿元)	参加讲座展览培训人员(万人次)
2007 年各省合计	11800	362944	141.0	5292	22957	17898	12.8	3456.1
2007 年北京	1181	18161	16.2	241	1181	539	3.9	446.1
北京/各省合计(%)	10.0	5.0	11.5	4.6	5.1	3.0	30.5	12.9
2000 年北京	493	6237	3.8	63	446	763	1.9	36.0
2007 年比 2000 年增长(%)	139.6	191.2	326.3	282.5	164.8	—29.4	105.3	1139.2

资料来源:国家统计局,中国科学技术协会. 中国科学技术协会统计年鉴 2008.

第二节 机构与人员

科技协作与普及工作是北京科技工作的重要组成部分,在首都创新体系建设中,各级科技协作与普及机构* 在普及科学知识、弘扬科学精神、传播科学思想等方面起到了重要的作用。由于北京人才济济、智力密集等科技资源上得天独厚的条件,北京的科技协作机构具有数量多、规模大和人员素质高等特点。其中北京各市(省)级学会所具有的专家荟萃、学科齐全、联系广泛等独特优势,调动了广大科技工作者的积极性、主动性和创造性,在发挥学术优势、推进地区自主创新方面具有不可或缺的作用。

2007 年北京地区除市科协 6 个下属机构以外,还有市级学会 144 个,以工科学会为主(专图 3-1),数量居各省第四位;仅少于上海(180 个)、居各直辖市第二位。拥有个人会员 22.2 万人,144 个机构平均人数达到 1544.6 人(专表 3-2),分别高于上海(1034.7 人)、天津(971.4 人),是全国平均人数的 1.2 倍。拥有高级(资深)会员 5.3 万人,学会平

* 各级科技协作机构包括国家、省级、地级及县级科协和学会(协会、研究会)组织。

均高级(资深)会员数达到367.3人,分别高于上海(164.4人)、天津(161.2人),是全国同类平均人数的2.1倍。

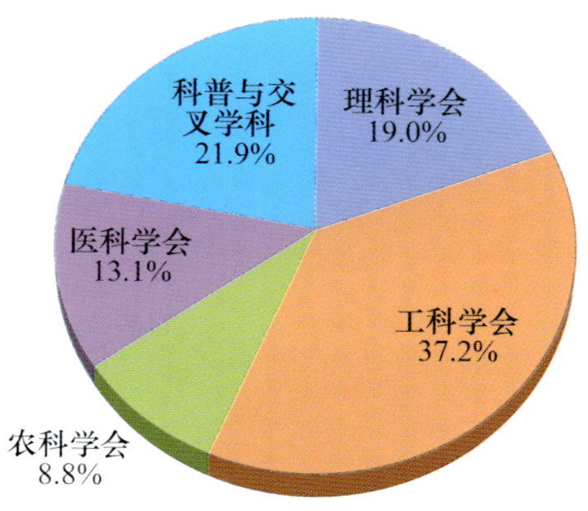

专图3-1　北京市各类学会科学分类

资料来源:国家统计局,中国科学技术协会.中国科学技术协会统计年鉴2008.

专表3-2　北京市(省)级学会及人员与全国各省总体水平和学会前三名省市比较(2007年)

	市(省)级学会数量(个)	各省学会数量排序	个人会员数量(万人)	学会平均会员数量(万人/学会)	高级(资深)会员数量(万人)	平均高级(资深)会员数量(万人/学会)
各省合计	3725	—	473.7	1271.6	73.8	198.1
北京	144	4	22.2	1544.6	5.3	367.3
上海	180	1	18.6	1034.7	3.0	164.4
浙江	153	并列2	15.1	988.6	2.8	185.1
广东	153	并列2	23.6	1543.5	3.2	207.1
安徽	152	3	20.1	1320.8	2.6	168.5
北京/各省合计(%)	3.9	—	4.7	21.5	7.2	85.4

资料来源:国家统计局,中国科学技术协会.中国科学技术协会统计年鉴2008.

特别值得注意的是,全国189个一级学会的常设办公机构(专表3-3)中有168个在北京,占总数的89.0%;其中医学和交叉科学两大类的48个一级学会常设办公机构全部设在北京,相当一大部分国家一级学会的理事或会员等高素质资深人才常驻北京或经常来北京工作,使北京拥有着其他省市无可比拟的,具有学科齐全、人才济济、经验丰富和联系广泛等特点的高智囊群体。他们直接或间接(同时兼职市级学会理事或会员及其有关活动)的服务于北京的科技事业,为北京的科技协作与交流活动奠定了坚实的基础。尽管一级学会中有大量的理事或会员在外地工作,但我们仍然可以依托有关学会组织与他们进行远程专题咨询与交流活动。在这方面形成了北京别具特色的优势资源。

专表 3-3　全国一级学会北京分布情况(2007 年)

学科分类	全国(个)	北京(个)	北京/全国(%)
总　计	189	168	88.8
其中:委托管理	22	16	73.9
直接管理	167	152	91.0
其中:理科	41	34	82.9
工科	64	60	93.8
农科	14	10	71.4
医科	22	22	100.0
交叉学科	26	26	100.0

资料来源:中国科学技术协会网站.

第三节　学术交流与科技咨询

学术交流是实现科技进步的重要方式和手段,是培育创新人才的重要平台,是实现自主创新不可或缺的基础环节。2007 年市科协积极组织和推动学术团体开展各专业、各领域和各行业的学术交流活动,坚持走中国特色的自主创新之路,贯彻科学发展观,紧紧围绕国家和北京市重点科技攻关项目、围绕实现"新北京、新奥运"战略构想的中心工作,坚持办好每年一届的"北京科技交流学术月"、"金桥工程"和"季谈会"、"物理年"等活动,使学术交流活动常年化,不断提升水平和质量,逐步向国际化、高端化方向发展。同时,市科协努力为科技工作者营造宽松的学术交流环境,倡导学术平等和自由探索,鼓励青年科技工作者踊跃参与,新思想、新看法不断涌现;鼓励创新、睿智探索,促进学科交融,倡导爱国奉献、严谨治学、勇攀高峰的精神,反对学术"浮躁"和急功近利等不良风气,增强自主创新、原始创新的意识和能力;通过与社会科学界的联合高峰论坛,促进哲学社会科学与自然科学相互渗透、促进学术交流与决策咨询、科学论证紧密结合,为增强自主创新能力更好地提供理论指导。

一、学术交流活动

学术交流活动内容主要包括在国内学术会议、中外学术会议和港澳台学术会议上的科技交流以及民间的派出与接待科技团组活动。

1. 学术会议的科技交流活动具有较大规模

2007 年,北京市级科协系统包括各市级学会举办国内学术交流活动约 1200 次(专表 3-4),比 2000 年增长 139.6%;占同年全国省级同类活动总数的 10.0%。交流学术论文 1.8 万余篇,比 2000 年增长 191.2%;占全国省级同类总数的 5.0%。参加人数 16.2 万人次,比 2000 年增长 326.3%;占全国省级同类总数的 11.5%。

专表 3-4　北京主要科技协作活动指标与全国各省总体水平比较(2000 年,2007 年)

		2000 年	2007 年	2007 比 2000 增长(%)
各省合计	举办国内外学术交流活动(次)	12403	11800	—4.9
	交流学术论文(篇)	215675	362944	68.3
	参加交流活动人数(万人次)	76.2	141.0	85.0
北京	举办国内外学术交流活动(次)	493	1181	139.6
	交流学术论文(篇)	6237	18161	191.2
	参加交流活动人数(万人次)	3.8	16.2	326.3
北京/各省合计	举办国内外学术交流活动(%)	4.0	10.0	增长 6 个百分点
	交流学术论文(%)	2.9	5.0	增长 2.1 个百分点
	参加交流活动人数(%)	5.0	11.5	增长 6.5 个百分点

资料来源:国家统计局,中国科学技术协会. 中国科学技术协会统计年鉴 2008.

2007 年,北京市级科协系统包括各市级学会举办国际学术交流活动* 115 次,比 2000 年增长 167.4%,占全国省级同类活动总数的 12.3%。交流学术论文 4100 余篇,比 2000 年增长 662.1%,占全国省级同类总数的 11.3%。参加人数近 1.4 万人次,比 2000 年增长 250.0%,占全国省级同类人员总数的 12.7%。

2. 民间涉外科技团组活动比较活跃

2007 年,北京市级科协系统(包括各市级学会)派往国外(含港澳台地区)107 个,比 2000 年增长 269.0%,占全国省级同类活动总数的 8.5%(专表 3-5)。派出人数 763 人,比 2000 年增长 139.9%,占全国省级同类总人数的 7.6%。

同期,北京市级科协系统包括各市级学会接待国外科技团组 163 个,比 2000 年增长 59.8%,占全国省级同类活动总数的 7.7%。接待人数 1960 人,比 2000 年增长 219.7%,占全国省级同类活动总数的 8.4%。

专表 3-5　北京对外交流活动与全国各省总体水平比较(2007 年)

	派往国外科技团组		接待国外科技团组	
	派出团组(个)	派出人数(人)	接待团组(个)	接待人数(人)
各省合计	1266	10093	2109	23196
北京	107	763	163	1960
北京/各省合计(%)	8.5	7.6	7.7	8.4

资料来源:国家统计局,中国科学技术协会. 中国科学技术协会统计年鉴 2008.

---

* 中外学术交流活动包括在境内举办的与外国和港、澳、台之间进行的学术交流活动。

二、科技咨询与信息服务

科技咨询服务

科技咨询服务是利用社会上专家拥有的科学技术的专门知识，解决社会、经济和企事业单位中的科学技术与管理的一种活动；是运用科学技术更有效地为社会、生产服务的一种方式（引自中国科协1981年全国第一次科技咨询工作会议的报告）。

科技咨询包括信息服务，是由具有现代自然科学、社会科学专业知识并熟悉咨询业务的专家，以科学技术为依据，以专业信息为基础，综合应用科学与技术知识和经验、信息等，采用现代科学方法和先进手段，进行调研、分析、研究、预测，客观公正地提供委托项目的分析成果，为各类委托客户的决策、运作提供智力服务。

科技咨询与服务是科技协作主要的业务内容之一。2007年，北京科协系统围绕首都发展的重点难点问题深入开展科学论证、建言献策活动，为政府和有关部门的科学决策提供了科学、丰富的依据材料。

——科学技术专家季谈会的决策咨询服务平台作用进一步显现；

——围绕北京市"十一五"规划的科学论证和建言献策活动深入开展，促进有关国计民生的难点难题的顺利解决；

——宣传落实科学发展观，积极推动决策咨询服务向基层延伸；

——发挥北京科技人才优势，通过各级各类学会积极组织、指导从事科技活动单位技术攻关、专业协作和业务培训等。

2007年，北京市级科协系统完成"金桥工程"项目185项，占全国省级同类总数的1/8。北京市级科协系统包括各市级学会共承担无偿科技咨询项目2355项，占全国省级同类总数的9.5%，均居全国前列。

同年，北京市级科协系统包括各市级学会充分发挥首都的科技智力和信息优势，积极培育和规范咨询业市场，探索咨询业的发展途径，共完成技术咨询合同539项，占全国省级同类总数的3.0%，居全国中上等水平。咨询合同实现金额（包括技术交易额）3.9亿元，比2000年增长106.4%，占全国省级同类总数的30.2%。每项咨询合同平均实现金额71.7万元，远远高于全国同类总数的平均值。

2007年，北京市级科协系统充分发挥科协所具有的人才荟萃、学科齐全、联系广泛等独特优势，调动广大科技工作者的积极性、主动性和创造性，努力推进自主创新。在加强决策咨询，组织科技工作者围绕科学发展，针对经济社会发展中的重大问题、改革发展稳定中的热点问题、关系人民群众切身利益，也包括我们科技人员自身利益的突出问题等方面，作出了积极的贡献。

第四节　科普活动

一、科学技术普及活动

坚持以人为本，让科技发展成果惠及全体人民，是我市科普事业发展的根本出发点和落脚点。大力提升全民族的科学文化素质，是建设创新型城市的重要基础，也是发展创新文化、培育全社会创新精神的必然要求。《科普法》明确规定了科协作为开展科普工作主要社会力量的地位，为推动科普工作提供了法治保证。

2007 年北京市级科协系统共举办科普讲座 1181 个，比 2000 年增长 164.8%，占全国省级同类总数的 5.1%（专表 3-6）。参加讲座人数 56.3 万余人次，比 2000 年增长 288.3%，占全国省级同类人员总数的 3.3%。

2007 年北京市级科协系统共举办科普展览 241 个，比 2000 年增长 282.5%；占全国省级同类总数的 4.6%。参观展览人数 362.4 万余人次，比 2000 年增长 1869.6%，占全国省级同类人员总数的 22.5%。

2007 年北京市级科协系统共举办科普宣传 397 场次，比 2000 年增长 89.0%，占全国省级同类总数的 4.4%。建设科普教育基地 107 个，比 2000 年增长 3.9%，占全国省级同类总数的 9.2%。

专表 3-6　北京主要科普活动指标与全国各省总体水平比较(2000 年,2007 年)

	组织科普讲座(个)	听讲人数(万人次)	举办科普展览(个)	参观人数(万人次)	举办科普宣传(次)	拥有科普基地(个)
2007 年全国总计	22957	1716.9	5292	1612.9	9029	1165
2007 年北京	1181	56.3	241	362.4	397	107
2007 年北京占全国比重(%)	5.1	3.3	4.6	22.5	4.4	9.2
2000 年北京	446	14.5	63	18.4	210	103
2007 年北京/2000 年北京(%)	164.8	288.3	282.5	1869.6	89.0	3.9

资料来源：国家统计局，中国科学技术协会. 中国科学技术协会统计年鉴. 2001，2008.

二、科技培训与人才培养

2007 年北京市级科协系统科技人才工作计划全面实施，为科技工作者服务的能力和水平明显提高。市科协设立了“茅以升北京青年科技奖”，召开了第十七届“北京优秀青年工程师”总结表彰会，举办了包括青年学术演讲比赛、青年科技工作者沙龙主题策划和青年学术交流活动等内容丰富的首届青年科技工作者沙龙等等积极为广大科技工作者服务，取得较好的工作成果。

以提高学术水平为着力点，青年科技人才培养工作力度明显加强。经市科协六届九次常委会审议通过，市科协成立了青年工作委员会，专门负责青年科技工作者的学术交流、人才培养和宣传表彰工作，并制定了“促进青年科技人才成长计划”，已推动近30个基层学会建立了相应组织。全年共举办青年学术交流活动33项，青年学术演讲比赛、青年科学家沙龙逐渐成为吸引青年科技工作者参与的品牌活动。先后资助5名优秀青年学者赴境外参加重要学术会议，组织数十名青年科技工作者赴外地开展科学实践考察活动。《北京科技报》推出“青年科学家”专栏50期，评选青年优秀科技论文2000余篇，表彰优秀青年科技人才200余人。

青少年科技后备人才培养工作得到科技界的有力支持，30多位院士、100多位专家教授热心参与，举办专家科普讲座、科学家与青少年座谈会、科研实践考察活动30多次，选拔100余名优秀青少年学生走进北大、清华、中科院等50多所国家重点实验室接受专家指导，培养了科学精神、提高了科研能力。

2007年北京市级科协系统举办各类科技培训班1882个，培训人数30.3万人次，分别比2000年增长484.5%和877.4%(专图3-2)；分别占全国省级同类总数的18.2%和24.0%(专图3-3、专图3-4)，培训规模在全国首屈一指，大大增强了科技工作者的业务水平和公众的科学素养。

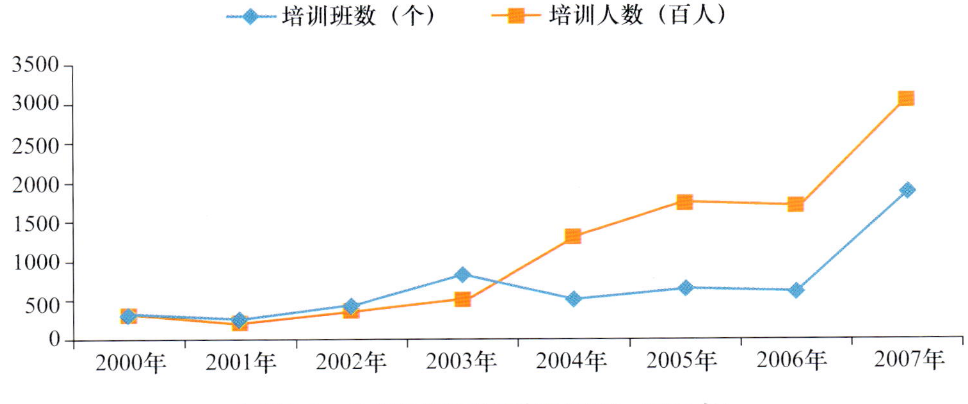

专图3-2 北京科技培训班情况(2000—2007年)

资料来源：国家统计局，中国科学技术协会. 中国科学技术协会统计年鉴. 2001-2008.

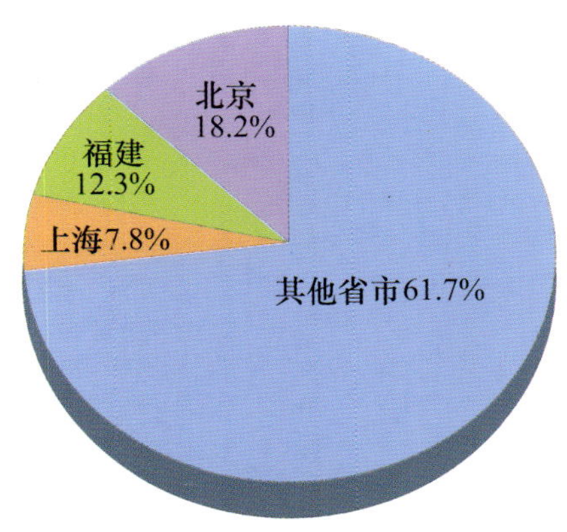

专图3-3 培训班数量居全国前三名省市(2007年)

资料来源：国家统计局，中国科学技术协会. 中国科学技术协会统计年鉴2008.

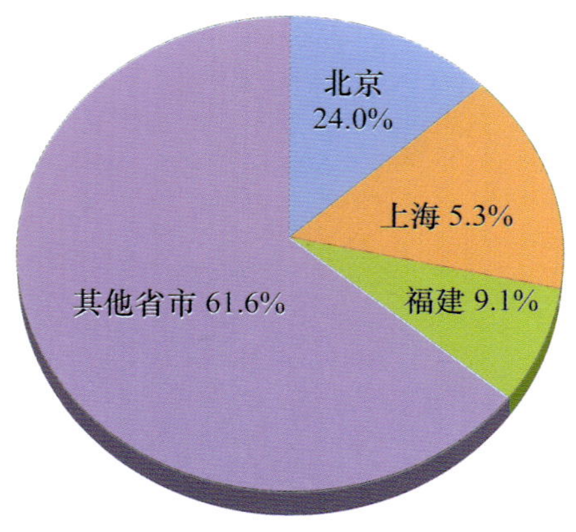

专图 3-4　培训人数居全国前三名省市(2007 年)

资料来源:国家统计局,中国科学技术协会.中国科学技术协会统计年鉴 2008.

第五节　科技传媒

科协系统编辑的各种学术书刊和网站作为一种广泛服务于社会的科技传媒,是科协工作者交流学术思想、弘扬科学精神、倡导研究氛围、推动科技创新、普及科学知识和提高国民素质的资源平台。

2007 年,北京市级科协系统主办科技期刊 39 种,比 2000 年减少 2.5%;占全国省级同类总数的 3.1%(专表 3-7)。主办科技报纸 4 种,占全国省级同类总数的 4.9%。

2007 年,科协系统编著科技图书 34 种,比 2002 年减少 22.7%,占全国省级同类总数的 4.0%。编辑科技论文集 96 种,比 2002 年增长 26.3%;占全国省级同类总数的 5.0%。

2007 年,制作科技光盘 31 种,比 2000 年增长了 210.0%;占全国省级同类总数的 4.9%。主办科技网站 32 个,浏览人数 2569.3 万人次;分别占全国省级同类总数的 7.7%和 20.7%。

专表 3-7　北京主要科技传媒指标与全国各省总体水平比较(2000 年,2007 年)

	编印科技期刊(种)	主办科技报纸(种)	出版科技图书(种)	编辑论文集(种)	制作科技光盘(种)	主办科技网站(个)
2007 年全国总计	1268	82	853	1901	638	413
2007 年北京	39	4	34	96	31	32
2007 年北京占全国比重(%)	3.1	4.9	4.0	5.0	4.9	7.7
2000 年北京	40	5	44(2002 年)	76(2002 年)	10	—
2007 年北京/2000 年北京(%)	97.5	80.0	77.3	126.3	310.0	—

资料来源:国家统计局,中国科学技术协会.中国科学技术协会统计年鉴.2001,2008.

科 技 产 出 篇

第七章　专　利

专利作为专利权的简称，是指为了保护、鼓励发明创造，推动科学技术进步和经济发展，法律授予发明创造者的一种独占性的知识产权。专利是技术创新和科学技术发明创造活动的产物。因此，专利的申请量和授权量可以从一个侧面反映出一个国家或地区的科技水平和创新能力。

本章主要依据国家知识产权局发布的《专利统计年报》历年的统计数据（不包括港澳台地区的数据）对北京地区的国内专利进行分析。

第一节　专利总体情况

自1985年《中华人民共和国专利法》实施以来，北京专利事业迅速发展，公众的知识产权保护意识不断增强。进入21世纪以来，北京专利的申请量和授权量呈现快速增长态势。

一、专利申请量和授权量

专利申请量和授权量是反映一个地区科技产出规模、发明创造活动能力，以及市场竞争力的重要指标。“十五”以来，北京地区专利申请量和授权量，特别是发明专利及专利有效量处于高速发展的阶段。同时，专利技术的转移和产业化应用正在加速发展，并对社会经济的发展产生日益重要的作用。

1. 专利的高速发展

2007年，北京地区专利申请量突破了3万件，为31680件，较2006年同比增长19.3%。北京专利申请量从1985年的1540件，到2000年突破1万件，用了15年时间；到2005年突破2万件，缩短为5年；到2007年突破3万件，仅仅用了两年时间。2007年北京专利申请量累计突破20万件，达到22.7万件，反映出北京专利进入快速增长时期。

图7-1反映了北京专利申请量和授权量在1996—2007年期间的变化。这12年跨越了“九五”时期（1996—2000年）、“十五”时期（2001—2005年）以及“十一五”的前两年。图7-1中显示出“十五”时期增长速度快于“九五”时期，进入“十一五”更出现了强劲的增长势头。按年均增长率计算，北京地区国内专利申请量和授权量“九五”时期的增长率分别为11.9%和15.7%，“十五”时期分别为16.7%和12.8%；“十一五”前两年则提高到19.3%和21.7%。这表明专利制度在激励发明创造、推动技术创新方面正产生积极作用。

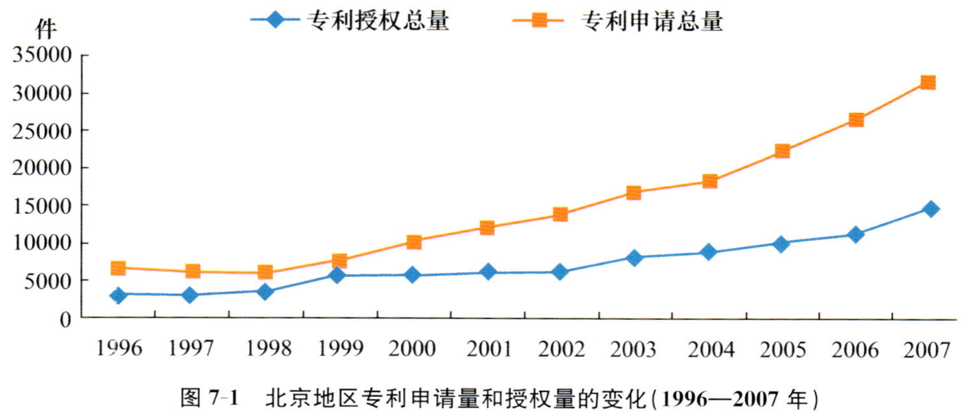

图 7-1 北京地区专利申请量和授权量的变化(1996—2007 年)

资料来源:国家知识产权局. 专利统计年报. 1997-2008.

2. 发明专利超过申请量的半数

随着专利申请量和授权量的快速增长,三类专利结构也在不断变化。2003 年,发明专利代替实用新型专利的优势地位,专利结构发生了根本性变化。

专利的类型

我国专利分为发明专利、实用新型专利和外观设计专利三种。发明专利是对产品、方法或者对其改进所提出的新技术方案;实用新型专利是针对产品的形状、构造或者其结合所提出的适于实用的新技术方案;外观设计专利是对现有产品的形状、图案、色彩或其任意结合所做出的富有美感并适于工业应用的新设计。发明专利可以是有形或无形的新产品,也可以是一个新流程或方法;而实用新型专利只能针对现存的有形产品做出宏观结构上的改进;外观设计专利则侧重为增加产品的美感对其外表做出的装饰性或艺术性设计。

2002 年国家实施"人才、专利、标准"三大战略,企业、高等院校和科研机构等积极开展发明创造活动,提高技术创新能力,专利申请量、授权量,特别是发明专利以更快的速度发展。

北京发明专利申请量 1996 年为 1441 件,2003 年起快速发展,2005 年超过 1 万件,2007 年达到 18763 件,比当年实用新型专利多近 1 万件,从而确立了在三种专利中的主体地位。

"九五"期间,专利申请量中,实用新型专利占有最大份额,1996 年时为 64.5%,到 2000 年仍保持 48.2%的高位。"十五"期间发明专利申请量以更快的速度增长,逐渐赶上并开始超过实用新型专利。2003 年,三种专利申请量发生了结构性变化,发明专利所占比重提高到 46.1%,首次超过了实用新型专利(39.2%)。2005 年,北京的发明专利在三种专利申请量中所占的比重首次突破 50%,达到 53.6%,成为全国第一个发明专利占三种专利申请量超过半数的地区。2007 年,这一比重进一步提升到 59.3%,在全国继续保持第一的地位。

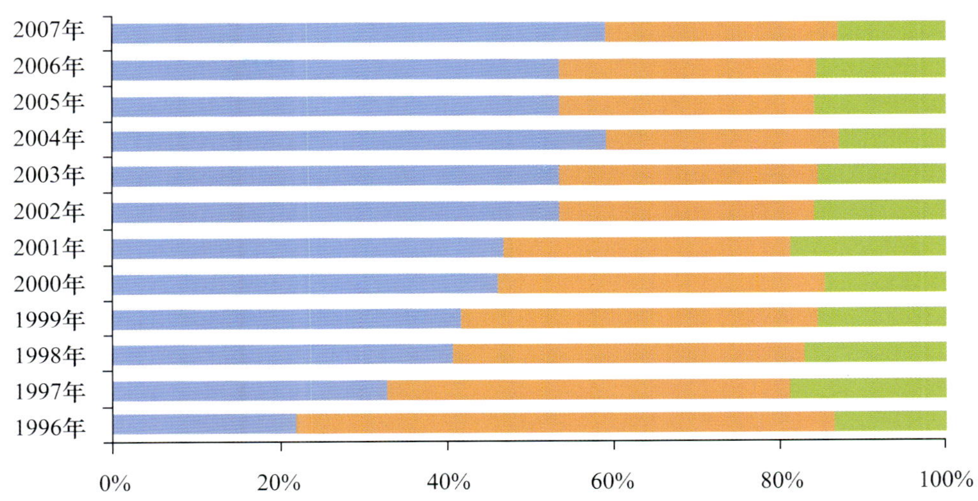

图 7-2　北京地区专利申请量中三种专利所占比重的变化(1996—2007 年)

资料来源:国家知识产权局.专利统计年报.1997-2008.

“九五”期间,北京三种专利的授权量中,实用新型所占比重一直保持最高。1996 年,实用新型专利授权量为 2563 件,占专利授权总量的 77.8%。“十五”期间,这种状况有所转变,实用新型占专利授权总量的比重逐年下降,到 2007 年降至 49.2%,比 1996 年下降了 28.6 个百分点。与此同时,发明专利授权量增长很快,1996 年仅为 246 件,到 2000 年就突破 1000 件,2007 年逼近 5000 件,发明专利占专利授权总量的比重,由 1996 年的 7.5%增加到 2007 年的 32.3%,提高了 24.8 个百分点。

统计数据显示,发明专利的发展速度明显高于其他两种专利,尤其是在 2007 年,发明专利的申请量比实用新型专利将近多 1 万件。如此发展下去,发明专利不仅在申请量中占据独大地位,并将在授权量中取代实用新型专利的地位。发明专利数量及比重的提升,显示出北京专利的数量及质量的快速提高。

3. 有望提前实现“规划”和“纲要”提出的目标

2007 年北京颁布的《北京市“十一五”时期科技发展与自主创新能力建设规划》(以下简称《规划》),提出“创新型城市”主要指标中 2010 年北京每万人国内专利申请量达到 18 件,其中发明专利 12 件;万人国内专利授权量 8 件,其中发明专利 5 件。2008 年北京颁布的《北京市中长期科学和技术发展规划纲要》(以下简称《纲要》),提出 2015 年,北京每万人发明专利申请数(件)超过 15 件(表 7-1)。

2000—2007 年,北京发明专利申请量从 3409 件增加到 18763 件,增长了 4.5 倍,年均增长率为 27.6%。在目前的基础上,如果每年以 15%的速度增长,每万人发明专利数将有望于 2010 年提前实现“纲要”提出的目标。

表 7-1　北京地区万人专利申请量和授权量与“规划”和“纲要”目标的对照

	2001 年	2007 年	2010 年*	2010 年《规划》目标	《纲要》2015 年/2020 年目标
万人专利申请量(件)	8.8	19.4	29.5	18	—
其中:发明专利	3.6	11.5	17.5	12	15/18
万人专利授权量(件)	4.5	9.2	14.0	8	—
其中:发明专利	0.7	3.0	10.0	5	—

资料来源:国家知识产权局. 专利统计年报. 2002,2008.

二、专利有效量

有效专利是指仍在生效的授权专利。专利有效量,能够真实反映当前专利权的拥有状况,更能体现专利的质量和水平,是反映一个地区技术创新能力和市场竞争力的重要指标。

1. 专利有效量大幅增长

截至 2007 年底,北京的专利有效量为 43584 件,与 2006 年的 36645 件相比,增长了 18.9%,比全国专利有效量的平均增长率高出 5.5 个百分点。

从职务与非职务专利的有效量来看,2007 年在北京 43584 件专利有效量中,职务专利为 28569 件,占 65.5%;非职务专利为 15015 件,占 34.5%。与 2006 年相比,职务专利有效量增长了 27.6%,占专利有效总量的比重提高了 4.4 个百分点;非职务专利有效量增长了 5.3%,占总量的比重相应降低了 4.4 个百分点。

从北京专利授权量看,2007 年的授权量为 14954 件,其中,职务专利为 9144 件,占 61.1%,比上年增长 34.6%;非职务专利为 5810 件,占 38.9%,比上年增长 30.6%。

与专利授权量的增长率相比,职务专利和非职务专利有效量 2007 年的增长率分别低 33.5 和 25.3 个百分点。专利有效量与授权量增长速度的差距将导致有效专利的存活率降低。

2. 80%的发明专利能存活 5 年以上

按专利类型来看,2007 年在北京 43584 件专利有效量中,发明专利、实用新型专利和外观设计专利分别为 18421 件、18251 件和 6912 件,所占比重分别为 42.3%、41.9%和 15.8%。北京专利有效量三种专利的结构与全国相比见图 7-3。

有效专利中,发明专利的比例达到 42.3%,是全国平均水平的 2.7 倍,显示出北京专利的质量与市场竞争力具有明显的优势。

与 2006 年相比,2007 年发明专利的有效量增长了 38.3%,实用新型专利的有效量增长了 1.2%,外观设计专利的有效量增长了 30.9%。三种专利有效量增长速度的差

* 表 7-1 中 2010 年数据是以 2007 年为基数,按每年 15%的增长率推算的预测值。

距，导致其在总量中所占比重的变化，发明专利有效量从 2006 年的 36.4%上升到 2007 年的 42.3%，实用新型专利有效量从 2006 年的 49.2%变为 2007 年的 41.9%，外观设计专利有效量从 2006 年的 14.4%上升为 2007 年的 15.9%。

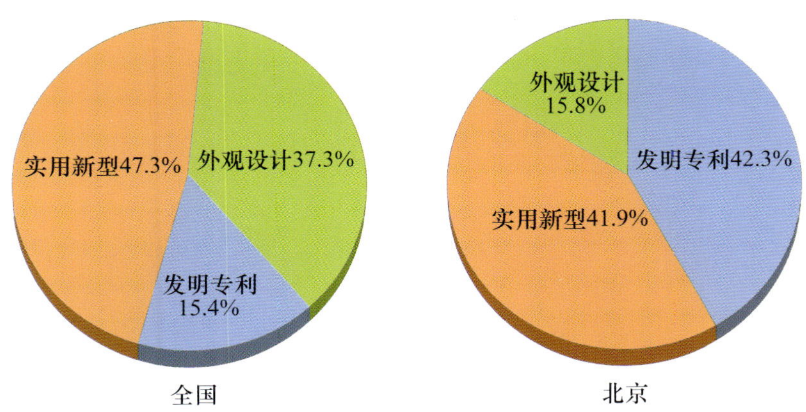

图 7-3　北京与全国专利有效量按三种专利分布的比较(2007 年)

资料来源：国家知识产权局. 专利统计年报 2008.

进一步从维持五年以上的专利有效量看，2007 年北京专利有效量为 43584 件，其中，维持五年以上的专利为 11622 件，占 26.7%，也就是说，有效专利中，有 73.3%的专利维持时间不到五年。在全国，维持五年以上的专利占专利有效量的比重为 12.8%，与全国平均水平相比，北京具有明显优势。

2007 年维持五年以上的专利有效量中，发明专利为 9569 件，实用新型专利为 1042 件，外观设计专利为 1011 件，分别占 82.3%、9.0%和 8.7%。说明 90%以上的实用新型专利和外观设计专利的维持时间不到五年，而 80%以上的发明专利都能存活到五年以上。进一步反映出北京专利具有较强的优势和竞争力。

三、专利技术的转移

北京聚集了大批高等院校、科研院所及众多大型企业的总部和研发中心，每年产生大量技术含量高和经济价值高的专利成果，成为全国专利成果的重要生产基地和专利技术的转移中心。推动专利技术的转移并实现商品化、产业化，对社会经济发展和创新型国家建设具有积极作用。

根据北京技术市场管理办公室提供的历年通过北京技术市场转移的专利技术交易数及其相关资料，围绕北京专利技术转移的规模、技术领域、交易主体及技术流向等内容，反映“十五”以来北京专利技术转移的现状及特征如下。

1. 专利技术转移规模快速扩大

2001—2007 年，通过北京技术市场转移的专利技术由 166 项增加到 692 项，增长 3 倍多；成交额由 1.4 亿元增加到 18.2 亿元，增长 11 倍多(图 7-4)，北京专利技术转移规模呈现快速扩张态势。

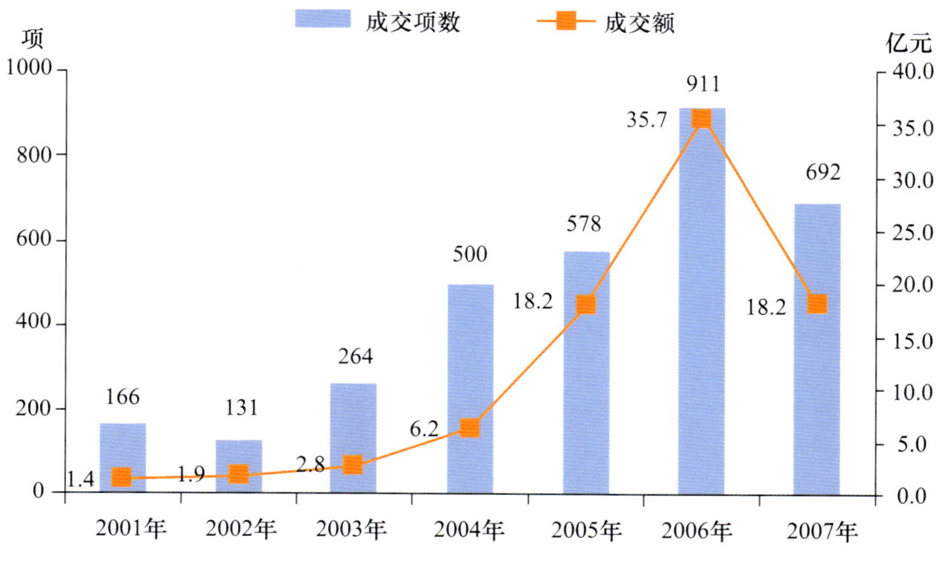

图 7-4　北京专利技术交易的增长(2001—2007 年)

资料来源:国家知识产权局. 专利统计年报. 2002-2008.

随着专利技术合同成交额的快速增长,三种专利技术合同成交额也发生了结构性变化。实用新型和外观设计专利技术"十五"期间合同成交额所占比重都有所下降,其中,实用新型专利成交额所占比重由 2001 年的 67.8%减少到 2007 年的 46.2%,下降了 21.6 个百分点。与此相反,发明专利成交额所占比重由"十五"期间的 31.7%,上升到 53.8%(图 7-5),已经超过专利技术合同成交总额的半数。

三种专利技术的结构变化,表明专利技术交易中实用技术、成熟技术及核心技术具有显著市场优势,是社会经济发展过程中需求越来越多的技术。

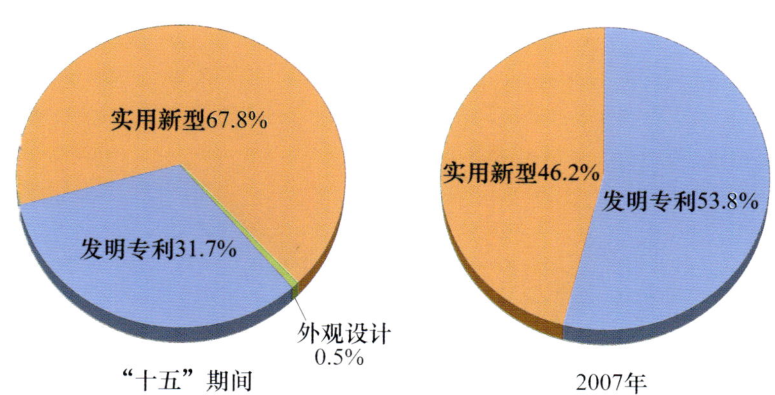

图 7-5　北京地区三种专利技术合同成交额的构成(2001—2007 年)

资料来源:国家知识产权局. 专利统计年报. 2002-2008.

2. 专利技术转移以高新技术为主

2001—2007 年转移的专利技术中，信息专利技术有 797 项，成交额为 22.7 亿元，占专利技术合同成交额的 26.8%；环境保护和资源综合利用技术成交额为 18.3 亿元，占专利技术合同成交额的 21.7%，这两项专利技术约占专利技术成交总额的一半。新材料及其应用和新能源与高效节能两项专利技术的成交额分别为 12.9 亿元和 11.6 亿元，占专利技术成交额的比重分别为 15.3% 和 13.7%。

在上述几类高技术和新技术中，第三代移动通信技术、半导体器件与工艺模拟技术、新型能源开发、节能改良技术、降低噪声污染技术、纳米技术等都是技术和经济价值较高，社会经济发展急需的实用技术或核心技术。

3. 企业是专利技术交易的最大卖方和买方

在 2001—2007 年的专利技术交易中，企业输出的专利技术共有 2699 项，成交额合计为 80.0 亿元，占专利技术合同成交总额的比重高达 94.7%；企业吸纳专利技术共计 2689 项，成交额合计为 79.7 亿元，占专利技术合同成交总额的比重高达 94.4%。

同期，科研院所和高等学校输出专利技术的成交额合计占专利技术合同成交额的比重不足 5%。

显然，在专利技术交易中，企业对专利技术的商品化、产业化起着决定性作用，高等学校和科研院所的专利技术成果难于转化生产力，离市场还有较大距离。

4. 大部分专利技术流向外地或出口

从专利技术的流向来看，2001—2007 年，流向本市的专利技术共计 1227 项，成交额为 20.6 亿元，占专利技术合同成交额的 24.4%；流向外省市的专利技术共计 1897 项，成交额为 47.3 亿元，占专利技术合同成交额的 56.1%；出口的专利技术共计 121 项，成交额为 25.0 亿元，占专利技术合同成交额的 29.6%。从交易额看，流向外地的专利技术超过半数，流向本市的专利技术与出口专利技术相当。这从一个侧面反映出北京向全国进行技术辐射、带动其他地区经济发展的作用，也反映出北京专利技术进入国际市场、参与国际竞争的实力。

从每项专利技术的平均交易额看，流向本市专利技术的每项平均成交额为 168.1 万元，流向外省市专利技术的每项平均成交额为 249.5 万元，出口专利技术的每项平均成交额为 2067.8 万元，是流向本市专利技术每项平均成交额的 12 倍多。这反映出流向不同，专利技术的技术水平、经济价值和市场竞争力也不同，有的还存在着很大差距。

第二节　职务专利的部门分布

我国的专利法规定，执行本单位的任务或者主要利用单位的物质技术条件所完成的发明创造为职务发明创造，申请专利的权利属于该单位，申请被批准后，该单位为专利权人。非职务发明创造是申请专利的权利属于发明人或者设计人，申请被批准后，该发明人或者设计人为专利权人。职务发明创造专利可以反映一个地区创新体系的结构，可以衡量不同性质机构，如企业、高等院校、科研院所的发明创造活动和技术创新的能力及水平。

一、职务专利与非职务专利

“十五”以来，在相关政策的引领下，北京地区职务专利和非职务专利的申请量和授权量都有显著增长，尤其是职务专利的快速增长，使职务专利与非职务专利出现新的发展格局。

1. 职务专利快速增长

2007年，北京职务专利申请量达到21892件，是2001年4969件的4.4倍，年平均增长率为28.0%，职务专利授权量从2001年的2647件增加到2007年的9144件，6年中增长了2.5倍，年均增长率为23.0%。

2001—2007年，非职务专利的申请量和授权量也有所增长，6年间分别增长了35.9%和61.4%，年平均增长率分别为5.2%和8.3%。显然，非职务专利增长速度比职务专利低得多。

两类专利发展速度的显著差距，使职务与非职务专利的比重发生了根本性变化。长期以来，非职务专利一直超过职务专利，2003年发生了转折，职务专利开始超过非职务专利，到2007年职务专利占专利申请量的69.1%，占专利授权量的61.1%。与此相反，非职务专利的比重急剧下降。显然，这种变化是国家实施专利战略的结果，是企业等部门提升创新能力的反映，这表明北京地区的创造发明活动进入了一个新的发展阶段。

2. 职务专利质量显著提高

2001年以来，职务发明专利的申请与授权量呈快速增长趋势。申请量由2001年的2407件增长到2007年的15679件，授权量由2001年的648件发展到2007年的4192件，2007年的申请量和授权量都比2001年增长了5.5倍。相对而言，非职务发明专利发展速度低些，同期，非职务发明专利的申请量增长了19.7%，授权量增长了1.1倍。

从2001—2007年的年平均增长率看，职务发明专利的申请量和授权量分别为36.7%和36.5%，非职务发明专利的申请量和授权量则分别为3.0%和13.3%。

由此，发明专利的职务申请量与非职务申请量占发明专利申请量的比重发生了根本性变化，职务发明专利的比重由2001年的48.3%提升到2007年的83.6%，提高了35.3个百分点。

同样，在发明专利授权量中，职务专利和非职务专利所占比重也发生了重大变化，职务专利的比重由2001年的68.5%增加到2007年的86.9%，提高了18.4个百分点。

由于三种职务专利的发展速度不同，它们在职务专利申请量和授权量中所占比重也随之发生了变化。长期以来，实用新型专利一直占据着主要位置。进入21世纪后，情况朝着有利于发明专利的方向发展，发明专利职务申请所占的比重，2001年达到48.4%，超过了实用新型专利，2002年超过了50%，2003年超过了60%，到2007年达到了71.6%，短短6年时间提高了23.2个百分点(图7-6)。发明专利职务授权量所占比重也从2001年的24.5%发展到2007年的45.8%，提高了21.3个百分点。

职务发明专利申请量和授权量的快速发展，反映出北京专利随着数量的快速增长，其质量也在不断提升，特别是在国家实施专利战略以来，北京专利的质量有了显著提高。

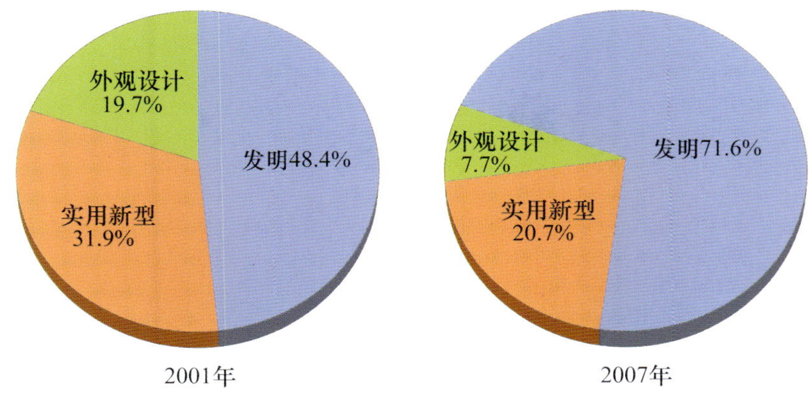

图 7-6　北京地区职务专利申请量按三种专利的分布(2001 年,2007 年)

资料来源:国家知识产权局. 专利统计年报. 2002,2008.

二、企业专利

企业是技术创新的主体,随着北京经济的发展和技术创新活动的深入开展,企业对专利的保护意识不断提高,近几年来,北京地区企业专利的数量和质量有了很大发展。

1. 企业专利占北京职务专利的 3/5

2006 年,北京的企业专利申请量超过 1 万件,达到 10211 件,2007 年为 13444 件,比上年增长 31.7%。

2007 年北京企业专利的授权量为 5721 件,比 2006 年的 4143 件增长了 30.1%(图 7-7)。2001—2007 年的 6 年间,北京企业专利申请量和授权量的年均增长率分别为 26.8%和 20.6%。

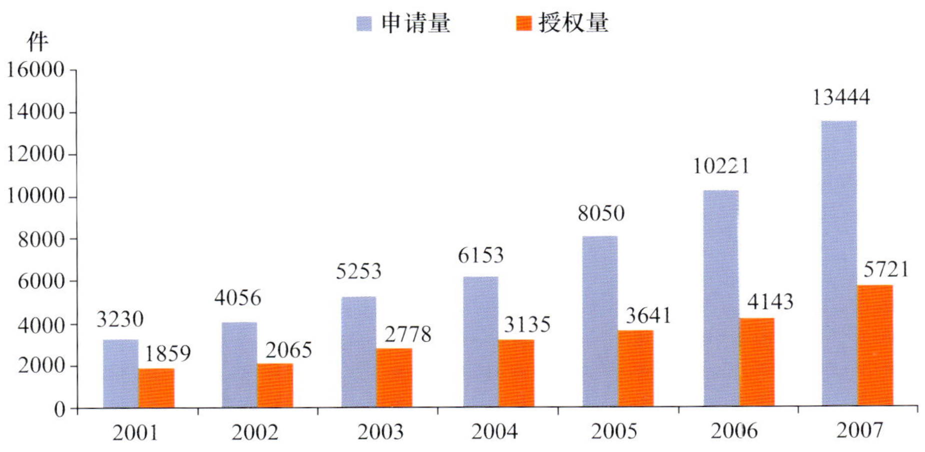

图 7-7　北京地区企业专利申请量和授权量的变化(2001—2007 年)

资料来源:国家知识产权局. 专利统计年报. 2002-2008.

数据显示，在职务专利申请中，企业一直占据主要的位置，企业专利申请量占北京地区职务专利申请总量的比例基本保持在60%以上（图7-8）。2007年，企业专利分别占北京地区职务专利申请量和授权量的61.4%和62.6%。地区职务专利中企业专利比重的增长，反映了企业技术创新能力的增强，有利于企业竞争力的提升。

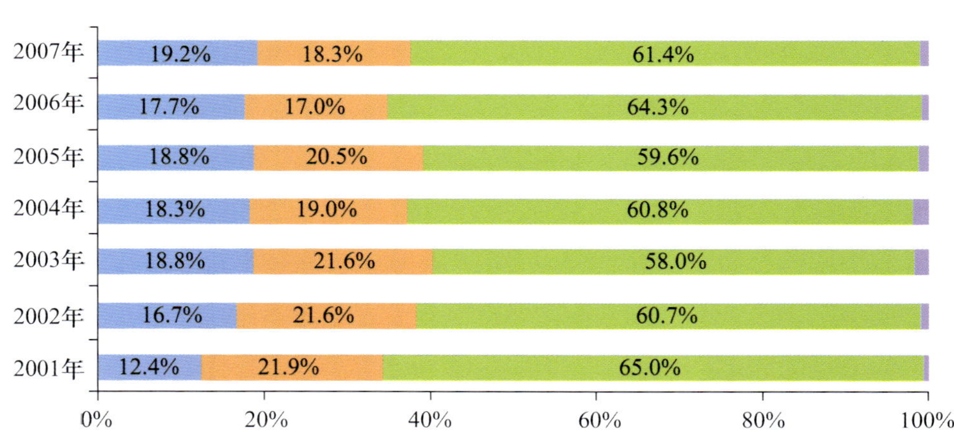

图7-8 北京地区职务专利申请量按机构类型分布（2001—2007年）

资料来源：国家知识产权局．专利统计年报．2002-2008.

上述分析表明，北京企业专利增长很快，成为北京职务专利的主要增长点，企业在北京技术创新体系中的主体地位正在不断巩固和加强。但北京企业缺少专利大户，2006年全国专利申请量居前50位的国内企业中，北京地区有4家入围，分别是乐金电子（中国）研究开发中心有限公司（676件，居第10位）、中国石油化工股份有限公司（649件，居第11位）、大唐移动通信设备有限公司（283件，居第45位）、联想（北京）有限公司（258件，居第50位）。同期的深圳和青岛分别有9家和6家企业位居前50位。2007年，中国石油化工股份有限公司以746件发明专利申请量位居全国发明专利申请量的第8位。

2. 企业发明专利授权量有待加强

从北京企业三种专利的申请量来看，企业的发明、实用新型和外观设计三种专利2001年分别为1073件、1189件和968件，占企业专利申请量的比重分别为33.2%、36.8%和30.0%；到2007年，三种专利的申请量分别为8526件、3332件和1586件，占企业专利申请量的比重分别为63.4%、24.8%和11.8%。从上述比重的变化可以看出，发明专利以更快的速度发展，其所占比重从33.2%增长到63.4%，提高了30.2个百分点。显然，从这种结构性变化中，反映出企业专利技术水平的快速提升。

从北京企业三种专利的授权量来看，2001—2007年，发明专利从282件增加到1796件，增长了5.4倍，年均增长率达36.2%；实用新型专利从877件增加到2810件，增长了2.2倍；外观设计专利从700件增加到1115件，增长了59.3%。显然，发明专利以更快的速度在发展。因此，在企业专利授权量中，发明专利的比重从2001年的15.2%增长到

2007年的31.4%，提高了16.2个百分点；实用新型专利和外观设计专利的比重2007年分别为49.1%和19.5%(图7-9)。从发展趋势看，发明专利处于快速上升阶段，但目前所占比重比实用新型专利低17.7个百分点，要超过实用新型专利还需要一段时间。

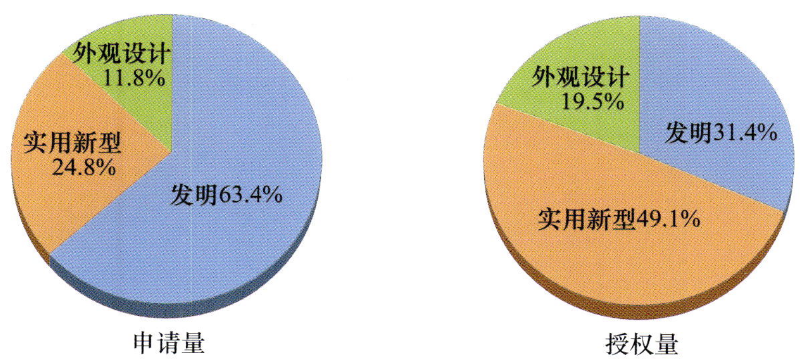

图7-9 北京地区企业三种专利按申请量和授权量分布(2007年)

资料来源：国家知识产权局.专利统计年报2008.

三、科研单位专利

科研单位是北京地区职务专利的重要产出部门，北京科研单位的雄厚研发实力，使其专利申请量和授权量居全国科研单位的首位。

1.北京科研单位专利居全国首位

2007年，北京地区科研单位的专利申请量达到4016件，比2006年的2705件增长了48.5%，是2001年的3.7倍。2007年科研单位的专利授权量为1523件，比2006年的1214件增长了25.5%，是2001年517件的2.9倍。

近几年来，科研单位的专利申请量和授权量都有成倍的增长，由于企业专利在以更快的速度增长，因此，在地区职务专利中来自科研单位专利所占的比重在下降。2000年前的16年中，科研单位专利约占地区职务专利的1/3，到“十五”初，这一比重变为1/5，2007年仅为18.7%，专利授权量的比重只占16.7%。

但这并不影响北京科研单位在全国科研系统中的地位和作用。2007年，北京科研单位的专利申请量为4016件，专利授权量为1523件，在全国科研单位专利申请量和授权量中，分别占29.5%和23.6%。

从专利有效量来看，2007年北京科研单位专利有效量为6286件，其中，5年以上有效量为2817件，占全国科研单位的比重分别为44.0%和40.5%。北京地区科研院所的专利申请量、授权量及有效量都居全国首位，在全国科研系统中，北京的专利产出占有重要地位。

2.发明专利的比重不断提高

2007年，科研单位的发明专利申请量为3337件，是2001年807件的4.1倍；发明专利授权量为1001件，是216件的4.6倍。6年间，科研单位专利申请量和授权量的年平均增长率分别为24.3%和19.7%。

2001—2007年，科研单位发明专利申请量和授权量的年平均增长率分别为26.7%和29.1%。比科研单位专利申请量和授权量的年均增长率分别高2.4个百分点和9.4个百分点。这样使发明专利在专利总量中所占的比重有了显著提高，从2001年的74.2%增长到2007年的83.1%，提高了8.9个百分点；在专利授权量中，发明专利的比重从2001年的41.8%增长到2007年的65.7%，提高了23.9个百分点。显然北京科研单位专利的技术价值较高，更具创新性。

四、高等学校的专利

高等学校是北京地区技术创新体系的重要部门，专利产出量与科研院所相当，专利产出侧重于发明专利，但专利有效量明显少于科研院所。

1. 专利申请量和授权量增长最快

2007年，北京地区高等学校的专利申请量为4207件，授权量为1801件，分别比2006年增长49.2%和32.3%。与“十五”初相比，申请量是2001年的6.8倍，授权量是2001年的7.5倍。与企业、科研院所相比，“十五”以来高等学校专利的增长最快(表7-2)。

表7-2 高等学校、企业和科研院所的专利申请量与授权量及其增长速度(2001—2007年)

	高等学校		企业		科研院所	
	申请量(件)	授权量(件)	申请量(件)	授权量(件)	申请量(件)	授权量(件)
2001年	618	240	3230	1859	1088	517
2002年	1115	256	4056	2065	1444	501
2003年	1699	634	5253	2778	1952	864
2004年	1847	938	6153	3135	1917	1058
2005年	2535	1112	8050	3641	2764	1116
2006年	2819	1361	10221	4143	2705	1214
2007年	4207	1801	13444	5721	4016	1523
2001—2007年平均增长速度(%)	37.7	39.9	26.8	20.6	24.3	19.7

资料来源：国家知识产权局.专利统计年报.2002-2008.

由于高等学校专利申请量和授权量的增长速度快于科研院所，高等学校专利的数量赶上并超过了科研院所，在北京地区国内职务专利总量中，高等学校专利申请量和授权量所占比重分别达到19.2%和19.7%，高于科研院所的18.3%和16.7%，反映出“十五”以来，科技投入的持续增加，知识产权激励政策的实施，有力地促进了高等学校的专利工作，使高等学校的发明创造活动特别活跃。

2. 发明专利的比重高

近几年，北京地区高等学校发明专利以更快的速度增长，2001—2007 年，高等学校发明专利申请量和授权量的年均增长率高达 39.0%和 47.5%，到 2007 年发明专利在申请量和授权量中所占比重分别达到 87.4%和 75.0%。与企业相比，分别高出 24 个百分点和 43.6 个百分点；与科研院所相比，分别高出 4.3 个百分点和 9.3 个百分点（表 7-3）。反映出三类机构技术创新活动的不同特点，高等学校发明创造活动更具知识创新的特征。

表 7-3 各类机构中发明专利占专利总量的比重（2007 年）

	高等学校（%）	企业（%）	科研院所（%）
专利申请量	87.4	63.4	83.1
专利授权量	75.0	31.4	65.7

资料来源：国家知识产权局. 专利统计年报 2008.

3. 清华大学和北京航空航天大学居全国高等学校前 10 位

北京地区拥有一批具有雄厚科研实力的大学，使北京高等学校的职务专利在全国占有重要地位。特别在 2000 年以前，北京高等学校的专利申请量和授权量都居全国首位。自 2003 年起，上海高等学校的专利申请量开始超过北京，并且差距由 95 件扩大到 2007 年的 1397 件。从 2006 年开始，上海高等学校的专利授权量也多于北京。

从发明专利来看，2007 年北京与上海两地高等学校的发明专利申请量分别为 3677 件和 3703 件，授权量分别为 1351 件和 1403 件，两者相差不大。在全国高等学校发明专利申请量中，北京和上海分别占 16.0%和 16.2%；在全国高等学校专利授权量中，北京和上海分别占 16.5%和 17.1%。

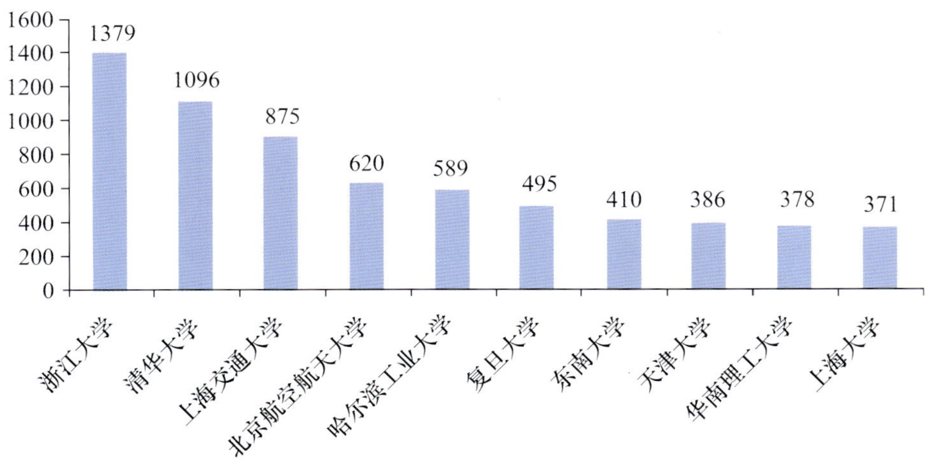

图 7-10 国内发明专利申请量居前 10 位的高等学校（2007 年）

资料来源：国家知识产权局. 专利统计年报 2008.

从发明专利有效量来看，2007年，北京地区高等学校发明专利有效量为3440件，与2006年相比增长19.0%，在全国高等学校总量中占19.0%，略高于上海。

第三节　北京专利在全国的地位

专利是发明创造活动和技术创新的产物，是一个地区科学技术的核心资产和最具经济价值的成果，专利发展水平是衡量区域科技进步和创新能力的重要指标。

一、专利地位的变化

"十五"以来，北京地区国内专利的申请量和授权量持续快速增长，而东南沿海经济发达地区，特别是广东、江苏、上海、浙江和山东等省市的专利以更快的速度竞相发展，有力地冲击着北京的优势地位。

1. 北京专利增长率相对较低

北京、广东、江苏、上海、浙江和山东6省市不仅是专利大省，更是国内经济最发达的地区。"十五"以来，随着经济持续高速的发展，这些地区的专利也以惊人速度快速发展，从专利申请量来看，"十五"期间6个省市每年增长都在1万件以上，到"十五"末，每年以2万件以上的速度增长；2007年，每年的申请量都在3万件以上。

从2001—2007年6个省市专利发展速度看，北京专利申请量和授权量的年均增长率分别为17.3%和15.7%，而其他5个专利大省的增长率都在20%以上，其中发展速度最快的是江苏，其申请量和授权量的年均增长率分别为43.1%和31.5%；第二位是浙江，增长率分别为32.4%和31.0%；山东和上海申请量的年均增长率分别为27.0%和24.3%，授权量增长率分别为22.6%和28.8%；广东的增长率分别为24.4%和20.7%。北京以相对较低的速度发展，2007年的专利申请量和授权量远低于其他5个省市（表7-4）。

表7-4　6省市国内专利申请量和授权量的年均增长率（2001—2007年）

	北京	上海	江苏	浙江	山东	广东
专利申请量（%）	17.3	24.3	43.1	32.4	27.0	24.4
专利授权量（%）	15.7	28.8	31.5	31.0	22.6	20.7

资料来源：国家知识产权局. 专利统计年报. 2002-2008.

2. 专利申请量和授权量退居全国第六位

从国内专利申请量来看，1985—2000年的累计数北京为85049件，占全国总数的9.4%，居全国第二位。2001—2007年，年均增长17.3%，但在全国总量中所占的比重在下降，2001年为8.2%，到2007年仅为5.6%。在全国的排名，2000年前居第二位，仅落后于广东；2001年，居前三位的是广东、上海和浙江，北京排名第四；2002年，又被江苏取代，北京退居第五位；2005年，这一位置又被山东占据，北京在广东、浙江、江苏、上海、山东之后，居全国第六位。

从国内专利授权量来看，1985—2000 年，北京专利授权量累计为 48235 件，占全国总数的 9.1%，居全国第二位。2001—2007 年，北京专利授权量年均增长 15.7%。群雄崛起，使北京在全国总量中所占比重由 2001 年 7.0%降到 2007 年的 5.3%。与专利申请量的情形相似，北京专利授权量在全国各地区的排位中逐渐被其他省市所取代，2000 年以前，北京居全国第二位，2001 年，广东、浙江和山东居前三位，北京居第四位，从 2002 年起，江苏和上海进入前五位，北京退居第六位（表 7-5）。

表 7-5　北京地区国内专利在全国地位的变化（1985—2007 年）

	1985—2000 年累计数	2001 年	2002 年	2003 年	2004 年	2005 年	2006 年	2007 年
全国专利申请量（件）	902070	149345	187600	231292	258945	359886	445211	561064
其中：北京	85049	12174	13842	17003	18402	22572	26555	31680
北京占全国比重（%）	9.4	8.2	7.4	7.4	7.1	6.3	6.0	5.6
北京在全国排名	2	4	5	5	5	6	6	6
全国专利授权量（件）	528289	88925	100728	136680	138790	158136	208761	283704
其中：北京	48235	6246	6345	8248	9005	10100	11238	14954
北京占全国比重（%）	9.1	7.0	6.3	6.0	6.5	6.4	5.4	5.3
北京在全国排名	2	4	6	6	6	6	6	6

资料来源：国家知识产权局. 专利统计年报. 2001-2008.

二、发明专利的优势

在发明、实用新型和外观设计三类专利中，发明专利的技术价值较高，更具有创新性，因此，常用发明专利指标来评价一个地区技术创新和发明创造的能力和水平。

1985—2000 年北京发明专利累计的申请量和授权量分别占全国总量的 14.5% 和 20.7%，居全国首位。从 1985 年算起，这一优势地位一直维持了 20 年。

1. 发明专利申请量居第二位，授权量居第一位。

“十五”以来，北京等 6 个地区的发明专利的增长很快，其中广东发明专利申请量发展最快，2001 年时仅为北京的一半，到 2005 年就超过了北京，2007 年达到 26692 件，是 2001 年的 10.5 倍，比北京的 18763 件多 42.3%。江苏发明专利申请量增长速度更快，2007 年达到 16578 件，是 2001 年的 11.9 倍，仅低于北京的 18763 件。北京发明专利申请量居第二位，仅少于广东，但发展速度远不如其他 5 个省市（表 7-6）。

表 7-6 部分地区国内发明专利申请量及其增长率(2001—2007 年)

	2001 年	2002 年	2003 年	2004 年	2005 年	2006 年	2007 年	2001—2007 年平均增长率(%)
北京(件)	4984	5785	7833	8608	12102	14226	18763	24.7
上海(件)	3268	3968	5936	6737	10441	12050	15212	29.2
江苏(件)	1394	1940	3279	4423	6582	10214	16578	51.1
浙江(件)	1093	1843	2751	3578	6776	8333	9532	43.5
山东(件)	1373	1682	2596	3230	4801	7237	8795	36.3
广东(件)	2549	3819	6181	8093	12887	21351	26692	47.9

资料来源:国家知识产权局.专利统计年报.2002-2008.

唯有发明专利授权量,从 1985 年以来,北京一直保持全国首位。2001 年,北京以 946 件占全国发明专利授权量的 19.1%,发展到 2007 年,以 4824 件占全国总量的 17.1%。反映出北京专利在质量、技术水平和市场价值方面仍具有一定优势。

从 2001—2007 年国内发明专利授权量的年均增长率看,上海、浙江和广东的年均增长率都在 50%以上,江苏也高达 44.5%,北京为 31.2%,仅高于山东的 27.6%。

虽然,目前北京的发明专利授权量居第一位,发明专利申请量居第二位(图 7-11)。但按照上述的发展趋势看,3—5 年后这种优势将会发生变化。

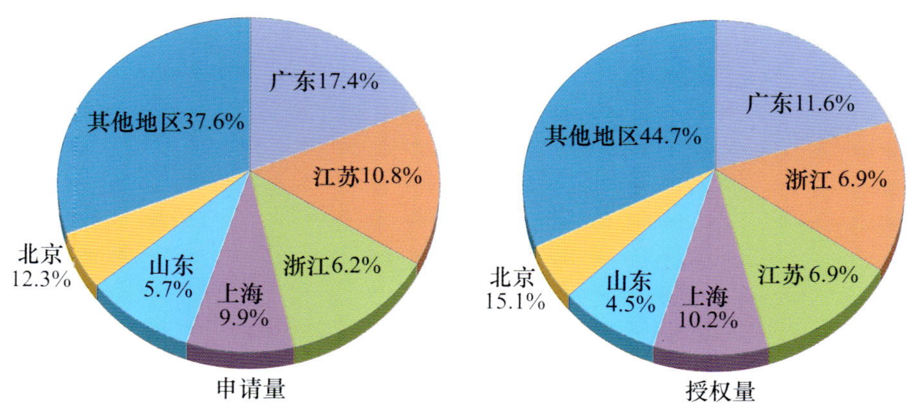

图 7-11 6 省市国内发明专利申请量和授权量占全国总量的比重(2007 年)

资料来源:国家知识产权局.专利统计年报 2008.

2. 发明专利在三种专利中的比重最大

从发明专利在三种专利总量中所占的比重来看,北京发明专利的比重远高于其他省市。2007 年,北京发明专利占申请量的 59.2%,占授权量的 32.3%(图 7-12)。

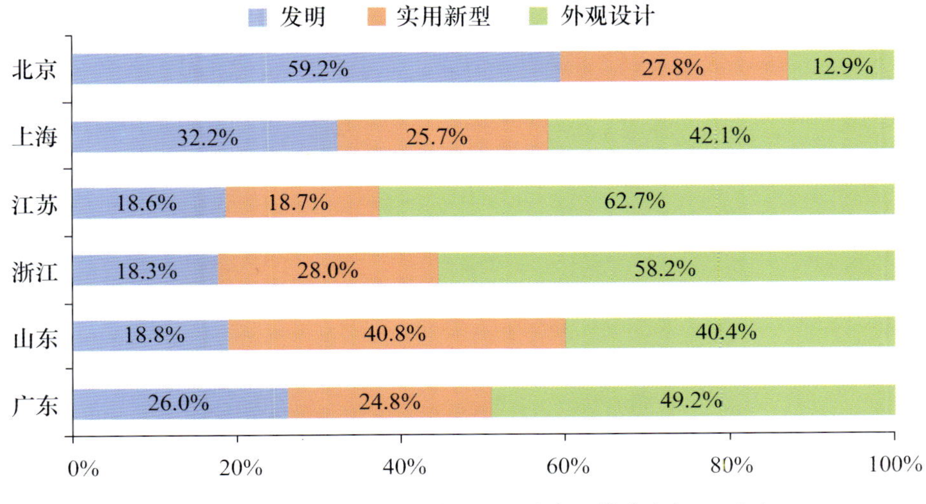

图 7-12 6 省市国内专利申请量中三种专利的分布(2007 年)

资料来源:国家知识产权局. 专利统计年报 2008.

图 7-12 显示,北京的三种专利中,发明专利所占比重最大,为 59.2%,其次是实用新型,占 27.8%,外观设计专利仅为 12.9%。而其他五个省市的三种专利中,发明专利所占比重相对较小,上海占 32.3%,广东占 26.0%,江苏、浙江和山东的这一比重都不到 20%;而外观设计专利所占比重最大,江苏占 62.7%,浙江占 58.2%,广东占 49.2%。这种比重关系与各地专利的机构结构有关,主要来自企业的专利更接近实用,更贴近市场。比较而言,发明专利具有更高的技术价值和市场价值,更具竞争力。显然,北京专利具有明显的优势。

3. 北京 5 年以上有效发明专利占明显优势

2007 年,有效期在 5 年以上的专利有效量广东最多,为 13318 件,北京为 11622 件,仅少于广东。以下依次为上海(6396 件)、江苏(5184 件)、浙江(5331 件)和山东(3371 件)。

维持 5 年以上有效专利占全部有效专利的比重反映有效专利的存活率。这一指标值北京为 26.7%,远高于 5 个专利大省。上海为 13.7%,广东为 10.8%,江苏、山东和浙江的有效专利存活率更低,仅为 9.8%、9.0%和 7.1%。

维持 5 年以上的有效发明专利是专利技术中最具优势和竞争力的部分。维持 5 年以上的有效专利中,发明专利及其所占比重也存在较大的地区差异。2007 年维持 5 年以上有效发明专利量,北京为 9569 件,居首位,广东为 4876 件,居第二位,以下其中依次为上海(3808 件)、江苏(1888 件)、浙江(1512 件)和山东(1388 件)。按有效期 5 年以上的有效专利中发明专利所占的比重来分析,2007 年,北京的这一比重高达 82.3%,比 5 省市中最高的上海(59.5%)高出 22.8 个百分点,比最低的浙江(36.4%)高出 45.9 个百分点。显然,北京遥遥领先于 5 个专利大省。

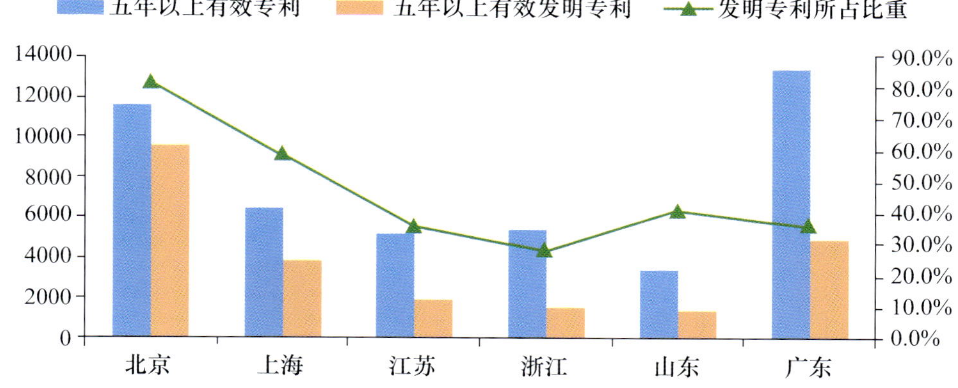

图 7-13　6 省市 5 年以上有效专利中发明专利所占的比重(2007 年)

资料来源:国家知识产权局.专利统计年报 2008.

三、专利的国际申请

在全球化的大背景下,中国专利逐渐走向世界。随着专利申请量和授权量的快速增长,北京等省市专利的质量及国际竞争力也在不断提高。

从向国外和港澳台地区申请的发明专利及 PCT 国际申请量来看,同样反映出北京专利的实力和竞争优势。

1. 北京向海外申请的发明专利居全国第二位

2007 年我国向海外及港澳台地区申请的发明专利共 2921 件,其中,广东有 1455 件,约占一半。北京地区向国外和港澳台地区申请的发明专利 2007 年达到 552 件,与 2006 年同比增长 21.9%,比 2001 年的 293 件增长了 88.4%。占全国的比重达到 18.9%,在全国居第二位,仅低于广东。其次是上海、江苏和浙江分别为 210 件,112 件和 109 件;山东不足 100 件(图 7-14)。与 2006 年相比,北京增长了 21.9%,山东增长了 26.7%,而其他省市的增长都不到 10%。

2. 北京企业缺少专利大户

PCT(专利合作条约)国际申请量也是衡量一个地区创新能力和竞争力的重要指标,从一个方面反映了一个地区产业的国际竞争力。2007 年全国 PCT 申请共 4885 件,其中,广东以 2646 件居首位,占 54.2%。北京 2007 年 PCT 国际申请量为 560 件,比 2006 年的 413 件增长了 35.6%,占全国 PCT 国际申请量的 11.5%,在全国低于广东,居第二位。上海、江苏和浙江的 PCT 国际申请量分别为 385 件、191 件和 176 件。山东的 PCT 国际申请量仅为 86 件,在全国处于福建(119 件)和辽宁(103 件)之后(图 7-14)。

与 2006 年相比,PCT 国际申请量增长率超过 50% 的有江苏(67.5%)、广东(52.9%)和山东(50.9%),浙江和上海也分为增长了 47.9% 和 46.9%,北京增长率相对较低,只增长了 35.6%。

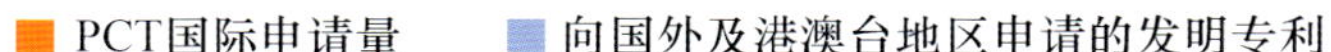

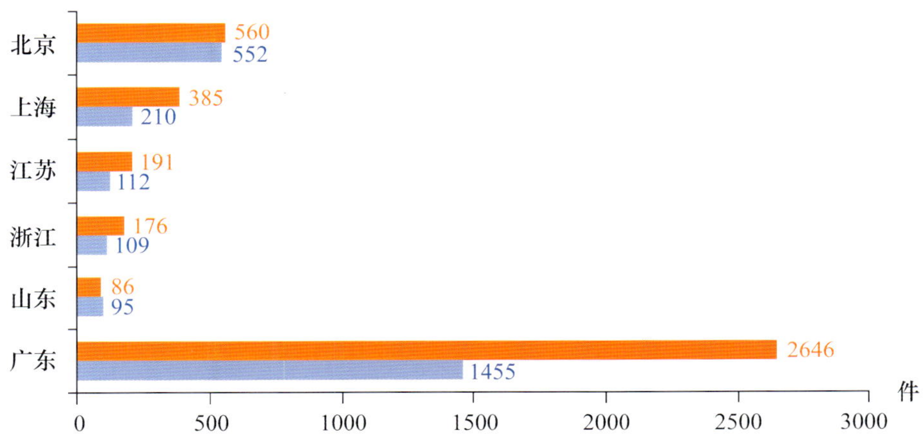

图 7-14　6 省市向国外及港澳台地区申请的发明专利及 PCT 申请量(2007 年)

资料来源:国家知识产权局. 专利统计年报 2008.

随着经济持续高速发展,这些地区出现了一批国际型企业,不仅产品走出国门,其专利也走向世界。广东 2007 年 PCT 申请中,企业占 87%。其中,华为和中兴两家企业的 PCT 国际申请量分别为 1542 件和 430 件,这两家企业约占当年广东省 PCT 国际申请量的 2/3,占全国 PCT 申请量的 40.4%。相比之下,北京缺少这样的企业。

四、专利密度指数

专利密度指数可用“百万人口本国居民专利申请量”和“每十亿 GDP 本国居民专利申请量”来测度,国际上通常用来评价一个国家或一个地区的专利产出能力。

1. 北京百万人口发明专利申请量处于领先地位

按 2007 年百万人口本国居民发明专利申请量来分析,全国平均值为 115.8 件。6 个专利大省中,北京达到 1149.0 件,居第一位;上海为 818.7 件,居第二位;其次是广东(282.5 件)、江苏(217.4 件)、浙江(188.4 件);山东不到 100 件,低于全国平均值(图 7-15)。

与 2001 年相比,6 省市百万人口发明专利申请量都有很大增长,但增幅很悬殊,北京增长了 2.2 倍,增长最多的江苏为 10.4 倍,其他依次为广东(7.6 倍)、浙江(6.9 倍)、山东(5.2 倍)和上海(3 倍)。

2. 北京市十亿地区生产总值发明专利申请量全国最多的地区

按每十亿地区生产总值发明专利申请量来看,2007 年全国的平均值为 6.1 件。2007 年,北京的这一专利密度指数为 20.1 件,比 2001 年提高了 49.4%,在全国居第一位,比居第二位的上海高出 60.7 个百分点。上海为 12.5 件,其他 4 个地区的这一指数都不到 10 件,广东为 8.6 件、江苏为 6.4 件、浙江为 5.1 件,山东只有 3.4 件,浙江和山东都没有达到全国的平均水平(图 7-16)。

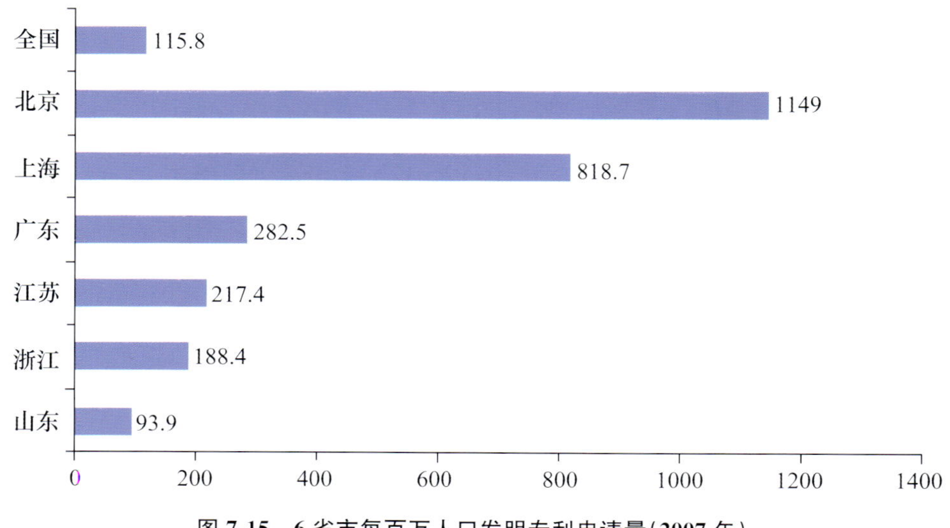

图 7-15　6 省市每百万人口发明专利申请量(2007 年)

资料来源:国家知识产权局. 专利统计年报 2008.

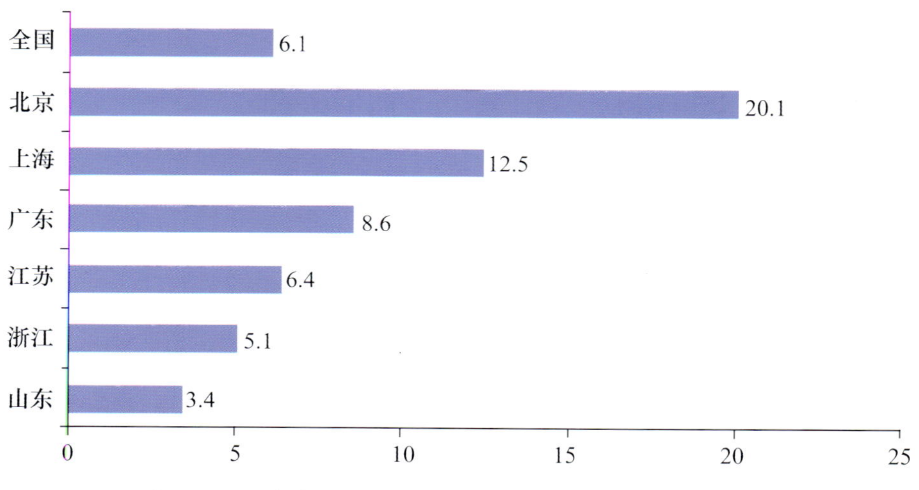

图 7-16　6 省市十亿地区生产总值发明专利申请量(2007 年)

资料来源:国家知识产权局. 专利统计年报 2008.

与 2001 年十亿地区生产总值发明专利申请量相比,江苏和广东都有 3 倍以上的增长,其次是浙江,增长了 2.2 倍,山东也有 1.3 倍的增长,上海增长了 99.0%,而北京的增幅最小,仅为 49.4%。

如前所述,2001 年以来,6 个省市发明专利发展很快,但增长速度的差别很大。增幅最大的江苏,提高了 10.9 倍,其次是广东,提高了 9.5 倍,浙江和山东分别提高了 7.7 倍和 5.4 倍,上海也提高了 3.7 倍。相比之下,北京增幅较小,只提高了 2.8 倍。这种差别成为各省市专利密度指数变化的关键因素,将导致北京与其他 5 省市的相对差距的缩小,北京的绝对优势将会减弱。

第八章 科技论文

科技论文是基础研究和应用研究活动的主要产出形式，论文合著情况可以反映出科研活动交流的特点。公开发表科技论文有利于科学技术知识的传播，有利于科学与技术的融合以及交叉科学的出现与发展。本章利用中国科学技术信息研究所《中国科技论文统计与分析年度研究报告》提供的统计数据，对北京地区的科技论文产出规模、分布及变化情况进行深入分析。

第一节 科技论文概况

一、科技论文总量呈逐年递增趋势

进入新世纪以来，北京地区发表的科技论文数量呈现快速增长势头。国内论文和国际论文分别由2000年的27976篇和12536篇，增长到2007年的59374篇和41162篇，分别增长了112.2%和228.4%，年平均增长率达11.3%和18.5%，国际科技论文增长幅度快于国内科技论文。

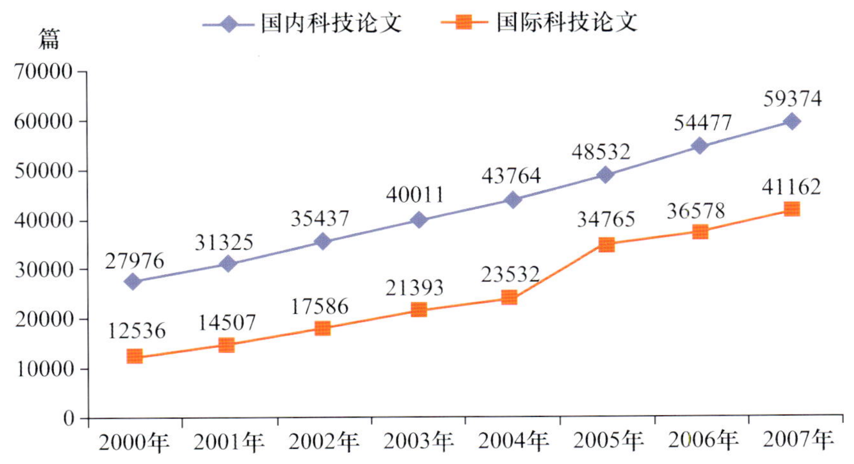

图8-1 北京地区国内、国际科技论文情况(2000—2007年)

资料来源：中国科学技术信息研究所. 中国科技论文统计与分析. 2001-2008.

二、论文总量保持全国领先地位

北京地区拥有丰富的科技资源，庞大的研发队伍，使得北京从1990以来，不论是国内科技论文，还是国际科技论文，都处于全国领先地位。2007年，北京市发表的国内论文和国际论文分别比全国排名第二位的省市高出52.3%和106.6%，占同期全国科技论文总数的12.8%和20.9%(表8-1、表8-2)。

表8-1　国内论文前五名省市(2007年)

省市	国内论文(篇)	占全国比重(%)
北京	59374	12.8
江苏	38986	8.4
广东	31049	6.7
上海	29140	6.3
湖北	26768	5.8

表8-2　国际论文前五名省市(2007年)

省市	国际论文(篇)	占全国比重(%)
北京	41162	20.9
上海	19928	10.1
江苏	15659	8.0
湖北	11994	6.1
浙江	11016	5.6

资料来源：中国科学技术信息研究所. 中国科技论文统计与分析2008.

第二节　国内科技论文

国内论文指中国科学技术信息研究所研制的《中国科技论文与引文数据库》(CSTPCD)收录的论文。其来源期刊为经国家管理部门正式批准的、具有国内统一刊号的1500种公开出版期刊，并限定于科学技术领域中反映科学和工业技术研究发展情况的学术类期刊和技术类期刊，能够全面反映我国科技发展的整体状况。

中国科技论文与引文数据库(CSTPCD)统计源期刊

《中国科技论文与引文数据库》选择的期刊称为中国科技论文统计源期刊。统计源期刊是经过严格的同行评议和定量评价选取出的各学科领域中较重要的、能反映本学科发展水平的科技期刊，每年调整一次。科技部自1987年开始支持《中国科技论文与引文数据库》建设，并由中国科学技术信息研究所每年发布基于中国学术期刊的科技论文统计数据。

一、科技论文学科领域以医疗卫生和工业技术为主

从国内科技论文的学科领域分布看，北京地区科技论文以工业技术和医疗卫生领域的论文为主，2007年，这两个领域论文分别占论文总数的39.6%和37.0%(图8-2)，基础学科和农林牧渔领域的论文合计占19.8%。从历史变化来看，医药卫生领域科技论文数量以及所占比重增长趋势明显，2000年，医药卫生领域科技论文为7609篇，2007年增长到21946篇，年均增长16.3%，与2000年占27.2%的比重相比，上升了9.8个百分点；基

础学科和工业技术领域的科技论文数量所占比重出现了明显的下降趋势，分别比 2000 年的 24.7%和 44.1%下降了 9.9 个百分点和 4.5 个百分点。

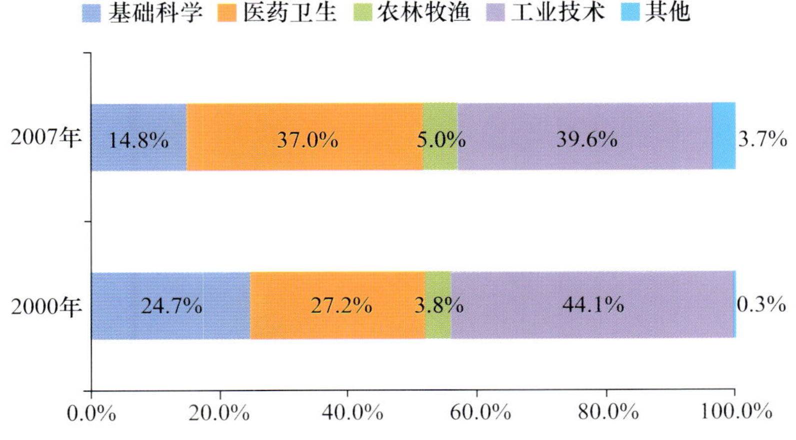

图 8-2　北京地区国内科技论文按学科分布情况(2000 年，2007 年)

资料来源：中国科学技术信息研究所. 中国科技论文统计与分析. 2001，2008.

表 8-3 显示，2000 年和 2007 年北京地区国内科技论文数量排名前 10 位的一级学科领域基本保持了一致。临床医学的科技论文数量最多，2000 年和 2007 年其科技论文数量分别占北京地区科技论文总数的 15.7%和 17.5%。生物学、物理学、化学、化工领域的科技论文占北京地区科技论文总数的比重出现明显下降。

从论文的年均增幅来看，增幅前三名的学科是：预防医学与卫生学、药学和中医学学，其中电子、通讯与自动控制发展速度最为突出，显示出该学科在近几年有快速的发展。与之相反的是生物学科，年均增幅为－0.4%。

表 8-3　北京地区国内科技论文排名前 10 名的一级学科论文(2000 年，2007 年)

2000 年			2007 年			年均增幅(%)
学科	论文数(篇)	比重(%)	学科	论文数(篇)	比重(%)	
临床医学	4386	15.7	临床医学	13541	22.8	17.5
计算技术	2044	7.3	电子、通讯与自动控制	4519	7.6	17.4
生物学	1895	6.8	计算技术	4300	7.2	11.2
地学	1730	6.2	地学	3151	5.3	8.9
基础医学	1483	5.3	基础医学	2338	3.9	6.7
电子、通讯与自动控制	1466	5.2	预防医学与卫生学	2016	3.4	23.7
物理学	1122	4.0	药学	1983	3.3	18.2
化学	1067	3.8	农学	1887	3.2	16.0
化工	1049	3.7	生物学	1845	3.1	－0.4
土木建筑	938	3.4	中医学	1786	3.0	17.9

资料来源：中国科学技术信息研究所. 中国科技论文统计与分析. 2001，2008.

二、科技论文主要集中在中央属高等院校

2007 年，北京地区国内科技论文以高等院校为主，高等院校发表论文共计 32484 篇，占论文总数的 54.7%(图 8-3)；研究机构发表论文 14286 篇，占总数的 24.1%，医疗机构发表论文 8578 篇，占总数的 14.4%；企业发表论文 1542 篇，占总数的 2.6%。

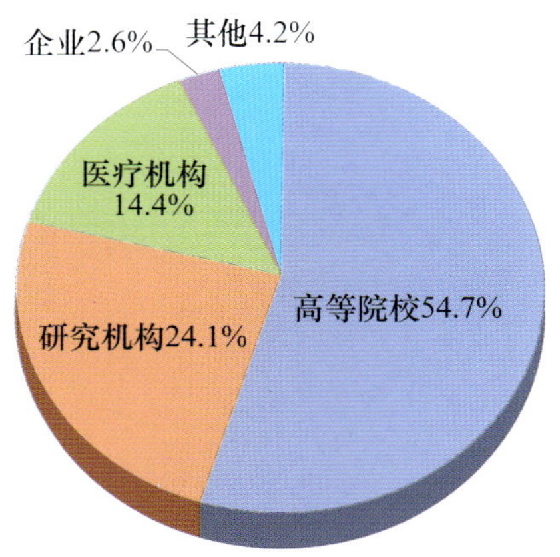

图 8-3 北京地区国内科技论文按机构分布(2007 年)

注：医院论文数不包含高等学校附属医院数据。

资料来源：中国科学技术信息研究所. 中国科技论文统计与分析 2008.

从高等院校、研究机构和医疗机构中科技论文排名前五的单位来看，2007 年，在高等院校中，北京大学、首都医科大学论文高达 4647 篇、4279 篇，分别占总量的 7.8% 和 7.2%(表 8-4)；研究机构中科技论文主要集中于中央属大院大所。从总体情况看，前五名基本由中央属单位包揽，北京市属只有首都医科大学和首都医科大学附属北京宣武医院分别排在高等院校的第二名和医疗机构的第四名。

表 8-4 北京地区在三类单位中国内论文数据前五位的单位(2007 年)

部门	单位	论文数(篇)	比重
高等院校	北京大学	4647	7.8%
	首都医科大学	4279	7.2%
	清华大学	3976	6.7%
	北京航空航天大学	2123	3.6%
	中国石油大学	2057	3.5%
研究机构	中国疾病预防控制中心	772	1.3%
	中国中医科学院	670	1.1%
	中科院地理科学与自然资源所	426	0.7%
	中国科学院研究生院	419	0.7%
	中国水产科学院	418	0.7%

续表

部门	单位	论文数(篇)	比重
医疗机构	解放军总医院	2975	5.0%
	中国协和医科大学附属北京协和医院	1500	2.5%
	北京大学第一附属医院	730	1.2%
	首都医科大学附属北京宣武医院	715	1.2%
	北京大学第三附属医院	691	1.2%

资料来源:中国科学技术信息研究所.中国科技论文统计与分析 2008.

三、中科院发表科技论文平均被引用次数最为突出

引文数量的多少从一定程度上能够反映出论文的质量。2007 年北京地区被引论文共计 123121 篇,被引用次数为 220217 篇次,平均每篇科技论文被引用次数为 1.8 次,高于江苏、上海等其他省市,从一定程度上反映了北京地区整体科研水平(表 8-5)。

表 8-5 国内论文被引用次数最多的前十个省市(2007 年)

排名	地区	被引次数(篇次)	被引论文数(篇)	平均被引次数(次)
1	北京	220217	123121	1.8
2	江苏	90793	60869	1.5
3	上海	79055	58747	1.4
4	广东	76938	54542	1.4
5	湖北	60488	44012	1.4
6	陕西	60161	41219	1.5
7	山东	49082	36022	1.4
8	浙江	48995	36797	1.3
9	四川	40000	29496	1.4
10	辽宁	39998	30330	1.3

资料来源:中国科学技术信息研究所.中国科技论文统计与分析 2008.

从高等院校、研究机构和医疗机构中科技论文被引用次数排名前五名的单位可以看出,2007 年,高等院校中,北京大学、清华大学和首都医科大学发表论文数量以及应用次数均排在前三位,其被引用次数分别为 23345 次、19643 次和 10199 次(表 8-6);研究机构中科技论文被引用次数较多的主要集中在中科院。

从平均被引用次数上来看,三类机构中虽然研究机构发表论文相对较少,但中科院属单位平均每篇论文被引用次数超过了 13.9 次,普遍高于高等院校和医疗机构排名前五的单位。

表 8-6　2007 年北京地区在三个部门中国内论文引用次数前五位的单位

部　门	单　位	被引次数(篇次)	论文数(篇)	平均被引次数(次)
高等院校	北京大学	23345	4647	5.0
	清华大学	19643	3976	4.9
	首都医科大学	10199	4279	2.4
	中国地质大学	8201	1829	4.5
	中国农业大学	7220	—	—
研究机构	中国科学院地理科学与自然资源所	5710	426	13.4
	中国科学院地质与地球物理所	4411	376	11.7
	中科院生态环境科学研究中心	3746	271	13.8
	中科院植物所	3584	215	16.7
	中国疾病预防控制中心	2976	772	3.9
医疗机构	解放军总医院	8802	2975	3.0
	中国协和医科大学附属北京协和医院	4623	1208	3.8
	北京大学第一附属医院	3917	730	5.4
	北京大学附属人民医院	2464	688	3.6
	北京大学第三附属医院	2111	691	3.1

资料来源:中国科学技术信息研究所. 中国科技论文统计与分析 2008.

第三节　国际科技论文

“国际论文”指 SCI、EI、ISTP 三个检索系统收录的我国科技人员发表的论文数之和。北京国际科技论文发表量及整体水平在全国处于领先地位。

三大检索系统

《科学引文索引(SCI)》由美国科学情报研究所编制,主要收录自然科学领域基础研究方面的科技论文,其收录论文情况是衡量一个国家或地区基础研究水平的重要指标。现已作为各国文献计量学研究和应用的科学评估工具。《工程索引(EI)》是世界著名的工程技术领域的综合性检索工具,收集的工程和应用科学领域的期刊多达 5100 余种。《科学技术会议录索引(ISTP)》也是由美国科学情报研究所编辑出版,主要收录重要国际会议文献,涉及自然科学、农业科学、医学和工程技术等领域。

一、国际科技论文增幅显著

2007 年 SCI、EI 和 ISTP 三大检索系统收录北京科技论文数首次突破 4 万篇,达到 41162 篇,从增长速度看,2000—2007 年北京国际论文发表量年均增幅达到 18.5%(表 8-7)。

表 8-7 国际三大检索系统收录北京科技论文情况(2000—2007 年)

	SCI、EI 和 ISTP 收录北京科技论文数(篇)
2000 年	12536
2001 年	14507
2002 年	17586
2003 年	21393
2004 年	23532
2005 年	34674
2006 年	36578
2007 年	41162
年均增幅	18.5%

资料来源:中国科学技术信息研究所. 中国科技论文统计与分析. 2001-2008.

二、SCI 论文发表量稳步增长,但 EI 和 ISTP 论文增速更快

国际上一般用 SCI 收录的论文数量及引证情况来衡量各国基础研究产出的规模及质量。"十五"期间的数据统计显示,SCI 收录北京地区科技论文数逐年快速增长。2007 年,北京地区被三大检索系统收录的论文中,SCI 收录的科技论文数为 16665 篇,与 2000 年的 6521 篇相比,增长了 155.6%,年均增幅 14.3%,但同期 EI 和 ISTP 论文以更快的速度增长,SCI 占当年北京地区国际论文总量的比重降至 40.5%(图 8-4)。

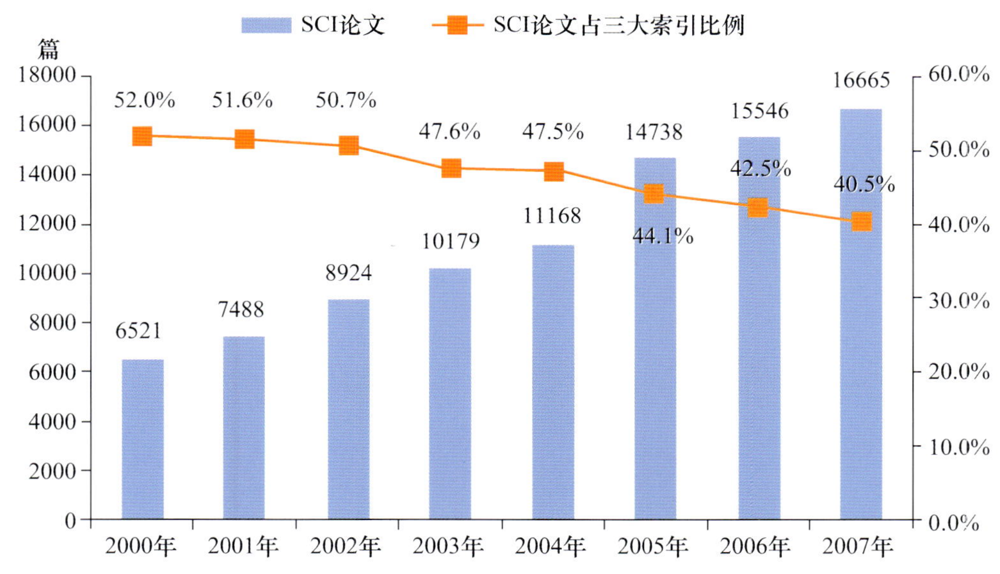

图 8-4 北京地区 SCI 论文情况(2000—2007 年)

资料来源:中国科学技术信息研究所. 中国科技论文统计与分析. 2001-2008.

三、基础学科和工业技术领域优势明显

2007 年北京地区被 SCI、EI、ISTP 三大索引系统收录的论文中，工业技术和基础学科领域所占份额较大，分别为 54.6%和 39.7%（图 8-5），两者合计占 94.3%；收录医药卫生领域科技论文共计 1975 篇，占总量的 4.8%；农林牧渔领域科技论文共计 377 篇，占总量的 0.9%。

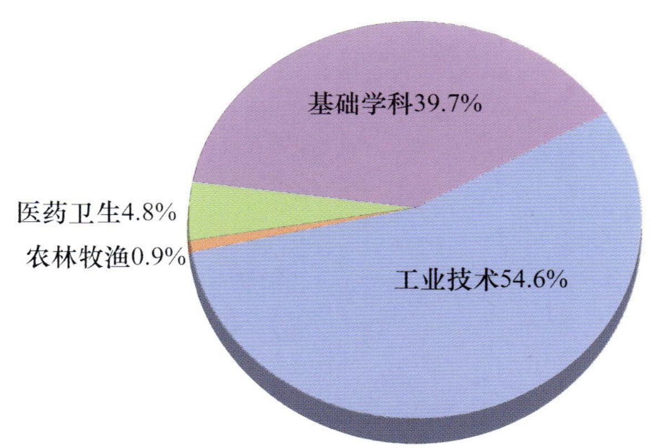

图 8-5 北京地区三大索引系统收录科技论文学科分布(2007 年)

资料来源：中国科学技术信息研究所. 中国科技论文统计与分析 2008.

从一级学科来看，2007 年三大索引系统收录北京科技论文较多的 3 个学科分别是计算技术、物理学和化学（表 8-8）。这三个学科的国际论文占全国论文总数的 34.8%。其他相对较活跃的学科还包括电子、通讯与自动控制，材料科学，生物学，地学，动力与电气，土木建筑和冶金、金属学。这 10 个学科的科技论文累计占到总量的 76.0%。

表 8-8 三大索引系统收录北京科技论文数量排名前十名学科(2007 年)

学科	一级学科	篇数	所占比重(%)
工业技术	计算技术	5207	12.7
基础学科	物理学	4561	11.1
基础学科	化学	4542	11.0
工业技术	电子、通讯与自动控制	4131	10.0
工业技术	材料科学	3500	8.5
基础学科	生物学	3045	7.4
基础学科	地学	2141	5.2
工业技术	动力与电气	1757	4.3
工业技术	土木建筑	1236	3.0
工业技术	冶金、金属学	1178	2.9
合计		31298	76.0

资料来源：中国科学技术信息研究所. 中国科技论文统计与分析 2008.

科技论文数量排名前十位的学科主要以工业技术为主，累计所占比重达到41.4%，表明北京地区工业技术科技论文理论研究水平十分突出。

四、国际合著论文居全国之首

当今世界，科学技术融合的趋势不断加强，新的科学发现越来越依赖于各学科的交叉和融合。与此同时，人类面临诸如全球气候变化、能源短缺等世界性难题，迫切要求加强全球合作来共同解决。国际合著论文数量的增长反映了全球范围内科技合作以及我国对外科技交流正在不断加强。2007年，北京地区国际合著论文数位居全国第一，为996篇，占本地区论文总数比例为2.4%，反映了北京地区科技人员进行国际合作的程度比其他省市都要活跃（表8-9）。

表8-9　国际合著论文数居前六位的地区（2007年）

排名	地区	论文数（篇）	占本地区论文比例（%）
1	北京	996	2.4
2	上海	463	2.3
3	广东	437	5.2
4	辽宁	269	2.6
5	湖北	260	2.2
6	浙江	238	2.2

资料来源：中国科学技术信息研究所. 中国科技论文统计与分析2008.

第九章 技术交易

技术成果作为商品进入流通领域，是我国科技体制改革、制度创新和组织创新的重大成就。技术交易*是指技术供需双方对技术所有权、使用权和收益权进行转移的契约行为，是反映一个国家或一个地区技术输出和技术吸纳能力的指标。

技术交易数据是北京市科学技术委员会北京技术市场管理办公室依据科技部《全国技术市场统计调查方案》、《北京市技术市场条例》和《北京市技术市场统计管理办法》等相关法律、法规和文件认定登记的结果。统计范围是北京地区(包括中央在京机构)技术卖方机构签订的技术合同。本章重点分析北京地区技术交易的规模、构成、主体以及技术流向等，反映北京地区技术交易的现状和特点，技术创新的能力与水平，以及高端、高效和高辐射的城市功能特征。

第一节 基本情况

“十五”以来，北京技术市场积极贯彻落实《北京市技术市场条例》等有关法律和法规，优化市场环境，推动技术市场持续稳定发展，技术合同交易总量逐年增长，技术交易对北京地区生产总值的贡献日益显著。

一、技术交易总量

北京技术合同成交额连年攀升，已成为全国技术商品集散中心。“十五”以来，北京成交技术合同项数由2001年的23921项增加到2007年的50972项，增长1倍多；成交额由191.0亿元增加到882.6亿元，增长3倍多，年平均增长速度达29.1%，远高于北京近几年经济发展平均增长速度。占全国技术合同成交额的比重由2001年的24.4%增长到2007年的39.6%(图9-1)。

二、技术交易对GDP的贡献

技术交易对北京地区生产总值的贡献作用日趋显著(表9-1)。技术性收入占地区生产总值的比重是反映技术交易对经济增长直接贡献的指标。北京地区技术性收入占地区生产总值的比重由2001年的1.7%增长到2007年的2.2%(图9-2)。充分显示出技术交易对促进经济发展和推动科技进步发挥着日益重要的作用。

---

* 谢富纪.技术转移与技术交易.北京：清华大学出版社，2006：138.

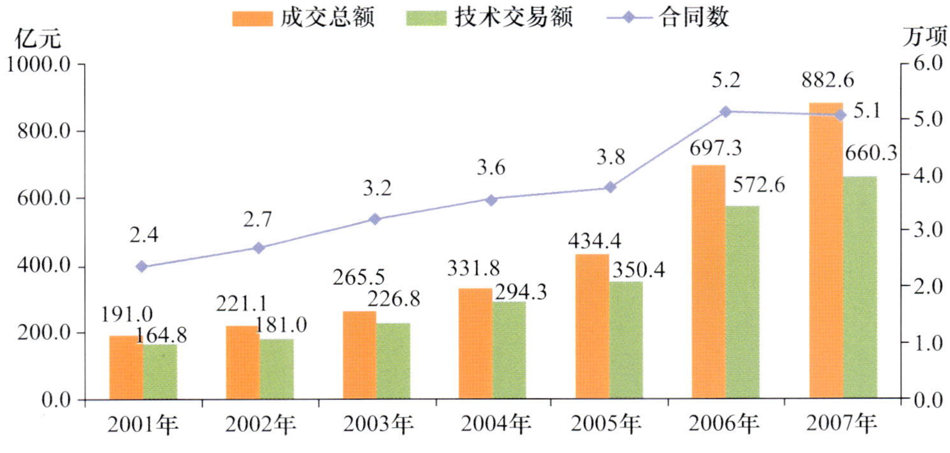

图 9-1　北京地区技术交易规模的变化(2001—2007 年)

资料来源:北京技术市场管理办公室. 北京技术市场统计公报. 2002-2008.

表 9-1　技术性收入对北京地区生产总值的贡献(2001—2007 年)

	2001 年	2002 年	2003 年	2004 年	2005 年	2006 年	2007 年
技术性收入(亿元)	61.6	62.2	76.0	191.0	164.2	168.7	198.2
北京地区生产总值(亿元)	3710.5	4330.4	5023.8	6060.3	6886.3	7720.3	9006.2
技术性收入占地区生产总值的比重(%)	1.7	1.4	1.5	3.2	2.4	2.2	2.2

资料来源:北京技术市场管理办公室. 北京技术市场统计公报. 2002-2008;北京市统计局,国家统计局北京调查总队. 北京统计年鉴. 2002-2008.

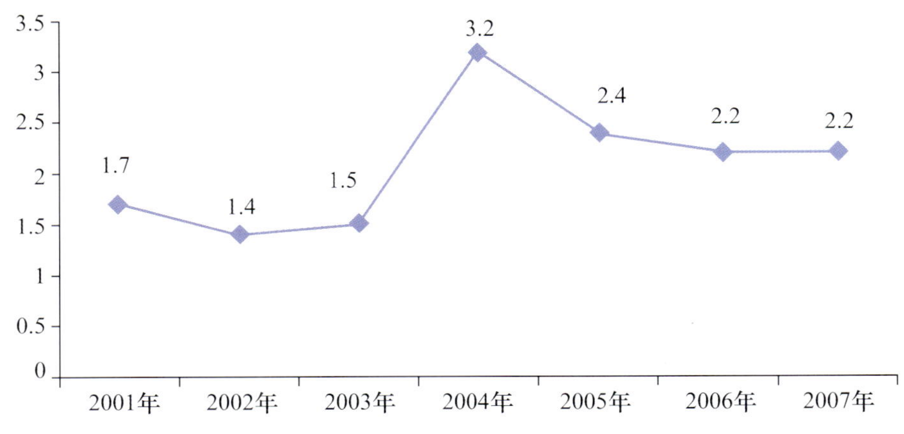

图 9-2　北京地区技术性收入占 GDP 的比重(2001—2007 年)

资料来源:北京技术市场管理办公室. 北京技术市场统计公报. 2002-2008;北京市统计局,国家统计局北京调查总队. 北京统计年鉴. 2002-2008.

三、技术交易特点

1. 重大技术合同成交额持续较快增长

“十五”以来，成交额超过1000万元（含1000万元）的重大技术合同由245项增加到928项，增长2.8倍，累计达3393项；成交额由74.3亿元增加到544.8亿元，增长6.3倍，累计达1634.88亿元，占技术合同成交总额的比重为51.5%，平均成交额达0.5亿元。

2001—2007年，随着成交额的持续快速增长，重大技术合同的项均规模也不断扩大，由2001年的3032.7万元增加到2007年的5870.3万元，提高了93.6%。而一般技术合同平均每项合同的成交额由49.3万元增加到67.5万元，提高了36.9%。

2. 企业逐渐成为技术交易的主体

“十五”以来，企业输出技术由2001年的8496项增加到2007年的41154项，累计达166461项；成交额由102.0亿元增加到839.8亿元，累计达2694.6亿元，占技术合同成交总额的比重为85.0%。企业吸纳技术由16857项增加到37514项，累计达194215项；成交额由134.8亿元增加到702.9亿元，累计达2466.7亿元，占55.3%。应尽快整合资源，充分发挥科研机构和高等院校的作用，建立以企业为主体的技术创新体系，克服科研机构单纯的技术导向倾向，真正坚持市场导向，满足市场需求。

3. 专利技术合同成交额快速增长

“十五”以来，专利技术项数由2001年的166项增加到2007年的692项，累计3242项；成交额由1.4亿元增加到18.2亿元，增长近12倍，年平均增长速度52.7%，累计84.5亿元。反映出知识产权保护在市场竞争中的作用越来越重要。

4. 技术出口合同成交额显著增长

“十五”以来，技术出口合同由2001年的171项增加到2007年的1215项，增长6倍，累计3878项；成交额由5.3亿元增加到210.9亿元，增长38倍多，累计477.2亿元，占技术合同成交总额的比重为15.0%。说明技术含量在不断提高，国际竞争力在不断增强。

5. 各级科技计划项目合同成交额较快增长

“十五”以来，各级科技计划项目由2001年的1072项增加到2007年的7181项，增长近6倍，累计29347项；成交额由13.7亿元增加到210.1亿元，增长14倍，累计564.8亿元，占技术合同成交总额的比重为17.8%。一方面反映了国家对科技的投入越来越大，另一方面也反映了越来越多的国家投入形成的成果实现了产业化。

第二节　技术合同的构成

技术作为特殊商品，在技术交易中，根据技术交易的性质、特点及方式等对技术交易合同进行各种分类。通过对各类技术合同的分析，可以反映技术成果在转移、流通过程中的特征及其对社会、经济所产生的作用和影响。

一、合同类型构成

技术合同分为技术开发、技术转让、技术咨询和技术服务四类。

技术服务和技术开发是技术交易的主要形式。"十五"以来，技术服务合同147510项；成交额1801.3亿元，占技术合同成交总额的比重为56.8%。技术开发合同60994项；成交额825.4亿元，占26.0%。

技术转让和技术咨询合同占比较小。"十五"以来，技术转让合同14988项；成交额244.1亿元，占技术合同成交总额的比重为7.7%。技术咨询合同35135项；成交额137.7亿元，占4.3%。

2001年以来，各类技术合同的数量和规模都发生了很大变化。其中，技术服务合同的规模发展最快，在北京技术合同成交总额中，由第二位跃居到首位，且超过了其他三类合同成交额之和。技术开发合同由第一位退居第二位。技术转让和技术咨询两类合同的规模较小。

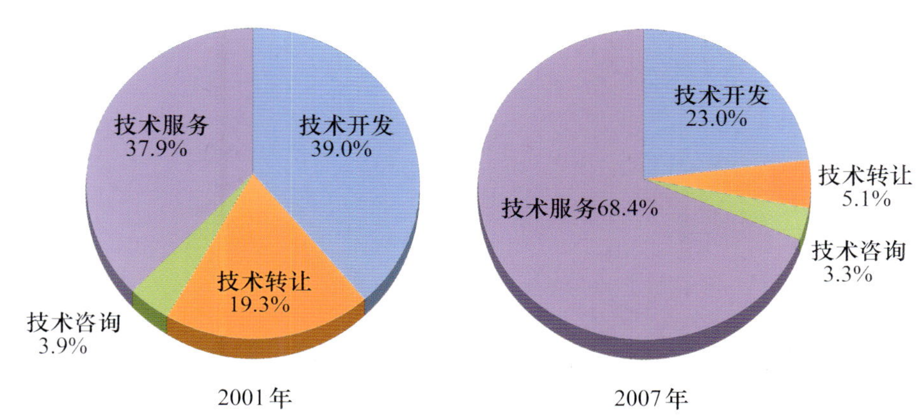

图9-3 北京技术合同成交额按技术合同类型的构成(2001年,2007年)

资料来源:北京技术市场管理办公室.北京技术市场统计公报.2002,2008.

二、技术领域构成

技术合同主要集中在电子与信息、先进能源与高效节能、先进制造技术领域。"十五"以来，电子与信息技术104159项；成交额1249.3亿元，占技术合同成交总额的比重为39.4%。先进能源与高效节能技术28140项；成交额323.0亿元，占10.4%。先进制造技术22451项；成交额309.9亿元，占9.8%。

环保和资源综合利用、现代交通、现代农业技术、城市建设与社会发展、生物和医药、航空航天技术、新材料及生产工艺和设备技术领域合同成交额均有不同程度的增长。"十五"以来，环保和资源综合利用领域技术由1545项增加到3088项，增长近1倍；成交额由6.5亿元增加到122.7亿元，增长17倍。现代交通技术由1125项增加到2510项，增长1倍多；成交额由9.3亿元增加到104.7亿元，增长10倍。现代农业技术由394项增加到752项，增长90.9%；成交额由2.8亿元增加到8.9亿元，增长2.2倍。城市建设与社会发展由2815项增加到4743项，增长68.5%；成交额由16.2亿元增加到50.8亿元，增长2.1倍。生物和医药技术由1319项增加到2828项，增长1.1倍；成交额由7.8亿元增加到15.5亿元，增长99.4%。航空航天技术由1408项增加到1873项，增长33.0%；成交额由16.6亿元增加到17.9亿元，增长8.2%。新材料及生产工艺和设备技术由2175项下降到1862项，下降14.4%；成交额由12.0亿元增加到68.2亿元，增长4.7倍。

核应用技术合同成交额有所下降。"十五"以来，核应用技术由104项增加到242项，增长1.3倍；成交额由3.4亿元下降到1.9亿元，下降45.9%。

三、知识产权构成

20世纪80年代以来，我国专利制度及保护知识产权相关法律法规相继实施，特别是我国加入世界贸易组织以来，全社会知识产权保护意识得到前所未有的提高。因此，在科学技术成果的转移过程中，知识产权合同日益增多。

专利技术合同成交额逐年增长。"十五"以来，专利技术项数由2001年的166项增加到2007年的692项(表9-2)。累计3242项；成交额由1.4亿元增加到18.2亿元，增长近12倍，年平均增长速度52.7%，累计84.5亿元，占技术合同成交总额的比重为2.7%。

表9-2　北京地区"十五"期间专利技术交易情况(2001—2008年)

	2001年	2002年	2003年	2004年	2005年	2006年	2007年
项数(项)	166	131	264	500	578	911	692
成交额(亿元)	1.4	1.9	2.8	6.2	18.2	35.7	18.2

资料来源：北京技术市场管理办公室.北京技术市场统计公报.2002-2008.

技术秘密占据主导地位。"十五"以来，技术秘密合同79784项；成交额1461.37亿元，占技术合同成交总额的比重为46.07%。

计算机软件和生物新品种技术合同成交额大幅度增长。"十五"以来，计算机软件技术由2387项增加到7934项，增长2.3倍，累计达31756项；成交额由26.3亿元增加到82.2亿元，增长2.1倍，累计达303.7亿元，占技术合同成交总额的比重为9.57%。生物新品种技术由59项下降到17项，下降71.2%，累计达338项；成交额由0.4亿元下降到0.3亿元，下降29.6%，累计达3.7亿元，占0.1%。

2007年，在北京技术合同成交总额中，各类知识产权合同的成交额有496.1亿元，占56.2%，比2001年知识产权合同成交额所占比重提高了6个百分点。

在各类知识产权合同中，技术秘密合同的规模最大，2007年的成交额达到389.0亿元，占当年技术合同成交总额的44.1%；其次是计算机软件合同，成交额达83.2亿元，占技术合同成交总额的9.4%；专利技术合同成交额为18.2亿元，占技术合同成交总额的

2.1%。生物医药新品种、集成电路布图设计及动植物新品种合同的规模较小，占技术合同成交总额的比重分别为0.3%、0.26%和0.04%(图9-4)。

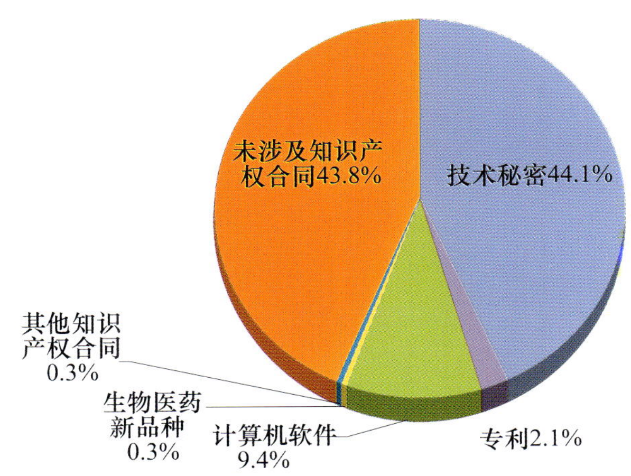

图9-4 北京地区知识产权合同成交额的构成(2007年)

资料来源:北京技术市场管理办公室.北京技术市场统计公报2008.

四、计划类别构成

长期以来，中央和地方各级政府为推动科技事业的发展、促进科学技术为社会经济发展服务，组织实施了各类科技计划项目，并取得了丰硕的成果。其中一大批技术成果通过技术市场渠道转移和转化，并实现产业化。

各级科技计划项目的合同项数和成交额逐年增长。“十五”以来，各级科技计划项目由2001年的1072项增加到2007年的7181项，增长近6倍，累计29347项；成交额由13.7亿元增加到210.1亿元，增长14倍，累计564.8亿元，占技术合同成交总额的比重为17.8%。国家部门科技计划项目14855项；成交额364.0亿元，占11.5%。省、自治区、直辖市、计划单列市科技计划项目7686项；成交额135.3亿元，占4.3%。地、市、县科技计划项目6806项；成交额65.6亿元，占2.1%。

2001年以来，各类政府科技计划项目进入技术市场进行交易的数量和规模有了高速发展。国家科技计划项目技术合同成交额由2001年的9.8亿元增加到2007年的154.5亿元，增加了14.8倍，年均增长53.8%；各省、自治区、直辖市和计划单列市科技计划项目技术合同成交额2007年为41.7亿元，比2001年的2.5亿元增加了15.7倍，年均增长59.8%；各个地市县科技计划项目技术合同成交额2001年为1.4亿元，2007年为13.9亿元，增加了近9倍，年均增长46.6%(图9-5)。

五、合同实现形式

合同实现形式以分期支付为主，一次支付和提成支付占比很小。“十五”以来，分期支付合同157863项；成交额2640.5亿元，占技术合同成交总额的比重为83.2%。一次支付合同 93909 项;成交额 348.2 亿元,占 11.0%。提成支付合同 7080 项;成交额 183.5 亿元,占 5.8%。

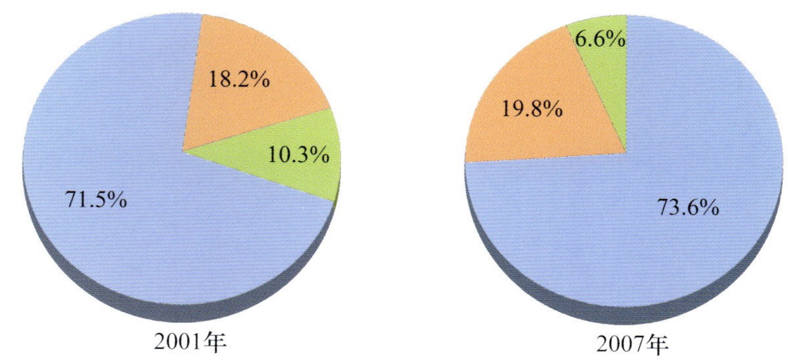

图 9-5 不同科技计划项目技术合同成交额的变化(2001 年,2007 年)

资料来源:北京技术市场管理办公室. 北京技术市场统计公报. 2002,2008.

六、服务社会经济目标

技术合同主要应用在社会发展和社会服务,基础设施的发展,促进工业的发展,能源的生产和合理利用等行业。"十五"以来,应用在社会发展和社会服务行业技术 48386 项;成交额 632.4 亿元,占技术合同成交额的比重为 20.0%。应用在基础设施发展行业技术 41258 项;成交额 603.8 亿元,占 19.0%。应用在促进工业发展行业技术 48860 项;成交额 596.9 亿元,占 18.8%。应用在能源生产和合理利用行业的技术 27996 项;成交额 400.7 亿元,占 12.6%。

应用在知识发展、环境治理与保护、社会发展和社会服务、农业林业和渔业发展、卫生、地球和大气层的探索与利用、民用空间、国防和其他行业的技术合同成交额均有不同程度增长。

增长幅度突出的是服务于环境治理与保护的技术合同,近几年有了快速增长,其技术合同成交额由 2001 年的 4.0 亿元增加到 2007 年的 70.7 亿元(图 9-6),增加了 16.5 倍,年均增长率高达 61.1%,占全部技术合同成交额的比重也由 2.1%增加到 8.0%,2007 年的成交额在各类技术合同中居第五位。反映出全社会增加了对环境保护事业的投入,加大了对环境保护和环境治理技术项目的需求。

七、重大技术合同构成

重大技术合同成交额持续较快增长。"十五"以来,成交额超过 1000 万元(含 1000 万元)的重大技术合同由 245 项增加到 928 项,增长 2.8 倍,累计达 3393 项(表 9-3);成交额由 74.3 亿元增加到 544.7 亿元，增长 6.3 倍，累计达 1634.9 亿元，占技术合同成交总额的比重为 51.5%，平均成交额达 0.5 亿元。

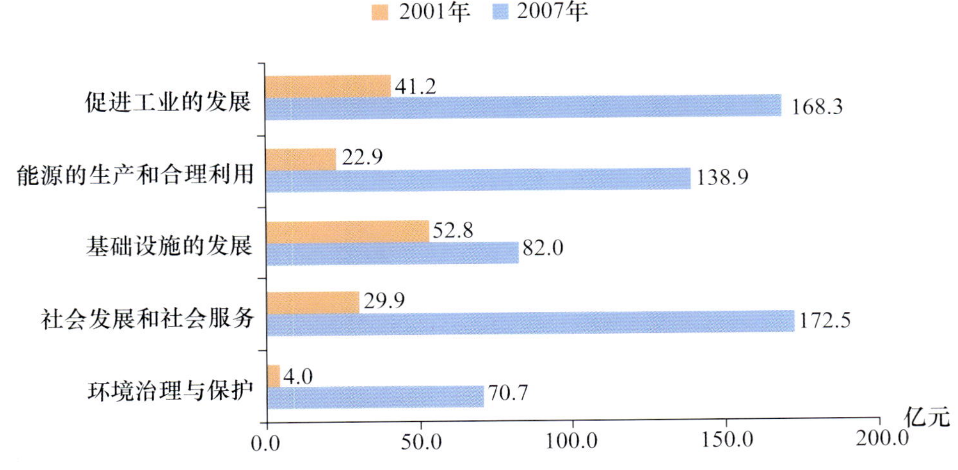

图 9-6 主要应用领域技术合同成交额的变化(2001 年,2007 年)

资料来源：北京技术市场管理办公室. 北京技术市场统计公报. 2002,2008.

表 9-3 重大项目技术合同及其规模(2001—2007 年)

	2001 年	2002 年	2003 年	2004 年	2005 年	2006 年	2007 年
合同数(项)	245	237	295	433	500	755	928
成交额(亿元)	74.3	79.4	94.7	209.6	284.0	348.0	544.8
占全部成交额的比重(%)	38.9	35.9	35.7	49.3	58.0	49.9	61.7
项均成交额(万元)	3032.7	3351.9	3211.5	4839.7	5680.2	4609.7	5870.3

资料来源：北京技术市场管理办公室. 北京技术市场统计公报. 2002-2008.

技术服务和技术开发是重大技术合同的主要形式。“十五”以来，技术服务合同 2142 项；成交额 1005.0 亿元，占重大技术合同成交额的比重为 61.5%。技术开发合同 728 项；成交额 329.5 亿元，占 20.2%。技术转让合同成交额仅占 7.8%。技术咨询合同仅占 1.0%。

重大技术合同主要集中在电子与信息、环境保护与资源综合利用、现代交通技术领域。“十五”以来，电子与信息技术 1394 项；成交额 536.6 亿元，占重大技术合同成交额的比重为 32.8%。环境保护与资源综合利用技术 226 项；成交额 208.1 亿元，占 12.7%。现代交通技术 277 项；成交额 199.7 亿元，占 12.2%。城市建设与社会发展、先进制造、生物医药和医疗器械、农业技术、新材料及其应用、新能源与高效节能领域技术合同成交额有所增长。航空航天技术、核应用技术领域合同成交额有所下降。

专利重大技术合同成交额逐年增长，2007 年略有下降。“十五”以来，重大专利技术由 2 项增加到 48 项，2007 年下降到 27 项，累计达 128 项；成交额由 0.4 亿元增加到 26.8 亿元，2007 年下降到 12.4 亿元，累计达 59.0 亿元，占重大技术合同成交总额的比重为 3.6%。技术秘密合同占据主导地位，“十五”以来，技术秘密合同 1411 项；成交额 877.8 亿元，占 53.7%。

流向本市、流向外省市、出口重大技术合同成交额呈现“三四三”格局。“十五”以来，流向本市技术 1395 项；成交额 550.1 亿元，占重大技术合同成交额的比重为 33.7%。流向外省市技术 1644 项；成交额 653.9 亿元，占 40.0%。出口技术 354 项；成交额 430.9 亿元，占 26.4%。

八、中关村科技园区高新技术企业技术交易

2003—2007 年中关村科技园区（以下简称“园区”）技术交易逐年增长。2003—2007 年，园区输出技术由 11753 项增加到 31475 项，累计 106849 项；成交额由 125.3 亿元增加到 688.5 亿元，累计 1763.6 亿元。

海淀园和丰台园输出技术合同成交额占近九成。海淀园输出技术由 10018 项增加到 26364 项，累计达 90147 项；成交额由 93.0 亿元增加到 519.1 亿元，累计达 1309.3 亿元，占园区技术合同成交额的比重为 74.2%。丰台园输出技术由 729 项增加到 1658 项，累计达 6548 项；成交额由 13.9 亿元增加到 89.4 亿元，累计达 267.8 亿元，占园区技术合同成交额的比重为 15.2%。

第三节　技术交易主体

随着我国市场经济体制的确立和逐步完善，北京技术市场卖方的总体结构发生了根本性变化，科研机构、高等院校等机构所占的比重不断下降，企业不仅是技术市场最大的需求方，而且逐渐成为最大的技术供应方。

一、技术交易主体结构

在“九五”期间，政府研究机构是北京技术市场最大的卖方，2001 年以来，随着经济的持续快速发展，企业的技术创新能力及对技术的需求空前提升，同时，政府研究机构的管理体制改革使其中的技术开发类机构转为企业或进入企业集团，这就导致技术市场交易主体发生了结构性变化，企业成为技术交易主体中的最大买方和卖方。

从技术输出方的合同成交额在北京技术交易的合同成交总额中所占比重来看，企业由 2001 年的 53.4%发展到 2007 年的 95.2%，提高了 41.8 个百分点，而政府研究机构 2007 年仅占 2.3%（图 9-7）。

二、企业输出和吸纳技术

“十五”以来，企业输出技术由 2001 年的 8496 项增加到 2007 年的 41154 项，成交额由 102.0 亿元增加到 839.8 亿元，年平均增长速度 41.1%（表 9-4）。企业吸纳技术由

16857 项增加到 37514 项，成交额由 134.8 亿元增加到 702.9 亿元，年平均增长速度 31.7%。从技术合同成交额的平均规模来看，输出技术由 2001 年的 120 万元增加到 2007 年的 204 万元，提高了 70.0%；吸纳技术由 78 万元增加到 187 万元，提高了 1.4 倍。说明随着企业输出技术和吸纳技术的快速发展，其技术交易的质量和水平也在不断提升。

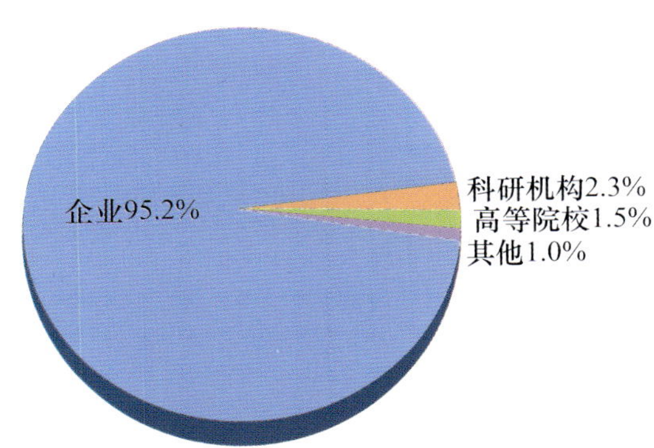

图 9-7 北京技术交易中卖方成交额的构成(2007 年)

资料来源：北京技术市场管理办公室. 北京技术市场统计公报 2008.

表 9-4 企业输出和吸纳技术成交额(2001—2007 年)

	2001 年	2002 年	2003 年	2004 年	2005 年	2006 年	2007 年
输出技术(亿元)	102.0	159.0	202.9	338.1	404.4	648.4	839.8
吸纳技术(亿元)	134.8	156.7	202.3	324.0	367.1	579.0	702.9

资料来源：北京技术市场管理办公室. 北京技术市场统计公报. 2002-2008.

2001—2007 年期间，企业输出技术成交额平均增长速度快于吸纳技术成交额，企业实现了由吸纳技术多于输出技术向输出技术大于吸纳技术的历史性转变，而且两者的差距在逐渐扩大，这从一个侧面反映出企业的技术创新能力正在逐渐增强。

在技术交易中，大型企业，特别是大型企业集团，是企业输出技术的主力军，表 9-5 列出的 2007 年北京技术交易中输出技术最多的 10 家企业，其成交额合计占当年企业输出技术成交额的 31.8%。

表 9-5 北京技术交易中输出技术成交额居前 10 位的企业(2007 年)

序号	企业名称	项数(项)	成交额(亿元)
1	中铁六局集团有限公司	12	54.0
2	中国恩菲工程技术有限公司	161	53.2
3	中国电工设备总公司	6	44.4
4	中国石化工程建设公司	187	30.1

续表

序号	企业名称	项数(项)	成交额(亿元)
5	北京博奇电力科技有限公司	10	22.8
6	国际商业机器中国有限公司	2	16.8
7	北京国电龙源环保工程有限公司	13	16.7
8	中冶建设高新工程技术有限责任公司	2	16.7
9	中工国际工程股份有限公司	5	16.3
10	摩托罗拉(中国)技术有限公司	2	13.2

资料来源:北京技术市场管理办公室.北京技术市场统计公报2008.

三、科研机构和高等学校的技术输出

科研机构和高等学校是知识创新的主要力量。在科技体制改革前,科研机构和高等学校科技活动的很大一部分科技成果转化为生产力,服务于经济建设。因此,在20世纪90年代,这两个部门,特别是科研机构,成为技术市场最大的技术供应方。

在"九五"期间,随着机构改革的启动和深化,政府科研机构在北京技术交易中的主体地位逐渐弱化。1996—2000年,在北京技术合同成交总额中,科研机构所占份额由1996年的67.4%起逐年下降,1998年占51.1%,1999年变为39.5%,2000年不到1/3。进入新世纪的第一年,出现了历史性转折,其优势地位由企业替代。

在北京技术交易总量中,这两个部门所占的份额逐年减少,到2007年不超过5%,但近几年它们输出技术的合同项数和成交额总体呈增长态势。其中,科研机构输出技术合同数由2001年的2175项增加到2007年的4077项,成交额由9.8亿元增加到20.7亿元,年平均增长速度13.4%。同期,高等学校输出技术的合同数由1684项增加到3126项,成交额由4.8亿元增加到13.5亿元,年平均增长速度18.9%(图9-6)。

表9-6 科研机构和高等学校输出技术的变化(2001—2007年)

		2001年	2002年	2003年	2004年	2005年	2006年	2007年
科研机构	项数(项)	2175	1341	3209	3608	3658	4100	4077
	成交额(亿元)	9.8	11.8	12.5	12.1	14.1	19.4	20.7
高等学校	项数(项)	1684	1306	2594	2382	2633	2968	3126
	成交额(亿元)	4.8	4.1	8.3	9.4	9.2	12.3	13.5

资料来源:北京技术市场管理办公室.北京技术市场统计公报2008.

北京地区科研机构和高等学校输出技术的主要受让方是企业,在2007年的34.3亿元合同成交额中,有25.6亿元被企业吸纳,占74.7%。

第四节　技术流向

随着国家自主创新战略的实施，各省市对技术的需求越来越迫切，北京拥有雄厚的科技资源和人力资源，对全国的技术辐射作用更加显著，充分体现了“立足北京、服务全国、支撑创新型国家建设”的宗旨。

一、技术流向

“十五”以来，技术流向呈现“四四二”格局。流向本市技术 123740 项；成交额 1271.50 亿元，占技术合同成交额的比重为 40.1%。流向外省市技术 131234 项；成交额 1423.5 亿元，占 44.9%。出口技术 3878 项；成交额 477.2 亿元，占 15.0%（表 9-7）。2007 年，北京技术合同成交总额达 882.6 亿元，其中流向北京市技术合同成交额为 264.2 亿元，占 29.9%；流向外省市技术合同成交额达 407.4 亿元，占 46.2%；技术出口成交额上升到 210.9 亿元，占 23.9%（图 9-8）。北京充分发挥首都科技资源的优势，提高自主创新能力，切实为北京单位和在京单位做好服务的同时，加强同各省市以及国外机构的联系，推动区域技术转移，促进北京研发产业以及技术转移服务业的不断发展。

表 9-7　北京技术合同成交额按流向的分布（2001—2007 年）

	2001 年	2002 年	2003 年	2004 年	2005 年	2006 年	2007 年
技术合同成交额（亿元）	191.0	221.1	265.5	331.8	434.4	697.3	882.6
其中：流向本市	98.6	90.1	119.5	129.6	156.1	271.4	264.2
流向外省市	87.1	100.4	132.5	162.8	194.2	325.3	407.4
技术出口	5.3	30.5	13.5	39.4	84.0	100.7	210.9

资料来源：北京技术市场管理办公室. 北京技术市场统计公报. 2002-2008.

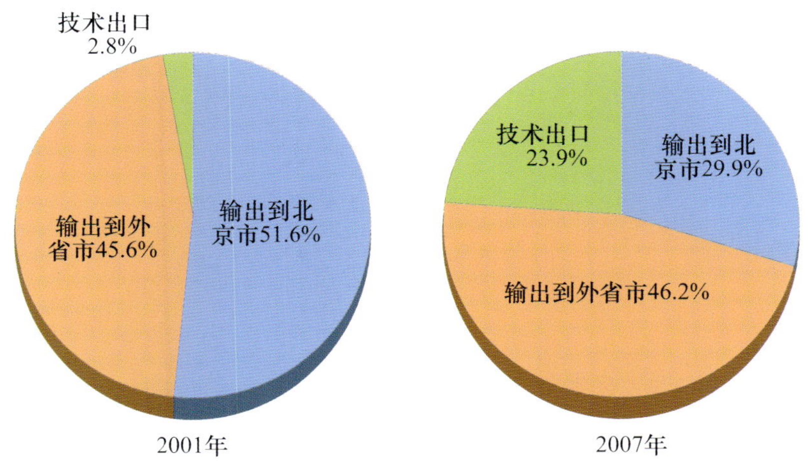

图 9-8　北京输出技术成交额的流向格局变化（2001 年，2007 年）

资料来源：北京技术市场管理办公室. 北京技术市场统计公报. 2002，2008.

二、流向本市技术

“十五”以来，流向本市技术合同成交额占总成交额的四成。“十五”以来，流向本市技术由11457项增加到24938项，累计达123740项；成交额由98.6亿元增加到264.2亿元，累计达1271.5亿元，占技术合同成交额的比重为40.1%。

流向本市技术主要流向城市功能拓展区*和首都功能核心区。“十五”以来，流向城市功能拓展区技术79913项；成交额846.4亿元，占流向本市技术合同成交额的比重为66.6%。流向首都功能核心区技术30267项；成交额339.5亿元，占26.7%。

流向本市技术主要集中在电子与信息、城市建设与社会发展、现代交通技术领域。“十五”以来，流向本市电子与信息技术56370项；成交额613.7亿元，占流向本市技术合同成交额的比重为48.3%。城市建设与社会发展领域技术15677项；成交额127.9亿元，占10.1%。现代交通技术4859项；成交额122.8亿元，占9.7%。

三、流向外省市技术

“十五”以来，流向外省市技术合同成交额占总成交额的四成。流向外省市技术由12293项增加到24819项，累计达131234项；成交额由87.1亿元增加到407.4亿元，累计达1423.5亿元，占技术合同成交额的比重为44.9%。按吸纳北京技术合同成交额排名居前5位的省市依次是：广东省、河北省、上海市、山东省和山西省。

2007年，吸纳北京技术合同成交额超亿元的有17个省市，其中，河北省吸纳技术1814项，成交额64.0亿元，占外省市吸纳技术合同成交额的比重为15.7%，居首位；山西省吸纳北京技术合同成交额增长显著，从2006年的第六位跃居第二位；广东省从2000年以来一直排在第三位；上海市从2000年至2006年一直排在第五位，2007年退居第七位（图9-9）。

流向外省市技术主要集中在电子与信息、先进制造技术、环境保护与资源综合利用、新能源与高效节能领域。“十五”以来，流向外省市电子与信息技术45260项；成交额401.4亿元，占流向外省市技术合同成交额的比重为28.2%。先进制造技术14733项；成交额203.3亿元，占14.3%。环境保护与资源综合利用技术8732项；成交额182.4亿元，占12.8%。新能源与高效节能技术19393项；成交额181.5亿元，占12.9%。

四、出口技术

技术出口合同是指我国境内的法人或其他组织向境外输出技术，与技术引进国（地区）当事人订立的合同。

“十五”以来，出口技术合同成交额占总成交额的两成。出口技术由171项增加到1215项，累计达3878项；成交额由5.3亿元增加到210.9亿元，累计达477.2亿元，占技

* 四大功能区：指首都功能核心区（包括东城、西城、崇文、宣武四个区）、城市功能拓展区（包括朝阳、海淀、丰台、石景山四个区）、城市发展新区（包括通州、顺义、大兴、昌平、房山五个区和亦庄开发区）和生态涵养发展区（包括门头沟、平谷、怀柔、密云、延庆五个区县）四类区域。

术合同成交总额的比重为 15.0%。

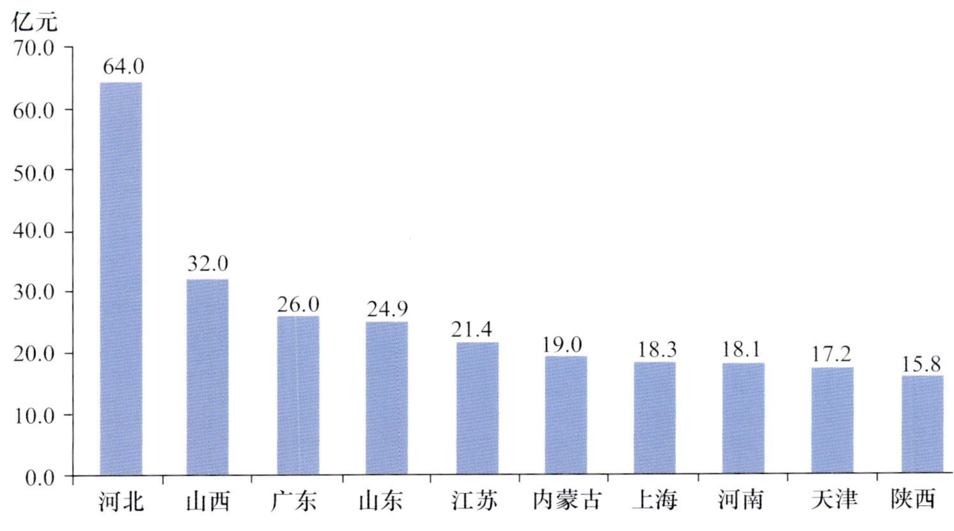

图 9-9 吸纳北京技术合同成交额居前 10 位的省市(2007 年)

资料来源:北京技术市场管理办公室.北京技术市场统计公报 2008.

2007 年,北京出口技术 1215 项,成交额 210.9 亿元,比上年增长 1 倍多,与 2001 年相比,增长了 84.8%。技术主要出口到美国、巴布亚新几内亚、印度尼西亚、中国香港等 57 个国家和地区。

出口技术主要集中在电子与信息、新能源与高效节能、环境保护与资源综合利用、新材料及其应用技术领域。"十五"以来,电子与信息技术 2529 项;成交额 234.2 亿元,占出口技术合同成交额的比重为 49.1%。新能源与高效节能技术 347 项;成交额 56.5 亿元,占 11.9%。环境保护与资源综合利用技术 95 项;成交额 55.3 亿元,占 11.6%。新材料及其应用技术 130 项;成交额 48.6 亿元,占 10.2%。

专题四　科学技术奖励

科学技术奖励是社会对重大科研成果比较公正、最具权威、影响最大的评价，是对科研人员创造性工作的承认和激励方式，是测度科技活动产出以及自主创新能力的重要指标。

我国自1978年恢复科技奖励制度以来，科技奖励体制的改革和完善，以及多层次、多形式奖励工作的开展，极大地激发和调动了广大科技人员的创造热情和献身精神，为科技事业的发展作出了重要贡献，对促进科技进步产生了重大影响。

本专题根据国家科学技术奖励工作办公室和北京市科学技术奖励工作办公室的相关资料，对北京地区获国家科技奖励及获北京市科技奖励的项目进行了分析，反映"十五"以来，北京地区科技活动所取得的成就。并按获奖项目的数量和等级分析获奖情况，以反映不同部门和不同经济领域研发活动的水平、特点和技术创新能力及其变化趋势。

第一节　国家科学技术奖励

国家科学技术奖是我国各种科技奖励中层次和水平最高的奖项，最具权威性和影响力。获国家科技奖励情况是衡量一个地区科研水平、自主创新能力及社会贡献的重要指标。

国家科学技术奖励

国家科学技术奖励工作是国家为推动我国科技进步和发明创造所采取的重要措施，它既奖励物质文明建设的优秀成果，又倡导和弘扬科技工作者的优秀作风和高尚情操，具有深远的影响力和感召力。

国家科技奖励是我国对科学技术成果和科学家给予奖励的最高等级。按照1999年国务院发布的《国家科学技术奖励条例》规定，国家科学技术奖分为国家最高科学技术奖、国家自然科学奖、国家技术发明奖、国家科学技术进步奖和国际科学技术合作奖等5个奖项，每年评审一次。

2003年，国家自然科学奖、国家技术发明奖和国家科学技术进步奖在原设一等奖和二等奖两个级别的基础上，都增设了特别奖，专门表彰"做出特别重大科学发现或者技术发明"，即在具有特别重大意义的科学技术工程、计划、项目中作出突出贡献的公民和组织。

一、获国家奖励的科技成果

自2000年以来，国家科技奖励的授奖项目数保持上升的趋势。2007年授奖项目数为352项，比2006年的329项增加了23项，比2000年的292项增长了20.5%。

1. 获国家科学技术奖的成果数居全国首位

2007年度北京地区获国家科技奖励的项目共有65项，其中，自然科学奖二等奖项目11项；技术发明奖项目10项，包括一等奖1项，二等奖9项；科学技术进步奖项目44项，包括一等奖3项，二等奖41项；授予闵恩泽院士国家最高科学技术奖。

国家科学技术奖励项目分为通用项目和专用项目两大类。凡涉及军工和国家安全的保密项目列为专用项目，这类项目不对外公布获奖的项目名称、研究人员及单位。以下对国家科技奖励项目的分析都是按照国家科学技术奖励办公室公布的通用项目的获奖情况。从2001—2007年的7年中，北京地区获国家自然科学奖、国家技术发明奖和国家科学技术进步奖(以下简称为三项大奖)的获奖项目总计为456项，占同期全国获三项大奖总数的22.5%，遥遥领先于全国其他地区专表4-1。

专表4-1　北京地区获国家科学技术三项大奖的情况(2001—2007年)

	2001年	2002年	2003年	2004年	2005年	2006年	2007年
国家三项大奖授奖总数(项)	223	263	254	300	314	326	349
其中:北京地区获奖数	43	63	62	62	75	86	65
占授奖总数的比重(%)	19.3	24.0	24.4	20.7	23.9	26.4	18.6

资料来源:国家科学技术奖励工作办公室.

北京地区集聚了中国科学院等众多国内一流的科研院所以及北京大学、清华大学等一批著名大学，科研实力雄厚，科学资源、科研成果获国家科技奖励项目明显多于其他省市。2007年度，全国获国家科学技术三项大奖项目数超过10项的有8个省市，其获三项大奖情况如专图4-1所示。

这8个地区获国家科技三项大奖项目合计为180项，占当年全国总数的51.6%，显然，这些地区科技实力强，经济发达，获国家科技三项大奖的情况反映了它们对国家科技进步和社会经济发展作出的重要贡献。其中，北京地区具有特殊的地位，2007年，获国家科技三项大奖的数量(65项)占全国的18.6%，与居第二位的上海相比，高出10个百分点。

2. 获奖项目的层次和水平占有优势

北京不仅是获国家科技奖励项目数最多的地区，而且在获奖项目层次、学术水平、自主创新能力及其对科技和社会的贡献等方面占有明显的优势。

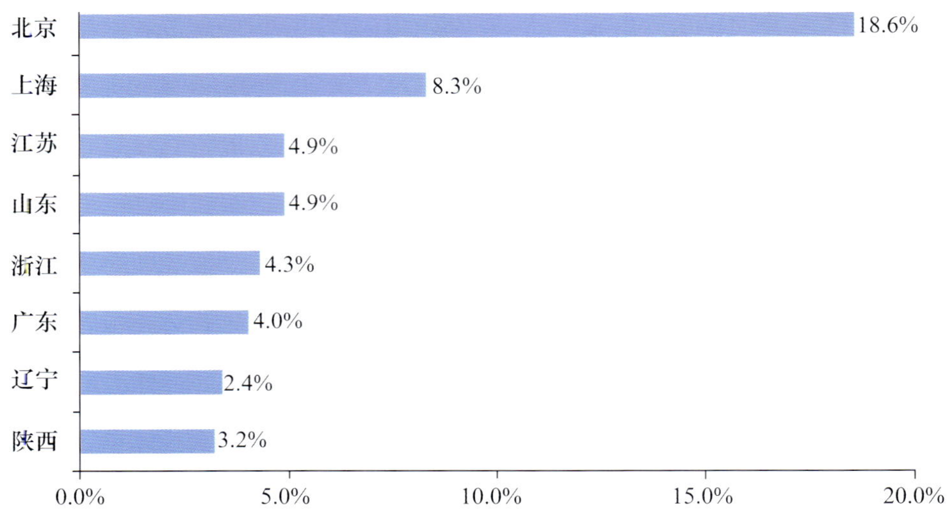

专图 4-1 获国家科技三项大奖项数居前 8 位省市所占的比例(2007 年)

资料来源:国家科学技术奖励工作办公室.

最突出的是,北京是获国家科学技术奖科学家最集中的地区。国家最高科学技术奖是授予"在当代科学技术前沿取得重大突破或者在科学技术发展中有卓越建树的科学家"以及"在科学技术创新、科学技术成果转化和高技术产业化中,创造巨大经济效益或者社会效益的科学家"。从 2000 年设立最高科学技术奖以来,已有 12 位科学家获此殊荣,其中有 9 位是北京地区的科学家。

从国家自然科学奖、国家技术发明奖和国家科学技术进步奖获奖项目的数量、层次和等级来看,2003—2007 年的 5 年中,北京地区获国家自然科学奖的项目共计 52 项,占同期全国总数的 33.8%。2005 年以来,国家技术发明奖的获奖项目共有 256 项,其中,一等奖 5 项,二等奖 251 项;北京地区获国家技术发明奖的项目共 42 项,占全国总数的 21.2%,其中,一等奖占 40.0%,二等奖占 20.7%。近 5 年中,北京地区获国家科学技术进步奖共计 256 项,占全国总数的 21.5%,其中,特等奖 2 项,一等奖 20 项,二等奖 234 项,分别占全国总数的 66.7%,22.5%和 21.3%(专表 4-2)。

专表 4-2 北京地区在国家科技三项大奖不同等级中所占的比重(2003—2007 年)

	国家自然科学奖	国家技术发明奖	国家科学技术进步奖
合计(项)	33.8%	21.2%	21.5%
特等奖	—	—	66.7%
一等奖	0%	40.0%	22.5%
二等奖	34.7%	20.7%	21.3%

资料来源:国家科学技术奖励工作办公室.

综上所述，与全国其他地区相比，北京地区不仅在获国家最高科学技术奖及国家科技三项大奖的数量方面，而且在获得项目的层次和学术水平等方面，占有显著优势。

二、获奖项目的完成单位

根据国家科学技术奖励工作办公室公布的获奖通用项目，完成单位大致分为高等学校、科研机构、企业和其他单位等四类。2003—2007 年，获国家自然科学奖、国家技术发明奖和国家科学技术进步奖等三项大奖累计为 2317 项，其中北京地区共有 350 项。按照获奖项目的第一完成单位进行统计，北京地区获奖项目完成单位的分布状况如专表4-3所示。

专表 4-3　北京地区获国家科学技术三项大奖项目按第一完成单位的分布（2003—2007 年）

	合计		高等学校		研究机构		企业		其他单位	
	项目数（项）	%	项目数（项）	%	项目数（项）	%	项目数（项）	%	项目数（项）	%
获国家科技三项大奖总数	350	100	109	31.1	151	43.4	52	14.9	38	10.9
国家自然科学奖	52	100	16	30.8	35	67.3	0	0.0	1	1.9
二等奖	52	100	16	30.8	35	67.3	0	0.0	1	1.9
国家技术发明奖	42	100	26	61.9	10	23.8	6	14.3	0	0.0
一等奖	2	100	1	50.0	0	0.0	1	50.0	0	0.0
二等奖	40	100	25	62.5	10	25.0	5	12.5	0	0.0
国家科技进步奖	256	100	67	26.2	106	41.4	46	18.0	37	14.5
特等奖	2	100	0	0.0	0	0.0	1	50.0	1	50.0
一等奖	20	100	3	15.0	8	40.0	8	40.0	1	5.0
二等奖	234	100	64	27.4	98	41.9	7	15.8	35	15.0

资料来源：国家科学技术奖励工作办公室.

1. 研究机构和高等学校是获奖项目的主要完成者

在 2003—2007 年期间，北京地区共获得 350 项国家科技三项大奖，其中，43.1%的获奖项目是研究机构独立完成或作为牵头单位完成的。尤其是在北京地区获国家自然科学奖和国家科学技术进步奖的项目中，研究机构完成的获奖项目比例更大，分别为 67.3%和 41.4%，高于其他机构，仅国家技术发明奖的获奖项目数少于高等学校。在研究机构完成的获奖项目中，中国科学院系统占最大优势。特别是在研究机构完成的 35 项获国家自然科学奖项目中，由中国科学院系统完成的项目占 91.4%；在由研究机构完成的 10 项获国家技术发明奖项目中，中国科学院系统占 70.0%。专表 4-3 所列数据表明，北京地区研究机构在基础研究、应用研究、技术发明等方面发挥着重要作用。而且在应用推广先进科学技术成果、完成重大科学技术工程方面作出了重要贡献。

数据表明，高等学校是北京地区获国家科技奖项目的主要完成单位之一。其独立完成或作为第一完成单位获国家科技三项大奖项目的数量仅少于研究机构，2003—2007年5年中，累计完成获奖项目109项，占北京地区总数的31.1%。其中，北京地区获国家技术发明奖共有42项，由高等学校完成的26项，占61.9%。在获国家自然科学奖52个项目中，由高等学校完成的占30.8%。可见，高等学校和研究机构是北京地区科学研究和知识创新的主力军。从近5年的变化可以看出，高等学校在国家科技进步奖的获奖项目中所占的比重增长较快，2007年达到31.8%，比2003年的24.5%提高了7.3个百分点，反映出北京地区高等学校不仅在科学研究、科学技术成果应用方面取得较大成就，而且在参与技术开发、社会公益及重大工程项目中发挥着积极作用。

在高等学校完成的获奖项目中，清华大学和北京大学起着特殊的作用，在近几年高等学校获得的16项国家自然科学奖中，有15项由北京大学(9项)和清华大学(6项)完成，北京大学占56.3%，清华大学占37.5%。由高等学校作为第一完成单位获得的26项国家技术发明奖项目中，清华大学和北京大学完成的获奖项目共占53.9%，其中由清华大学完成的占46.2%。

比较而言，北京地区的研究机构和高等学校在科技资源、科技实力及知识创新能力等方面具有较强优势，是我国知识创新和科技进步的主要策源地，其科研成果主导着我国的科研走向和科技实力，直接影响着我国的创新型国家建设。

从2003年起，国家自然科学奖、国家技术发明奖和国家科学技术进步奖都增设了特等奖。但从那时起至2007年的5年中，没有一个组织或公民获得过国家自然科学奖和国家技术发明奖的特等奖，仅在2003年、2006年和2007年的三年中各有1项科研成果获国家科学技术进步奖的特等奖。北京地区获得其中的两项，一项是2003年由总装备部完成的“中国载人航天工程”，另一项是2006年由中国航空工业第一集团公司完成的“歼十飞机工程。”

另外，从2003—2007年的5年中全国获国家科技三项大奖一等奖的项目来看，国家自然科学奖共有3项，国家技术发明奖共有5项、国家科学技术进步奖共有89项。其中，北京地区获2项国家技术发明奖一等奖，20项国家科技进步奖一等奖，分别占全国总数的40.0%和22.5%。2项国家技术发明奖一等奖项目分别是:2005年由中国石油化工股份有限公司石油化工科学研究院完成的“非晶态合金催化剂和磁稳定床反应工艺的创新与集成”，2007年由北京航空航天大学完成的“卫星新型姿控储能两用飞轮技术”。在20项国家科技进步奖一等奖项目中，由高等学校完成的有3项，由研究机构完成的有8项，由企业完成的有8项，还有1项是由国家气候中心牵头完成的。

从以上国家科技三项大奖的特等奖和一等奖项目的分析中可以看出，我国科技工作者在科学技术领域做出特别重大的科学发现和技术发明，以及在完成重大技术创新和科技成果转化，创造巨大经济效益和社会效益方面还有一段艰难的路要走。同时，反映出北京地区将研发优势转化为成果优势、技术优势和经济优势，特别是发挥高等学校和研究机构的科技人力资源优势和知识创新优势，在全国率先在当代科学前沿领域和高技术领域取得重大突破，并取得世界领先水平的重大科技成果，还需要长期的积累和持续不断的艰苦工作。

2. 企业技术创新显著增强

从近几年获奖项目，特别是获国家技术发明奖和国家科技进步奖的项目来看，企业的获奖项目数有较大增长，获奖项目等级不断提升。在2003—2007年5年期间，北京地区共获得42项国家技术发明奖，其中企业完成的有6项，占14.3%，在256项国家科技进步奖中，企业完成的有46项，占18.0%。进一步分析获奖项目的等级可以看出，在北京地区2项国家技术发明奖一等奖项目中有1项是由企业完成的；在2项国家科技进步奖特等奖项目中，也有1项是由企业完成的；在20项国家科技进步奖一等奖项目中，有8项是由企业牵头完成的，占40.0%。可见，随着经济的发展，企业自主创新能力日益增强，在产品创新、工艺创新方面取得了新的重大成就，并在实施技术开发项目、社会公益项目、国家安全项目及重大工程项目中，发挥了重要作用，取得了显著的经济效益和社会效益，为创新型城市建设作出了突出贡献。

3. 合作成为主流

对2003—2007年北京地区获得的256项国家科技进步奖进行统计分析后可以看出，由某个组织单独完成的项目仅占24.2%，而由几家、甚至十几家机构共同合作完成的有119项，占获奖项目总数的75.8%。可见，合作成为进行重大技术创新，特别是实施重大或特大工程项目的主要形式和必要手段。在当今全球化背景下，合作也是当代科技发展的主流。

在194项合作完成的国家科技进步奖项目中，由企业与高等学校或与科研机构共同完成的项目共有92项，占47.4%。在194项合作项目中有16项获一等奖，其中，产学研合作完成的项目占62.5%。这清楚地表明，在承担和实施重大技术创新项目，特别是重大工程项目中，企业、科研机构和高等学校的合作是使知识创新成果转化为生产力的最佳组织方式，是进行自主创新和集成创新的有效模式。由此可见，科技领域的制度创新、组织创新已经取得重大成效。

特别引人注目的是，在北京地区获国家科技进步奖项目中，北京与全国其他地区的合作。在近5年的194项获奖项目中，北京地区的企业、高等学校和科研机构等作为第一完成单位与全国其他地区相关单位合作完成的项目共有118项，占60.8%。这充分表明，北京地区作为全国知识创新的源头和高端，对全国科技进步、经济发展具有强有力的推动作用，而且知识成果的辐射和扩散作用在不断增强。2007年，北京与外地机构合作完成项目占获奖合作项目总数的71.9%，比2003年提高了8个百分点(专图4-2)。

2003—2007年期间，北京地区共有256项科技成果获国家科技进步奖，其中北京市属单位作为第一完成单位的项目有16项，占6.3%。在256项获奖项目中，有194项为合作完成的项目，占75.8%。其中，北京市属单位作为牵头单位或参与单位共同完成的获奖项目为26项，占194项合作完成项目的13.4%。在合作完成的获奖项目中，全国其他地区相关单位参与其中的合作项目占60.8%，两者相差悬殊。而且在北京市属单位参与合作的项目中，企业，特别是民营企业占绝大部分，高等学校等单位仅占23.1%。从中可以看出，进一步利用在京中央单位的科技优势，以及提升北京市属高等学校和科研机构的知识创新能力都还有很大的发展空间。

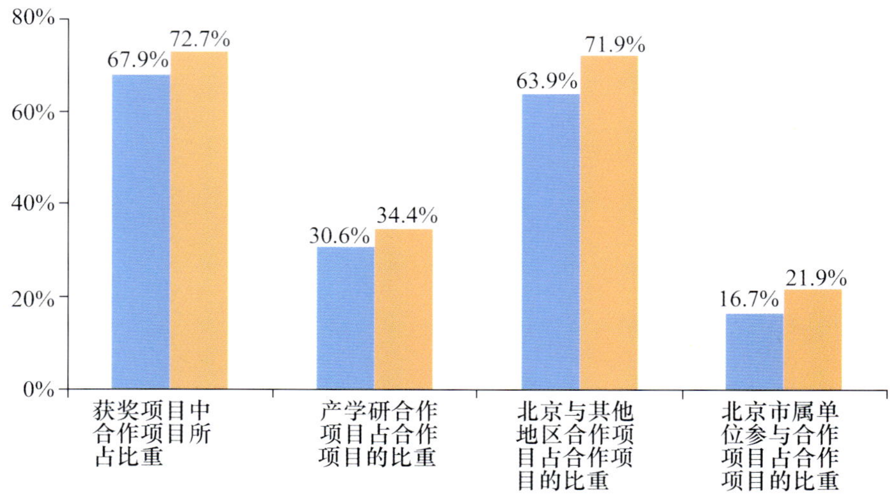

专图 4-2　获国家科技进步奖项目中合作完成项目的变化(2003 年,2007 年)

资料来源:国家科学技术奖励工作办公室.

三、获奖项目的学科分类和行业分布

获国家自然科学奖的科研成果按学科领域可分为自然科学、农业科学、医药科学、工程科学和技术等四类。2003—2007 年北京地区共获 52 项国家自然科学奖励。按学科领域分析,自然科学领域项目所占比例最大,在 52 项获奖项目中占 63.5%,其次为工程科学与技术领域项目,占为 26.9%(专图 4-3)。

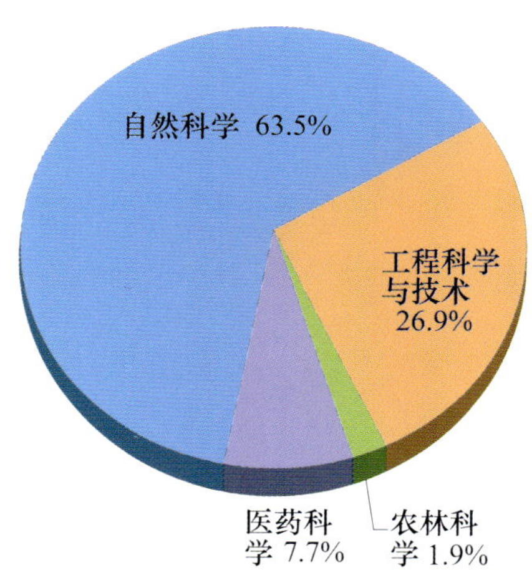

专图 4-3　北京地区获国家自然科学奖成果按学科领域分布(2003—2007 年)

资料来源:国家科学技术奖励工作办公室.

在国家自然科学奖获奖成果中，北京地区占的份额很大，2004 年和 2005 年分别占 46.4%和 69.5%，2007 年为 28.2%。可见北京地区的知识创新，对我国基础研究、应用研究的发展起到方向性、关键性的作用。

近 5 年北京地区共有 42 项科技成果获国家技术发明奖，按国民经济行业分布来看，这些获奖成果主要分布在工业、电子通信和农业等三个行业，其中，工业居首位，占获奖成果总数的 71.4%，电子通信业居第二位，占 21.4%，农业占 7.1%。显然，获国家技术发明奖的成果集中在工业领域。这反映出，不仅仅是企业，包括高等学校和科研机构也都积极将科技知识服务于工业生产中的产品创新和工艺创新。

国家科学技术进步奖授予在应用、推广先进科学技术成果，完成重大科学技术工程或项目，并对经济发展、社会进步作出突出贡献的组织或个人，2003—2007 年 5 年中北京地区共有 256 项成果获国家科技进步奖，奖励的范围扩展到经济、社会的各个方面。根据国民经济行业分类，将 256 项获奖成果按以下几个行业归类：工业（不包括采掘业和制造业的电子通信业部分）、农业、医药卫生业、电子通信业、采掘业及其他等 6 类。在获奖项目总数中，工业类获奖项目数最多，占 28.1%；获奖项目数居第二位的是医药卫生类，占 18.4%；电子通信业居第三位，占 16.8%。另外，农业、采掘业和其他行业分别占获奖总数的 12.9%、11.3%和 12.5%（专图 4-4）。

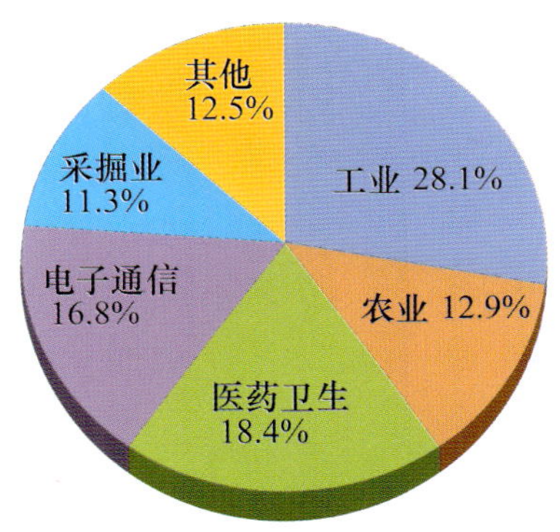

专图 4-4　北京地区获国家科技进步奖项目按行业分布（2003—2007 年）

资料来源：国家科学技术奖励工作办公室.

上述获奖成果在各个行业中的分布表明，国民经济各个部门的技术创新和科技步都取得了显著成绩。工业企业越来越注重提高自主创新能力，提高产品的技术含量和竞争力。医药卫生在重大疾病的诊断和治疗、新药的研发与生产以及保护和提高人民健康水平等方面取得了重大进展。作为高技术产业的重要部门，电子通信在激烈的市场竞争中，不断提高研发能力，在一系列新领域、新技术的创新方面取得了重大进展。在农业、采掘业、能源、交通运输、地质水利、环保、建筑等行业的获奖项目都集中体现了在实现科技成果转化、促进科技进步，以及转变经济增长方式等方面取得的重大成果。

第二节　北京市科学技术奖励

奖励科学发现、发明创造，鼓励科技进步，是党和政府长期坚持的一项重要的科技政策和措施。2007 年 3 月北京市政府通过了对《北京市科学技术奖励办法》和《北京市科学技术奖励办法实施细则》的一系列修改，以促进北京市科学技术的进一步发展。

为提高科学技术奖励的权威性和荣誉感，更加有效地发挥科技奖励制度对科技人员的引导作用，北京市奖励项目已从 20 世纪 90 年代每年 300 多项奖励压缩到了如今的 100 多项。未来的科技奖励评选工作将围绕加强原始性创新、促进人才脱颖而出和充分施展才能、促进科学技术与经济社会发展的紧密结合而展开。

新《办法》增设了重大科技创新奖，奖励在首都城市建设、城市安全、城市管理、公共卫生等领域取得突破的关键性技术，用来奖励取得重大经济效益或者社会效益的组织和个人。

一、北京市科学技术奖励的发展

一年一度评选出来的北京市科学技术奖励项目是北京地区不同科技领域取得的重大成果，是地区科技进步的集中体现。

2008 年 11 月 24 日北京市政府第 18 次常务会议确认了 2006 年度和 2007 年度北京市科学技术获奖项目。

2006 年度共有 193 项科技成果获奖，其中一等奖 15 项，二等奖 56 项，三等奖 122 项。2007 年度共有 138 项科技成果获奖，其中一等奖 13 项，二等奖 30 项，三等奖 95 项。

在 2006 年度和 2007 年度科学技术奖励评审过程中，加大了对自主创新成果的奖励力度，一批创新性突出、具有自主知识产权、技术水平高、国际竞争力强的科技成果获得科学技术奖励，这反映了北京科技创新能力正在不断提高。

根据北京市科学技术奖励办公室公布的资料，2001—2007 年北京市科学技术奖获奖成果的项目数及其各个等级的分布情况如专表 4-4 所示。

专表 4-4　北京市科学技术获奖成果数及其等级分布(2001—2007 年)

	2001 年	2002 年	2003 年	2004 年	2005 年	2006 年	2007 年
总计(项)	330	290	294	291	277	193	138
一等奖	16	17	21	34	39	15	13
二等奖	119	132	123	140	131	56	30
三等奖	195	141	150	117	107	122	95

资料来源：北京市科学技术奖励工作办公室.

本着开拓创新的精神，以及“实施重奖，少设奖项”的思路，使北京市的科技奖励制度不断改革、创新，日益发展、完善，成为推动科发展和激励人才成长的重要手段。

与“十五”期间相比，2006 年和 2007 年的科技奖励项目数量显著减少，2007 年获奖项目数比 2001 年减少了一半多。

跨世纪以来，在历届科学技术奖励中，北京市获奖成果水平和质量不断提升，真实反映出“十五”期间北京市科技自主创新工作取得的巨大成就。近年来北京市科学技术奖的获奖项目水平高、创新性强，既有来自大学、科研院所的原始性创新成果，也有来自企业的集成创新和消化吸收再创新成果，标志着以自主创新为核心的城市科技竞争力跃上了一个新台阶。

从获奖项目的等级分布看，2007 年获奖的 138 项科技成果中，一等奖、二等奖和三等奖项目数分别占 9.4%、21.7%和 68.8%（专图 4-5）。与 2001 年相比，获一等奖项目的比例高 4.6 个百分点，反映出获奖科技成果的总体质量和水平有所提高。

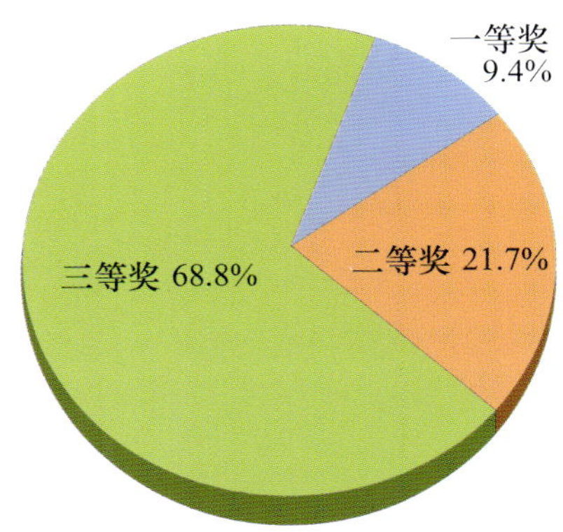

专图 4-5　北京市科学技术奖获奖项目的等级分布（2007 年）

资料来源：北京市科学技术奖励工作办公室.

二、获奖项目的行业分布

北京市历年获奖的科技项目覆盖了科学技术活动的各个领域，反映了国民经济各个部门知识创新的优秀成果和自主创新能力，以及对创新型城市建设的作用。

按照国民经济行业分类，可以将获奖项目的行业分布归为以下几类，即工业、农业、医药卫生、城市建设、电子通信和其他（专图 4-6）。2007 年，在 138 项科技奖励项目中，工业为 37 项，农业为 12 项，医药卫生为 41 项，城市建设为 31 项，电子通信为 11 项，其他为 6 项。

数据表明，医药卫生是获奖成果最多的部门，2001 年医药卫生占当年获奖项目总数的 32.7%，2007 年占 29.7%，虽比 2001 年有所下降，但仍比其他部门所占的比重大。这展示出北京地区医药卫生部门在疾病的预防、诊断和治疗，中西医新药的研发、生产，以及防病防疫、公共卫生等方面取得了一系列重大成果，反映出北京市政府为改善民生以及提高首都人民健康水平所取得的成就。

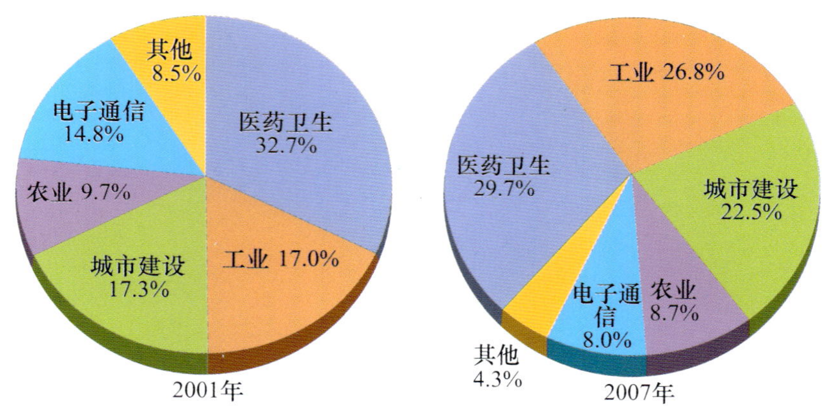

专图 4-6 北京市科学技术奖获奖项目按行业分布(2001 年,2007 年)

资料来源:北京市科学技术奖励工作办公室.

工业部门包括制造业、采掘业,以及电力、燃气和水的生产与供应业。专图 4-6 显示,2007 年工业部门科技成果占获科学技术奖总项目数的比重为 26.8%,仅低于医药卫生部门,居第二位。2001 年获奖项目总数中,医药卫生占 32.7%,工业占 17.0%,两者相差 15.7 个百分点,而 2007 年两者的差距缩小到 2.9 个百分点。反映出近几年工业部门,特别是制造业、能源、新材料等领域的科技进步取得了显著进展。这些成果对提高工业企业的自主创新能力及产品的市场竞争力具有重要作用。

城市建设部门的获奖项目数,2007 年为 31 项,仅少于医药卫生和工业部门,居第三位,占 2007 年获奖项目总数的 22.5%,与 2001 年相比,提高了 5.2 个百分点。这些获奖项目是近几年来北京市城市建设、城市交通、城市管理、城市安全以及环境保护等领域所取得的科技成就的集中体现,反映了北京科技工作为我国成功举办奥运会和建设现代化城市所取得的重大成果。

“十五”以来,北京地区在农业、电子通信、科学研究等方面也取得了一系列重大科技成果。2007 年这些领域获得的北京市科技奖励项目所占的比重,农业为 8.7%、电子通信为 8.0%、科学研究等领域占 4.3%。

三、获奖项目的完成单位

2001 年来,北京市获科技奖励项目的水平和质量不断提升,获奖项目中,有来自大学、科研院所的原始性创新成果,也有来自企业的集成创新和消化吸收再创新成果。

1. 企业获奖项目的比重明显提高

从历年获奖科技成果的完成单位来看,一般由企业、高等学校和研究机构作为第一承担单位。2007 年获奖成果共有 138 项,按照第一完成单位所占的比重来看,企业为 26.1%,高等学校为 27.5%,研究机构为 35.5%。

研究机构作为知识创新和科技成果转化的策源地,在获奖成果中占有明显优势。

从历年的变化趋势分析,企业作为第一完成单位所占的比重,2001 年为 21.8%,2006 年为 24.4%,2007 年为 26.1%(专图 4-7)。2007 年比 2001 年提高了 4.3 个百分点。企业作为第一完成单位的获奖项目加上企业作为参加单位的获奖项目数，占北京全部科学技术奖获奖项目数的比重，从2001年31.2%发展到2007年的42.0%（专图4-8），提高了10.8个百分点，反映出企业作为技术创新活动的主体地位正在逐步提升。

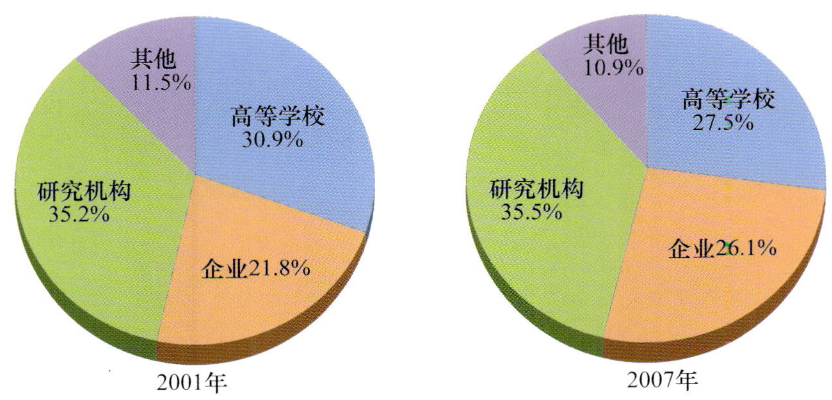

专图4-7　北京市获奖科技项目按第一完成单位的分布（2001年，2007年）

资料来源：北京市科学技术奖励工作办公室.

近几年来，国有大中型企业通过技术创新进一步增强了竞争力。同时，民营企业以极强的创新意识和积极开拓市场的能力，正成为创新型城市建设中迅速崛起的生力军。2007年民营企业参与完成的获奖项目有27项，占当年企业获奖项目总数的46.6%。2005年获北京科学技术奖一等奖项目“汉王OCR技术及应用”就是由民营企业汉王科技股份有限公司完成的。

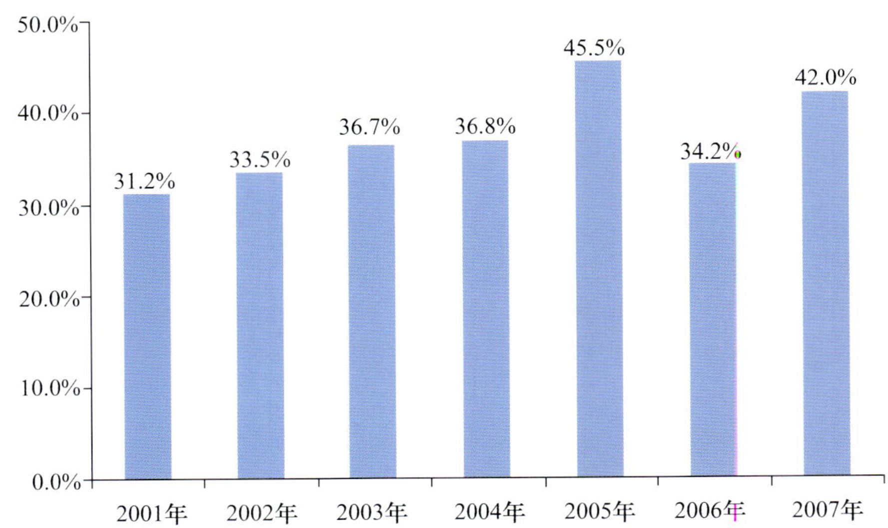

专图4-8　企业独立承担或参与的项目占获北京市科技奖项目的比例（2001—2007年）

资料来源：北京市科学技术奖励工作办公室.

2. 合作项目超过独立完成项目

现代科学技术研发的大多数项目是在多学科、多领域开展广泛合作的基础上完成的。在获北京市科学技术奖励的科技项目中，合作完成的项目数所占份额越来越大，2001 年，获奖项目中合作项目所占比重仅为 40.9%，2006 年增长到 49.2%，2007 年出现重大突破，合作项目占 57.2%，超过了独立完成项目所占的比重，比 2001 年提高了 16.3 个百分点（专图 4-9）。

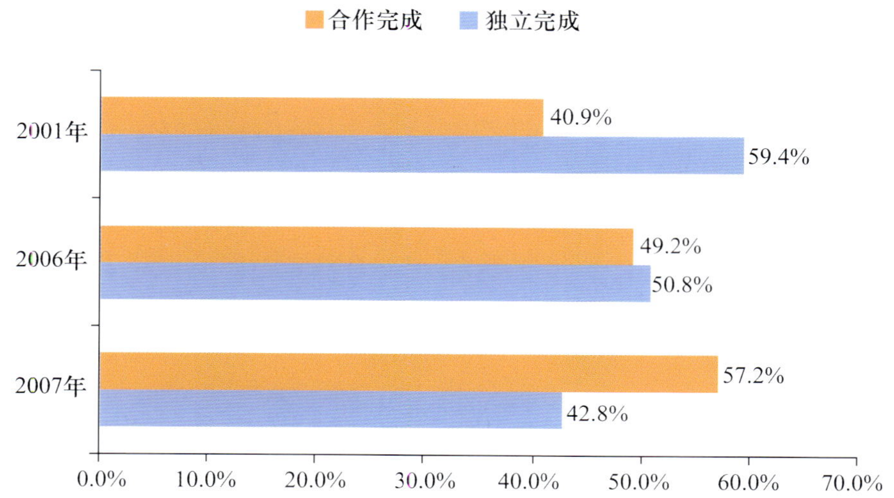

专图 4-9　获奖项目中独立完成和合作完成项目所占比重的变化（2001 年，2006 年，2007 年）

资料来源：北京市科学技术奖励工作办公室.

获奖项目中合作完成项目由少数向多数转变的发展趋势反映出制度创新和组织创新的重大突破，以及自主创新和集成创新取得的重大进展，必将有力地推动企业技术创新能力的提升。

3. 产学研合作快速发展

长期以来，为了推动科学技术与经济建设相结合，政府制定了相应的政策，采取了一系列措施，促进研究机构、高等学校和企业加强科技合作，共同研究、开发，使科技成果尽快转化为生产力，以提高企业的技术创新能力和市场竞争力。

近几年北京市获科技奖励项目中，以产学研合作方式完成和承担项目的比重不断增加，可以看出产学研合作已成为一种科技活动新的发展趋势。在 2001 年的获奖项目中，以产学研合作方式完成的项目占 14.5%，到 2006 年，这一比重增长到 20.7%，2007 年进一步增加到 26.8%，2007 年比 2001 年提升了 12.3 个百分点。反映出产学研合作方式已成为企业开展创新活动的重要选择，这对提升企业在创新体系中的主体地位具有重要影响。2007 年获北京市科学技术奖一等奖的项目“100nm 高密度等离子刻蚀机研发与产业化”就是由北京北方微电子基地设备工艺研究中心有限责任公司、中国科学院微电子研究所、清华大学和北京大学等单位联合完成的。

科 技 促 进 篇

第十章　现代服务业

服务业的迅速兴起是经济信息化、人口城市化、生产服务化、生活现代化等多种因素共同作用的结果，是当今世界经济发展的一个重要趋势。服务业，尤其是现代服务业的发展水平是衡量一个国家或地区现代化程度的重要标志。20世纪90年代以后，随着北京市经济发展战略和城市功能定位的转变以及国民经济结构的调整，服务业进入一个快速发展的时期。1978年北京地区服务业实现增加值仅为25.8亿元，到2007年已达到6742.6亿元，是1978年的261倍。1978—2007年间，服务业年均增速达到21.2%，超过地区生产总值年均增速4.6个百分点，超过工业产值年均增速8.8个百分点。与此同时，推动了现代服务业的快速发展，促进了地区产业结构的不断演变。三次产业的比重由1978年的5.2∶71.1∶23.7，调整到2007年的1.1∶26.8∶72.1，相比1978年服务业在国民经济中的比重提高了48.4个百分点，居全国各地区首位。本章重点对北京地区现代服务业发展及科技活动情况进行分析。

现代服务业

现代服务业是相对于传统服务业而言，是适应现代人和现代城市发展的需求，而产生和发展起来的具有高技术含量和高文化品位的服务业。现代服务业有新服务领域、新服务模式、高文化品位和高技术含量的特征。2005年北京市统计局在《国民经济行业分类》(GB/T4754—2002)的基础上，根据现代服务业的特性，将符合基本要求的行业归并，结合北京市的实际情况制定出北京地区现代服务业统计标准。现代服务业包括信息传输、计算机服务和软件业，金融业，房地产业，租赁和商务服务业，科学研究、技术服务和地质勘查业，水利、环境和公共设施管理业，教育，卫生、社会保障和社会福利业，文化、体育和娱乐业等9个行业。

第一节　现代服务业的发展

北京地区的现代服务业起步于20世纪80年代，20世纪90年代以后获得了快速发展。近年来，北京坚持“三二一”产业结构发展方针，大力发展现代服务业，改造提升传统服务业，不断优化服务业结构和空间布局，推动服务业进入稳定增长的内涵式发展阶段。现代服务业的经济总量、产业规模和经济效益不断提高，行业结构进一步优化，金融、信息服务、房地产等支柱行业的主导地位进一步巩固；软件业、法律服务、咨询调查等新兴行业具有良好的发展潜力，区域发展各具特色，在地区经济和第三产业中的主体地位日益显现，已经成为首都经济的新亮点，在全国具有领先性和典型性的特征。

一、现代服务业已成为北京经济发展的重要支柱

2007 年，北京地区生产总值为 9353.3 亿元，其中，服务业实现增加值 6742.6 亿元，占 72.1%。现代服务业实现增加值 4672.9 亿元，占北京服务业增加值的 69.3%，占北京地区生产总值的 50.0%，这一比例在全国 31 个省级区域中排名第一位（图 10-1）。成为支撑首都经济发展、优化产业结构、保障充分就业、提升生活品质的主导产业，在首都经济社会全面协调可持续发展中具有重要地位。

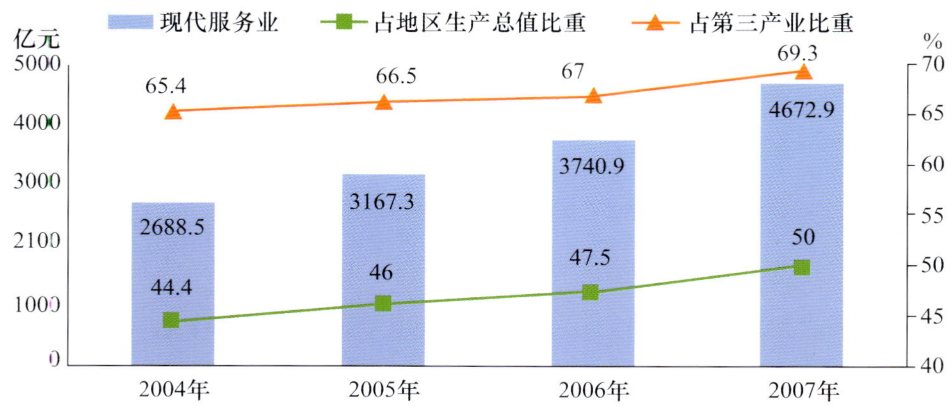

图 10-1　北京现代服务业增加值及其占地区生产总值和第三产业的比重（2004—2007 年）

资料来源：北京市统计局，国家统计局北京调查总队. 北京统计年鉴. 2005-2008.

与上海、重庆和天津比较，北京的服务业以及其中的现代服务业在总量上都占有绝对优势。2006 年，北京服务业增加值为 5580.8 亿元，占地区生产总值的 70.9%；上海服务业增加值为 5244.2 亿元，占地区生产总值的 50.6%；重庆服务业占总量的 45.3%；天津为 40.3%。四个直辖市服务业比重均高于全国平均水平。其中，北京现代服务业增加值为 3788.8 亿元，占地区生产总值的 48.1%；现代服务业增加值占地区生产总值的比重，上海为 30.1%，重庆为 20.5%，天津为 18.2%（表 10-1）。

表 10-1　四个直辖市以及全国服务业总体情况*（2006 年）

	北京	上海	重庆	天津	全国
第三产业增加值（亿元）	5580.8	5244.2	1564.8	1752.6	100053.5
占地区生产总值比重（%）	70.9	50.6	45.3	40.3	40.1
现代服务业增加值（亿元）	3788.8	3121.3	717.3	790.5	40860.8
占第三产业比重（%）	67.9	59.5	45.8	45.1	40.8
占地区生产总值比重（%）	48.1	30.1	20.5	18.2	19.3

* 为了便于地区比较，采用 2006 年数据进行对比分析。本表中现代服务业数据在北京市统计局制定的现代服务业统计标准中还增加了租赁、水利、公共设施管理和社会福利业。

资料来源：国家统计局. 中国统计年鉴 2007.

二、知识、技术密集行业成为现代服务业的先导

金融业，信息传输、计算机服务和软件业，房地产业等三个产业是现代服务业中知识、技术密集的行业，也是北京现代服务业的三大支柱产业。2004—2007 年，三个行业增加值一直保持北京现代服务业的前三位（表 10-2）。2007 年，金融业的增加值为 1286.3 亿元，比上年增长 32.1%，占现代服务业增加值的 27.5%，为北京全部经济总量的 13.8%，成为北京第三产业中的第一大行业；以信息传输、计算机服务和软件业等为主的社会服务业的增加值为 855.9 亿元，占现代服务业增加值的 18.3%，位居北京第三产业第二位；房地产业的增加值为 644.2 亿元，占现代服务业比重 13.8%。此外，科学研究技术服务和地质勘查业、商务服务业发展较快。

表 10-2　北京现代服务业各个行业增加值（2004—2007 年）

	工业增加值（亿元）				增加值占现代服务业比重（%）			
	2004 年	2005 年	2006 年	2007 年	2004 年	2005 年	2006 年	2007 年
现代服务业	2688.5	3167.3	3740.9	4672.9	100	100	100	100
金融业	713.8	836.6	974.1	1286.3	26.6	26.4	26	27.5
信息传输、计算机服务和软件业	449.6	583.2	688.5	855.9	16.7	18.4	18.4	18.3
房地产业	436.1	455.3	559.8	644.2	16.2	14.4	15	13.8
科学研究、技术服务和地质勘查业	276.5	341.8	424.5	539.3	10.3	10.8	11.3	11.5
商务服务业	268.7	337	401.4	541.4	10	10.6	10.7	11.6
教育	286.3	315.2	355.2	441.6	10.6	10	9.5	8.8
文化、体育和娱乐业	142.7	171.3	191.4	227.4	5.3	5.4	5.1	4.9
卫生、社会保障业	100.7	111	129.4	147.4	3.7	3.5	3.5	3.2
环境管理业	14.1	15.9	16.6	19.4	0.5	0.5	0.4	0.4

资料来源：北京市统计局，国家统计局北京调查总队．北京统计年鉴．2005-2008.

三、现代服务业成为吸纳劳动力就业的主要渠道

随着北京产业结构的不断升级，服务业已经成为北京劳动力就业的重要部门，其中现代服务业贡献很大，且已具有相当规模。2005 年现代服务业从业人员首次突破 200 万人，进入“十一五”以后，继续保持大幅增长势头。2007 年，北京现代服务业从业人员共计 246 万人，已占北京地区从业人员总数的 26.1%，比 2004 年提高了 2.7 个百分点（图 10-2）。现代服务业已经成为北京劳动就业的主要渠道之一。

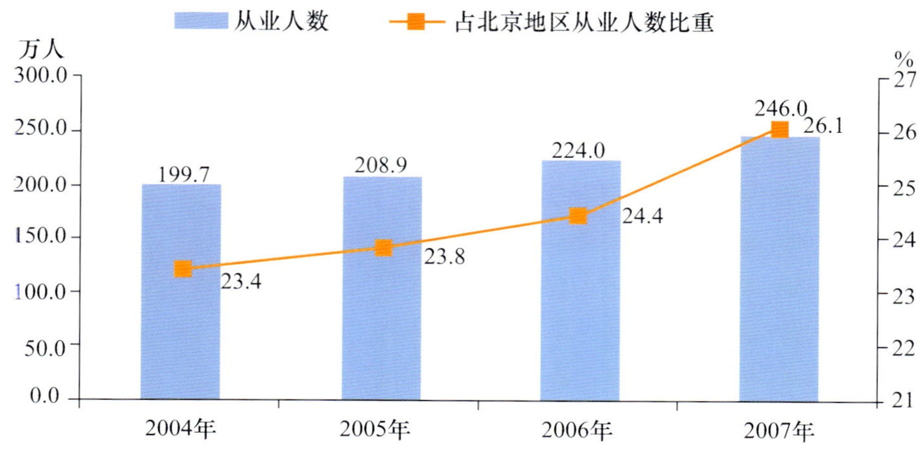

图 10-2　北京现代服务业从业人员及比重(2004—2007 年)

资料来源:北京市统计局,国家统计局北京调查总队. 北京统计年鉴. 2005-2008.

第二节　现代服务业科技活动概况

在全球范围内产业分化与产业融合不断加快的大趋势下,依托科技、人才、政策、市场等优势资源,北京现代服务业逐渐形成了以软件、计算机服务、信息传输为主的电子信息服务业和以科学研究、技术服务为主的研发服务业竞相发展的良好格局。本节按照北京市统计局关于现代服务业分类标准进行汇总,利用《北京市研究与发展(R&D)资料汇编》(2005—2008)数据,对北京现代服务业的科技活动进行分析。

一、科技人力资源

2007 年,北京现代服务业中开展科技活动的企业有 5315 家,比 2004 年增加了 1354 家。从事科技活动的人员达到 29.8 万人,比 2004 年增加了 9.8 万人(表 10-3),2004—2007 年年均增长率分别为 14.2%和 10.9%。

表 10-3　现代服务业科技活动人员变化情况(2004—2007 年)

	2004 年	2005 年	2006 年	2007 年
科技活动人员(万人)	20.0	22.7	24.4	29.8
占地区总量的比重(%)	66.2	59..3	63.7	66.2
R&D 人员折合全时人员(万人年)	10.7	11.3	12.0	14.6
占地区总量的比重(%)	70.4	63.5	71.0	71.2

资料来源:北京市科学技术委员会,北京市统计局,北京市教育委员会. 北京市研究与发展(R&D)资料汇编. 2005-2008.

2007 年现代服务业中有 R&D 活动的单位数为 3582 家,比 2004 年增加了 1035 家。

R&D活动人员达到了14.6万人年，比2004年增加了3.8万人年；R&D人员中的科学家和工程师比2004年增加了3.5万人年，2004—2007年期间的年平均增长率分别为10.7%和11.2%。“科教兴国”战略的实施，以知识、技术密集行业为先导的现代服务业的快速发展，使科技活动人员和R&D人员在数量上呈现出较快的增长，而且科技活动人员的素质也在稳步提升。

二、科技活动经费

2007年，北京现代服务业科技经费筹集额达到了668.0万元，比2004年增加了249.3万元，按可比价计算的年平均增长速度为17.1%(图10-3)。科技经费筹集额的增加为现代服务业提高创新能力奠定了物质基础。

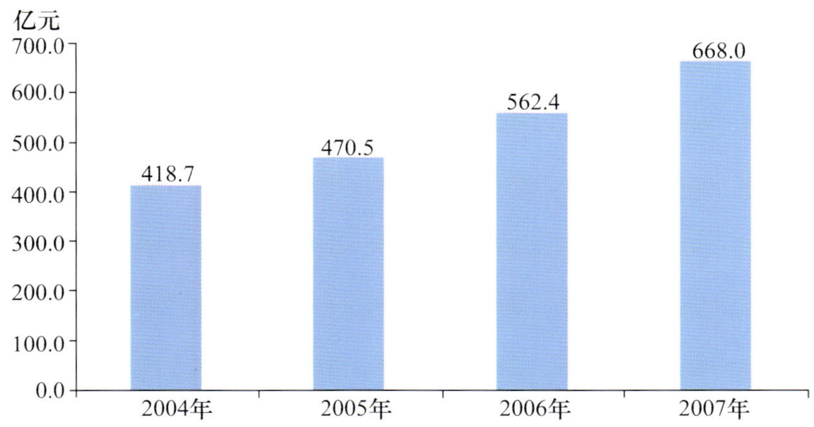

图10-3 北京现代服务业科技经费筹集额变化情况(2004—2007年)

资料来源:北京市科学技术委员会,北京市统计局,北京市教育委员会.北京市研究与发展(R&D)资料汇编.2005-2008.

从科技经费筹集额的来源看，2007年与2004年相比也发生了一定的结构变化。从图10-4可以看出2007年来自政府的资金占全部筹集额的比重为65.6%，比2004年提高了4.5个百分点。说明现代服务业的科技经费筹集额主要来源于政府资金，这从一个方面反映出政府对现代服务业科技创新的支持力度。

从科技经费筹集额的行业分类看，2007年在现代服务业中信息传输、计算机服务和软件业，科学研究技术服务和地质勘查业，教育等三个行业的科技活动经费筹集分别达到101.6亿元、452.8亿元和103.6亿元，分别占现代服务业科技经费筹集额的15.2%、67.8%和15.5%。与2004年相比，信息传输、计算机服务和软件业的筹集额增加了27.9亿元，科学研究、技术服务和地质勘查业的筹集额增加了174.6亿元；教育部门的筹集额增加了58.4亿元，这三个行业2004—2007年科技经费筹集额的年均增长率分别为11.3%、17.6%和31.9%。三个行业的科技经费筹集额占全地区总量的66.5%。由此可以看出，这三个行业是推动现代服务业科技活动发展的主要力量。

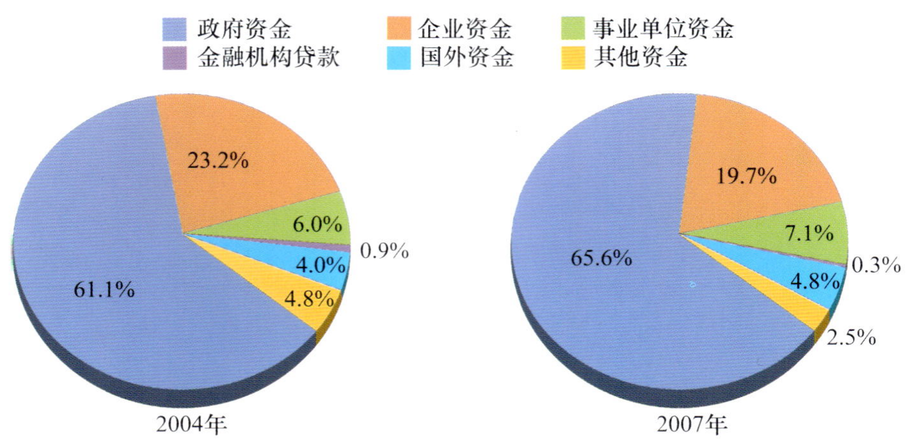

图 10-4　北京现代服务业科技经费筹集额按来源分类的变化(2004 年,2007 年)

资料来源:北京市科学技术委员会,北京市统计局,北京市教育委员会.北京市研究与发展(R&D)资料汇编.2005-2008.

R&D 经费内部支出是测量一个国家或地区 R&D 活动规模、评价科技实力和创新能力的重要指标。2007 年北京地区的 R&D 总经费支出(包括 R&D 经费内部支出和外部支出)达到了 395.4 亿元,按可比价计算,近四年的年均增长率为 19.6%(图 10-5)。

图 10-5　北京现代服务业 R&D 经费总量变化(2004—2007 年)

资料来源:北京市科学技术委员会,北京市统计局,北京市教育委员会.北京市研究与发展(R&D)资料汇编.2005-2008.

2007 年现代服务业中,科学研究、技术服务和地质勘查业的 R&D 经费总量达到了 266.0 亿元,占现代服务业 R&D 经费总量的 67.3%,占北京地区 R&D 经费总量的 47%(图 10-6)。信息传输、计算机服务和软件业的 R&D 经费总量为 70.5 亿元,占现代服务业的比重为 17.8%,占北京地区 R&D 经费总量的 12.4%。由此可以看出,科学研究、技术服务和地质勘查业，信息传输、计算机服务和软件业两个行业已成为推动北京服务业乃至其他产业以及 R&D 活动发展的重要动力。

R&D 经费与地区生产总值的比值是测度一个地区 R&D 投入强度的重要指标，同时也是反映一个地区经济增长方式的重要指标。2007 年北京地区 R&D 经费投入强度为 5.6%，比 2006 年的 5.5%提高了 0.1 个百分点。现代服务业的 R&D 经费投入强度为 7.8%，比 2006 年的 7.3%提高了 0.5 个百分点。

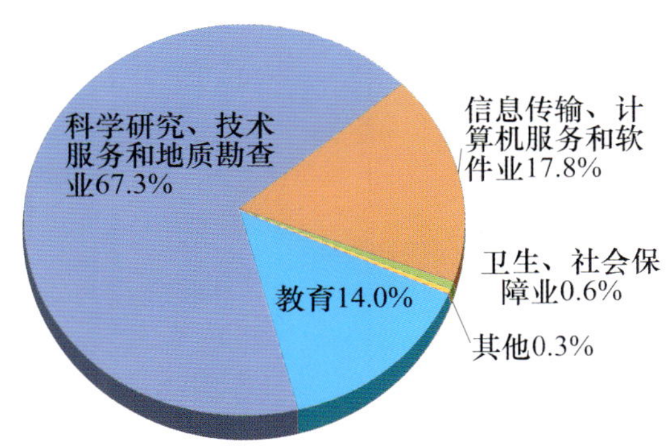

图 10-6 北京现代服务业 R&D 经费内部支出按行业分布(2007 年)

资料来源：北京市科学技术委员会，北京市统计局，北京市教育委员会. 北京市研究与发展(R&D)资料汇编. 2005-2008.

三、科技项目

科技项目是科技活动的主要方式。近几年来，北京地区现代服务业开展的科技项目及其投入的人员和经费呈增长趋势。科技项目数由 2004 年的 5.0 万项增加到 2007 年的 5.7 万项，参加科技项目的人员由 2004 年的 11.4 万人年增加到 2007 年的 14.0 万人年(表 10-4)。同期，科技项目的经费支出由 188.8 亿元增加到 268.3 亿元。2004—2007 年，科技项目数、参加项目的人员和经费支出的年均增长率分别为 4.2%、6.9%和 12.4%。

表 10-4 北京现代服务业科技项目的项目数、参加人员和经费支出(2004—2007 年)

	2004 年	2005 年	2006 年	2007 年
项目数(万项)	5.0	5.7	5.4	5.7
参加人数(万人年)	11.4	13.6	14.4	14.0
其中：科学家与工程师	9.7	11.7	12.5	12.6
经费支出(亿元)	188.8	228.0	215.3	268.3

资料来源：北京市科学技术委员会，北京市统计局，北京市教育委员会. 北京市研究与发展(R&D)资料汇编. 2005-2008.

北京地区现代服务业的科技项目主要由三个行业承担：科学研究、技术服务和地质勘查业，教育部门，信息传输、计算机服务和软件业。2007 年，这三个行业执行的科技项目数分别为2.9万项、1.5万项和0.7万项，参加的科技人员分别为6.1万人年、6.3万人年和5.7万人年，项目的经费支出分别为177.5亿元、5.6亿元和72.7亿元。三个行业执行的科技项目数、参加项目的人员数及项目经费支出合计占现代服务业相应总量的比重都达到90.0%以上(图10-7)。

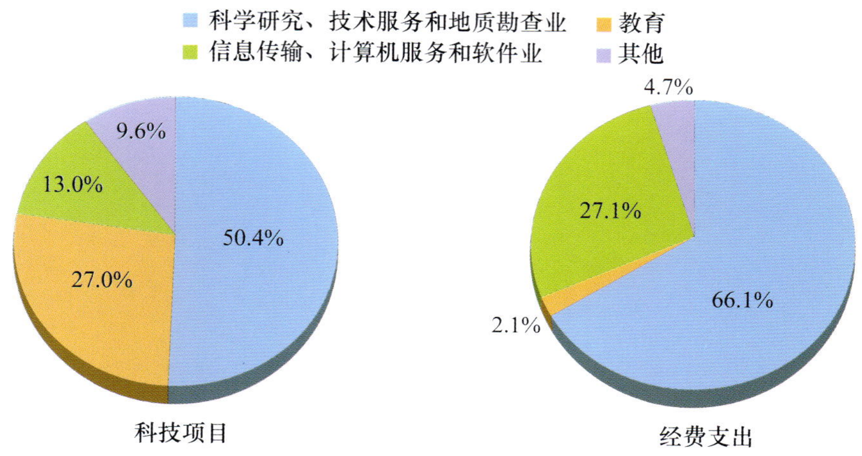

图10-7　北京现代服务业科技项目的项目数和经费支出按行业分布(2007年)

资料来源：北京市科学技术委员会，北京市统计局，北京市教育委员会．北京市研究与发展(R&D)资料汇编．2005-2008.

从科技项目的投入强度，即每个项目的平均参加人员和项目平均经费角度分析，2007年北京地区现代服务业执行的科技项目平均每个项目投入的人员为2.5人年，平均每个项目经费支出为47.0万元，分别比2004年平均增长了2.6%和7.9%。

表10-5列出了现代服务业各个行业开展的科技项目的投入强度。可以看出，大多数行业2007年的科技项目投入强度指标均比2004年有不同程度的提高。信息传输、计算机服务和软件业的科技项目平均投入人员和平均经费支出2007年分别为7.7人年/项和98.6万元/项，比2004年分别增长19.8%和27.9%。科学研究、技术服务和地质勘查业的科技项目平均投入人员和平均经费支出2007年分别为2.1人年/项和61.7万元/项，比2004年分别增长7.8%和19.7%。教育部门科技项目的项目数增幅较大，而投入人员和经费支出增长相对较小，因此其科技项目的平均投入人员和平均经费支出有所下降，2007年分别为0.6人年/项和3.6万元/项，比其他行业的投入强度都低。

表10-5　北京现代服务业科技项目投入强度的变化(2004年，2007年)

	2004年		2007年	
	平均项目参加人员(人年/项)	平均项目经费(万元/项)	平均项目参加人员(人年/项)	平均项目经费(万元/项)
现代服务业总计	2.3	37.4	2.5	47.0

	2004 年		2007 年	
	平均项目参加人员（人年/项）	平均项目经费（万元/项）	平均项目参加人员（人年/项）	平均项目经费（万元/项）
信息传输、计算机服务和软件业	4.5	47.2	7.7	98.6
金融业	1.8	29.4	10.6	202.2
房地产业	7.0	58.0	1.5	16.7
商务服务业	4.5	76.4	3.8	30.7
科学研究、技术服务和地质勘查业	1.7	36.0	2.1	61.7
环境管理业	1.3	21.9	1.1	20.5
教育	1.5	11.8	0.6	3.6
卫生、社会保障业	3.6	22.3	2.9	19.1
文化、体育和娱乐业	2.8	27.6	1.7	26.3

资料来源：北京市科学技术委员会，北京市统计局，北京市教育委员会. 北京市研究与发展（R&D）资料汇编. 2005，2008.

四、专利产出

2007 年北京现代服务业专利申请 8063 件，比 2004 年的 4867 件增加了 3196 件，年平均增长速度为 18.3%；发明专利申请量从 2004 年的 3809 件增加到 2007 年的 6986 件，年平均增长 22.4%（图 10-8）。专利申请量的增加反映出科技人员对知识产权保护意识的增强，发明专利数量的增长速度超过专利申请量的增速也反映了北京现代服务业专利技术含量和原始创新能力的提高。

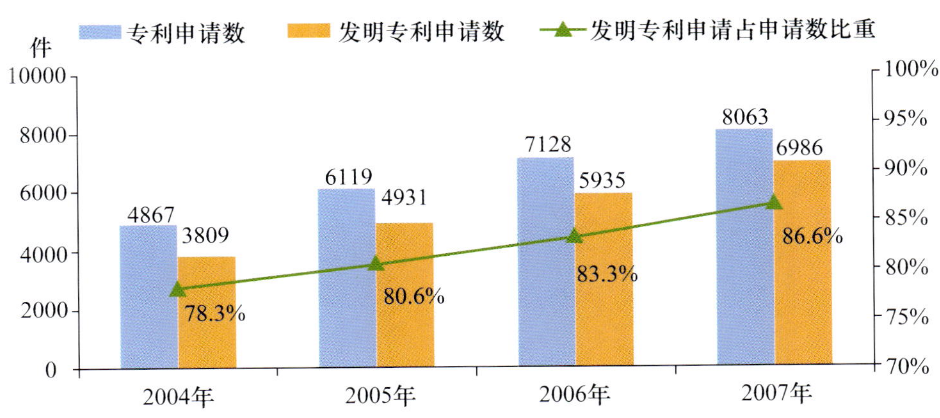

图 10-8 北京现代服务业专利申请的变化情况（2004—2007 年）

资料来源：北京市科学技术委员会，北京市统计局，北京市教育委员会. 北京市研究与发展（R&D）资料汇编. 2005-2008.

从专利申请的行业分布看，教育部门是专利申请的主要行业，2007 年占现代服务业专利申请总量的 48.5%，比 2004 年增加了 4.9%。科学研究、技术服务和地质勘查业占专利申请总量的 37.3%，比 2004 年提高了 0.9%。信息传输、计算机服务和软件业占专利申请总量的 13.4%，比 2004 年降低了 5.7%。

发明专利申请也主要来自于信息传输、计算机服务和软件业，科学研究、技术服务和地质勘查业以及教育业。2007 年教育单位申请的发明专利占 48.7%，比 2004 年增加了 3.3%(图 10-9)。科学研究、技术服务和地质勘查业的比重为 37.3%，与 2004 年基本持平。信息传输、计算机服务和软件业的发明专利申请数从占现代服务业总量的 16.5%下降到 13.3%。

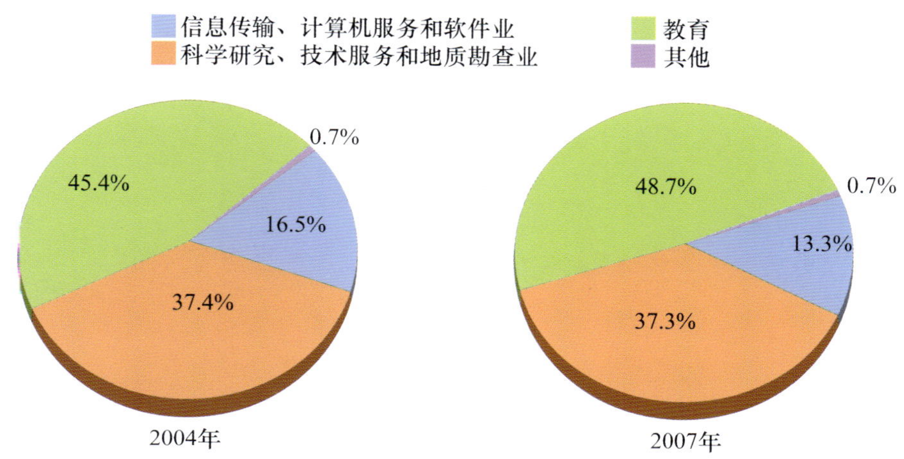

图 10-9　北京现代服务业发明专利申请数按行业分布的变化(2004 年，2007 年)

资料来源：北京市科学技术委员会，北京市统计局，北京市教育委员会. 北京市研究与发展(R&D)资料汇编. 2005-2008.

2007 年现代服务业发明专利拥有量达到了 15564 件，是 2003 年的 8.2 倍。发明专利拥有量最多的仍然是信息传输、计算机服务和软件业，科学研究、技术服务和地质勘查业以及教育 3 个行业。2007 年信息传输、计算机服务和软件业拥有发明专利 394 件，比 2003 年增加了 288 件；科学研究、技术服务和地质勘查业拥有发明专利为 5136 件，比 2003 年增加了 3566 件；教育部门拥有发明专利数量最多，为 9935 件。这三个行业分别占现代服务业发明专利拥有量的 2.5%、33.0%和 63.8%。表明教育部门及科学研究、技术服务和地质勘查业的发明创造活动更为活跃，其专利的质量和技术水平具有显著优势。

第三节　电子信息服务业的科技活动

电子信息服务业

电子信息服务业在国民经济行业中，主要包括的行业有：电信和其他信息传输服务业、计算机服务业和软件业。

当今世界，信息技术日新月异，在社会经济各领域的应用不断深化，并呈现出新的发展趋势：各类信息技术与其他技术的结合更加紧密，信息技术应用的深度、广度和专业化程度不断提高。在一些发达国家，电子信息服务业已经成为统领信息技术领域产品、技术和市场的高端业务，市场规模不断扩大，在信息产业中所占的比例大幅度提高。

一、科技活动规模快速发展

经过多年的高速增长，北京电子信息服务业已经形成相当规模，具备一定基础。北京丰富的科技、人力资源，作为我国电子信息服务业发展的前沿阵地，具有其他地区不可比拟的优势。

1. 从事科技活动单位数明显增长

统计数据显示，北京电子信息服务业中，有科技活动的单位数快速增长。到 2007 年，有科技活动的单位共计 4701 家，比 2004 年的 3188 家增加了 1513 家，年均增幅为 13.8%（表 10-6）。

在电子信息服务业的单位总数中有科技活动的单位所占比重，2007 年为 89.5%，比 2004 年的 56.3%，提高了 33.2%。

表 10-6　北京地区电子信息服务业单位情况（2004—2007 年）

	2004 年	2005 年	2006 年	2007 年	年均增速（%）
单位数（个）	5659	5746	5785	5254	—2.4
有科技活动单位数	3188	3255	3280	4701	13.8
所占比重（%）	56.3	56.6	56.7	89.5	—

资料来源：北京市科学技术委员会，北京市统计局，北京市教育委员会．北京市研究与发展（R&D）资料汇编．2005-2008．

2. 科技活动人员快速增长

2007 年，北京地区电子信息服务业的科技活动人员为 12.4 万人，比 2004 年的 6 万人增长了 106.0%，年均增幅高达 27.2%，平均每个科技活动单位中有 26 名科技活动人员。其中，科学家与工程师共计 9.6 万人，比 2004 年提高了 103.2%，年均增幅为

26.7%，平均每个有科技活动的单位有21名科学家与工程师。在北京地区科技活动人员及其科学家与工程师总量中，电子信息服务业分别占27.5%和21.4%。

北京地区电子信息服务业的R&D人员由2004年的2.8万人，增加到2007年的4.9万人，增长78.8%，年均增幅为21.4%。其中，科学家与工程师2007年有4.3万人年，占R&D人员总量的87.7%(图10-10)。

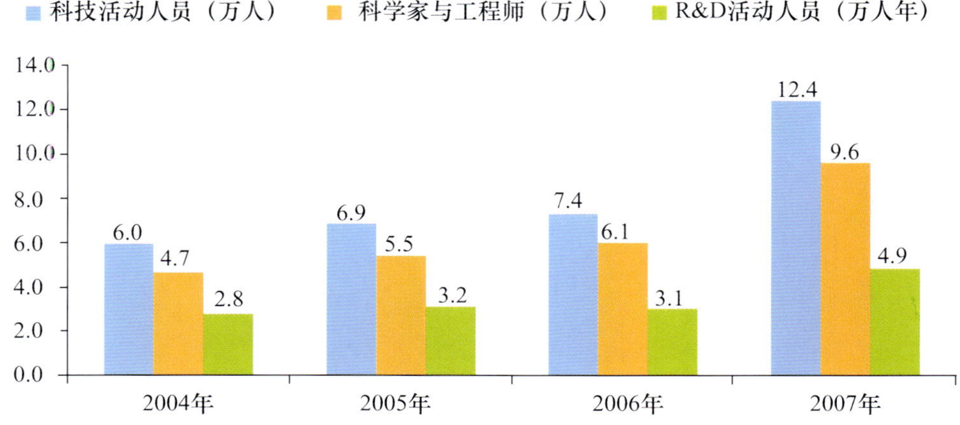

图10-10 电子信息服务业科技活动人员情况(2004—2007年)

资料来源：北京市科学技术委员会，北京市统计局，北京市教育委员会. 北京市研究与发展(R&D)资料汇编. 2005-2008.

二、科技活动经费

近几年，北京地区电子信息服务业科技活动经费总体不断增加，2007年科技活动经费筹集总额为101.6亿元，比2004年的73.7亿元，提高了37.9%，年均增幅为11.3%，占北京地区科技经费筹集总额的10.3%。

1. 科技活动经费来源以企业为主

从经费来源来看，科技活动经费筹集额以企业资金为主，2007年科技活动经费筹集额中的企业资金共计76.0亿元，占总额的74.8%，比2004年增长了37.2%；其中政府资金和金融机构贷款所占比重相对较小，2007年分别为2.3亿元和0.5亿元，所占比重分别为2.3%和0.4%；其他经费主要为事业单位资金、国外资金等(图10-11)。

2. R&D活动经费增幅显著

从经费支出角度来分析，自2004年以来，北京电子信息服务业科技活动经费支出逐年递增，2004年科技活动经费支出为61.7亿元，2007年增加至111.2亿元，年均增长21.7%。其中，科技活动经费最核心的R&D活动经费也呈现稳步上升的态势，由2004年的28.3亿元增加至2007年的66.7亿元，年均增幅为33.1%，明显快于科技经费支出额的增长速度，同时R&D经费占科技经费的比重也有了明显提升，由2004年占45.9%的比重提高至2007年占60.0%的比重，增长了14.1%(图10-12)。

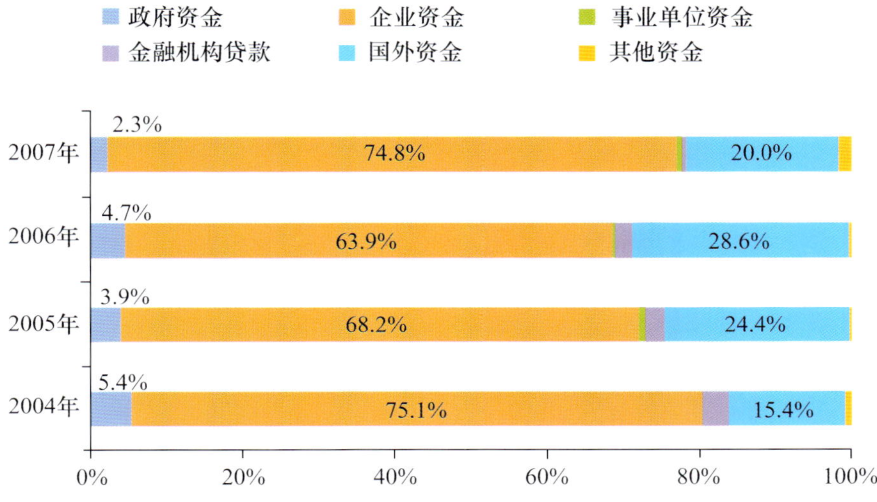

图 10-11 电子信息服务业科技经费筹集额按来源分布(2004—2007 年)

资料来源:北京市科学技术委员会,北京市统计局,北京市教育委员会. 北京市研究与发展(R&D)资料汇编. 2005-2008.

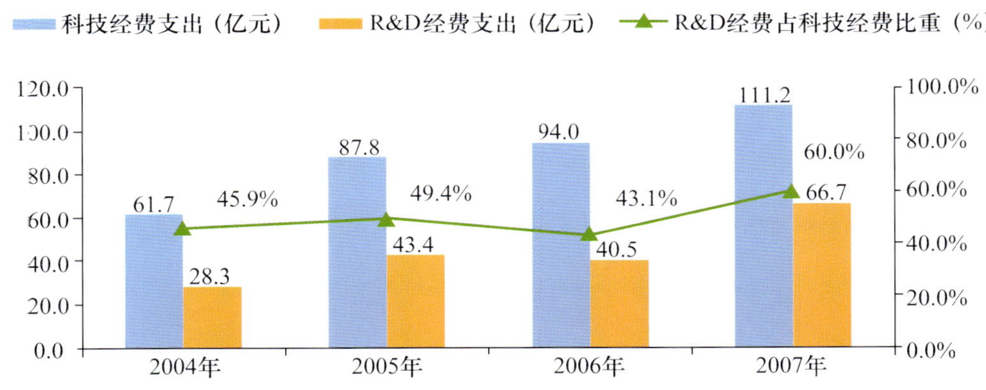

图 10-12 电子信息服务业科技经费支出情况(2004—2007 年)

资料来源:北京市科学技术委员会,北京市统计局,北京市教育委员会. 北京市研究与发展(R&D)资料汇编. 2005-2008.

三、科技项目投入强度显著加大

2007 年北京地区信息传输、计算机服务和软件业的科技项目数为 0.7 万项,比 2004 年减少了 0.2 万项;参加项目的人员为 5.7 万人年,比 2004 年增加了 1.5 万人年,平均增速为 10.7%;实际经费支出为 72.7 亿元,比 2004 年增加了 28.7 亿元,平均增长率为 18.2%。信息传输、计算机服务和软件业的科技项目数虽然有所减少,但科技项目的参加人员和实际经费支出都在增加,说明项目的规模有所扩大(图 10-13)。

从电子信息服务业每个项目的投入强度分析,2007 年平均每个项目投入的人员是 7.7 人年,其中科学家和工程师为 6.8 人年,项目经费的实际支出是 98.6 万元,分别比

2004 年增长了 19.8%、22.6%和 27.8%。每个项目参与科技人员、科学家和工程师数量增加，科技经费支出的增大为科研项目的顺利完成奠定了基础。

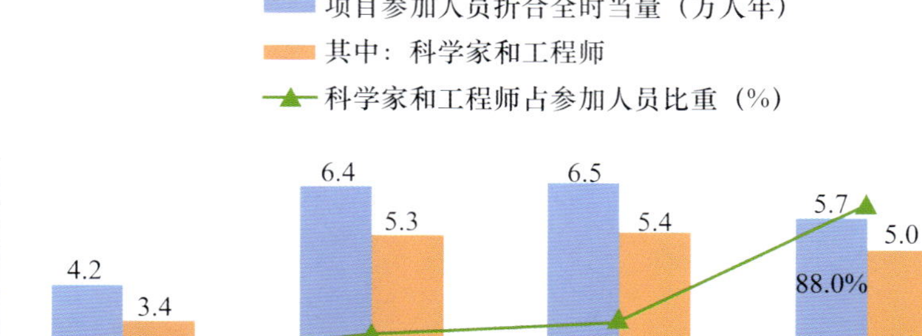

图 10-13　北京地区电子信息服务业科技项目情况(2004—2007 年)

资料来源：北京市科学技术委员会，北京市统计局，北京市教育委员会. 北京市研究与发展(R&D)资料汇编. 2005-2008.

四、发明专利申请比例大幅提高

2004 年以来，北京地区电子信息服务业的专利申请量基本稳定在 1000 件左右，但是从专利申请的质量来看，发明专利申请数逐年提高，2004 年为 627 件，2007 年增长到 928 件，提高了 48.0%，年均增幅为 14.0%，占专利申请总数的比例也由 2004 年的 67.4%增长到 2007 年的 86.0%，提高了 19.2 个百分点。由此可以看出，电子信息服务业单位越来越注重自主创新，以申请专利形式保护自主创新成果的意识也在不断增强(图 10-14)。

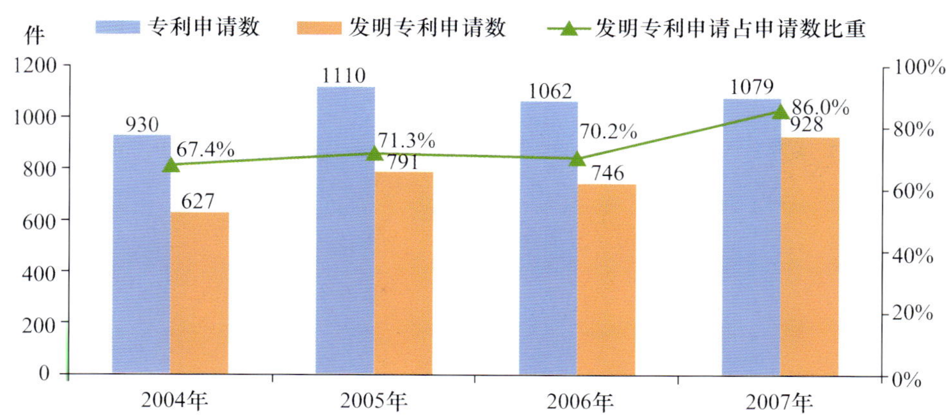

图 10-14　北京地区电子信息服务业专利申请(2004—2007 年)

资料来源：北京市科学技术委员会，北京市统计局，北京市教育委员会. 北京市研究与发展(R&D)资料汇编. 2005-2008.

第四节　研发服务业的科技活动

研发服务业

研发服务业是指围绕着科学技术的生产、扩散与应用所开展的各类服务活动的总称，既包括各类直接的科学技术研究开发活动，也包括为开展科学技术研究开发活动所提供的基础条件服务活动，还包括为研发成果转化为生产力所提供的服务活动。在国民经济行业分类中，指的是研究与试验发展、专业技术服务业和科技交流和推广服务业。

北京研发服务业依托其丰富的科技资源和优越的研发环境获得了迅速的发展，在推进北京产业结构升级、带动北京乃至全国经济发展中起到重要的作用。

一、科技活动人员迅速增加

北京的科技人力资源丰富，科技机构众多，使得北京的研发服务业快速发展，从事研发服务业的科技活动人员也与日俱增。2007 年，北京有科技活动的研发服务业机构 455 家，科技活动人员共计 12.0 万人，占地区科技活动人员总数的 26.7%，平均每个科技活动单位拥有 264 名科技活动人员，相对 2004 年的 8.7 万人，提高了 38.0%，年均增幅 11.1%。其中，人员素质也有了明显提高，科技活动人员中的科学家与工程师比例不断增长，在短短的 4 年间，由 2004 年的 75.4%增长到 2007 年的 83.9%，提高了 8.5 个百分点。R&D 活动人员也呈快速增长趋势，2007 年，R&D 活动人员约为 6.9 万人，占地区 R&D 活动人员总数的 33.6%（表 10-7）。

表 10-7　北京地区研发服务业的科技活动人员情况（2004—2007 年）

	2004 年	2005 年	2006 年	2007 年
研发服务业有科技活动单位数（个）	543	440	447	455
科技活动人员（人）	87170	106939	113827	120307
每个科技活动单位的科技活动人员（人/个）	161	243	255	264
其中：科学家与工程师（人）	65692	86725	91832	100901
R&D 活动人员（人年）	53651	55000	60500	68826
占北京地区 R&D 活动人员比重（%）	35.3	30.9	35.8	33.6

资料来源：北京市科学技术委员会，北京市统计局，北京市教育委员会. 北京市研究与发展（R&D）资料汇编. 2005-2008.

二、科技活动经费主要来自政府

与电子信息服务业的科技活动经费主要来自企业资金不同，研发服务业的科技活动更侧重从政府获取经费。从2004—2007年来看，研发服务业的科技活动经费77%以上都来自政府资金。2007年，来自政府的资金总计为366.4亿元，所占比重高达82.1%（表10-8）。另外，来自事业单位、企业的资金，分别为38.0亿元和18.2亿元，占科技活动经费总额的8.5%和4.1%。研发服务业主要从事科学技术研究开发活动，承担政府任务。同时，还为研发成果转化为生产力提供服务。

表10-8 北京地区研发服务业科技经费筹集额按来源分类(2004—2007年)

	2004年		2005年		2006年		2007年	
	经费	比重	经费	比重	经费	比重	经费	比重
合计(亿元)	275.5	100	285.7	100	354.7	100	446.5	100
政府资金	213.5	77.5	228.2	79.9	291.6	82.2	366.4	82.1
企业资金	18.2	6.6	16.8	5.9	19.9	5.6	18.2	4.1
事业单位资金	21.8	7.9	27.1	9.5	28.2	7.9	38.0	8.5
金融机构贷款	1.1	0.4	1.0	0.3	0.9	0.3	1.3	0.3
国外资金	3.2	1.2	1.4	0.5	4.5	1.3	8.4	1.9
其他资金	17.7	6.4	11.3	3.9	9.6	2.7	14.2	3.2

资料来源：北京市科学技术委员会，北京市统计局，北京市教育委员会.北京市研究与发展(R&D)资料汇编.2005-2008.

从2004年到2007年，北京地区研发服务业的科技活动经费支出逐年递增，2007年为389.8亿元，比2004年提高了50.8%，年均增幅14.7%。其中，R&D经费稳步增长，2007年为252.0亿元，比2004年提高了57.8%，年均增幅16.4%，明显快于科技活动经费支出总额的增幅。在北京地区R&D经费中，研发服务业R&D经费所占比例也在逐年提高，2007年为47.8%，接近北京地区R&D总经费的一半。

R&D经费主要用于研究与试验发展行业中，该行业2007年R&D经费为244.9亿元，占研发服务业R&D经费的97.2%，专业技术服务业和科技交流和推广服务业分别为5.9亿元和2.2亿元。

三、科技项目投入力度增强

2007年北京研发服务业的科技课题项目数达到了2.8万项，参加项目的人员为6万人年，其中科学家和工程师为5.4万人年，科学家和工程师占参加人员的比重为89.8%，比2004年提高了1.5%。2007年，科技项目的实际经费支出为173.0亿元，比2004年增加了36.3亿元，年平均增长速度为8.2%。

从研发服务业每个项目的投入强度分析，2007年平均每个项目投入的人员是2.2人，其中科学家和工程师为1.9人年，每个项目经费的实际支出是61.9万元，相比2004年，分别增加了0.5人年、0.4人年和2.6万元（表10-9）。每个项目科技人员、科学家和工程师数量的增加为科研项目的顺利完成提供了人力资源的保障，项目实际经费支出的增加为课题的完成奠定了基础。

表 10-9 北京地区研发服务业平均投入强度的变化(2004—2007 年)

	2004 年	2005 年	2006 年	2007 年
每个项目参加人员(人年/项)	1.7	1.5	2.3	2.2
每个项目参加的科学家和工程师(人年/项)	1.5	1.3	2.1	1.9
平均项目经费(万元/项)	3.6	3.5	5.9	6.2

资料来源:北京市科学技术委员会,北京市统计局,北京市教育委员会. 北京市研究与发展(R&D)资料汇编. 2005-2008.

四、科技成果大量涌现

研发服务业科技成果包括专利申请量、发明专利申请量、发表的科技论文和出版的科技著作等,都呈现增长趋势。北京地区研发服务业的专利申请量由 2004 年的 1761 件增加到 2007 年的 2993 件,年均增长率为 19.3%。其中发明专利申请增幅更是突出,由 2004 年的 1417 件增长到 2007 年的 2590 件,年均增幅高达 22.3%。研发服务业的科技论文和科技著作也分别以年均增幅 8.4%和 5.7%稳步增长(表 10-10)。

表 10-10 北京地区研发服务业的科技成果(2004—2007 年)

	2004 年	2005 年	2006 年	2007 年	年均增幅(%)
专利申请数(件)	1761	1975	2741	2993	19.3
发明专利申请数(件)	1417	1604	2323	2590	22.3
发表科技论文(篇)	34954	33135	40094	44485	8.4
出版科技著作(种)	1592	1415	2155	1881	5.7

资料来源:北京市科学技术委员会,北京市统计局,北京市教育委员会. 北京市研究与发展(R&D)资料汇编. 2005-2008.

第十一章　高技术产业发展

对于一般技术或传统技术而言，高技术是以当代科学技术成就为基础，具有更高的技术和知识含量。高技术产业是以科学技术形态表现出来的一种战略资源和国家实力，具有高度的创新性、战略性、增值性、渗透性和风险性，是推动经济和社会发展的主导力量，目前已经成为当代国际竞争的焦点和综合国力较量的制高点。因此，高技术产业日益成为衡量一个国家或地区的科技水平和经济实力的重要标志。

根据经济合作与发展组织（OECD）2001 年按 R&D 经费强度确定的高技术产业分类标准，我国将制造业中的医药制造业、航空航天器制造业、电子及通信设备制造业、电子计算机及办公设备制造业和医疗设备及仪器仪表制造业等 5 类行业确定为高技术产业。本文主要依据《中国高技术产业统计年鉴》的相关数据，对北京地区的高技术产业及其科技活动和技术创新活动进行分析。

高技术产业数据统计口径为规模以上工业企业，即全部国有及年销售收入在 500 万元以上的非国有工业企业，其中，反映高技术产业企业科技活动情况的指标统计口径为大中型工业企业。

第一节　总体发展情况

随着经济的发展和产业结构的调整，高技术产业已成为北京地区工业部门的主导产业。“十五”以来，北京高技术产业进入新的发展阶段，规模持续快速扩大，对提升北京制造业的技术水平和促进地区经济的发展产生日益重要的作用。

一、高技术产业的规模和效益

高技术产业的总体规模是反映一个地区高技术产业发展水平的重要指标。进入 21 世纪以来，北京地区高技术产业的企业数、从业人员年平均人数、工业总产值、增加值和主营业务收入等主要经济指标都显示出北京地区高技术产业的规模呈现不断扩大的趋势。

1. 高技术产业的规模不断扩大

“九五”末期，北京高技术产业的企业有 575 家，2007 年增加到 1163 家，翻了一番（表 11-1）。

近几年来，北京地区高技术产业的从业人员年平均人数持续增长，从 2001 年的 16.0 万人发展到 2007 年的 24.6 万人，年均增长率为 7.4%（表 11-1）。2007 年高技术产业占全部工业企业从业人员总数的 20.6%，这有利于北京地区扩大就业和就业结构的改善。

表 11-1 北京地区高技术产业主要经济指标的变化(2001—2007 年)

	2001 年	2002 年	2003 年	2004 年	2005 年	2006 年	2007 年
企业数(个)	605	679	625	1125	1101	1107	1163
从业人员年平均人数(万人)	16.0	16.6	16.7	18.4	20.9	22.4	24.6
工业总产值(亿元)	1096.0	1090.6	1188.5	1539.8	2134.3	2659.9	3186.7
工业增加值(亿元)	236.2	241.9	290.9	315.1	404.2	488.9	558.1
主营业务收入(亿元)	1225.2	1121.9	1256.5	1571.6	2168.5	2831.9	3362.1

资料来源:国家统计局,国家发展和改革委员会,科学技术部. 中国高技术产业统计年鉴. 2002-2008.

工业总产值是衡量经济规模的重要指标。2001 年,北京高技术产业的总产值(当年价格,下同)首次超过 1000 亿元,到"十五"末期,2005 年突破 2000 亿元,进入"十一五"后仅用两年时间,又增加了 1000 亿元,2007 年达到 3186.7 亿元,比 2006 年增长了 19.8%,与 2001 年相比,增长了 1.9 倍,年均增长率为 19.5%(图 11-1)。

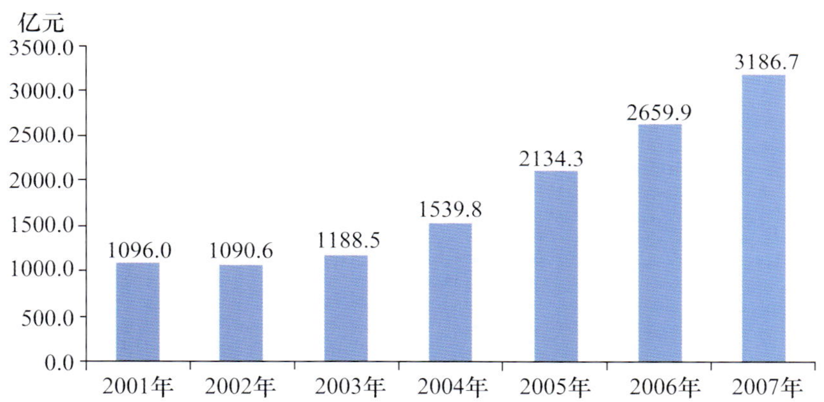

图 11-1 北京地区高技术产业工业总产值增长趋势(2001—2007 年)

资料来源:国家统计局,国家发展和改革委员会,科学技术部. 中国高技术产业统计年鉴. 2002-2008.

增加值是指企业在生产过程中创造的新增价值和固定资产转移价值,反映企业在一定时期内生产经营活动的最终成果。北京地区高技术产业增加值从 2001 年的 236.2 亿元增加到 2007 年的 558.1 亿元,年均增长率为 15.4%(表 11-1)。

从北京地区高技术产业主营业务收入的变化来看,从 2001 年的 1225.2 亿元增加到 2007 年的 3362.1 亿元,年均增长 18.3%(表 11-1),同样反映了北京地区高技术产业规模的持续扩大和市场竞争力的提升。

从上述经济指标的分析可以看出,"十五"以来,北京地区高技术产业进入一个新的持续增长的发展阶段,高技术产业的快速发展,带动着整个制造业的技术提升和产业结构的调整。

2. 劳动生产率比制造业高出 46.5%

全员劳动生产率是反映企业生产力水平和经济效益的重要指标，是产业技术水平、经营管理水平、职工技术熟练程度和劳动积极性的综合体现。

一般来说，高技术产业具有高附加值的特征，与其他制造业相比，创造更高的劳动生产率(按人均增加值计算，下同)。2007 年北京地区高技术产业全员劳动生产率达到 22.7 万元/人，与全部制造业的劳动生产率(15.5 万元/人)相比，高出 46.5%。而 2001 年高技术产业劳动生产率为 14.7 万元/人，是制造业劳动生产率的 2.1 倍。图 11-2 反映了 2001—2007 年期间北京高技术产业劳动生产率的变化。

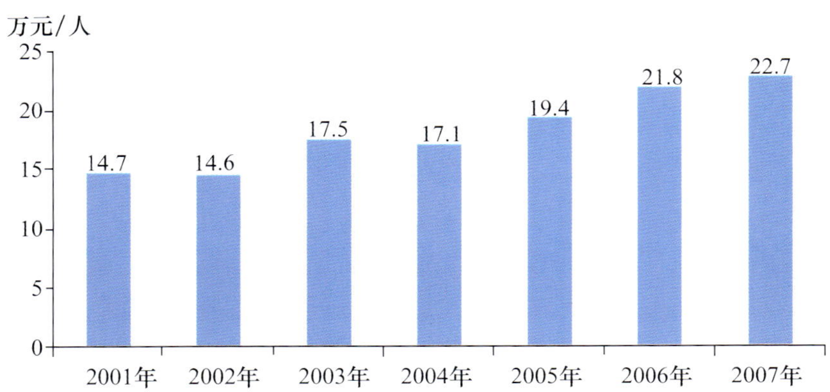

图 11-2 北京地区高技术产业全员劳动生产率的变化(2001—2007 年)

资料来源：国家统计局，国家发展和改革委员会，科学技术部. 中国高技术产业统计年鉴. 2002-2008.

可见，在相同的环境下，高技术产业比制造业的其他行业具有较高的劳动生产率，经济效益的明显优势表明以高技术产业为主导方向的产业结构调整取得了显著成效。

3. 产值利税率呈下降趋势

产值利税率是指单位产值创造的利润和税收之和，是反映企业产出经济效益的指标。“十五”以来，北京高技术产业产值利税率呈现明显的下降趋势，如图 11-3 所示。

北京地区高技术产业的产值利税率 2001 年为 10.4%，2006 年为 6.4%，是近几年的最低点，2007 年为 7.6%，略有回升。与制造业相比，2001 年高技术产业的产值利税率超过制造业的总体水平，由于近几年高技术产业的利润增长速度远低于制造业，特别是电子计算机及办公设备制造业的利润总额在 2002—2006 年期间连续大幅度下降，导致整个高技术产业产值利税率呈下降趋势，到 2007 年，低于制造业产值利税率(8.2%)。尽管高技术产业的产值利税率有所下降，并低于制造业的总体水平，但高技术产业的利润和利税，在全部制造业中分别占 43.2%和 35.7%。显然，高技术产业是制造业产值利税率保持较高水平的重要因素。

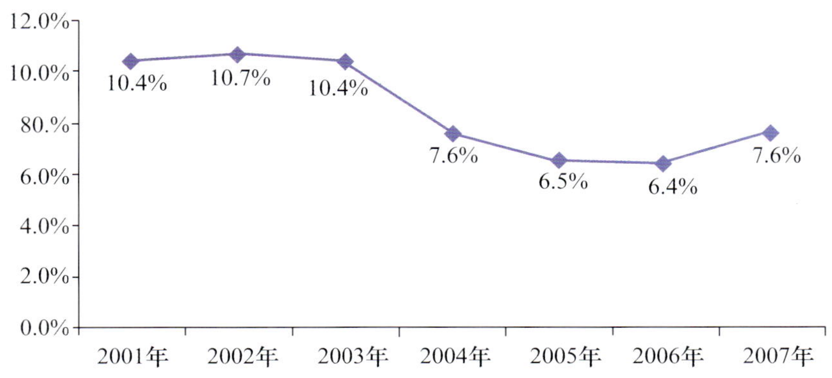

图 11-3 北京地区高技术产业产值利税率变化趋势(2001—2007 年)

资料来源:国家统计局,国家发展和改革委员会,科学技术部. 中国高技术产业统计年鉴. 2002-2008.

二、行业的发展与变化

高技术产业领域包括医药制造业,航空航天器制造业、电子及通信设备制造业,电子计算机及办公设备制造业,以及医疗设备及仪器仪表制造业等 5 个行业。

2007 年,北京高技术产业的工业总产值达到 3186.7 亿元,其中,规模最大的是电子及通信设备制造业,占 71.2%;电子计算机及办公设备制造业占 13.3%,居第二位;医疗设备及仪器仪表制造业和医药制造业分别占 7.2%和 6.4%;航天航空器制造业所占份额最小(图 11-4)。

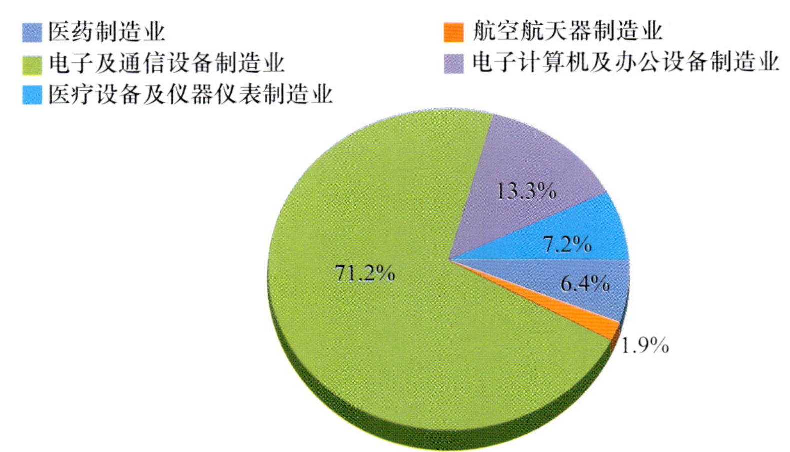

图 11-4 北京地区高技术产业总产值各行业所占比重(2007 年)

资料来源:国家统计局,国家发展和改革委员会,科学技术部. 中国高技术产业统计年鉴 2008.

电子及通信设备制造业,电子计算机及办公设备制造业和医疗设备及仪器仪表制造业等三个行业的工业总产值占全部高技术产业的 91.9%,而且它们近几年的变化,反映出北京高技术产业发展的方向、特点及对地区经济的影响。

1. 电子及通信设备制造业占主体地位

在高技术产业各个行业中，电子及通信设备制造业的主要经济指标都占有很大份额。2007 年，电子及通信设备制造业的企业数为 414 家，从业人员年平均人数达 12.7 万人，分别占北京地区高技术产业从业人数的 35.6％和 51.6％；工业总产值和增加值分别占高技术产业总量的 71.2％和 48.6％（表 11-2）。主营业务收入、利润和利税等指标占高技术产业的比重都超过一半，出口交货值所占比重更高达 94.2％。

表 11-2 北京地区高技术产业主要经济指标按行业分布（2007 年）

	企业数（个）	从业人员年平均人数（万人）	工业总产值（亿元）	增加值（亿元）	主营业务收入（亿元）	利润（亿元）	利税（亿元）	出口交货值（亿元）
高技术产业合计	1163	24.6	3186.7	558.1	3362.1	184.9	243.0	1420.5
医药制造业	191	4.1	202.3	81.6	197.9	20.5	36.3	6.5
航空航天器制造业	17	1.8	60.4	25.4	59.9	5.5	6.5	0.3
电子及通信设备制造业	414	12.7	2269.5	271.3	2291.3	113.6	132.2	1337.6
电子计算机及办公设备	112	1.9	424.3	104.9	571.3	8.0	18.4	47.4
医疗设备及仪器仪表制造业	429	4.1	230.1	74.9	241.7	37.4	49.7	28.8

资料来源：国家统计局，国家发展和改革委员会，科学技术部. 中国高技术产业统计年鉴 2008.

从 2001—2007 年期间的年平均增长率来看，电子及通信设备制造业各项经济指标都以两位数的速度增长，其中工业总产值和出口交货值的增长率高达 21.6％和 39.0％。规模大、发展速度快，形成了电子及通信设备制造业的强势地位。

2. 电子计算机及办公设备制造业呈下降趋势

2007 年，从北京地区的电子计算机及办公设备制造业主要经济指标在高技术产业总量中所占的份额来看，工业总产值为 13.3％，增加值为 18.8％，主营业务收入为 17.0％（表 11-3）。这一行业的规模在高技术产业的 5 个行业中居第二位。但近几年来，从业人员减员，利润连续出现负增长。2001 年以来，与其他行业相比，主要经济指标增长缓慢。因此，电子计算机及办公设备制造业对高技术产业的贡献呈现衰减趋势。

表 11-3 电子计算机及办公设备制造业主要经济指标占高技术产业比重的变化（2001 年，2007 年）

	企业数	从业人员数	工业总产值	增加值	主营业务收入	利润	利税	出口交货值
2001 年所占比重（％）	10.1	12.3	22.4	19.0	25.9	13.0	15.3	0.4
2007 年所占比重（％）	9.6	7.6	13.3	18.8	17.0	4.3	7.6	3.3

资料来源：国家统计局，国家发展和改革委员会，科学技术部. 中国高技术产业统计年鉴. 2002，2008.

表 11-3 中数字显示，除出口交货值所占比重有所增加外，主要指标所占比重都在下降，其中，工业总产值、利润和利税指标所占比重下降幅度很大。

由于从业人员减少，增加值以年均 15.1%的速度增长，因此，电子计算机及办公设备制造业的全员劳动生产率 2001 年为 22.8 万元/人，到 2007 年增长为 55.8 万元/人，是高技术产业总体水平的 2 倍。但由于利润连年下滑，使其产值利税率从 2001 年的 7.1%下降到 2007 年的 4.3%，居 5 个行业的末位，成为整个高技术产业产值利税率下滑的关键原因。

3. 医疗设备及仪器仪表制造业快速发展

2001 年以来，医疗设备及仪器仪表制造业是北京地区高技术产业中发展最快的行业，按 2001—2007 年期间的年平均增长率计算，主要经济指标的增长率都在 20%以上，其中，工业总产业值、增加值、主营业务收入和利税的年均增长率分别为 25.0%、26.8%、24.9%和 29.4%。快速增长使医疗设备及仪器仪表制造业的规模不断扩大，2007 年，其工业总产值达到 230.1 亿元，增加值和主营业务收入分别达到 74.9 亿元和 241.7 亿元，利税达到 49.7 亿元。这些指标占高技术产业总量的比重都有增加，其中，增加值和利税所占的比重 2007 年分别为 13.4%和 20.4%，比 2001 年分别提高了 5.8%和 11.1%。2007 年利润超过了医药制造业、航空航天器制造业和电子计算机及办公设备制造业等 3 个行业的总和。

2001 年，北京医疗设备及仪器仪表制造业的劳动生产率仅为 7.1 万元/人，2007 年提高到 18.3 万元/人，增长了 1.6 倍。由于从业人员规模增加较快，其劳动生产率仍低于高技术产业的整体水平。

再从产值利税率来看，医疗设备及仪器仪表制造业 2001 年的产值利税率为 17.5%，2007 年达到 21.6%，比高技术产业产值利税率的平均水平高出 14%。显示出北京医疗设备及仪器仪表制造业在快速发展的同时，取得了较好的经济效益。

三、高技术产业对地区经济的作用

高技术产业的快速发展，持续推动着北京地区经济发展和产业结构的调整。从 2007 年高技术产业主要经济指标在北京地区制造业中所占的份额来看，企业数和从业人员年平均人数约占制造业的 20%，工业总产值和利税的贡献率占 30%—40%左右，出口交货值所占比重高达 76.4%(图 11-5)。

高技术产业工业总产值占制造业的比重是衡量制造产业结构的重要指标。2007 年，北京高技术产业工业总产值已达到 3186.7 亿元，占全部制造业总产值的比重高达 38.5%，与全国总体水平相比，高出 24.2%。

北京地区高技术产业增加值 2007 年已达到 558.1 亿元，占全部制造业增加值的 32.8%，与全国总体水平相比，高出 20.4%(图 11-6)。2001 年以来，北京地区高技术产业增加值占制造业的比重都超过了 25%，这一指标也高于发达国家的水平。

数据表明，北京高技术产业在制造业中占有重要地位，显示出北京地区制造业具有向技术密集型转变的特征，这是产业结构调整政策向高技术产业倾斜的结果，也是市场选择的必然趋势。

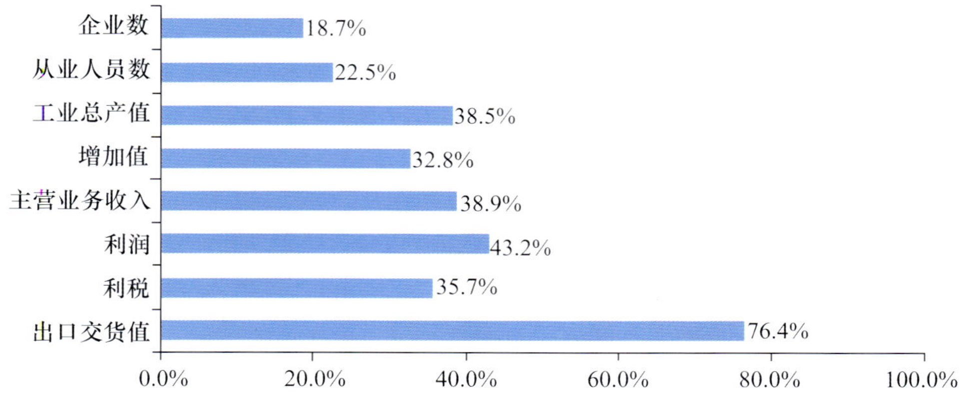

图 11-5 北京地区高技术产业主要经济指标占制造业的比重(2007 年)

资料来源:国家统计局,国家发展和改革委员会,科学技术部. 中国高技术产业统计年鉴. 2002-2008.

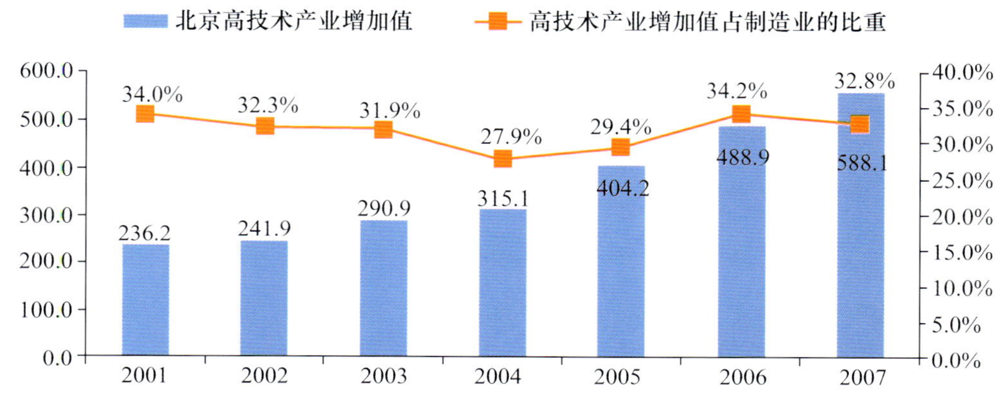

图 11-6 北京地区高技术产业增加值占制造业比重的变化(2001—2007 年)

资料来源:国家统计局,国家发展和改革委员会,科学技术部. 中国高技术产业统计年鉴. 2002-2008. 北京市统计局,国家统计局北京调查总队. 北京统计年鉴. 2002-2008.

高技术产业增加值占地区生产总值的比重反映了高技术产业对地区经济发展的贡献,2001 年以来,北京高技术产业对地区生产总值的贡献率保持在 6.0%左右(表 11-4)。

表 11-4 北京地区高技术产业对地区生产总值的贡献率(2001—2007 年)

	2001 年	2002 年	2003 年	2004 年	2005 年	2006 年	2007 年
北京地区生产总值(亿元)	3710.5	4330.4	5023.8	6060.3	6886.3	7861.0	9353.3
高技术产业增加值(亿元)	236.2	241.9	290.9	315.1	404.2	488.9	558.1
占地区生产总值的比重(%)	6.4	5.6	5.8	5.2	5.9	6.2	6.0

资料来源:国家统计局,国家发展和改革委员会,科学技术部. 中国高技术产业统计年鉴. 2002-2008. 北京市统计局,国家统计局北京调查总队. 北京统计年鉴. 2002-2008.

四、高技术产业在全国的地位

改革开放以来，特别是近10多年来，我国大力发展高技术产业，促进了产业结构的调整和升级，推动了经济增长方式的转变，增强了国家经济的竞争力。2007年我国高技术产业的总产值突破5万亿元，工业增加值在2006年突破1万亿元，2001—2007年，高技术产业总产值的年均增长率达到26.6%，增加值的年均增长速度为24.7%。规模的持续扩大，使我国高技术产业占世界高技术产业总产值的比重由1985年的2.2%增加到2007年的21.3%。

从高技术产业的主要经济指标来看，北京在全国高技术产业总量中占有一定的份额，是对全国高技术产业发展作出主要贡献的地区之一（图11-7）。

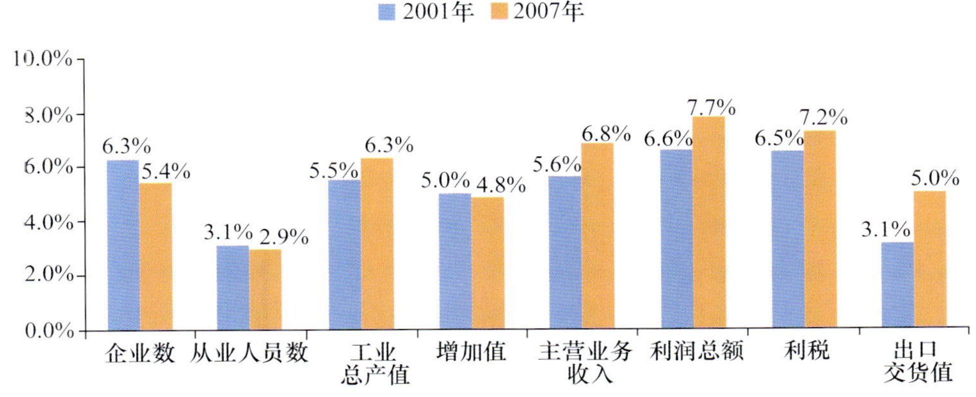

图11-7 北京高技术产业主要经济指标占全国总量的比重（2001年，2007年）

资料来源：国家统计局，国家发展和改革委员会，科学技术部. 中国高技术产业统计年鉴. 2002，2008.

图11-7中数据显示，除了从业人员年平均人数所占份额为2.9%外，其他指标占全国高技术产业总量的比重都在5.0%左右。

就2007年的工业总产值而言，北京高技术产业的几个行业中，占全国份额超过5%的有航空航天器制造业（5.9%），电子及通信设备制造业（9.0%）和医疗设备及仪器仪表制造业（7.4%）。

2007年全国高技术产业的工业总产值超1000亿元的有10个地区，这些地区占全国高技术产业总产值的比重，如表11-5所示。

表11-5 高技术产业工业总产值前10位地区占全国的比重（2007年）

地区	工业总产值（亿元）	占全国的比重（%）
北京	3186.7	6.3
天津	2211.0	4.4

续表

地区	工业总产值(亿元)	占全国的比重(%)
辽宁	1019.0	2.2
上海	5631.0	11.2
江苏	9661.0	19.1
浙江	2847.8	5.6
福建	1797.8	3.6
山东	3134.7	6.2
广东	14702.0	29.1
四川	1107.3	2.2

资料来源:国家统计局,国家发展和改革委员会,科学技术部.中国高技术产业统计年鉴2008.

这10个地区高技术产业工业总产值合计占全国总量的89.8%,其中,居前三位的广东、江苏和上海分别占全国总量的29.1%、19.1%和11.2%,这三个省市合计占全国高技术产业工业总产值的59.4%,可见我国高技术产业的集中度很高。北京在全国居第四位,但与广东、江苏和上海之间在高技术产业规模上存在较大差距。

各地产业结构的差别很大,高技术产业各个行业在全国所占的地位各不相同。北京地区只有电子及通信设备制造业的总产值占全国总量的9.0%,居全国第三位,其他几个行业所占全国总量的份额较小。

电子及通信设备制造业居全国前三位的是广东,江苏和北京,2007年这三个地区的总产值分别为8257.0亿元,4929.8亿元和2269.5亿元,分别占全国总量的32.9%、19.6%和9.0%。虽然北京居第三位,但与广东和江苏之间的差距很大。

北京地区医疗设备及仪器仪表制造业2007年的总产值为230.1亿元,占全国行业总产值的7.4%,居全国第六位,排在前五位的是江苏、广东、浙江、山东和上海,这五省市占全国行业总产值的比重分别为18.9%、15.5%、14.3%、9.4%和9.0%。

北京地区航空航天器制造业占全国行业总产值的比重2007年为5.9%,居全国第六位。这一行业总产值居前三位的陕西、四川和辽宁,占全国总量的比重分别为21.2%、13.6%和11.6%。

电子计算机及办公设备制造业是高技术产业中集中度最高的行业,2007年工业总产值最多的5个省市是广东(5496.3亿元)、江苏(3444.9亿元)、上海(3175.2亿元)、福建(914.3亿元)和浙江(552.1亿元),分别占全国行业总产值的37.0%、23.2%、21.4%、6.2%和3.7%,合计占91.5%,北京地区仅占全国总量的2.9%,居第六位。

医药制造业是高技术产业中离散度最大的行业,2007年工业总产值居前三位的山东(872.8亿元)、江苏(642.6亿元)和浙江(576.1亿元),分别占全国行业总产值的13.7%、10.1%和9.1%。北京地区医药制造业的总产值仅为202.4亿元,占全国总量的3.2%,在全国居第十三位。

综观上述分析,就高技术产业各个行业的规模而言,北京在电子及通信设备制造业领域，还占有一定的优势，其他几个行业与其他先进地区相比存在很大差距。

从高技术产业对地区经济的贡献而言，2007 年，在高技术产业增加值超过 500 亿元的 7 个地区中，高技术产业占地区生产总值比重最高的是天津为 12.1%（图 11-8），其后是广东（9.2%）、江苏（8.1%）、上海（7.7%），北京为 6.0%，高于山东（3.7%）和浙江（3.2%）。

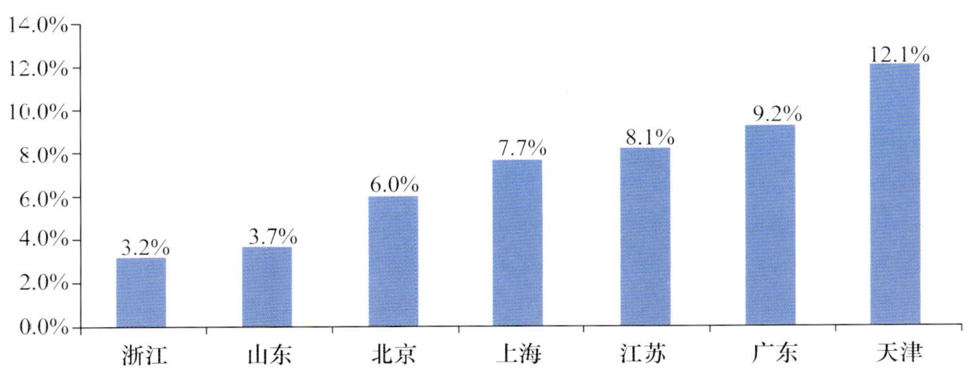

图 11-8　部分省市高技术产业增加值占地区生产总值的比重(2007 年)

资料来源：国家统计局，国家发展和改革委员会，科学技术部. 中国高技术产业统计年鉴 2008；国家统计局. 中国统计年鉴 2008.

第二节　技术创新活动

知识创新、技术创新是高技术产业的根本，是其持续发展的推动力。高技术产业是创新能力强和技术创新最为活跃的领域。本节通过对高技术产业中大中型企业的研发活动、技术获取、新产品开发及专利等内容的分析，反映北京地区高技术产业技术创新活动的发展、特点、优势及存在的问题。

一、研发活动

研发活动是创造新知识和产生新技术的最主要的活动，研发经费是衡量产业技术创新活跃程度和技术先进性的重要指标。

1. 集中了制造业研发经费的一半

高技术产业是研发经费高投入的产业，北京地区高技术产业随着规模的扩大，不断加大研发经费的投入力度。研发经费支出由 2001 年的 12.9 亿元增加到 2007 年的 29.0 亿元，增加了 1.2 倍，年均增长率为 14.5%。2007 年，高技术产业研发经费占北京制造业全部研发经费(56.8 亿元)的 51.1%，即北京制造业研发经费的一半多集中在高技术产业。

在高技术产业的 5 个行业中，电子及通信设备制造业和电子计算机及办公设备制造业是研发经费最多的两个行业，分别占高技术产业 2007 年研发经费总支出的 36.6%和

35.8%。其中,电子计算机及办公设备制造业占全国行业研发经费支出总量的12.7%,仅少于广东(29.4%)和江苏(13.9%)。

2. 研发经费支出退居全国第六位

2007年,全国高技术产业研发经费支出总额达到545.3亿元,是2001年的2.5倍,年均增长率达23.1%,比北京的增长速度高8.4%。北京高技术产业研发经费占全国总量的比重由2001年的8.2%下降到2007年的5.3%。与全国其他地区相比,2001年,高技术产业研发经费支出最多的是广东,占全国总量的38.3%;北京居第二位。在其后的6年间,江苏、上海、山东、浙江等省市加大研发经费的投入,到2007年,各个省市在全国高技术产业研发经费总量中所占份额及其排序发生了很大变化。居首位的广东占33.0%,江苏占13.5%,居第二位;上海、山东和浙江分别占8.7%、8.1%和7.1%,居第三、第四和第五位;北京占5.3%,退居第六位。这种排序基本与各个地区高技术产业规模的大小相吻合。

二、产品创新

产品创新是企业技术创新活动的重要形式,产品创新活动包括采用新技术原理、新设计构思研制、生产全新产品,或明显改进原有产品的结构、材质、工艺等,从而显著提高产品性能或扩大使用功能。

依据新产品开发经费支出和新产品销售收入的相关数据,可以反映高技术产业产品创新活动的投入与产出情况。

1. 新产品开发经费强度低

新产品开发经费是企业科技活动经费内部支出中用于新产品研发的经费支出,包括新产品的研究、设计、模型研制、测试、试验等费用支出。“十五”初期的2001年,北京地区高技术产业的大中型企业投入新产品开发经费14.1亿元,除了2003年外,“十五”期间,呈稳步增长态势,2007年达到28.7亿元。2001—2007年的年均增长率为12.5%。同期,全国高技术产业新产品开发经费支出从134.5亿元增加到2007年的652.0亿元,年均增长率达到30.1%。新产品开发经费投入规模较大地区的年均增长速度都很快,如浙江高达51.7%,江苏达49.1%,广东为31.1%,山东为28.9%。还有福建(36.4%)、天津(33.4%)、四川(29.6%)、上海(19.6%)和陕西(17.1%)的增长速度都超过北京。增长速度的差距,形成了各地区新产品开发经费在全国总量中所占比重的变化,广东居第一位,占30.8%,北京地区高技术产业新产品开发经费占全国的比重从2001年的10.5%下降至2007年的4.4%,新产品开发经费占全国比重超过北京的还有江苏(17.2%)、上海(8.1%)、山东(7.4%)浙江(6.9%)和四川(4.5%)。

从高技术产业几个行业的新产品开发经费的规模来看,2001年规模最大的是电子计算机及办公设备制造业,电子及通信设备制造业居第二位,新产品开发经费分别为7.3亿元和5.9亿元,占北京高技术产业新产品开发经费总支出的51.3%和41.6%。但这两个行业2001—2007年期间的年均增长率仅为6.4%和11.1%。2007年,电子及通信设备制造业的新产品开发经费支出规模最大,为11.1亿元,电子计算机及办公设备制造业降至第二位，为10.5亿元，占总量的比重也分别降至38.6%和36.6%。由于这两个行业是北京地区高技术产业的主要部分，其新产品开发经费的规模和增长决定了北京地区高技术产业新产品开发的方向和发展。近几年来，医药制造业、航空航天器制造业、医疗设备及仪器仪表制造业等3个行业新产品开发经费增长很快，经费投入规模不断扩大，到2007年，其新产品开发经费分别达到2.3亿元、2.1亿元和2.8亿元。虽然，这3个行业新产品开发经费合计还不及电子及通信设备制造业，或者电子计算机及办公设备制造业，但占高技术产业总量的比重已从2001年的7.1%增长到2007年的24.9%，提高了17.8%(图11-9)。

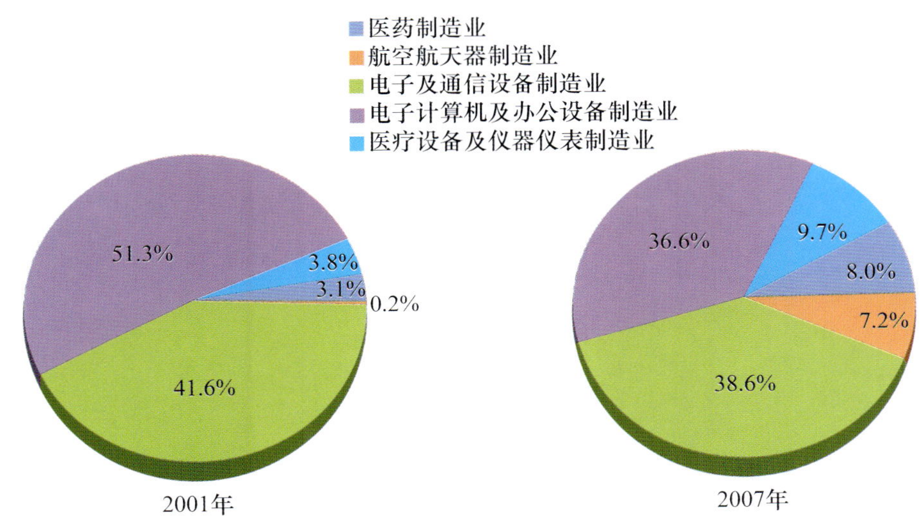

图11-9 北京地区高技术产业新产品开发经费按行业分布(2001年,2007年)

资料来源:国家统计局,国家发展和改革委员会,科学技术部.中国高技术产业统计年鉴.2002,2008.

新产品开发经费占主营业收入的比重是衡量新产品开发强度的指标。2001—2007年，北京地区高技术产业新产品开发经费强度2003年最低，仅为0.7%，2007年为0.9%，其他年份都在1.0%以上。2007年高技术产业主营业务收入比上年增长18.7%，而新产品开发经费比上年下降了11.6%，导致新产品开发经费强度由2006年的1.2%下降为2007年的0.9%，比2007年全国总体水平(1.3%)低0.5%。

与新产品开发经费投入规模较大的其他地区相比，2007年北京地区高技术产业新产品开发经费强度最低(图11-10)。

显然，北京地区高技术产业无论研发经费强度，还是新产品开发经费强度都明显低于其他经济发达地区。尤其是作为北京高技术产业主体的电子及通信设备制造业，其研发经费强度和新产品开发经费强度都低于全国的平均水平。2007年的新产品开发经费强度仅为0.5%，更低于其他几个行业。长此以往，北京高技术产业难以提升自主创新能力，将会丧失竞争优势。

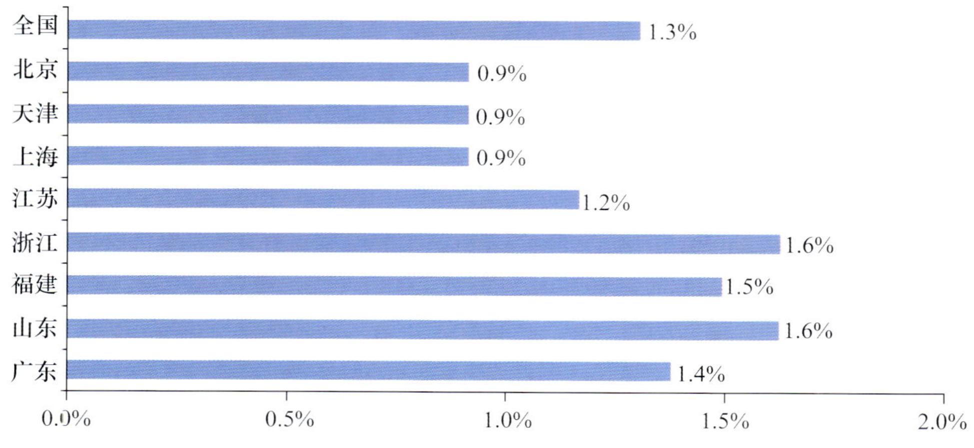

图 11-10　部分地区高技术产业的新产品开发经费强度(2007 年)

资料来源:国家统计局,国家发展和改革委员会,科学技术部.中国高技术产业统计年鉴 2008.

2. 新产品销售收入增长较快

新产品销售收入是衡量产品创新产出的指标,其规模和增长速度反映了企业产品创新的能力和水平。北京高技术产业新产品销售收入呈现出较快的增长速度,由 2001 年的 424.7 亿元增加到 2007 年的 1523.8 亿元,增加了 2.3 倍,6 年间,高技术产业的新产品销售收入的年均增长速度为 23.7%,比同期高技术产业主营业务收入的年均增长速度 18.3%还高出 5.4%。

北京地区高技术产业新产品销售收入主要来自电子及通信设备制造业。2007 年电子及通信设备制造业的新产品销售收入高达 1153.0 亿元,占高技术产业新产品销售收入的 75.7%。电子计算机及办公设备制造业的新产品销售收入 2007 年为 312.3 亿元,占全部高技术产业新产品销售收入的 20.5%。其他行业的新产品销售收入合计占全部高技术产业新产品销售收入的比重不到 4.0%。从 2001—2007 年各个行业新产品销售收入的增长速度来看,航空航天器制造业的增长速度最快,6 年间增长了 5.9 倍,年均增长率达到 37.8%。其次是电子及通信设备制造业,6 年间增长了 4.4 倍,年均增长率为 32.5%。增长最慢的是电子计算机及办公设备制造业,年均增长速度仅为 8.2%,因此其新产品销售收入占全部高技术产业新产品销售收入的比重由 2001 年的 45.9%下降到 2007 年的 20.5%,减少了 25.4 个百分点。

同期,全国高技术产业的新产品销售收入由 2001 年的 2875.9 亿元增加到 2007 年的 10303.2 亿元,增加了 2.6 倍,6 年间的年均增长率为 23.7%,北京高技术产业的新产品销售收入增长率同为 23.7%。因此,2001—2007 年,北京在全国高技术产业的新产品销售收入中所占的比重都为 14.8%,在全国各地区中居第二位(图 11-11)。2007 年,在全国新产品销售收入中所比重最大的是广东,为 19.2%,上海和江苏分别为 13.7%和 13.0%,居第三和第四位。由于增长速度不同,各地区在全国总量中所占比重发生了变化,相对于 2001 年而言,2007 年所占比重增加最多的是江苏,由 9.7%增加到 13.0%,减少最多的是上海,由 18.7%下降到 13.7%,另外,天津由 12.4%减少到 8.7%。

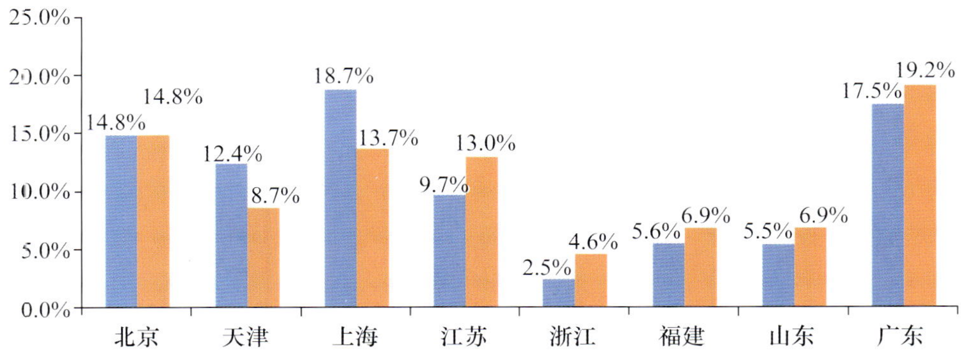

图 11-11　部分地区高技术产业新产品销售收入占全国比重变化(2001 年,2007 年)

资料来源:国家统计局,国家发展和改革委员会,科学技术部.中国高技术产业统计年鉴.2002,2008.

全国高技术产业的新产品销售收入主要来自电子及通信设备制造业和电子计算机及办公设备制造业,2007 年,这两个行业的新产品销售收入占全国高技术产业新产品销售收入的比重分别为 58.4%和 27.3%。

全国电子及通信设备制造业的新产品销售收入由 2001 年的 1878.1 亿元增加到 2007 年的 6013.0 亿元,增加了 2.2 倍,年均增长率为 21.4%。北京电子及通信设备制造业的新产品销售收入由 2001 年的 213.3 亿元增加到 2007 年的 1153.0 亿元,增加了 4.4 倍,年平均增长率达到 32.5%,比全国同行业的增长率高 11.1%。因此,北京地区电子及通信设备制造业新产品销售收入占全国的比重由 2001 年的 11.4%增加到 2007 年的 19.2%,提高了 7.8%,成为全国同行业新产品销售收入最多的地区。

从电子及通信设备制造业的新产品销售收入占全国的比重来看,2001 年,全国居前 6 位的地区依次为:上海(22.3%)、广东(18.2%)、天津(16.3%)、北京(11.4%)、江苏(10.3%)和山东(7.1%);到 2007 年,排序发生了重大变化,北京从 2001 年的第四位跃居第一位,上海从第一位退居第六位,广东(18.6%)和天津(14.3%)依然居第二和第三位,江苏(11.4%)和山东(8.6%)都提升了一位,分别居第四和第五位。

全国电子计算机及办公设备制造业的新产品销售收入由 2001 年的 629.4 亿元增加到 2007 年的 2814.7 亿元,增加了 3.5 倍,6 年间的年均增长率为 28.4%。电子计算机及办公设备制造业新产品销售收入的地区集中度很高,2007 年,上海、广东等 6 省市集中了全国电子计算机及办公设备制造业 97.1%的新产品销售收入。

由于发展速度不同,各地区电子计算机及办公设备制造业新产品销售收入占全国比重的变化很大。最突出的变化是北京,北京地区的电子计算机及办公设备制造业新产品销售收入占全国的比重由 2001 年的 31.0%锐减到 2007 年的 11.1%,减少了近 20%。因此,按新产品销售收入占全国比重的排序中,北京由 2001 年的第一位退居 2007 年的第五位。

表 11-6　电子计算机及办公设备制造业新产品销售收入占全国比重居前 6 位的地区(2001 年,2007 年)

排序	2001 年		2007 年	
	地区	占全国的比重(%)	地区	占全国的比重(%)
1	北京	31.0	上海	30.2
2	广东	23.1	广东	25.1
3	福建	15.5	福建	13.4
4	上海	11.7	江苏	12.9
5	天津	6.3	北京	11.1
6	江苏	5.9	山东	4.4

资料来源:国家统计局,国家发展和改革委员会,科学技术部.中国高技术产业统计年鉴.2002,2008.

新产品销售收入市场占有率的动态变化,反映了各个地区高技术产业不同的产品创新能力和水平。

北京地区的电子计算机及办公设备制造业新产品销售收入占全国的比重大幅缩小,反映出竞争优势的衰退和行业产品创新能力与水平的下降,这是新产品开发经费长期投入不足造成的必然结果。

3. 电子计算机及办公设备制造业的新产品销售份额最高

新产品销售份额是指新产品销售收入占主营业务收入的比重,反映产品创新对整个产业主营业务收入的贡献。

北京地区高技术产业的新产品销售份额由 2001 年的 34.7%增加到 2007 年的 45.3%,提高了 10.6%。从近几年的情况看,高技术产业的新产品销售份额总体呈上升趋势,但发展很不稳定,其中,2001 年、2002 年和 2004 年都在 30%以上,2007 年达到最高值,但 2003 年、2005 年和 2006 年的三年均不足 20.0%。

从各个行业的新产品销售份额来看,电子计算机及办公设备制造业的新产品销售份额最高,2007 年为 54.7%,电子及通信设备制造业也达到 50.3%(表 11-7)。这从一个方面反映出这两个行业的产品创新的周期短、产品更新换代的速度快及市场竞争激烈的特点。

表 11-7　北京地区高技术产业的新产品销售份额(2001—2007 年)

	2001 年	2002 年	2003 年	2004 年	2005 年	2006 年	2007 年
全部高技术产业(%)	34.7	39.3	17.8	30.5	17.4	14.9	45.3
医药制造业	14.4	20.8	19.8	14.1	14.3	11.2	19.1
航空航天制造业	3.6	4.5	1.3	1.7	8.9	8.0	9.1
电子及通信设备制造业	28.2	34.7	20.7	27.7	6.2	4.7	50.3
电子计算机及办公设备制造业	61.5	68.8	15.9	52.7	54.2	51.5	54.7
医疗设备及仪器仪表制造业	9.4	8.6	9.5	7.9	7.4	6.6	6.4

资料来源:国家统计局,国家发展和改革委员会,科学技术部.中国高技术产业统计年鉴.2002-2008.

从表11-7中可以看出，医药制造业的新产品销售份额处在中等偏下的水平，但变化不大，近几年都在10.0%—20.0%之间，航空航天器制造业和医疗设备及仪器仪表制造业处于较低的水平，分别为9.1%和6.4%。

三、专利

专利是企业发明创造活动和技术创新活动的重要内容，是企业提高技术水平和增强竞争力的重要手段。专利指标通常作为评价企业技术创新活动产出和技术创新能力的重要指标。

1. 专利产出呈现快速增长趋势

北京地区高技术产业的发明、实用新型和外观设计三种专利总的申请量由2001年的369件增加到2007年的1418件，增加了2.8倍。"十五"期间，每年的专利申请量都在1000件以内，"十一五"时期的前两年，高技术产业的专利申请量快速增长，2006年达到944件，比2005年增长了21.5%；2007年专利申请量突破1000件，比2006年增长了50.2%。

发明专利拥有量是指企业拥有的发明授权并仍在生效的发明专利总和。北京地区高技术产业的发明专利拥有量2001年只有94件，"十五"期间，每年都没有超过500件，而2007年突破了2000件，达到2383件，是前6年发明专利拥有量总和的1.4倍。

北京地区高技术产业的专利产出主要来自电子计算机及办公设备制造业和电子及通信设备制造业。2007年，这两个行业分别占北京地区高技术产业专利申请总量的49.2%和43.1%，而其他三个行业的专利产出所占比重很小，合计仅占7.7%（表11-8）。在高技术产业拥有的发明专利中，电子计算机及办公设备制造业、电子及通信设备制造业两个行业分为占76.2%和19.4%，合计占95.6%。航空航天器制造业近几年不拥有发明专利，医疗设备及仪器仪表制造业和医药制造业所占比重仅为1.5%和2.9%。专利指标的显著差距反映出不同行业处于不同的发展阶段和市场竞争的环境，也表明不同行业的技术创新活动及其产出的表现形式存在明显的差别。

表11-8　北京地区高技术产业专利产出的行业分布（2007年）

	专利申请量		发明专利拥有量	
	（件）	所占比重（%）	（件）	所占比重（%）
高技术产业	1418	100.0	2383	100.0
医药制造业	22	1.6	69	2.9
航空航天器制造业	10	0.7	—	—
电子及通信设备制造业	611	43.1	463	19.4
电子计算机及办公设备制造业	697	49.2	1815	76.2
医疗设备及仪器仪表制造业	78	5.5	36	1.5

资料来源：国家统计局，国家发展和改革委员会，科学技术部. 中国高技术产业统计年鉴2008.

2007年，北京大中型工业企业的专利申请量为2462件，拥有发明专利量为5880件，其中高技术产业分别占57.6%和40.5%。另外，从专利申请量中发明专利所占的比重来看，全部大中型工业企业为58.3%，高技术产业为71.5%，相差13.2%。表明北京地区高技术产业专利产出的数量和质量，与全部大中型工业企业相比，占有明显优势。

2. 专利密度显著高于全国平均水平

从全国高技术产业专利产出来看，专利申请量 2001 年仅有 3379 件，到 2004 年超过 1 万件，2006 年和 2007 年分别突破 2 万件和 3 万件，2007 年为 34446 件，比 2006 年增长了 41.7%。2001 年以来的 6 年间，高技术产业的专利申请量和发明专利拥有量年均增长率分别高达 47.3%和 71.4%。

北京地区高技术产业专利申请量和发明专利拥有量，2007 年分别占全国总量的 4.1%和 17.8%。与 2001 年相比，专利申请量所占比重减少了 6.8%，发明专利拥有量所占比重提高了 11.7%。发明专利拥有量在全国仅少于广东，居第二位。

专利密度是衡量企业发明创造活动效率和技术创新能力的指标。人均拥有发明专利授权量反映企业知识产权人均拥有量。按千名从业人员年平均人数拥有发明专利件数来计算专利密度，2007 年，全国高技术产业的专利密度为 2.2 件/千人，北京地区高技术产业的专利密度为 14.7 件/千人，是全国平均水平的 6.7 倍，占有十分明显的优势。

3. 电子计算机及办公设备制造业的特殊地位

在 2007 年北京地区高技术产业的专利申请量中，电子计算机及办公设备制造业占有 49.2%的份额；在高技术产业的发明专利拥有量中，电子计算机及办公设备制造业占有 76.2%的份额，其地位和作用十分重要。

在全国电子计算机及办公设备制造业专利申请中，北京所占的比重由 2001 年的 57.5%减小到 2007 年的 21.3%，比居第一位的广东低 17.6%。在全国电子计算机及办公设备制造业的发明专利拥有量中，2007 年北京占 56.5%，居第一位；广东(25.7%)和江苏(12.2%)分居第二和第三位(图 11-12)。这三个省市的发明专利拥有量合计占全国总量的 94.5%。

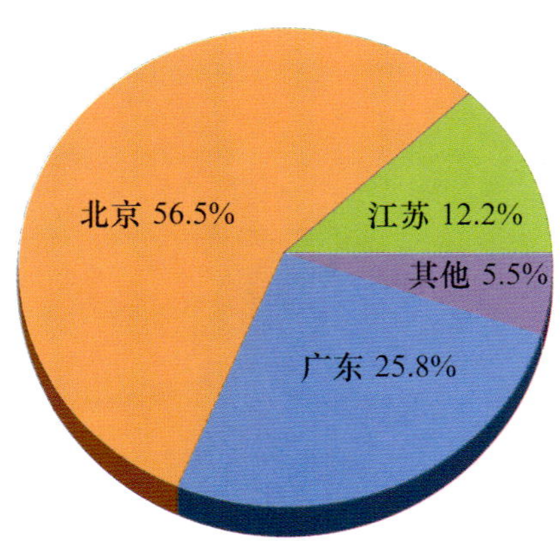

图 11-12　北京电子计算机及办公设备制造业发明专利拥有量占全国的比重(2007 年)

资料来源：国家统计局，国家发展和改革委员会，科学技术部. 中国高技术产业统计年鉴 2008.

数据显示，北京电子计算机及办公设备制造业的专利产出，特别是发明专利拥有量在全国同行中占有明显的优势和特殊的地位。

专题五 中关村科技园的发展

中关村科技园区起源于20世纪80年代初的“中关村电子一条街”，作为我国第一个国家级高新技术产业开发区，经过20余年的发展，逐渐形成了以海淀园为核心的“一区多园多基地”的高科技产业的发展格局。在国家一系列政策和经费的支持下，中关村科技园区覆盖了北京科技、智力、人力和信息资源最密集的区域，也是北京高新技术产业规模最大、发展最快的地区。

按照国务院、北京市委市政府关于做强中关村的重要决策，中关村科技园区坚持技术创新、制度创新、组织创新和文化创新四方面并举的全方位创新，努力探索以自主创新能力为核心的高新技术产业发展，坚持高新技术产业化、市场化和国际化的发展宗旨，各方面的发展不断取得新的成果。

高新技术企业是中关村科技园区高新技术产业发展的主体。本专题根据中关村科技园区管理委员会提供的统计数据和相关资料，分析中关村科技园区的高新技术企业的发展，反映企业科技活动和自主创新等活动的规模、结构和特点。

第一节 高新技术企业的发展

中关村科技园区企业是北京地区创新体系的重要组成部分，多年以来为北京经济的发展作出了重要贡献，也带动了北京地区产业结构的不断升级。本节从企业数量、从业人员、重点产业和园区经济发展等方面分析中关村科技园区企业发展的特征，以及中关村科技园区对北京地区经济的影响和贡献。

一、企业的结构

一个地区企业的数量及其变化直接反映了这一地区对企业家的吸引力和市场活跃程度。中关村科技园区建立之初只有几百家企业，2000年之后，园区企业数量迅速增长，到2007年已经突破两万，达到21025家，比1991年增长了30多倍。经过近30年的发展，一大批世界著名的高新技术企业在中关村崛起。联想、方正、曙光、龙芯、汉王、中星微、百度等一大批以“自主创新、民族品牌”为标志的科技型企业已经成为自主创新的龙头。

1. 企业集中在高新技术领域

中关村科技园区的企业高度集中在高技术行业和高新技术领域。2007年，在两万余家企业中，软件产业一枝独秀，达到7300余家，占企业总数的1/3以上。计算机服务业、专用技术服务业、电子及通信设备制造业等三个行业企业均在3000—4000家之间，合计约1万家，占企业总数的40%以上。电信和其他信息传输服务业、科技交流和推广服务业、专用设备制造业、仪器仪表及文化办公机械制造业等行业的企业均超过1000家，四个行业合计超过企业总数的20%。

从技术领域看，中关村科技园区企业高度集中在电子信息领域，其企业总数接近1.2万家，占企业总数的55.9%。先进制造、新材料、生物医药、新能源也是中关村科技园区企业数量集中的技术领域，企业数均超过1000家，合计占企业总数的28.4%。环境保护、现代农业、航空航天领域企业数量也在迅速提高。

2. 以有限公司和私营企业为主体

经过多年发展，中关村科技园区已经形成以有限公司和私营公司为主体，国有企业、股份公司、外商及港澳台商投资企业为重要组成部分，多种所有制形式并存的良好发展格局。2007年，中关村科技园区企业中有限责任公司达9454家，私营公司7699家，分别占企业总数的45.0%和36.6%；外商投资和港澳台商投资企业分别为1885家和450家，合计占企业总数的11.1%；国有企业521家，股份有限公司329家，分别占企业总数的2.5%和1.6%；其他所有制类型企业687家，占3.3%（专图5-1）。

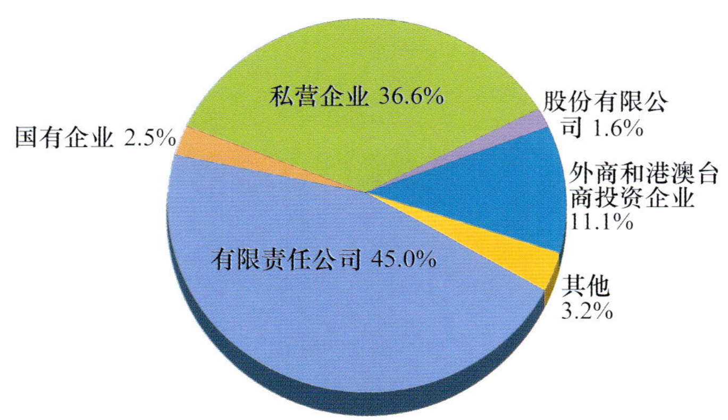

专图5-1 中关村科技园区企业按所有制类型分布（2007年）

资料来源：中关村科技园区管理委员会．中关村科技园区发展报告2008.

二、人力资源概况

高技术产业的竞争，归根结底是人才的竞争。目前，中关村科技园区已形成了资源储备丰富、梯队结构合理的人才资源布局。

1. 从业人员总量快速增长

经过几十年的发展，中关村园区高新技术企业的从业人员总数由1992年的6.9万人增加到2007年的89.2万人，增长了12倍。特别是"十五"期间，伴随着园区原有企业的发展壮大和新增企业数量的稳步增长，园区企业从业人员进入快速增长期（专图5-2）。

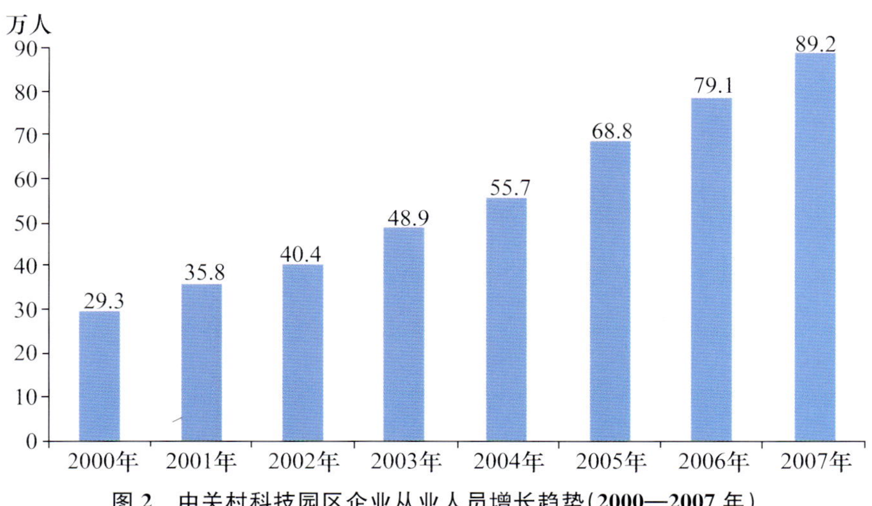

图 2　中关村科技园区企业从业人员增长趋势(2000—2007 年)

资料来源:中关村科技园区管理委员会.中关村科技园区发展报告.2001-2008.

2. 高素质人才聚集

到 2007 年底,园区企业从业人员达 89.9 万人,比上年增加 10.7 万人,同比增长 13.5%。其中,博士学历有 1.0 万人,硕士学历 7.4 万人,大学本科学历 32.1 万人,大专学历 16.5 万人。园区企业大学本科以上学历人员达 40.5 万人,占专业人员总数的 45.1%。这表明中关村科技园区对高素质人才的吸引,高技术产业发展的人才储备不断增强。

3. 从业队伍年轻化

中关村科技园区企业从业队伍具有年轻化的鲜明特征。2007 年园区企业从业人员中,29 岁以下的人员占 50.9%,30—39 岁的人员占 29.4%,即 40 岁以下的从业人员占到从业人员总量的 80.3%,充分显示了年轻人是园区企业的主力军(专图 5-3)。

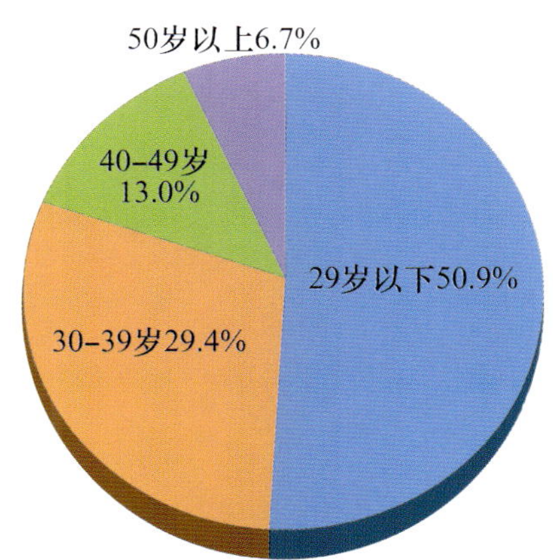

专图 5-3　中关村科技园区企业从业人员的年龄结构(2007 年)

资料来源:中关村科技园区管理委员会.中关村科技园区发展报告 2008.

4. 人才流动活跃

人才流动是企业保持人员更新、技术及管理经验能够有效转移的方式之一。专图5-4表明工作1—3年的人员最多，占企业从业人员的比重在近几年始终保持在34.0%左右；其次是工作1年以内的人员，占企业从业人员总数的29.6%；工作3—5年的人员数最少，占企业从业人员总数的比重近几年维持在约17.0%；在一个企业工作5年以上的人员也较少，所占比例约为20.0%左右。显然，企业从业人员在3年内调换工作的最多。正常的人才流动能够给技术创新带来活力，使技术和经验得到有效的推广和转移，从而促进园区技术创新和组织创新的发展。但是，快速的人才流动会对人才流出企业的经营绩效造成一些负面影响，并将降低企业进行人力资本投资的激励。

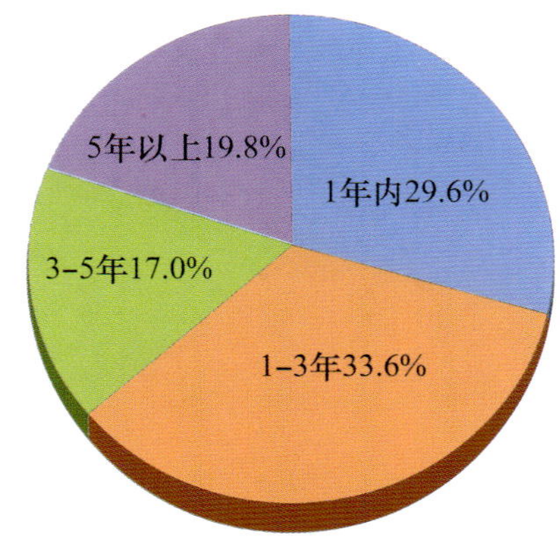

专图5-4 中关村科技园区企业从业人员工作年限分布(2007年)

资料来源：中关村科技园区管理委员会. 中关村科技园区发展报告2008.

2007年统计资料显示，在已开展生产经营活动的21025家企业中，流入人员(新增和调入的从业人员)为35.8万人，占企业从业人员总数的39.8%；而同期流出人员(减少和调出的从业人员)为24.3万人，占企业从业人员总数的27.0%。流入人员和流出人员的比例为1.5∶1，即企业中每离开两名员工，就会招收三名新员工。总体而言，整个园区从业人员数量呈现稳步扩张的态势。

三、经济的发展及其贡献

在国家和北京市的大力支持下，中关村科技园区飞速发展，创造了显著的经济效益，成为首都经济的重要组成部分。

1. 经济强劲发展

2007年，实现总收入9035.7亿元，同比增长33.9%；实现增加值1569.9亿元，同比增长22.1%；上缴税费446.6亿元，同比增长83.8%；出口创汇197.1亿美元，同比增长43.2%。

中关村科技园区企业发展仍然以产品生产为主。从技工贸总收入的结构来看，2007

年产品销售收入为5116.8亿元，占总收入的56.7%，比上年降低了2.6%；技术收入为1473.2亿元，占总收入的16.3%，比上年降低1.4%；商品销售收入为1854.2亿元，占总收入的20.6%，比上年上升了7%。

近几年，总收入超过1亿元的大企业对园区经济增长的贡献日益突出，园区经济总量进一步向亿元企业集中。2007年，园区总收入上亿元的企业共有889家，比上年增加183家。其中，超10亿元的企业有134家，比上年增加了31家。上亿元企业共实现总收入7681.7亿元，占园区总量的85.0%，比上年提高2.2%。同时，亿元企业上缴税费350.9亿元，占园区总量的78.6%；实现出口创汇188.4亿美元，占园区总量的95.6%。

2. 高新技术产业为主体

高新技术产业一直是中关村科技园区产业的主体，其中电子信息、新能源、先进制造、新材料、生物医药、环境保护等六个技术领域的经济规模最大，是体现中关村科技园区高端创新的典型代表。从各领域企业实现的收入总额看，2007年，电子信息产业总收入达到5617.4亿元，同比增长41.1%，占园区企业总收入的62.2%；新能源产业首次超过先进制造业成为园区第二大产业，全年实现总收入813.3亿元，占园区企业总收入的9.0%；先进制造业实现总收入762.3亿元，占园区总收入的比重为8.4%。从上缴税费看，2007年排在前三位的技术领域分别是电子信息、先进制造和生物医药，上缴税费额分别达到270.2亿元、42.8亿元和22.5亿元；新能源产业达到22.2亿元，与生物医药业十分接近。从出口创汇额来看，电子信息和先进制造业最为突出，分别实现158.5亿美元和13.0亿美元，占园区出口创汇总量的80.2%和6.6%（专表5-1）。

专表5-1　中关村科技园区重点技术领域主要经济指标完成情况（2007年）

	总收入（亿元）	所占比重（%）	上缴税费（亿元）	所占比重（%）	出口创汇（亿美元）	所占比重（%）
合计	9035.7	—	446.6	—	197.1	—
电子信息	5617.4	62.2	270.2	60.5	158.5	80.2
新能源	813.3	9.0	22.2	4.9	4.4	2.2
先进制造	762.3	8.4	42.8	9.6	13.0	6.6
新材料	526.0	5.8	17.1	3.8	6.0	3.0
生物医药	294.0	3.3	22.5	4.9	1.1	0.6
环境保护	153.9	1.7	18.4	4.0	0.1	0.1

资料来源：中关村科技园区管理委员会. 中关村科技园区发展报告2008.

3. 对区域经济的贡献接近“十一五”科技规划的目标

最近十年是北京历史上经济发展最快的时期，中关村科技园区也进入蓬勃发展阶段。中关村科技园区创造的增加值占北京地区生产总值的比重从1996年开始总体呈稳步增长态势，进入“十一五”，增长速度明显加快，2007 年达到了 16.8%的历史最高水平（专图 5-5），离北京市“十一五”科技规划确定的 20%的发展目标仅差 3.2%。中关村科技园区成为首都经济发展中最重要的组成部分，对北京地区产业结构提升作出了重要贡献。

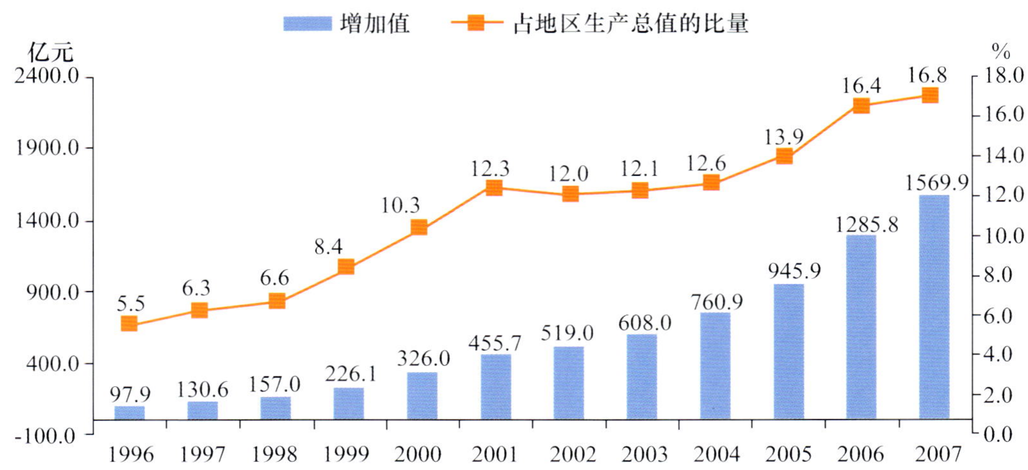

专图 5-5　中关村科技园区增加值及其占北京地区生产总值的比重(1996—2007 年)

资料来源：中关村科技园区管理委员会. 中关村科技园区发展报告. 1997-2008.

服务业是北京经济的主导产业。随着高技术制造业的发展壮大，中关村科技园区现代服务业也得到快速发展。服务业企业总收入已从 2000 年的 517.2 亿元迅速增长到 2007 年的 3462.9 亿元，年均增长 31.2%，高于同期园区总收入年均增速 3.9%，高于同期园区制造业总收入年均增速 12.2%(专图 5-6)。

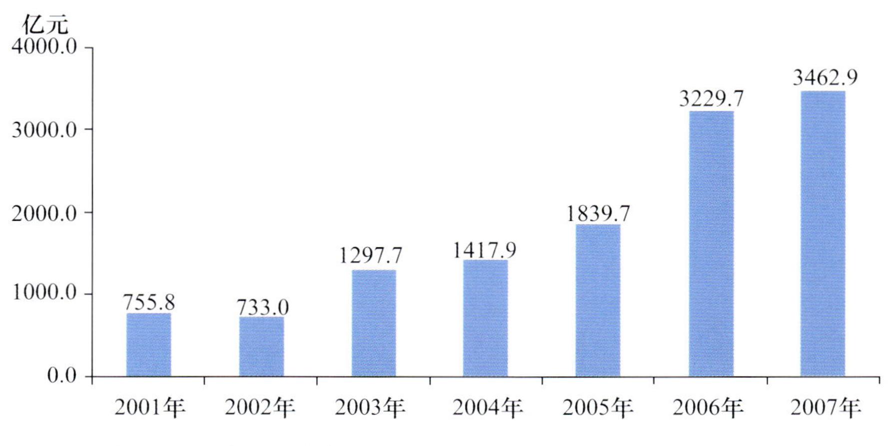

专图 5-6　中关村科技园区服务业的总收入变化(2001—2007 年)

资料来源：中关村科技园区管理委员会. 中关村科技园区发展报告. 2002-2008.

从园区服务业对北京地区服务产业发展的贡献来看，"十五"以来，中关村科技园区服务业增加值占北京地区服务业增加值的比重呈逐年上升趋势，由 2001 年的 5.9%提高到 2007 年的 13.2%，年均提高 1.2%（专表 5-2）。2001—2007 年，中关村科技园区服务业增加值的年均增速达到了 34.9%，比全地区服务业增加值的年均增速（18.1%）高 16.8%。

专表 5-2　中关村科技园区服务业增加值及其占全地区的比重（2001—2007 年）

	2001 年	2002 年	2003 年	2004 年	2005 年	2006 年	2007 年
北京地区服务业增加值（亿元）	2487.3	2996.4	3446.8	4111.2	4761.8	5580.8	6742.6
其中：中关村园区服务业增加值	147.2	174.8	267.6	385.1	483.3	645.5	886.9
占全地区比重（%）	5.9	5.8	7.8	9.4	10.1	11.6	13.2

资料来源：中关村科技园区管理委员会. 中关村科技园区发展报告. 2001-2008.

四、一区十园的经济发展

中关村科技园区经过二十余年的发展，形成了一区十园（海淀区、丰台区、昌平区、电子城、亦庄、德胜园、雍和园、石景山园、通州园和大兴生物医药基地）发展格局。各分园区的经济发展基于不同的资源和区位特点形成了各自的产业特色。"十五"以来，十个园区整体经济稳步发展，部分园区实现高速增长（专表 5-3）。

专表 5-3　中关村科技园区"一区十园"总收入和主导产业（2007 年）

	总收入（亿元）	占中关村园区总收入的比重（%）	同比增速（%）	主导产业
合计	9035.7	—	33.9	电子信息、先进制造、新能源、新材料、生物医药、文化创意
海淀园	4077.4	45.1	27.8	电子信息、先进制造、新能源、新材料
丰台园	1017.9	11.3	34.7	电子信息、先进制造、新材料
昌平园	526.5	5.8	19.7	新能源、电子信息、先进制造
电子城	712.5	7.9	24.9	电子信息、新能源、先进制造
亦庄园	2436.6	27.0	44.0	电子信息、先进制造
德胜园	67.9	0.8	31.4	电子信息、新材料
雍和园	76.5	0.8	4270.6	电子信息、文化创意
石景山园	57.1	0.6	47.7	文化创意、动漫
通州园	50.8	0.6	1261.6	光机电、先进制造、环保
大兴生物医药基地	12.4	0.1	789.3	生物医药

资料来源：中关村科技园区管理委员会. 中关村科技园区发展报告 2008.

1. 海淀区一枝独秀

从总体看，海淀园经济增长保持稳定，是中关村科技园区高新技术产业的支柱。2007 年，海淀园总收入占中关村科技园区总量的 45.1%（专图 5-7）。在各项经济指标中，海淀园大多居各园区首位，唯有出口创汇一项居亦庄之后。

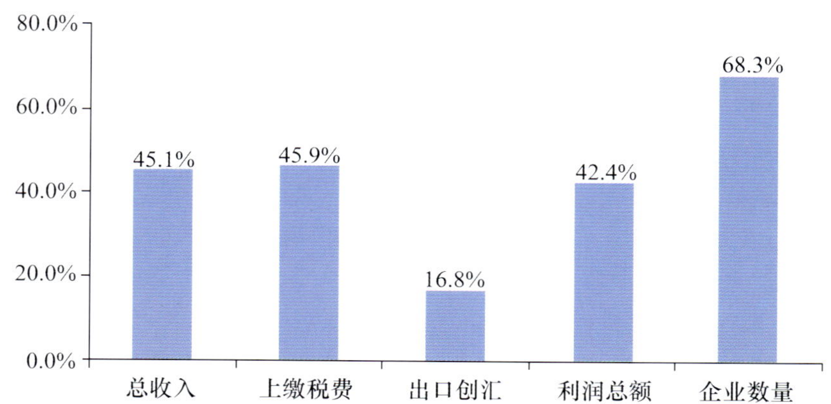

专图 5-7 海淀园各项经济指标占中关村科技园区总量比重（2007 年）

资料来源：中关村科技园区管理委员会. 中关村科技园区发展报告 2008.

从经济总量上看，一区十园大致可分为三个梯队：海淀园作为中关村科技园区的主体和核心，对园区的发展至关重要，为列第一梯队；丰台园、昌平园、电子城和亦庄四个科技园经济总量相差不多，发展各有特色，列为第二梯队；德胜园、雍和园、石景山园、通州园和大兴生物医药基地成立时间都较短，经济总量相对较小，但发展速度很快，为第三梯队。一区十园产业发展互相补充和促进，整体上构成了中关村科技园区高新技术企业区域集聚的发展格局。

2. 各园经济发展各具特色

海淀园近几年来经济发展稳定，保持 20%以上的速度增长。电子信息产业是其主导产业，2007 年实现总收入 2744.7 亿元，占海淀园经济总量的 67.3%。同时，海淀园在先进制造、新材料和新能源领域都具备强大的研发实力和相对完备的产业能力，2007 年分别实现总收入 238.6 亿元、232.5 亿元和 219.4 亿元。

丰台园经济近几年以 25%以上的速度增长，2007 年的总收入为 1017.9 亿元，占中关村科技园区总量的 11.2%，在十园中居第三位。电子信息、新能源、新材料和先进制造是丰台园的支柱产业，2007 年总收入分别为 211.6 亿元、185.0 亿元、155.9 亿元和 104.9 亿元，分别占丰台园总收入的 20.7%、18.2%、15.2%和 10.2%。

昌平园经济近几年以年均 20%以上的增速发展，2007 年实现总收入 526.5 亿元，在中关村科技园区总收入中占 5.8%，在十园中居第五位。新能源及高效节能产业是其优势领域，2007 年该产业实现总收入 253.9 亿元，同比增长 12%，占该产业中关村园区总收入的 31.2%，位居各园首位。

电子城是北京电子工业老基地。2007年实现总收入712.5亿元，占中关村园区总收入的7.9%，居十园的第四位。电子信息产业是电子城的优势产业，2007年的产业总收入达419.4亿元，占电子城总收入的58.8%。新能源和先进制造产业也有一定的规模，2007年分别实现收入129.2亿元和83.9亿元。

亦庄科技园近几年保持高速增长，2007年实现总收入达2436.6亿元，同比增长44.0%，占中关村科技园区总量的比重快速上升，由2000年的3.0%上升到2007年的27.0%，居十园的第二位。特别是亦庄科技园的出口创汇额已占中关村科技园区总量的70.1%。制造业是亦庄科技园的支柱产业，尤其是电子产品制造和先进制造产业，2007年的总收入分别占亦庄科技园经济总量的83.2%和10.0%。

德胜园建园时间不长，经济规模较小，但经济总量飞速发展，2007年总收入、工业总产值、上缴税费和出口创汇等经济指标增长都超过30%，呈现蓬勃发展态势。电子信息和新材料产业是德胜园的主导产业，2007年分别实现总收入23.0亿元和19.2亿元，分别占德胜园总收入的33.8%和28.3%。

雍和园、石景山园、通州园和大兴生物医药基地均是2006年加入中关村科技园区。前三者以电子信息产业为主，2007年电子信息产业总收入占各园区总收入的比重分别为77.3%、38.6%和82.0%；大兴基地以生物医药、电子信息、新材料为骨干产业，三个产业总收入占大兴基地总收入的比重分别为45.8%、27.5%和24.2%。

第二节　研究与发展活动

开展研究与发展活动是高新技术企业保持创新活力，提高市场竞争力的重要途径。中关村科技园区的高新技术企业是北京地区从事研发活动的重要力量。本节着重从区域分布、技术领域、所有制构成等角度，对中关村科技园区企业研发人员、研发经费及研发项目的规模、结构和变化等进行分析。

一、研究与发展人员

创新是高新技术企业生存之本，科技活动人员，尤其是R&D人员是企业创新活动的执行者，对于中关村科技园区的高新技术企业来讲，高素质的R&D人员队伍是企业在市场竞争中取胜的核心资源。近年来，中关村科技园区的科技活动人员稳步增长，R&D人员除2004年略有下降外，均保持增长态势。2007年，在中关村科技园区89.9万从业人员中，科技活动人员达到34万人，其中R&D人员达到18.0万人的历史最高水平，R&D人员占当年全部从业人员的比重为20.0%，与2006年基本持平(专图5-8)。

“海归创业”是中关村科技园区原始创新的重要力量。目前，有近万名“海归”人士在中关村科技园区创立了4000多家企业。成功创业的海归人员或者是某个技术领域的世界顶级专家，或者是世界著名公司多年工作的资深人士，或者是在国外已经成功创业的企业家。他们为中关村科技园区高新技术产业的发展注入了新的活力，成为缩短我国与世界先进技术差距，实现原始性创新的重要力量。

海淀园是 R&D 人员高度集中的园区，其次是电子城、昌平园和丰台园。2007 年海淀园 R&D 人员总量达到了 13.2 万人，占中关村科技园区总量的 73.4%；电子城、昌平园和丰台园的 R&D 人员在 0.9 万—1.7 万人之间，合计占中关村科技园区总量的 20.1%。其余 6 个园区 R&D 人员数量较少，合计为 1.2 万人，占中关村科技园区的总量不到 7%。

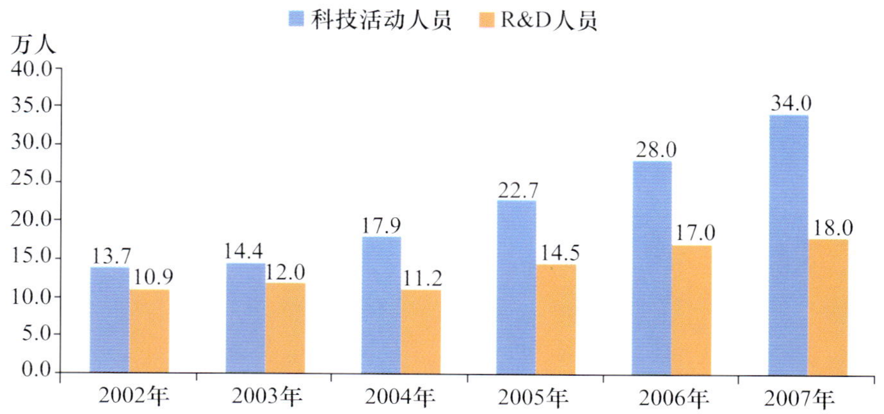

专图 5-8　中关村科技园区科技活动人员和 R&D 人员的规模(2002—2007 年)

资料来源：北京市统计局，国家统计局北京调查总队. 北京市统计年鉴. 2003-2008.

从 R&D 人员占从业人员的比重来看，海淀园、雍和园、电子城三个园区的 R&D 人员占从业人员的比重分别达到 25.7%，25.1%和 20.8%，超过了中关村科技园区 20.2%的整体水平。

从技术领域分布来看，中关村科技园区 R&D 人员总量的近 2/3 集中在电子信息、先进制造、新材料、生物医药、新能源和环境保护等五个领域，R&D 人员在 4000—14000 人之间，合计占中关村科技园区 R&D 人员总量的近 1/4。航空航天、海洋工程、核应用和电子信息等领域的 R&D 人员占从业人员的比重高于中关村科技园区的整体水平。其中航空航天和海洋工程领域从业人员中的 R&D 人员比例都在 30%以上。

二、研究与发展经费

较高的 R&D 经费投入规模和强度是高新技术企业区别于其他企业的重要特征。近年来中关村科技园区 R&D 投入规模迅速提高，R&D 经费总额高居全国高新区之首，从而保证了其企业创新能力的不断增强。2007 年，中关村科技园区 R&D 经费内部支出额突破了 300 亿元，达到 332.6 亿元，同比增长 11.3%(专图 5-9)。从 R&D 经费投入强度看，R&D 经费占总收入的比重达到 3.7%。

从活动类型看，2007 年，中关村科技园区 R&D 经费内部支出的 35.4%用于基础研究和应用研究，用于试验发展活动的经费占 64.6%。统计资料显示，2007 年全国高新区 R&D 经费内部支出的 80%左右用于试验发展活动，只有不到 20%的经费支出用于基础研究和应用研究。中关村科技园区企业更加注重致力于原创性的研究和攻关，企业重视与科研院所和高等院校成立各类研发实验室和技术研发组织，立足于从创新的源头掌握最前沿的研究成果和原理性的方法和模型，从而为试验发展、成果应用，乃至产业化提供坚实的技术支撑。

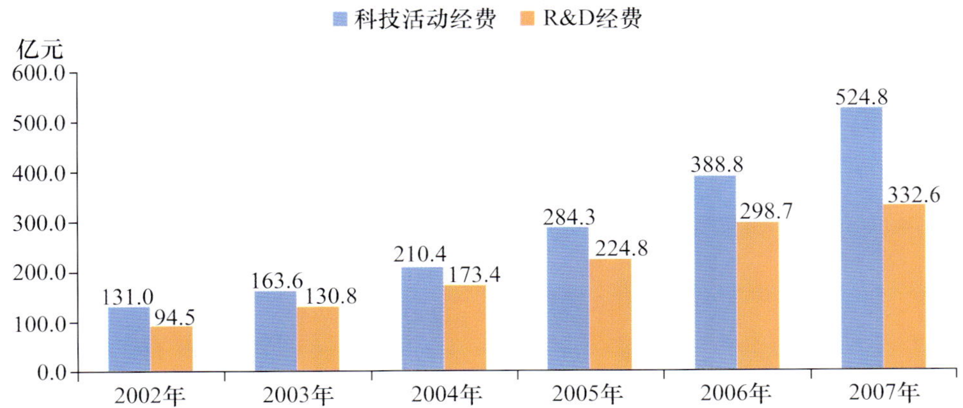

专图 5-9　中关村科技园区科技活动经费和 R&D 经费变化(2002—2007 年)

资料来源：北京市统计局，国家统计局北京调查总队. 北京市统计年鉴. 2003-2008.

海淀园在十个园区中 R&D 经费内部支出规模最大，2007 年达到 239.1 亿元，占中关村科技园区总量的 71.9%(专图 5-10)。电子城、亦庄园、丰台园和昌平园的 R&D 经费规模在 10 亿—40 亿元，其余园区均在 10 亿元以下。

从 R&D 投入强度看，海淀园、电子城和德胜园 R&D 经费占总收入的比重超过了 3.7%的平均水平，其中德胜园高达 8.5%。

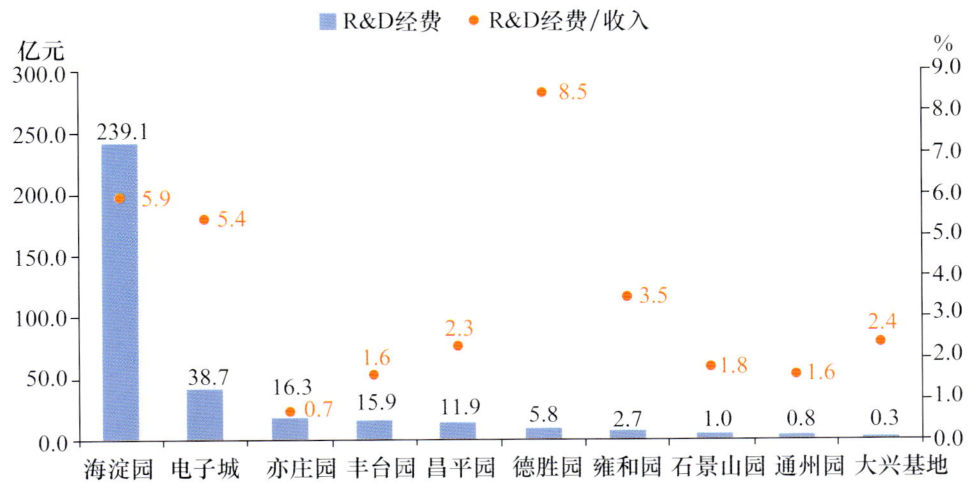

专图 5-10　中关村科技园各园区 R&D 经费及其投入强度(2007 年)

资料来源：中关村科技园区管理委员会. 中关村科技园区发展报告 2008.

电子信息领域R&D经费投入规模居各行业之首，2007年达236.6亿元，占中关村科技园区R&D经费总额的71.1%。新材料、先进制造、新能源和生物医药等领域的R&D经费都在10亿元以上，合计占中关村科技园区R&D经费总额的17.7%。

从投入强度看，电子信息、新材料、航空航天、海洋工程和核应用等领域的R&D经费占总收入的比重在3.7%的平均水平之上，其中航空航天领域的投入强度高达12.8%。新能源和现代农业领域的R&D强度较低，均在3%以下（专图5-11）。

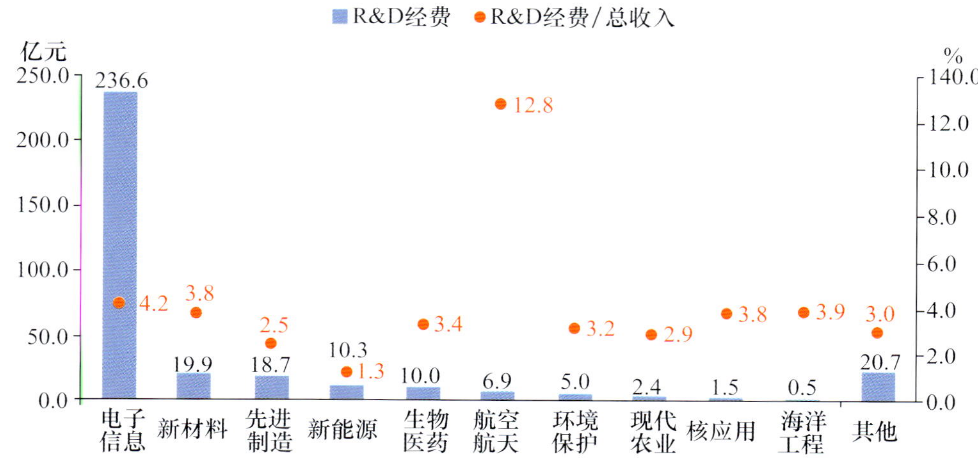

专图5-11　中关村科技园区各技术领域R&D经费及其投入强度（2007年）

资料来源：中关村科技园区管理委员会. 中关村科技园区发展报告2008.

在各种所有制企业中，外商及港澳台商投资企业R&D经费内部支出额最高，达到140.5亿元，占中关村科技园区R&D经费总额的42.2%，其次是有限公司，为101.9亿元，占R&D经费总额的30.6%。其他所有制企业的R&D经费都在40亿元以下。国有企业、私营企业、股份有限公司的R&D经费投入强度较高，分别为4.3%、5.4%和10.4%，都在全部企业的总体水平之上，其余所有制企业在3.7%的总体水平以下。

三、研究与发展项目

企业开展科技项目是进行技术创新活动的重要方式，研究与发展项目是科技项目中最富创新性的类型。2007年，中关村科技园区企业开展各类科技项目18949项，其中研究与发展项目有14865项，占78.5%，研究与发展项目经费支出占科技项目经费支出总额的80.4%。可见研究与发展项目是中关村科技园区企业开展的科技项目的主体，园区科技项目具有很强的创新性。从具体活动类型看，在研究与发展项目中，基础研究项目有715项，应用研究项目有6125项，试验发展项目有8025项，分别占科技项目总数的3.8%、32.3%和42.4%（专图5-12）。三类项目经费支出额分别占科技项目经费支出总额的0.8%、25.2%和54.4%。

中关村科技园区承接的国家“863”项目当中，有300多项是企业承担的。民营高新技术企业发挥机制灵活、决策快、效率高、资源整合与产业化能力强的特点，主动承接国家战略性原始创新项目。这表明中关村科技园区的高新技术企业成为原始创新的主体。

企业和大学、科研院所及国际资源的合作具有很强的资源整合性和持续性，成为中关村科技园区企业集成创新的重要技术来源。

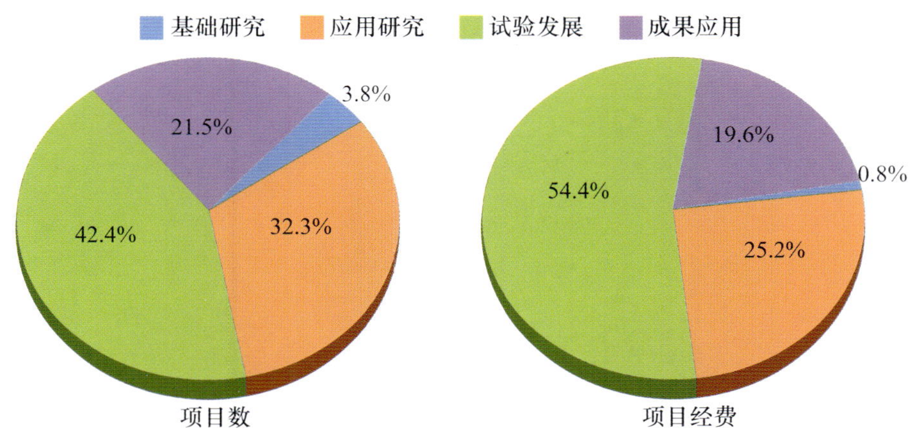

专图 5-12　中关村科技园区企业在研项目数及项目经费按活动类型分布(2007 年)

资料来源：中关村科技园区管理委员会. 中关村科技园区发展报告 2008.

模仿和学习引进先进技术、消化吸收再创新是一种重要的创新方式，是发展中国家提升自主创新能力的必然过程。中关村科技园区企业的大量创新活动把中关村变成了消化吸收国际最新技术的桥头堡。近年来，中关村科技园区企业就环保、新能源等国家发展循环经济急需的领域，开展了大量技术引进和再创新开发活动。

第三节　技术创新活动产出

企业开展技术创新活动的核心目标在于通过获得新技术、新工艺或新产品，创造更多的利润。中关村科技园区企业的研发活动取得了丰硕的创新成果。本节重点从产品创新、专利产出和技术市场交易等角度分析中关村科技园区企业技术创新产出的特征。

一、新产品

近年来，中关村科技园区企业新产品研发活动十分活跃，新产品开发经费支出额大幅提高，从 2004 年以前的不足 60 亿元迅速提高到 2007 年的 208.4 亿元，四年翻了两番。由此带来新产品销售收入的迅猛增长，由 2003 年的不到 800 亿元增长到 2007 年的 3220.9 亿元，新产品出口由 2003 年的不到 70 亿元增长到 2007 年的 820.3 亿元(专表 5-4)。中关村科技园区企业来自新产品销售的收入总额在总收入中一直占有较高比重，近年来新产品销售收入占总收入的比例稳定在 35%左右，占产品销售收入的比重稳定在

60%左右。产品创新已成为推动中关村科技园区企业快速发展的重要科技活动。

专表 5-4　中关村科技园区企业新产品开发投入和新产品产出(2002—2007 年)

	2002 年	2003 年	2004 年	2005 年	2006 年	2007 年
新产品开发经费支出(亿元)	58.3	53.4	60.4	68.4	157.4	208.4
园区企业总收入(亿元)	2404.8	2886.4	3721.1	4872.9	6744.7	9035.7
其中:产品销售收入	1387.7	1802.3	2188.5	2991.3	3994.1	5116.7
新产品销售收入	879.1	727.6	1361.7	1839.3	2544.4	3220.9
新产品出口	93.4	69.1	163.3	391.9	614.5	820.3

资料来源:北京市统计局,国家统计局北京调查总队. 北京市统计年鉴. 2003-2008.

海淀园和亦庄园是企业新产品产出规模最大的园区,2007 年,其新产品销售收入分别达到 1368.3 亿元和 957.8 亿元,合计占中关村科技园区新产品销售收入总额的 72.2%,电子城、昌平园、丰台园的新产品销售收入都在 200 亿—400 亿元之间。通州园、电子城和海淀园是新产品创新活跃的园区,其新产品销售收入占产品销售收入比重均在中关村科技园区 62.9%的整体水平之上,其中通州园和电子城这一比例分别高达 87.2%和 80.9%,海淀园为 73.5%(专图 5-13)。

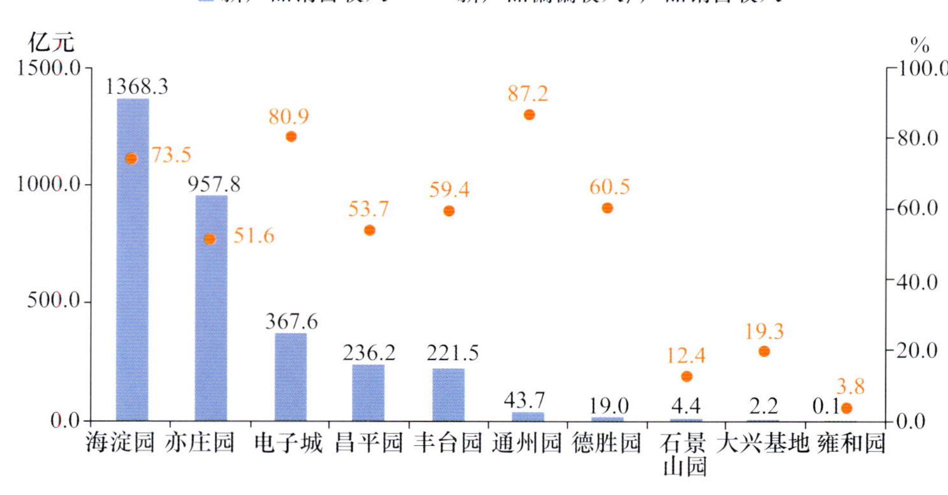

专图 5-13　中关村科技园区各园新产品销售收入及其占产品销售收入的比重(2007 年)

资料来源:中关村科技园区管理委员会. 中关村科技园区发展报告 2008.

2007 年,电子信息技术新产品销售收入达到 2053.9 亿元,占中关村科技园区新产品销售总收入的 63.8%。新能源、先进制造、新材料技术领域的新产品销售收入都在 200 亿—400 亿元,其他技术领域的新产品销售收入均在 100 亿元以下。现代农业、新材料、电子信息、环境保护、核应用技术等领域的新产品销售收入占各领域全部产品销售收入的比重都在中关村科技园区62.9%的平均水平之上(专图5-14)。

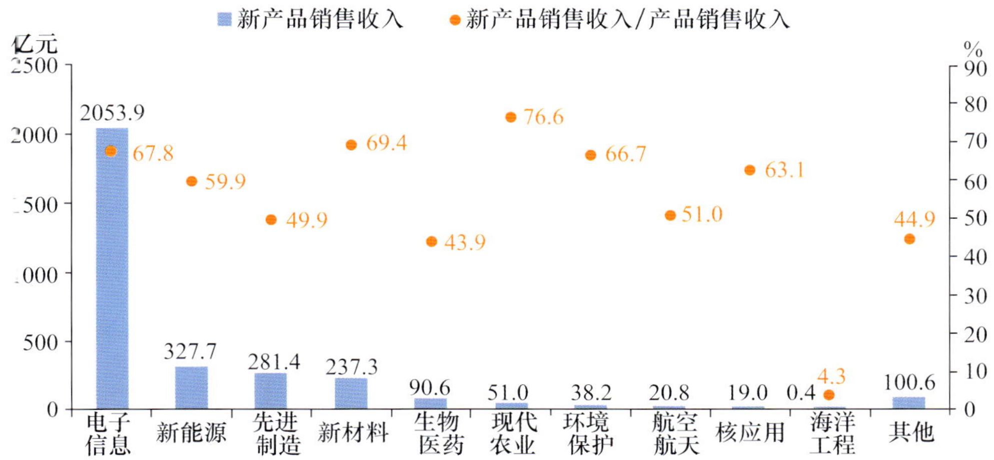

专图5-14 中关村科技园区各技术领域新产品销售收入及其占产品销售收入的比重(2007年)

资料来源:中关村科技园区管理委员会.中关村科技园区发展报告2008.

外商及港澳台商投资企业产品创新十分活跃,2007年其新产品销售收入达到1559.8亿元,占中关村科技园区企业新产品销售收入的48.4%,而其企业数量所占的比重仅为11.1%。其次是有限责任公司、股份有限公司和私营企业,这几类企业的新产品销售收入分别在200亿—1000亿元之间,合计为1573.1亿元,占中关村科技园区企业新产品销售收入的48.8%。

二、专利申请与授权

2007年,中关村科技园区企业共计申请专利6967件,同比增长25.1%,占北京地区专利申请量的21.9%。其中,发明专利4962件,占专利申请总量的71.2%;实用新型专利1465件、外观设计专利540件,分别占专利申请总量的21.0%和7.8%(专图5-15)。中关村科技园区企业共获得专利授权3046件,同比增长50.6%,占北京地区专利授权量的20.4%。其中,发明专利1093件,实用新型专利1522件,外观设计专利431件,分别占专利授权总量的35.9%、50.0%和14.1%。发明专利是三类专利中技术含量最高的类型,中关村科技园区企业发明专利授权量占专利授权总量的1/3,而当年发明专利申请量占专利申请总量的比重超过2/3,说明企业对具有较高创新水平的发明专利越来越重视,专利的技术含量正在迅速提高。

海淀园的专利申请量在各园中处于领先地位,2007年,提交专利申请的企业共有607家,占中关村科技园区申请专利企业数的62.5%;共申请专利4340件,占申请总量的62.3%。平均每个企业申请7.2件专利,高于上年0.8件;共申请发明专利3202件,占中关村科技园区发明专利申请总量的64.5%。电子城、丰台园、昌平园、亦庄园的专利申请也较为活跃，但专利申请量都在 900 件以下，合计为 2214 件，其中发明专利申请量合计 1423 件，分别占中关村科技园区申请总量的 31.8%和 28.7%。

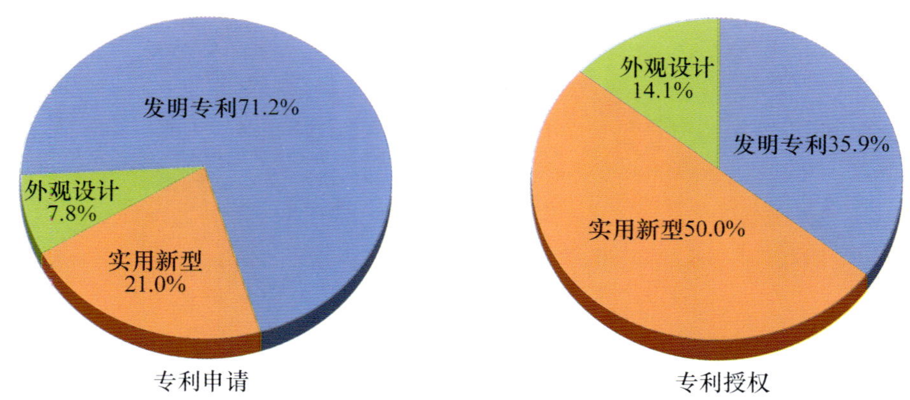

专图 5-15　中关村科技园区企业专利申请量和授权量按类型分布(2007 年)

资料来源：中关村科技园区管理委员会，中关村知识产权促进局. 2008 年度中关村科技园区企业专利数据统计报告.

电子信息类企业的专利申请量继续保持领先优势，有 383 家企业申请了专利，占中关村科技园区申请专利企业总数的 39.4%；共申请专利 3959 件，占专利申请总量的 56.8%；其中发明专利申请量为 3118 件，占发明专利申请总量的 62.9%(专图 5-16)。先进制造、生物医药技术领域的专利申请量分别达到 775 件和 771 件，分列各技术领域的第二位和第三位，但生物医药领域的发明专利申请量达 692 件，远高于先进制造领域的 329 件。此外，新材料和新能源领域专利产出也比较突出，前者专利申请量和发明专利申请量分别为 516 件和 356 件，后者分别为 325 件和 147 件。

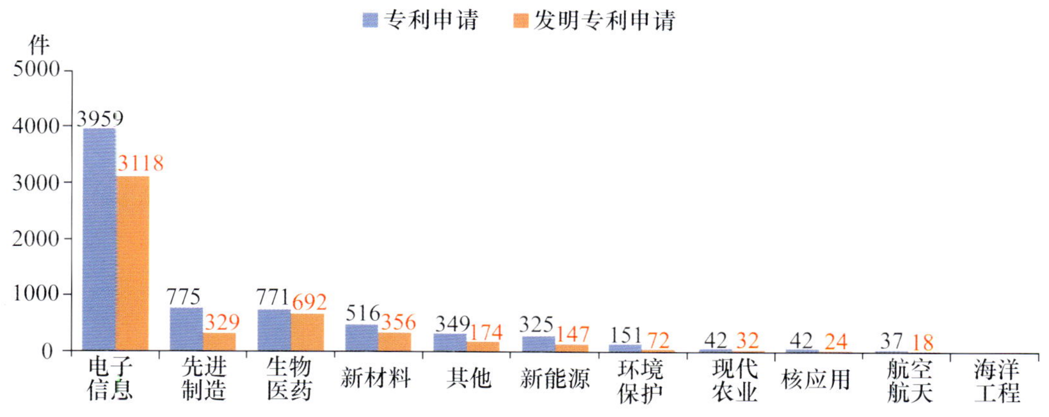

专图 5-16　中关村科技园区各技术领域的专利申请量(2007 年)

资料来源：中关村科技园区管理委员会. 中关村科技园区发展报告 2008.

与新产品产出不同的是，内资企业在专利申请方面比外商及港澳台商投资企业更加活跃。在中关村科技园区6967件专利申请中，内资企业为4538件，占65.1%，，比上年提高10个百分点；而外商及港澳台商投资企业为2429件，占34.9%。内资企业共申请发明专利2918件，占发明专利申请总量的58.8%，比上年提高13个百分点。在内资企业中，有限责任公司和私营企业最为突出，专利申请量均在1000件以上，其中发明专利申请量在600件以上。其次是有限责任公司和国有企业，其专利申请量在400—500件，发明专利申请量在200—300件。

通过多年的创新积累，中关村科技园区的企业取得了丰硕的成果，并拥有大量的知识产权。2000年以来，中关村科技园区企业获得国家科技进步奖共9项，其中一等奖5项。由中关村科技园区企业牵头制定的国际标准8项，国家标准98项。

企业通过实施专利战略、标准战略开始进入产业竞争的高端领域。一大批具有较强实力的企业在移动通信、信息化家电、下一代互联网、光盘存储、光电显示、数字电视等技术领域参与国内外标准制定，为中关村科技园区占领产业发展制高点奠定了基础。大唐移动的TD-SCDMA标准在国家的大力支持下，成为世界三大3G标准之一，该标准的实施不仅产业带动效应巨大，也为国家信息安全和国防通信开辟出新的道路，使我国在移动通信领域掌握了话语权。

三、技术交易

通过技术转让、技术咨询、技术开发、技术服务等形式获得收益是许多企业技术创新活动的重要目的。中关村科技园区企业在技术市场交易活动中十分活跃，近几年来技术合同数量和成交金额迅速增长，分别从2004年的1.5万项和175.4亿元增长到2007年的3.2万项和688.5亿元，合同数量增长了1倍，而成交金额则增长了近3倍（专图5-17）。2007年，中关村科技园区企业技术合同数量和成交金额分别占北京地区技术合同项数和成交金额的61.8%和78.1%。体现出中关村科技园区企业创新活动强劲的辐射能力。中关村科技园区产生的大量新知识和新技术以创新服务和高端产品的形态充分地服务于全国乃至世界。

从十个园区来看，海淀园是中关村科技园区技术输出的主体，2007年，技术合同数量和成交额分别为2.6万项和519.1亿元，分别占中关村科技园区总量的83.8%和75.4%。丰台园、昌平园、电子城、德胜园等输出技术合同数都在600项以上，最多的丰台园为1658项；技术合同成交金额在10亿—90亿元，最高的丰台园为89.4亿元。

从输出技术合同的项均成交额来看，亦庄园技术合同数量和成交额虽然都不大，分别为11项和3.5亿元，但是其平均每项合同成交额达到3208万元，高居各园之首；丰台园、电子城和德胜园项均成交额在260万—540万元，都超过了中关村科技园区219万元的平均值；其余园区项均成交额都在平均值以下，其中较高的海淀园、昌平园和雍和园分别为197万元、190万元和189万元。

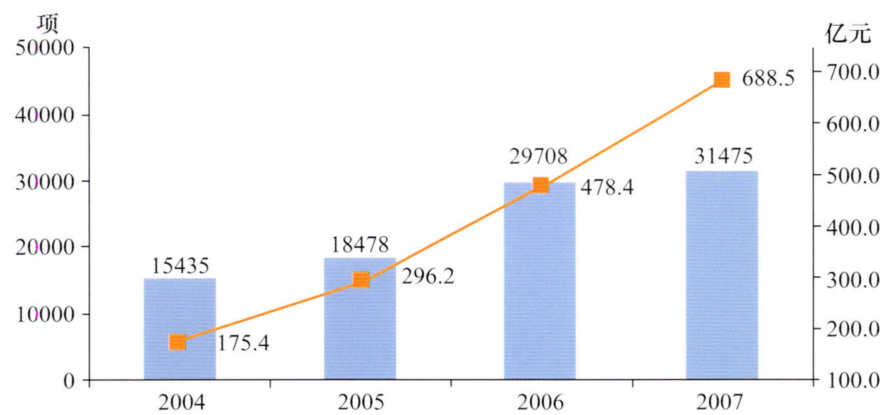

专图 5-17　中关村科技园区输出技术合同数及成交金额(2004—2007 年)

资料来源:北京技术市场管理办公室. 北京技术统计年报. 2005-2008.

附　　录

附录一　指标说明

科技活动　指在自然科学、工程与技术科学、医药科学、农业科学、社会科学及人文科学领域中，与科技知识的产生、发展、传播和应用密切相关的有组织的、系统的活动。科技活动分为三类：研究与发展活动；研究与发展成果应用活动；科技服务活动。

研究与发展(R&D)活动　简称"研发"活动，是指在科学技术领域，为增加知识总量，以及运用这些知识创造新的应用所进行的系统的、创造性的活动。它包括基础研究、应用研究和试验发展三类活动，前两类活动统称为"科学研究活动"。

基础研究　是指为了获得关于现象和可观察事实的基本原理的新知识（提示客观事物的本质、运动规律，获得新发现、新学科）而进行的实验性或理论性工作，它不以任何专门或特定的应用或使用为目的。其成果以科学论文和科学著作为主要形式。

应用研究　是指为获得新知识而进行的创造性研究，但它主要针对某一特定的目的或目标。应用研究是为了确定基础研究成果可能的用途，或是为达到预定的目标探索应采取的新方法（原理性）或新途径。其成果形式以科学论文、专著、原理性模型或发明专利为主。

试验发展　是指利用从基础研究、应用研究和实际经验所获得的现有知识，为产生新的产品、材料和装置，建立新的工艺、系统和服务，以及对已产生和建立的上述各项作实质性的改进而进行的系统性工作。其成果形式主要是专利、专有技术、具有新产品基本特征的产品原型或具有新装置基本特征的原始样机等。在社会科学领域，试验发展是指把通过基础研究、应用研究获得的知识转变成可以实施的计划（包括为进行检验和评估实施示范项目）的过程。人文科学领域没有对应的试验发展活动。

科技活动人员　是指直接从事科技活动，以及专门从事科技活动管理和为科技活动提供直接服务的人员。①直接从事科技活动人员包括：在政府研究机构、高等学校、各类企业及其他事业单位内设的研究室、实验室、技术开发中心及中试车间（基地）等机构中从事科技活动的研究人员、工程技术人员、技术工人及其他人员；虽不在上述机构工作，但编入科技活动项目（课题）组的人员；从事论文设计的研究生等。②专门从事科技活动管理和为科技活动提供直接服务的人员包括：政府研究机构、高等学校、各类企业及其他事业单位主管科技工作的负责人，专门从事科技活动的计划、行政、人事、财务、物资供应、设备维护、图书资料管理等工作的各类人员，但不包括保卫、医疗保健人员、司机、食堂人员、茶炉工、水暖工、清洁工等为科技活动提供间接服务的人员。

科学家和工程师　是指科技活动人员中具有高、中级专业技术职称（职务）的人员和不具有高、中级专业技术职称（职务）的大学本科及以上学历人员。

研究与发展(R&D)人员　指参与研究与发展项目（课题）的研究、管理和辅助工作的人员，包括项目（课题）组人员，管理人员和直接为项目（课题）活动提供服务的辅助人员。

R&D人员按全年工作时间的多少分为全时人员和非全时人员。全时人员指从事R&D活动的时间占全年工作时间90%及以上的人员；非全时人员指从事R&D活动的时间占全年工作时间10%（含10%）～90%（不含90%）的人员。非全时人员折合全时人员指所有非全时人员按实际工作时间折算为全时人员。例如，有3个非全时人员，他们从事R&D活动的时间分别为全年工作时间的20%、30%和70%，折合全时人员数为0.2+0.3+0.7=1.2人年。R&D人员数量按全时当量统计，即指参与R&D活动的全时人员数加非全时人员按工作量折算为全时人员数的总和。例如：有2个全时人员和3个非全时人员（工作时间分别为20%、30%和70%），则R&D人员全时当量为2+0.2+0.3+0.7=3.2人年。

财政科技拨款 指由各级政府部门直接拨入的用于从事科技活动的款项。包括科技事业费、科技专项费、科技基建费、科学技术基金、各种专项费、政府其他拨款等。

其中，科学事业费是指国家根据科技发展计划、财政预算及人员、任务、编制等拨给科学事业单位（科研机构、科技管理机构和科技服务机构）的运行费。科技三项费指新产品试制费、中间试验费、重大科学研究项目补助费及其专项费，由国家根据科研项目拨给相关单位。

科技活动经费筹集额 指从各种渠道筹集到的计划用于科技活动的经费，包括政府资金、企业资金、事业单位资金、金融机构贷款、国外资金和其他资金等。其中，政府资金是指从各级政府部门获得的计划用于科技活动的经费，包括科学事业费、科技三项费、科研基建费、科学基金、教育等部门事业费中计划用于科技活动的经费，以及政府部门预算外资金中计划用于科技活动的经费等；企业资金是指本企业从自有资金中提取或接受其他企业委托的、科研院所和高等学校等事业单位接受企业委托获得的，计划用于科研和技术开发的经费。不包括来自政府、金融机构及国外的计划用于科技活动的资金。

科技活动经费内部支出 指用于开展科技活动实际支出的费用。按用途分为经常性支出和基本建设支出两类。包括劳务费、科研业务费、科研管理费，非基建投资购建的固定资产、科研基建支出以及其他用于科技活动的支出。不包括生产性活动支出、归还贷款支出及转拨外单位的支出。

R&D经费内部支出 指单位内部开展R&D活动（基础研究、应用研究、试验发展）的实际支出。包括用于R&D项目（课题）活动的直接支出，以及间接用于R&D活动的管理费、服务费、与R&D有关的基本建设支出，以及外协加工费等。不包括生产性活动支出、归还贷款支出以及与外单位合作或委托外单位进行R&D活动而转拨给对方的经费支出。

政府研究机构 指隶属县以上政府部门的研究机构，包括自然科学与技术领域的研究机构、社会科学与人文科学领域的研究机构和科技信息与文献机构。

项目（课题）数 指当年立项并开展研究工作、以前年份立项仍继续进行研究的科技项目（课题）数，包括当年完成和年内研究工作已告失败的科技项目（课题），但不包括委托外单位进行的科技项目（课题）数。

课题（项目）人员折合全时当量 指按相当于全时工作量计算的当年实际参加课题（项目）活动的各类人员总数。统计的方法：首先把课题人员中的非全时工作人员折算为全时工作人员，再加上全时工作人员数。

项目(课题)经费内部支出　指调查单位内部在进行项目(课题)研究和试制的实际支出。包括劳务费、其他日常支出、固定资产购建费、外协加工费，不包括委托或与外单位合作进行项目(课题)研究而拨付给对方使用的经费。

科技论文　指在学术刊物上发表的最初的科学研究成果。应具备以下三个条件：(1)首次发表的研究成果；(2)作者的结论和试验能被同行重复并验证；(3)发表后科技界能引用。

国内科技论文　指统计源期刊刊载的并符合一定选取原则的科技论文。

国际科技论文　是指美国科学情报所(ISI)编制的大型综合检索系统《科学引文索引(SCI)》、美国工程索引公司编制的《工程索引(EI)》及美国科学情报所编制的《科学技术会议录索引(ISIP)》三个检索系统收录的期刊论文和会议论文。

专利　指专利权的简称，是对发明人的发明创造经审查合格后，由专利局依据专利法授予发明人和设计人对该项发明创造享有的专有权。专利包括发明、实用新型和外观设计三种类型。发明是指产品、方法或者其改进所提出的新的技术方案；实用新型是指对产品的形状、构造或者其结合所作出的富有美感并适于工业上应用的新设计。

附录二 “科技北京”行动计划（2009—2012年）

为深入贯彻落实科学发展观，认真落实《国务院关于发挥科技支撑作用促进经济平稳较快发展的意见》（国发〔2009〕9号），进一步总结推广奥运筹办工作特别是“科技奥运”成功经验，加快推进“科技北京”建设，充分发挥“科技北京”对“人文北京”、“绿色北京”的支撑作用，依靠科学技术实现扩内需、保增长、调结构、上水平、惠民生目标，特制定本行动计划。

一、指导思想与总体目标

建设“科技北京”的指导思想是：全面贯彻落实党的十七大精神，以科学发展观为指导，贯彻“人文北京、科技北京、绿色北京”的发展战略，充分发挥首都科技优势，通过积极承接国家科技重大专项和重大科技基础设施建设，加快建设中关村国家自主创新示范区，大幅提高自主创新能力；通过大力实施科技振兴产业工程，加快发展高新技术产业，推动首都产业结构优化升级；通过加强企业技术创新能力建设，完善企业技术创新服务平台，增强企业综合竞争力；通过提升民生科技在首都城市建设、社会管理、教育文化、医疗卫生、公共安全、生态文明、新农村建设等领域的服务水平，为建设繁荣、文明、和谐、宜居的首善之区作出切实贡献。

动员全市力量，认真实施“2812科技北京建设工程”，努力把北京建设成为我国创新发展的核心引领区和具有全球影响力的科技创新中心。到2012年，“科技北京”建设的主要目标是：

——自主创新能力显著增强。科技投入保持较高水平，全社会R&D投入占地区生产总值的比重超过6%，企业R&D经费支出占全社会R&D经费支出的比重力争达到50%，以企业为主体、市场为导向、产学研用相结合的技术创新体系更加完善。承接一批国家科技重大专项和科技基础设施项目，承担国家级科技项目数占全国的36%以上。掌握一批具有国际先进水平的共性关键技术，万人发明专利申请数达到13件。首都科技辐射和扩散能力明显增强，技术交易额达到1300亿元。

——科技对首都经济社会发展支撑能力大幅度提高。科技成果产业化能力显著增强，高新技术产业蓬勃发展，科技创新成为推动经济结构优化升级的主要驱动力，高新技术产业、信息服务业和科技服务业增加值占地区生产总值比重达到25%，具有市场竞争力的产品和企业快速成长。科技对首都产业发展、城市建设、社会管理、生态文明、新农村建设和改善民生等各方面的支撑能力显著提升，对推动首都经济社会可持续发展的作用日益凸显，万元地区生产总值能耗、水耗以及污染物排放水平持续下降，继续处于全国领先水平。

——中关村国家自主创新示范区建设取得明显成效。认真落实国务院关于建设中关村国家自主创新示范区的批复，充分发挥高等院校、科研院所、高新技术企业等创新资源密集的独特优势，加大改革创新力度，深入推进股权激励、科技金融、政府采购等改革试点工作，努力培养和聚集优秀创新人才特别是产业领军人才，着力研发和转化国际领先的科技成果，做强做大一批具有全球影响力的创新型企业，培育一批国际知名品牌，全面提高中关村自主创新和辐射带动能力，推动中关村的科技发展和创新在本世纪前20年再上一个新台阶。

——全社会科学素养显著提升。认真贯彻落实《全民科学素质行动计划纲要（2006—2010—2020年）》，加快推进学习型城市建设，终身学习、团队学习、全程学习等先进理念深入人心，努力形成宽松和谐、健康向上的创新文化氛围，全社会的创造活力进一步增强。科技人才高度集聚，各类具有国际视野和创新精神的创新型人才大量涌现，每万人中科学家和工程师数达230人以上。科普工作深入开展，科学知识、科学方法、科学思想、科学精神广为传播，全市人民的科学文化素质得到显著提升。

二、积极承接国家科技重大专项和重大科技基础设施建设，大幅度提高自主创新能力

1. 对接国家科技重大专项

充分发挥首都科技优势，进一步完善机制，整合资源，加大投入，积极组织和支持北京地区的各类科技研发机构和企业承担和参与《国家中长期科学和技术发展规划纲要（2006—2020年）》确定的一批国家科技重大专项。

调整和创新重大专项组织方式，突出投入重点，力争3年内取得一批重大成果。以重大产品为龙头，发挥行业骨干企业的领军作用，采取项目业主制，定向委托，强化产学研用结合，带动更多的中小科技企业参与重大专项实施和共享科技成果。

2. 承接国家重大科技基础设施建设

集聚、整合北京地区的科技资源，努力做好相关的配套服务工作，积极承接国家重大科技基础设施建设，争取建成一批高水平的实验室和科研设施，为提高首都自主创新能力奠定坚实基础。

三、大力实施科技振兴产业工程，推动首都经济又好又快发展

统筹整合首都人才、资金、政策等各类创新资源，在电子信息、生物医药、新能源和环保、汽车、装备制造、文化创意、科技服务、都市型现代农业等产业集中支持一批产学研用项目，努力在重大关键技术上形成突破，切实做强做大一批企业。到2012年，力争新增产值超过5000亿元。

1. 加快发展电子信息产业

巩固移动通信产业优势地位。继续加大对骨干企业的支持，吸引国内外移动通信设备制造商落户北京，继续做大现有手机产品的生产规模。支持第三代移动通信（3G）产业园建设，加快完善第三代移动通信（3G）产业链，推动芯片、终端、测试设备的产业化。支持时分同步码分多址接入（TD-SCDMA）、宽带码分多址（WCDMA）向后3G技术（LTE）

发展。

普及数字电视应用。积极推动数字电视整体转换，建设交互数字电视服务平台。整合数字电视产业资源，形成完整的产业链；带动数字演播设备、信号处理及多媒体制作设备、发射及用户接入设备等产品的升级换代；推进数字视听产业升级，丰富手机、掌上多媒体机等消费电子产品功能，使数字电视产业成为新的增长点。

增强计算机与下一代互联网的竞争力。积极发展高端服务器、大容量存储设备、工控计算机等产品，加快实现从低附加值到高附加值的产业转型。推广基于自主设计中央处理器（CPU）的低成本计算机，开拓农村及行业应用市场。支持骨干企业开拓国际市场。加快推动互联网升级换代，鼓励发展基于下一代互联网的特色应用。

提升集成电路整体发展水平。积极对接国家科技重大专项，实现关键技术突破。

突破大屏幕液晶显示的发展瓶颈。支持液晶面板骨干企业建设8代以上生产线，对现有5代生产线进行升级改造。提升和突破薄膜晶体管液晶显示器（TFT-LCD）工艺技术，达到具有自主完整组建高世代薄膜晶体管液晶显示器（TFT-LCD）生产线的技术整合能力。以8代薄膜晶体管液晶显示器（TFT-LCD）为核心，吸引玻璃基板、偏光片、液晶电视等上下游厂商聚集，打造完整的薄膜晶体管液晶显示器（TFT-LCD）产业链。

培育软件与信息服务业新型业态。推动中间件、行业应用、数字内容、服务外包等领域发展。推广一批拥有自主知识产权、技术水平高的软件产品和行业解决方案；支持一批拥有核心技术的软件外包企业做大做强；建设一批具有国际影响力的软件产业集聚区。积极承接全球离岸服务外包业务，完善外包体系。加强医疗卫生、食品与生产安全、节能减排监测等公共服务领域的信息化建设。大力发展互联网增值服务、信息内容服务、移动增值服务、数字电视多媒体增值业务等。

到2012年，电子信息产业新增产值及收入2500亿元（其中1000亿元为制造业新增产值，1500亿元为软件及信息服务业新增收入）。

2. 加快发展生物医药产业

以提升生物医药产业自主创新能力和国际竞争力为核心，按照生物医药高端制造和医药研发服务两业并举、融合发展的产业促进原则，推动北京生物医药产业快速发展。

重点推动抗肿瘤药物迪奥、抗禽流感药物帕拉米韦等一批重大科技成果实现产业化，支持单抗药物泰欣生、国家Ⅰ类止血新药苏灵等新产品形成规模化产业。

强化疫苗产业的全国领先优势。建设北京疫苗产业基地，推动人禽流感疫苗、治疗性乙肝疫苗、儿童九价肺炎结合疫苗等具有国际水平的重点新产品快速产业化，争取形成产业集群。

引导中药行业向健康产业转型，培育营养保健和精神保健产品成为中药行业的新增长点，提升名优产品的丸剂自动化生产工艺，突破质量控制和在线检测等关键技术，快速提升“同仁堂”等北京中药品牌的科技含量。

推动医疗器械行业提升自主创新能力，重点发展数字化诊疗设备和高附加值的生物医学材料，支持电动电控呼吸机、高分辨数字化X线机、开放式永磁磁共振成像系统、血管内无载体药物洗脱支架系统、人工关节等重点新产品的研发，推动一批高成长企业规模迅速提升。加大力度支持生物医学工程重点领域干细胞、组织工程等的研究和发展，促进其临床应用和产业化。

培育生物医药研发服务业快速增长，深入推进中国生物技术外包服务联盟（ABO）等产业联盟开展国际认证和国际市场拓展工作，加快建设生物医药研发服务孵化基地，推进生物医药产业高端化转型。

到 2012 年，生物医药实现新增产值 200 亿元。

3. 加快发展新能源和环保产业

加快推广太阳能、生物质能和风能利用等新能源技术应用，推动光伏产业、生物质能产业等新能源产业发展。推广照明节电、供暖节能等建筑节能技术；高效电机节能、变压器系统节能、高性能内衬材料制备技术、高温烟气净化技术和高温烟气余热利用技术等工业节能技术；新能源汽车等交通节能技术发展。推广环境现代监测、机动车尾气净化、室内空气净化设备、烟气脱硝技术、高效污水处理及资源化、城市污染无害化处理和资源利用技术与装备、固体废弃物处理处置设备等环保技术；推动国产化的膜生物反应器（MBR）的规模化应用，加快膜生物产业基地建设。重点推进中关村自主创新产品进入污水和垃圾处理领域，在污水和垃圾处理、废弃电器电子产品处理等领域形成一定产业规模，加快新兴环保产业发展。

到 2012 年，新能源和环保产业实现新增产值 300 亿元。

4. 加快发展装备制造业

立足北京装备制造业的产业基础，以提升重大装备成套化水平为主线，以自主创新能力为支撑，以关键设备自主化为依托，以重大项目建设为抓手，提升集成电路制造专用装备、液晶面板制造专用装备、光伏装备、风电制造、安检装备、工程机械、新型环保装备、轨道交通装备、发电输变电装备、数控机床等的成套设备能力。通过成套设备带动关键设备和零部件发展，促进重点领域骨干企业规模化发展，实现产业规模升级、技术升级。重点发展大尺寸薄膜太阳能设备、大型集装箱/车辆安全检查系统、航空集装货物/车辆安全检查系统、大型危险废弃物处置设备、医疗设备、大型医疗废物处置设备、防化危险品处置设备、膜生物反应器（MBR）污水处理设备、轨道交通相关设备、轨道交通车载及地面控制系统、600 兆瓦及以上等级超临界电站设备、多坐标联动重型数控龙门镗铣床、精密数控车床/磨床、百万千瓦等级核电及火电机组综合自动控制系统等关键设备。积极推动现代制造服务业发展，促进传统产业转型升级。

到 2012 年，装备制造业实现新增产值 600 亿元。

5. 加快发展汽车产业

把握我国汽车产业的发展趋势，以重点项目为着力点，以资源整合为手段，实施“一二三四”工程，即：“壮大一个龙头企业、实现自主创新两个突破、完善产业链三个环节、建设四大产业基地”。进一步巩固并提高北汽控股公司的核心竞争力，在自主品牌乘用车的量产、新能源汽车的市场化两个方面取得突破，进一步完善汽车产业链的研发、制造、服务环节，建设整车生产、高端零部件制造、研发、汽车零部件物流四大产业基地，把北京汽车产业发展成为首都经济高端产业的重要支柱。

实现自主品牌乘用车的量产。在轿车和越野车领域，积极开发新的平台产品。扩大欧Ⅴ混合动力客车生产规模，深入开展以欧Ⅴ大客车为基础的纯电动车开发，寻求与国内外合作开发氢动力大客车。完善福田汽车研发中心，建设北京汽车研发基地、国家汽车质量监督检验中心。建设福田康明斯发动机项目、福田奔驰中重卡及发动机项目，与国内外知名零部件企业合作发展底盘系统（制动系统、转向系统、悬架系统）、电子电控系统（CAN总线、EMS、汽车功能电子、车身电子等）。

到2012年，汽车产业实现新增产值600亿元。

6. 加快发展文化创意产业

研发演艺智能仿真虚拟舞台技术，集成推广多媒体渲染等技术，推动设计创意等行业的发展。开展可视媒体处理关键技术研究，研发数字化艺术创作平台和动漫制作平台。组织研发可使广大市民享受按需视频点播（VOD）、生活服务、在线电子商务服务等双向传输的有线电视技术。全力支持市级文化创意产业集聚区，做强电影电视、设计服务、艺术品交易等优势行业，培育出版发行、文艺演出、体育休闲、品牌会展等一批企业集团。支持开发、应用现代版权保护技术，强化知识产权保护、交易。加快推进数字体育产品和电子竞技产品的研发和推广，推动体育创意产业发展。力争保持全市文化创意产业年均实现收入增长15%以上。

到2012年，文化创意产业实现新增收入800亿元。

7. 加快发展科技服务业

整合首都高等院校、科研院所、企业、中介服务机构等创新资源，推动首都科技服务业快速发展。

支持高等院校、科研院所面向企业提供研发设计服务，鼓励第三方研发设计企业发展，在软件、集成电路、消费电子、新材料、生物医药、能源环保等重点领域形成一批国内领先研发设计、中试、测试服务企业，保持并扩大首都在城市和建筑规划、工业设计、工程设计、地质勘查等领域的国内优势。加快工业设计创意产业基地、集成电路设计园等重点集聚区建设，实施“设计创新提升计划”。

建设全国技术交易中心，集成信息、政策、价值评估、信用等服务功能，为本市技术服务贸易发展创造优质环境。积极推动中国技术交易所建设，形成技术产权挂牌竞价、交易、结算等规范服务，为买卖双方提供高效交易平台。

继续推进各类市场化、专业化的大学科技园、科技企业孵化器、留学人员创业园和创业服务中心建设。在技术转移、投融资、知识产权等专业领域培育一批具有较强市场意识和服务能力的科技中介机构。

依托首都信息资源优势，鼓励发展面向企业管理、行业研究、信息系统规划、科技管理等咨询服务，形成首都经济新的增长点。

到2012年，实现北京科技服务业新增收入1000亿元。

8. 加快发展都市型现代农业

加快特色籽种产业发展。促进产学研用结合，加快奶牛、生猪、肉蛋禽、冷水鱼、观赏鱼、玉米、小麦、果品、花卉、蔬菜、薯类等具有明显领先地位籽种产业发展，提高市场占有率。依靠技术攻关、引进与集成，发挥龙头企业的主体作用，推进农业产业化，延长农业产业链，增加农产品附加值，农产品加工率达到60%以上、加工增值率达到90%以上。通过注入科技、文化元素，促进农业与乡村旅游业的有机融合，提升乡村旅游产业发展水平。依靠科技创新，提升特色农产品品质，扩大规模，进一步提高在高端市场的占有率和控制力。发挥现有农业科技园区的龙头作用，搭建农业高科技示范展示平台。

四、集中力量推广和应用一批新技术、新产品、新工艺，全面提升科技对首都经济社会发展的支撑能力

结合落实中央扩大内需的10项措施和《国务院关于发挥科技支撑作用促进经济平稳较快发展的意见》，推广一批具有自主知识产权并能带动形成新的市场需求、改善民生的成熟技术和产品，加大产业化、商业化和规模化应用力度。

1. 信息基础设施工程

建设国际先进水平、城乡一体化的高速信息网络。大幅度提升互联网宽带接入标准，实现进入家庭用户互联网带宽达到20兆、进入企业用户达到100兆、进入六大高端产业功能区企业用户达到10000兆。地下管孔建设覆盖城区、郊区和地铁等区域，满足信息基础设施扩展需要。按照高标准完成800兆无线政务网和有线宽带政务网络改造，满足各类政务业务需要。按照城区水平进行规划建设农村信息基础设施，全面提升农村地区信息交换和传输能力，使行政村光缆网络覆盖率100%。采取同轴射频缆、局域网、无线局域网等多种技术形式实现宽带入户。

加快第三代移动通信(3G)系统建设。围绕第三代移动通信和移动互联网进行新型服务业态的研发和创新。推广应用国有知识产权第三代移动通信标准，建立第三代移动通信应用产业联盟，带动信息内容服务业快速发展。

加强信息安全设施建设。完成信息安全应急指挥平台、网络信任体系、市政务信息安全容灾备份中心、全市域无线电自动化监测系统建设。完善城市监控、安全生产管理、应急指挥等系统网络建设。

到2012年，首都信息基础设施投资600亿元，建成国内前列、国际同步的首都信息基础设施，为中央和全国服务、为首都市民服务、为首都产业发展服务。

2. 食品安全工程

加强农产品生产源头的质量安全科技支撑体系建设。加快奥运农产品安全供应保障中的生产技术、监控技术和规范标准的转化与应用。加强农业生产的新型安全投入品的研究与替代应用，开展农产品生产环节的安全影响因素的分析与控制技术研究，加快农产品质量安全生产履历、源头追溯和检测技术的应用，完善农产品安全生产技术规程和产品质量安全标准体系，构建覆盖农业生产全过程的安全技术推广和服务体系。到2012年，使全市食用农产品(蔬菜、果品、生猪、肉鸡)生产基地的主导产品安全生产技术标准和技术应用覆盖率达到100%，北京地区生产的食用农产品质量安全监测合格率达到100%，京郊食用农产品配送企业、合作组织、龙头企业经营的农产品合格率达到100%。

加强食品质量和安全关键检测技术研究，支撑加工环节食品质量监管。开展农产品

质量安全控制共性与应急技术标准研究，重点开展食品添加剂、食品接触材料和食品中非食用物检测技术研究，加快完善食品质量监督检验检测技术体系，推广应用具有自主知识产权的快速检测装备和仪器，包括食品安全快速检测车、食品安全现场毒物检测箱、各种病源微生物以及有毒有害化学物检测仪和相关试剂等，提高食品生产企业产品质量自检能力。

运用现代科技手段加强食品运输环节的监控。对200辆进入本市农产品市场和物流配送中心的鲜冻畜禽产品运输车辆的行驶轨迹和食品运输温度、车门开启状况等进行实时监控，提升对高风险食品和重大活动中生物性、化学性、放射性等污染事件的防控能力。

加强流通领域食品安全监测。在流通领域规划建设20个食品安全风险评估和技术监控站点，全面应用推广无线射频技术（RFID）等全程溯源监控电子标签技术，在全市150家大中型商场、超市设置食品安全自检室，加强对食品安全快速分析鉴定设施的研发和配备。将本市500家大中型商场、连锁超市、21家大中型农副产品市场销售的畜禽产品、水产品、果蔬产品和重点预包装食品纳入食品安全追溯系统，实现对重点高风险食品从种植、养殖、屠宰加工、销售环节的全过程安全信息追溯。

3. 农业科技工程

加快都市型现代农业高效生产技术创新与应用。重点在猪、牛、禽优良品种遗传选育上创新突破，优良畜禽供种能力提高20%以上，优良畜禽品种覆盖率达到90%。引进、选育一大批粮经、果蔬、食用菌、花卉、名优水产等新品种，集中突破草莓、球根花卉等种苗脱毒关键技术，建立市、区（县）两级新品种试验展示基地网络，完成玉米、小麦品种更新换代一次，主要蔬菜品种更新80%。大规模转化应用健康高效饲料生产技术，示范推广高产、优质、高效、生态、安全的种植和养殖模式。加大“粮食丰产科技工程”的推进力度，提高粮食单产水平和水肥利用效率，减低灾害损失率和粮食生产成本。

加快农产品产后处理、保鲜、包装、储运、加工与食品生物制造等技术创新与应用。重点对果蔬、花卉等农产品产后冷链处理、保鲜储运等技术集成创新与示范推广，对特质、特色、特种农产品初级加工和精深加工的节能、降耗、循环利用等关键技术、设备和工艺等引进、研究和示范，延长农业产业链，发展食品营养与食品产业。加快农产品加工园区和物流中心建设，建立农产品加工与物流信息管理系统，制定系列技术标准与规范，形成与国内国际贸易相适应的农产品市场流通体系。

推进设施农业与生态循环农业技术创新与应用。建立高效生产、观光休闲、生态循环三种类型设施生产模式，重点研究和集成创新设施育苗技术、环境友好栽培技术、土壤培肥与生态修复技术、病虫害综合控制技术、水肥营养调控技术、温湿气智能调节技术、设施机械化作业技术等节能生态型设施农业技术，形成系列生产技术规范。加快农业资源循环与生态修复技术创新与应用。加大农田土壤培肥、耕地质量提升、高效节水、田园景观、土壤生态修复、清洁生产与有机废弃物综合利用、农业面源污染控制等关键技术研究与推广应用。

加快动植物疫病预防控制技术创新与应用。建立畜禽养殖生物安全隔离区及投入品监控系统，建立种用、乳用疫病净化与控制集成配套技术体系，使北京主要动物疫病综合防控体系与国际接轨。建立农林有害生物监测、预报预警与综合控制体系，研究与示范推广农林病虫害防控新技术。培育壮大以动物疫苗为主的生物制品产业，加大口蹄疫、禽流感、蓝耳病等重大传染病疫苗的开发。

加快现代农业产业技术体系和农业科技推广体系建设。大力发展先进适用、节能环保、安全可靠的农业机械化生产技术。以产品为中心，以产业为主线，以现有科技研发和推广体系为载体，加快现代农业产业技术体系北京市创新团队建设，提升农业科技综合创新与应用能力。开展参与式技术培训，提高农村劳动者的科技文化素质和就业技能，提高农民增产增收致富能力。

4. 医疗卫生与健康工程

完善公共卫生应急指挥平台建设。建设急性传染病早期预警监测系统，提高传染病早期发现能力。推广应用急救病人信息采集系统，建立院前急救与院内救治快速信息通道。完善全市救护车智能调度系统。

研究推广心脑血管疾病等与首都居民健康密切相关的十类重大疾病防治适宜技术和产品，开展多种形式的技术推广活动，促进科技成果转化。

建立并完善药物安全监测和应急处理体系。开展药品安全检测应用研究，建立药品信息服务平台，形成快速筛查和准确定性、定量的检测系统。

结合医药卫生体制改革的重点任务和人民群众基本医疗卫生服务需求，研发适宜性健康保健和诊疗技术，推广应用先进适宜技术和设备，提高社区卫生服务水平和质量。

5. 科技交通工程

推进轨道交通基于通信的列车控制(CBTC)技术研究和示范，争取形成一套具有自主知识产权的国产化 CBTC 系统。加快现代交通工具(汽车、轨道交通)车辆核心技术(牵引、制动系统)研究、性能检测和安全认证平台建设，开发自主检测技术，制定检测标准，推广使用先进自动材料和系统。

建设智能化交通运行管理和应急系统。重点建设轨道交通运行调度中心系统、交通综合监测系统、道路交通预测预报系统、城市交通应急指挥系统、交通图像资源监控与分析系统、高速公路网络化运营管理系统、公路交通流检测调查系统、交通信号区域控制系统、交通组织优化与仿真系统、客运交通指挥调度系统、物流运输信息系统。

建设方便公众的交通信息服务系统。重点建设综合交通信息网站、实时交通信息服务与诱导系统、动态停车诱导系统、综合换乘信息诱导系统(P＋R)、汽车租赁信息服务系统。

大力推动交通基础设施建设、养护、维修、抢险领域的科技创新。以桥梁、隧道、轨道、道路的无损检测和应急抢险技术、保持道路正常通行条件下的加固改造技术、道路降噪和防噪技术、新型节能环保材料与新型施工工艺为研究和应用重点，研制先进检测检验仪器设备，研究紧急情况下的交通快速抢险技术。

6. 节能与新能源工程

推广宜居型住宅技术。推广新建建筑节能技术、绿色建筑技术、新型墙体材料、节能环保建材技术等，提升人居环境水平。推广应用照明节电技术，在全市范围普及高效照明产品，扩大发光二极管(LED)路灯示范范围。推广应用供暖系统节能技术，加快推进全市燃气锅炉节能改造工作和热电联产的应用。积极推广空调节能技术在本市大型公建节能改造中的应用。推广应用建筑围护结构节能技术和能耗监测技术。加强可再生能源在建筑上的应用与推广，研究太阳能、浅层地热、可再生新能源在建筑上的应用技术，提高可再生能源替代率。推广奥运工程建设成功经验和奥运工程应用的新技术、新产品，及时总结新技术、新工艺，编制工程建设地方标准和北京市级工法。

加大工业节能技术推广应用。加快推进石油化工等五大高耗能行业节能改造，重点推广应用余热余压发电、电机系统节能、工业锅炉节能、变压器改造等一批节能技术。进一步完善重点用能单位实时在线监测管理，扩大监测企业范围和监测能源品种内容。力争到2012年，万元工业增加值能耗比2008年下降20%，工业用能总量占全市用能的比重下降到40%左右。

农村生物质能源开发利用。重点示范推广生物质燃气中降低焦油污染技术、低温沼气发酵技术、生物质燃料高效利用技术以及沼渣、沼液资源化利用等技术，重点开展利用太阳能光热转换系统、生物质燃料加温等资源替代型技术(产品)试验示范，推广沼渣、沼液定量施肥技术，提高农村生物质资源综合开发利用水平。在有条件的农村地区开展生物质集中气化供气技术、户用炉具多元燃料、生物质成型燃料与能耗成本控制技术、生物质燃气标准化技术、生物质固体成型成套设备与配套炉具开发与应用。

7. 新能源汽车示范工程

对接科技部“十城千辆”节能与新能源汽车推广应用工程。在公交和环卫等公共服务行业开展以混合动力和纯电动汽车等为重点的大规模应用示范，扩大天然气汽车示范规模，到2012年在新能源公共汽车领域形成超过5000辆的示范应用规模。带动电动汽车整车及零部件产品开发，完善电动汽车产业链。组建北京新能源汽车产业联盟，加快建设新能源汽车联合研发中心、新能源乘用车生产基地和新能源商用车生产基地。

8. 大气污染综合治理工程

加强污染治理技术的研发与推广。推广燃煤锅炉布袋除尘等实用技术，在化工和涂装、印刷等有机溶剂使用重点行业示范推广挥发性有机物治理技术，研发推广二噁英等有毒气体排放污染治理技术，研发建筑施工扬尘防治技术和装备，推行绿色施工。继续在燃气电厂、水泥厂、远郊区县燃煤集中供热锅炉房推行烟气脱硝技术，开展大型燃煤锅炉二氧化碳捕集和脱汞技术示范。

建立机动车排放控制动态管理决策支持系统。研究制定适应实施国家第五阶段机动车排放标准的北京市地方燃油标准、车辆达标技术路线。按照国Ⅴ标准的试验要求，完善机动车工况法排放检测技术和路检遥测检测系统，建设在用车环保标志电子信息化系统。

进一步开展北京和周边省区市大气污染物形成、转化与迁移规律研究，研发区域空气质量数值集成预报与模拟技术，推动建立大气污染区域化控制机制。

应用环境卫星大气污染物浓度反演技术等大气污染立体监测技术，完善京津冀区域空气质量地面常规监测网络，形成区域大气污染立体监测体系。研发推广烟气中的低浓度污染物、挥发性有机物连续在线监测技术。建立大气污染源清单核算与修订技术，建立污染物排放总量管理体系。针对可吸入颗粒物、臭氧控制等难点问题和群众关心的热点问题，研究制定地方标准，持续改善首都空气质量。

9. 水资源保护和利用工程

实施脆弱区生态系统监测、恢复与重建示范工程，拓展密云水库、怀柔水库上游水土流失及面源污染监测、控制、治理的技术与措施，建立监测体系和信息系统。推广生态清洁小流域建设实用技术与工艺。推广分散点源污水治理、生态型河道水质改善技术，建设北运河水质改善与水体功能修复示范工程，建设生态河道治理示范工程。中心城区建立河湖水环境监测预警体系。

开展地下水资源安全评价及污染防控技术研究与示范，形成不同类型地下水污染防控技术体系。完善地下水监测网络，建立地下水水质、水量监控系统，逐步实现地下水的可视化管理。

推广膜生物反应器(MBR)等污水处理新技术，推广应用新设备，对高碑店、清河等8座污水处理厂进行升级改造，实现出水主要指标达到Ⅳ类地表水水质标准。研究污泥减量化、无害化、资源化利用关键技术，构建污泥安全处置技术体系。

建立水资源优化调度智能系统。开展水资源承载力与空间配置规划研究，水资源战略储备和水生态服务价值研究。开展水资源优化调度技术研究，推进水资源的精细化管理。构建城市雨洪资源管理决策支持系统。开展气候变化对水资源影响评价研究。推广雨水收集与水质改善技术，开展洪水预报与调度技术研究。

建立和完善城乡安全供水体系。加强水源切换条件下管网腐蚀产物释放控制，开展不同水源条件下水源水质监控预警与水资源优化配置技术研究与示范，丰富水质安全保障技术体系，推广农村供水净化实用技术。

推广再生水利用与节水技术。在适宜地区推广再生水灌溉，完善安全评价体系。建立农业节水评价体系，因地制宜地推广节水适用技术，推动农业真实节水。开展农村污水综合治理与回用技术研究，因地制宜推广湿地和土地处理等适用技术。

10. 垃圾减量化、无害化和资源化工程

积极推广餐厨垃圾、厨余垃圾等有机垃圾微生物资源化处理技术，建设董村、高安屯、六里屯等餐厨垃圾处理厂，开展餐厨垃圾资源化处理示范项目，基本实现本市餐厨垃圾资源化处理。

积极推广垃圾焚烧发电、热能利用和污染控制技术，推广生活垃圾堆肥技术和厌氧产生沼气技术，加快阿苏卫、南宫等垃圾焚烧发电厂建设和董村、阿苏卫、丰台等8座综合处理厂建设。

积极推广垃圾填埋场处理技术。推广垃圾处理设施生物除臭技术，积极推广填埋场全覆盖膜下抽气填埋气收集和利用技术以及渗沥液处理技术，完成12座垃圾填埋场处理设施异味治理，积极推进渗沥液处理污染控制。

积极推广建筑垃圾生产建筑材料技术。重点推动昌平南口、高安屯、京西、京南等四个建筑垃圾综合处置试点项目，实现建筑垃圾年处理能力达到280万吨以上，提高建筑垃圾的资源化水平。

积极推广垃圾筛分资源化和抽气输氧等陈腐垃圾污染治理、生态修复及土地再利用技术，积极推进全市非正规垃圾填埋场的治理工作。

加强生活垃圾分类收集、分类运输、分类处理的基础性、关键性技术研究及应用创新。积极推广垃圾分类专用收集车，建立和完善垃圾分类收集、分类运输、分类处理体系，探索家用厨余垃圾处理技术、家庭管道垃圾输送技术、智能化垃圾分类物流管理技术及模式试点示范。

11. 资源综合利用工程

废聚酯瓶再利用。采用国际先进的洁净聚酯碎片生产技术和固相增粘技术，将废聚酯瓶加工成高品位、高端性的聚酯产品。

矿山废弃物资源化利用。采用煤矸石破碎与筛选、煤矸石沥青混合料配合比设计与生产技术、铁尾矿资源化利用技术、煤矸石矿物掺和料制备技术处理煤矸石、铁尾矿，实现煤矸石、铁尾矿在沥青混合料、水泥混凝土中的全面应用，带动相关产业发展，保护生态环境。

废旧轮胎翻新及再利用。采用轮胎翻修及废轮胎加工再制造技术，翻新废旧轮胎和废旧轮胎再利用。提高轮胎的使用效率，减少废轮胎对环境的污染，提供新型建筑材料。

废纸再利用。依托北京造纸七厂等企业，采用中水回用等技术制造高档再生纸，实现利用城市废纸生产再生纸。

开展废弃电器电子产品综合处置利用和污染控制技术的示范应用，建立相应的管理技术规范标准体系。

12. 城市安全与应急保障工程

继续完善以市应急指挥平台为龙头、18 区县及 14 专项应急指挥部平台为支撑、移动应急指挥平台为辅助的应急指挥技术系统。推进主要应急技术系统向基层延伸，不断完善突发事件信息报告网络、预测预警和信息发布体系。继续推进全市应急指挥备份平台建设。建立健全本市风险评估管理体系，开展风险管理信息系统建设。

开展高层建筑防火、灭火及救援等城市安全方面重点技术和装备的研究。

五、推进以中关村国家自主创新示范区为龙头的创新体系建设

1. 加快推进中关村国家自主创新示范区建设

认真落实《国务院关于同意支持中关村科技园区建设国家自主创新示范区的批复》（国函[2009]28 号），研究制定有关政策措施的实施细则和具体办法，加快推进各项体制机制改革试点。开展股权激励的试点，对作出突出贡献的科技人员和经营管理人员实施期权、技术入股、股权奖励、分红权等多种形式的激励。深化科技金融改革创新试点，完善中关村非上市公司进入证券公司代办股份转让系统的相关制度，扶持产业投资基金、股权投资基金的发展。允许按规定在国家科技重大专项项目（课题）经费中核定一定比例的间接费用。支持新型产业组织和民营企业参与国家重大科技项目。实施支持创新创业的税收政策。深入实施支持企业自主创新的政府采购政策。组织编制发展规划。

争取到2012年，推动中关村的创新发展再上一个新台阶，为建设具有全球影响力的科技创新中心奠定基础。

2. 在市属单位率先推动股权激励改革试点

在市属科研院所、高等院校及国有高新技术企业中，选择一批试点单位，按照《国务院关于同意支持中关村科技园区建设国家自主创新示范区的批复》的要求，率先开展职务科技成果股权和分红权激励试点。对作出突出贡献的科技人员和经营管理人员，实施期权、技术入股、股权奖励等多种形式的股权和分红权激励。鼓励市属科研院所和高等院校创办各类科技型企业，加快推动科研成果产业化。开展对职务科技成果完成人进行科技成果转化收益奖励的试点，进一步激发广大科研人员创新活力。

3. 进一步推动中关村核心区(海淀园)的创新要素集聚

推动技术交易要素聚集。加快中国技术产权交易所、国家技术交易中心、中国版权交易基地建设，聚集技术信息发布平台、科技成果评估机构、技术咨询机构、工程咨询机构、技术和产品展示机构等功能要素，推动技术转移和辐射，促进科技成果转化。

推动科技金融要素聚集。完善中小企业发行债券服务机构、科技贷款服务机构、信用服务机构、担保服务机构、上市融资机构等债券融资服务，聚集银行、证券、保险、信托、租赁、投资机构等功能要素，建立有效服务于区域自主创新的科技金融体系。

推动科技中介服务要素聚集。引导和聚集管理咨询、规划设计、研发服务、标准申请、创业辅导机构、知识产权代理机构、律师事务所、专利事务所、行业协会等人力资源开发与服务功能要素以及科技中介服务功能要素，为自主创新活动提供良好的市场关键要素服务。

4. 大力支持企业提高自主创新能力

加强企业技术创新服务平台建设。充分发挥北京地区现有的国家工程中心、国家重点实验室、国家工程实验室、大型仪器设备等公共科技资源密集的优势，通过市场化运作，促进科技条件资源的开放、共享，整合形成面向企业开放的技术创新服务平台，帮助企业特别是中小企业开发新产品、调整产品结构、创新管理和开拓市场，提高市场竞争力。在重点产业，选择一批转制科研院所和大型优势骨干企业技术中心，作为产业振兴的技术创新支撑平台，加大政策和资金支持力度。深入实施"中关村开放实验室工程"。进一步扩大中关村开放实验室的覆盖领域，争取到2012年中关村开放实验室总数达到100家。引导实验室和高科技企业瞄准国家战略和重大科技计划，联合开展研发，承担一批国家项目。

5. 积极推动大型企业研发中心和国家工程研究中心建设

支持国内外大型企业研发中心的建设和发展。积极争取国有大型企业在京建立研发中心、研发基地、企业技术中心，积极吸引跨国公司、外省区市大型企业在京设立研发中心。

加强国家工程研究中心等研发机构建设。围绕软件与信息服务、集成电路、移动通信、计算机及网络、光电显示、生物医药、能源环保等具有优势的科技领域，鼓励企业、大学、科研院所承担国家级研发机构建设，不断增强首都研发创新实力。

6. 鼓励科研院所和高等院校的科技力量主动服务企业

加大科研院所向企业开放的改革力度。继续深化科研院所改革，充分调动北京地区科研院所、高等院校等各类创新主体的积极性，促进科研与经济紧密结合。支持研究开发类科研院所与企业研发中心联合研发技术、开发产品，加快技术成果向企业转移，促进人才向企业流动。鼓励社会公益类科研院所为企业提供检测、测试、标准等服务。各级政府部门对社会公益类科研院所的科技基础设施建设给予必要的支持。

提升大学科技园和科技企业孵化器的整体服务水平。积极支持和引导大学科技园和科技企业孵化器专业化、市场化发展，探索“专业孵化＋创业导师＋天使投资”孵化模式，推动孵化联盟和服务网络建设，提升大学科技园在人才培养、技术转移、专业咨询和投融资等方面的专业服务能力。探索和总结大学科技园服务自主创新的新机制和新模式。将大学科技园和科技企业孵化器建设成为大学技术创新的基地、高新技术企业孵化基地、创新创业人才聚集和培育基地、产学研结合示范基地。

7. 促进产业技术联盟发展

大力支持以产业技术联盟为代表的产业组织创新，打造高端创新集群。规范产业技术联盟的组织管理，引导产业技术联盟加大组织协调和资源整合力度。在电子信息、节能环保、生物医药、新材料、现代农业、光机电一体化、文化创意等领域，重点推进 TD-SCDMA、闪联、SCDMA、数字电视、下一代互联网络、中国生物技术外包服务联盟（ABO）等产业技术联盟的发展。鼓励高新技术企业联合科研院所、高等院校等各类创新主体，成立产学研用结合的标准联盟、技术联盟和产业联盟，支持其承担国家重大专项，开展关键共性技术的合作研发，推广、应用和保护知识产权，制定和推广技术标准，建立科技资源开放共享平台，设计并实施行业整体解决方案，探索校企合作培养创新人才的新模式，吸引创业资本投资，建立产业技术信息和标准信息交流平台，加强国际科技合作与交流。

8. 加快发展高新技术产业集群

发挥中关村在引领高新技术产业发展、支撑首都经济增长中的集聚、辐射和带动作用，加大对电子信息、生物、新材料、新能源、环保节能、航空航天等战略性高新技术产业的支持力度，推动产业集聚，加快推进生命科学园、软件园、环保园、永丰产业基地、大兴生物医药产业基地、电子城科技园、光机电一体化基地等特色专业园和产业基地建设发展，促进首都产业结构调整和优化升级。进一步完善空间规划、土地利用规划等专项规划，高标准进行规划建设和环境整治，实现土地的集约利用。继续大力推进交通、能源、信息、环保等基础设施和配套公共服务设施的建设。促进科技成果转化和辐射。在符合规划的区县产业用地范围内，共建中关村高新技术产业化基地，将中关村的科技成果转化项目辐射到各区县，推动区县产业结构优化升级，形成布局合理、优势互补、协同发展、特色鲜明的高新技术产业集群。对共建的高新技术产业化基地，市政府给予政策支持。

六、保障措施

1. 加大高层次创新型人才的引进和培养力度

认真贯彻中央关于实施海外高层次人才引进计划的意见，落实本市实施海外人才聚集工程的意见和鼓励海外高层次人才来京创业和工作的有关政策，重点吸引一批具有国内外先进水平的战略科学家、科技领军人才、科技企业家和高科技创业团队。加强海外高层次人才服务“窗口”建设，充分发挥北京海外学人中心的作用，为引进的海外高层次人才提供全程代理服务。加强海外高层次人才创新创业基地和留学人员创业园、孵化器的建设，进一步改善高层次创新型人才的创新创业环境和生活环境。

认真落实本市关于进一步加强高层次人才队伍建设的意见，制定并实施创新型科技人才行动计划，重点加强具有科技创新素质和技术经营能力的复合型人才培养，着力提高广大科技人才的创新创业精神与能力。加强北京地区高水平大学以及重点学科建设，依托重大科研和建设项目、重点学科和实验室、国际交流合作项目，培养高层次创新型人才。建立健全鼓励创新创业的分配制度和激励机制，通过加大政府奖励，实行股权、期权、年薪制等多种方式，增强对关键岗位、核心骨干等的激励。鼓励和支持高校毕业生参与科技创新和自主创业，积极吸纳优秀高校毕业生参与国家和首都科技计划的研发活动，鼓励高校毕业生到农村创新创业。

2. 加大政府投入力度

建立政府投入资金的整合机制，今后 4 年市政府财政用于支持自主创新和产业化的资金投入不低于 500 亿元。统筹协调和充分利用科技资源，实现协同创新，通过加大政府投入，带动企业和社会资金参与自主创新，集中支持一批具有较好基础和优势、关系首都经济社会发展的重点领域、关键技术和重点产业化项目，做强做大一批企业。

3. 加快推进科技金融体系创新

建立具有有机联系的多层次资本市场体系。积极支持中关村企业在境内外上市融资，深入推进中关村代办股份转让试点，继续促进中关村企业集合发债。选择有条件的商业银行在中关村设立为科技企业服务的支行，作为科技型中小企业金融服务试点银行，创新高新技术企业融资的手段、组织形式和产品，针对高新技术企业开展信用贷款、知识产权质押贷款及小额担保贷款等业务。支持地方性金融机构设立金融租赁公司，开展面向高新技术企业的设备租赁服务。搭建科技金融服务平台，加快形成覆盖企业不同发展阶段，集小额贷款及融资担保、创业投资、产业投资及并购重组为一体的科技金融服务体系。建立科技保险保障机制，开展高新技术企业科技保险试点，鼓励保险公司开展对高新技术企业的保险服务。

4. 强化政府采购政策

通过采用首购、订购、首台(套)重大技术装备试验和示范项目、推广应用等方式进行政府采购，支持企业自主创新。政府采购的范围，包括使用市区两级财政性资金采购的机关、企业、事业单位、市区两级财政性资金全额投资或部分投资项目的出资、建设和管理单位以及研发并提供自主创新产品的中关村企业、大学、科研单位。采购自主创新产品的适用领域，从政府行政类办公扩展到市政设施、建筑、节水节能、环保和资源循环利用、交通管理、公共安全、医疗卫生、技术改造、科技研发、工程养护等使用市区两级财政性资金全额投资或部分投资的项目。

5. 优化创新创业环境

结合转变政府职能和政府机构改革，积极改进政府部门的审批服务工作，改革行政审批制度、减少审批事项、简化审批环节、缩短审批时限，为创新型企业的发展创造更富活力和效率的宽松环境。营造有利于区域创新的法律政策环境，制定出台一系列鼓励和促进科技创新及其应用的公共政策，逐步完善规范化和层次化的、适合首都特点的科技政策体系。探索建立企业、协会和政府良性互动的公共管理机制以及多部门的合作协调机制，充分发挥各类科技协会、学会在推动自主创新、开展科普教育、联系和服务科技工作者中的重要作用，不断提高公共服务水平。鼓励市民开展小发明、小创造、小革新等活动，进一步激发全社会创新热情，营造良好的科技创新氛围。

6. 大力实施知识产权战略

认真落实《国家知识产权战略纲要》，鼓励和引导企业申请和取得国内外专利，支持企业通过知识产权战略提升技术创新能力和市场开拓能力，加大对重点企业形成专利池和产业技术联盟构建专利群的支持力度。加强知识产权深度开发与经营，引导技术转移服务机构通过市场化运作机制，对具有推广价值的专利技术进行深度开发和集成推广，促进专利成果产业化。加大对知识产权保护力度，加快完善首都知识产权保护政策法规体系，加强执法协调，提高执法能力，努力把北京建设成为保护知识产权的首善之区。

7. 加强组织领导

成立由市委、市政府分管领导牵头，市有关部门参加的协调工作小组，贯彻落实市委、市政府科技工作的总体部署，研究“科技北京”建设的重大战略性问题，统筹推动“科技北京”建设。协调工作小组下设办公室，由市科委负责日常工作，建立联席会议制度，加强科技工作的统筹协调，合理配置资源，组织联合攻关，着力解决北京经济社会发展所面临的重大科技问题。各区县、各部门都要高度重视“科技北京”建设，设立相应领导机构，将“科技北京”建设纳入本地区、本部门的重要议事日程，将“科技北京”任务细化分解，列成“折子工程”，逐条落实，并纳入业绩考核。

附录三　北京市“十一五”时期科技发展与自主创新能力建设规划

序　　言

当今世界，经济一体化导致国与国之间的联系日益密切；科学技术的作用，已经从后台推动发展为前台引领；研发活动类似经济一体化出现了模式重构、协作互动的发展格局；从科技研发和高新技术产业中分蘖和分化出独立的创新型服务业，成为现代服务业的高端。

当今中国，已融入全球经济，日益深刻影响着世界，面临着更大的国际竞争压力。资源与环境的双重制约，成为发展的瓶颈。关系国家命运、具有巨大市场价值的关键核心技术成为国际技术贸易的“禁区”，只有靠自主创新才能获得。转变经济增长方式、调整经济结构、建设“创新型国家”，成为国家的战略选择。

在这种背景下，科学的分析和判断北京的发展态势，有以中关村为标志的中国集中的优质科技、教育资源的固有优势，有“十五”期间取得的巨大进步和打下的坚实基础，尽管困难重重，我们有理由相信，经过“十一五”的努力，作为中国的创新型城市，北京将在创新型国家建设中，发挥不可替代的高端辐射作用，实现跨越式发展。

本规划编制的主要依据是：《国家中长期科学和技术发展规划纲要（2006—2020年）》，《北京市国民经济和社会发展第十一个五年规划纲要》，国务院对《北京城市总体规划（2004—2020年）》的批复，《中共北京市委北京市人民政府关于增强自主创新能力建设创新型城市的意见》。本规划实施期限是2006—2010年。

一、“十五”科技发展的回顾与展望

（一）“十五”科技发展的回顾

1999年底，市委、市政府落实全国科技创新大会精神，实施的“首都二四八重大创新工程”（以下简称“二四八工程”），以中关村科技园区为龙头，构建首都区域创新体系，成为集成首都科技资源，提升首都竞争力的旗帜。五年来全市上下齐心协力，大力推进，“二四八工程”建设顺利完成，对首都发展产生了重大而深远的影响。

1. 首都区域创新体系建设取得重大进展，创新环境明显改善

以《中关村科技园区条例》、《关于进一步促进高新技术产业发展的若干规定》等一系列地方政策法规出台为代表，北京创新环境得到明显改善，初步形成了多层次、多维度的

科技政策法规体系框架；创业服务体系不断完善，孵化服务能力不断提高，涌现出一批具有较大影响力的创新型企业；区域创新服务体系建设取得重大进展，各种专业服务手段不断丰富，一大批中介服务机构快速成长，在促进企业创新、加速科技成果转化等方面发挥出重要作用。

2. 各类资源积极融入北京发展，科技创新格局发生重大转变

在原有以科研院所、大学为主体的研发格局基础上，目前已经基本形成了院所大学与企业双雄并立、各类创新机构竞相发展的新格局，使科技创新与首都发展的融合更加紧密，为"十一五"北京进一步依托科技促发展提供了有利的条件。2005 年，全市研发经费支出为 380 亿元，占北京市生产总值的比例为 5.6%，研发经费五年平均增长近 20%。其中，以国家级在京研究机构为主体的国有科研机构的人均科研经费提高了 60%以上，基础研究能力得到增强。市场导向特征明显的企业研发活动大幅增加，企业用于 R&D 的经费占全地区 R&D 经费的比重从 2000 年的 31%增加到 2005 年的 46.2%，成为科技转化为生产力的重要支撑。特别是跨国公司和外埠企业集团竞相涌入，成为北京研发活动的新生力量。

3. 依托科技创新促进现代服务业发展和经济结构调整的态势初现

"十五"期间，北京经济结构出现根本性变化，第三产业比重由 2000 年的 64.8%上升为 2005 年的 67.7%。其中，以信息传输、计算机服务和软件业以及科学研究、技术服务业为代表的高科技含量的服务行业增长迅速，2005 年这两类行业实现增加值 925 亿元，占地区生产总值的 13.4%，在促进首都经济结构升级方面表现出了强大的生命力。软件产业异军突起，2005 年实现营业收入 780 亿元，超过了全国的 1/3。技术交易额从 2000 年的 140 亿元增长为 2005 年的 489 亿元，占全国技术成交总额的 31.5%，其中占总成交金额近 42%的技术成果流向全国其他地区，对全国形成了强大的辐射带动作用。

专栏 1　北京技术市场交易活跃

技术市场是国家鼓励科技成果转化，促进科技经济一体化的重要举措。北京制定并不断完善《北京市技术市场条例》等有关政策法规体系，技术交易市场不断壮大，多年来一直名列全国第一。2005 年北京技术合同成交总额 489.6 亿元，增长 15.2%。在成交总额中，流向本市技术 16974 项，成交额 198.0 亿元，对全市发展产生积极作用；流向全国其他地区 20030 项，成交额 205 亿元，对全国的创新发展产生了重要的辐射带动作用。

4. 以促进首都发展为取向的科技发展思路奠定"十一五"发展基础

"十五"期间，市委市政府提出"实现一个转变、两个加强、实施三大行动"的科技发展思路，即实现由院所、高等学校为中心的技术主导型的创新体制向以企业为中心的市场主导型的创新体制转变；加强科技创新资源向郊区县的辐射、扩散；加强科技对城市建设、城市管理和社会发展的支撑；集中力量重点实施促进企业提高核心竞争力的"引擎行动"，实现市区与郊区县协同发展的"涌泉行动"，推进首都全面、协调、可持续发展的"科技奥运行动"。北京在全国率先进行了以企业为主体的创新机制、以需求为导向的科技

管理改革的全面探索，院所、大学与企业积极响应、踊跃参与，初步积累了经验，为“十一五”科技发展和创新能力提升进行了观念和机制的准备。

（二）科技工作面临的挑战

目前，北京发展还存在种种不利因素，主要表现在：符合科学发展观和市场经济规律的体制机制尚不完善，发展环境仍需不断改善；经济增长仍然主要依靠投资拉动和外延式扩张，对产业、经济发展的规律研究还没有根本突破；城乡和区域发展不协调，“三农”问题制约北京发展；资源与环境的双重压力凸显，改善生态环境质量、建设资源节约型社会任务艰巨等等。解决上述矛盾，对科技提出了更加紧迫的要求和更高的标准。

北京科技工作的问题和薄弱环节，突出表现在创新体制机制建设与发展要求还不相适应。

——固有观念尚需进一步破除。计划经济条件下科研工作理念、方法的影响还大量存在，科技人员的市场意识还较为淡薄，“技术导向”观念在科技工作中还很突出；从需求出发、“以用定研”的创新模式还未全面形成；依靠科技创新作为经济发展主要驱动力的意识还不强。

——管理体制仍然束缚着科技资源发挥出更大的作用。蕴藏在科研院所、高等学校中的大量科技资源，由于部门分割等原因还较多地封闭在单位内部；科研工作价值取向、计划管理模式和有关措施还限制着更多的科技资源与社会需求实现更广泛的结合。

——自主创新能力还不能满足发展的要求。企业创新意识和能力较弱，科技投入不足，大量企业创新主体地位尚未确立；主要制造业技术和重大设备对进口的依赖度大，缺乏核心技术和自主知识产权，制造业信息化整体水平较低，服务业总体技术含量不高，科技还不能对发展提供足够的支撑。

当前，提升创新能力的核心是不断探索激励创新、促进创新能力提升的机制，凝聚、引导更多的创新资源在北京发展的舞台上施展才能，实现建设“创新型城市”的目标。机制建设主要存在四方面问题：“以企业为主体、以市场为导向”的新型产学研机制还未全面形成，企业依托更广泛的社会创新资源开展创新活动的能力有待提高；对经济社会发展需求需要深入的把握，科技促进经济社会发展的有效机制还需不断探索；利用科技解决“三农”问题的工作机制尚未完全建立，科技推动区域协调发展还应发挥更大的作用；转变政府职能，提高科技管理干部素质和能力，用企业家精神改造政府的意识均需加强。

专栏 2　自主创新

“自主创新”是我国国家发展战略。胡锦涛总书记多次指出：要把推动自主创新摆在全部科技工作的突出位置，把提高自主创新能力作为推动结构调整、转变经济增长方式和提高国家竞争力的中心环节。

“自主创新”是新时期我国应对激烈的国际竞争、促进经济增长方式转变、实现经济结构升级的重大战略选择。自主创新包括三个方面：一是原始性创新，二是集成创新，三是在引进先进技术基础上的消化、吸收与再创新。

二、总体思路和发展目标

（一）总体思路

“十一五”期间，北京科技发展要坚持科学发展观，瞄准“创新型城市”建设目标，遵循市场经济规律和科技发展规律，贯彻国家中长期科技发展规划纲要和北京城市总体规划要求，大力实施以中关村科技园区建设为核心的首都创新战略：以提高自主创新能力为主线，建设国家知识创新高地和技术创新源泉两个支点，集中力量重点实施促进企业提高核心竞争力的“引擎行动”、实现区域协同发展的“涌泉行动”和推进首都全面协调可持续发展的“科技奥运行动”三大行动，在建立以企业为主体产学研结合的创新机制、依靠科技促进经济社会发展、用科技手段促进城乡协调发展和政府管理体制改革四个方面实现突破，基本形成以自主创新带动经济增长方式转变、经济结构调整和首都竞争力提升的格局。

“十一五”北京科技发展的工作方针是：需求导向、机制领先、凝聚资源、高端辐射。

需求导向：以转变经济增长方式和调整经济结构、建设“创新型城市”所提出的科技需求为导向，制定科技计划，引导市场资源。在对未来竞争具有影响的领域进行重大技术攻关，实现技术突破，支撑和引领经济与社会的跨越式发展。

机制领先：建立以企业为主体的市场导向型的创新机制，深化政府管理体制改革，释放蕴藏的巨大能量，完善区域创新体系。

凝聚资源：用好现有资源，吸引更多资源，搭建创新资源充分发挥作用的舞台。

高端辐射：保持和加强北京的全国科技创新中心地位，占据技术链与产业链的高端，通过高增值性的知识创新与技术创新成果转移和扩散，发挥北京对全国的辐射带动作用。

专栏3　高端辐射

高端是指以高科技、高附加值、高智力密集性为表征的产业核心环节。处于高端的企业是其行业与企业发展必不可少的关键技术与服务的提供者，影响和决定行业的技术水平。高端辐射就是指经济社会发展中处于高端的组织机构施加的外在影响力和规定性。

（二）发展目标

1. 2020年创新型城市发展的远景目标

到2020年，北京建设成比较完善的“创新型城市”，自主创新成为经济社会发展的主要驱动力和主导模式，创新思想活跃，创新成果大量涌现，创新资源集聚，创新产业发达，创新环境优越，成为引领中国自主创新发展的先锋和联结全球创新网络的重要节点。

专栏4　“创新型城市”

“创新型城市”是特定历史阶段对创新要素集聚和发挥作用的城市发展模式，主要指依赖科技、知识、人力、文化、体制等创新要素驱动发展的城市，其对所在城市群或更大范围内的其他区域具有高端辐射与引领作用。

2.2010年创新型城市发展的目标

“十一五”期间，北京要充分发挥科技优势，促进产业结构提升和经济增长方式转变，完善城市功能，加快社会发展，实现初步建成“创新型城市”的目标：

第一，高端创新。在原始创新、集成创新、引进技术的消化吸收和再创新等方面拥有领先、强大的创新成果的产出能力，成为全球创新体系的重要节点。

第二，强劲辐射。发挥有力的创新成果的辐射能力，所产生的大量新知识和新技术将以创新服务和高端产品的形态充分地服务全国乃至世界。

第三，产业提升。以创新为特征的“高科技含量、高增值性、低能耗、低污染”的产业在经济总量中的比重大幅提升。创新型服务业作为现代服务业的高端，成为首都经济核心支柱产业和经济结构升级的动力。

第四，环境优越。具备保持长久创新领先能力的机制和环境。吸纳和凝聚全球创新资源，各类创新要素与市场良性互动。

“十一五”期间北京“创新型城市”主要发展指标：

——高端创新目标

2010年北京地区R&D支出占地区生产总值的比重达到6%；

2010年北京每万人专利申请数达到18件，其中发明专利数12件；万人国内专利授权8件，其中发明专利数5件；

2010年北京地区企业R&D投入占销售收入的比例超过4%；

2010年企业R&D支出占北京地区R&D支出的50%左右；

2010年国际《科学引文索引》(SCI)、《工程索引》(EI)和《科学技术会议录索引》(ISTP)等三大权威检索系统收录北京科技论文数量3万篇以上；

2010年北京财政科技经费支出年增长率继续保持在20%以上；

2010年北京承担国家级科技计划项目数的比例保持在35%左右；

2010年北京自主知识产权的产品比重达到40%以上。

——强劲辐射目标

2010年北京技术市场交易额超过1000亿元，其中对外埠技术交易额达到600亿元以上；

2010年北京地区高新技术产品出口额占地方出口总额比重达到38%，技术出口贸易额增长1倍；

2010年北京软件出口总额达到18亿美元，年均增长40%；

——产业提升目标

2010年北京地区技术依存度降低到20%以下；

2010年中关村科技园区实现增加值占全市地区生产总值的比重达到20%左右；

2010年北京地区规模以上工业企业全员劳动生产率达到20万元/人。

——环境优越目标

2010年跨国公司在京设立研发机构(具有研发活动)超过350家；

2010年每万人人口中科学家和工程师数将达到220人左右；

2010年服务企业创新的科技条件平台和专业技术孵化器数量超过200家；

2010 年每年新创办高新技术企业数量达到 3000 家；

2010 年北京地区风险投资占全国风险投资比重达到 30%。

2010 年争取 1/3 左右的国家科技条件平台建在北京。

3. 2010 年科技发展目标

“十一五”时期，北京的科技发展要围绕提高自主创新能力、建设“创新型城市”的目标，实现“五个提升”：

企业的创新主体地位得到提升。科技创新保持在较高水平，科技创新投入结构进一步优化和完善，地区 R&D 支出占地区生产总值的比重达到 6%；创新能力显著增强，企业的研发投入占企业产品销售收入的比重突破 4%；企业创新主体地位基本形成，企业 R&D 支出占地区 R&D 支出的比重超过 50%。

科技在经济增长方式转变和经济结构调整中的引领地位得到提升。创新型服务业成为提升城市功能和辐射能力的主要驱动力。软件和信息服务业成为北京重要的支柱产业，软件产业占地区生产总值的比重突破 12%；高新技术产业在软件和集成电路、新一代移动通信、计算机与网络、光电显示、数字音视频、生物医药等领域实现重大突破，涌现出一批具有自主知识产权和国际竞争力的产品和企业。

科技在城市管理和城市建设过程中的应用水平得到有效提升。困扰北京经济社会发展的若干关键技术问题得到解决，科技在城市管理和城市建设中的应用程度大为提高，一批重大的科技成果在奥运会得到充分应用，科技改善公众生活质量和提高生活水平的作用显著，新能源的采用和节能技术的突破使资源紧张得到缓解，全民科技素养显著提升。

北京为全国服务和与全球资源对接的能力得到提升。京津冀区域科技合作的体系和框架基本形成；技术交易市场更加壮大，对全国的辐射带动作用明显提升，2010 年技术交易额突破 1000 亿元，其中对北京以外地区的交易量超过 60%；国际交流与合作日益活跃，吸纳全球科技资源的能力显著提高。

科技持续发展水平和创新能力得到提升。拥有稳定的高素质的科学家与工程师队伍；原始性创新能力持续增强，在若干科技领域达到世界领先水平；力争国家科技条件平台大量落户北京，科技基础条件得到有效整合，科技资源共享机制基本形成。

（三）发展路径

面向建设“创新型城市”战略目标，遵循市场经济规律和科技发展规律，积极争取中央项目落户北京，大力探索新的机制和手段，实现四个突破。

1. 突破机制瓶颈，加快以企业为主体的产学研结合

创新能力与科技资源不相匹配的根源，在于缺乏资源与应用互动的有效机制。不打破机制瓶颈，问题将长期存在，资源优势就无法转化为竞争优势。要通过科技政策、科技计划的导向和示范带动，大力支持和引导院所、高等学校与企业，基础研究与产业应用，科技条件与企业创新需求，研发资源与实业资本之间的多种形式的结合。力争全面形成以企业为中心的、更加灵活高效的新型产学研结合机制和发展模式。一方面促进院所和高校，既支持企业创新，又得到自身提升；既服务于现实需求，又得到永续发展。另一方

面，充分借助社会创新资源大幅提升企业自主创新能力，力促企业成为技术创新主体。

专栏5　清华大学分析测试中心

2004年，北京在全国率先提出并创建面向市场、与专业孵化器结合的科技条件平台，宗旨是把科学仪器、化学试剂、信息数据、文献资料、实验动物、科技基础设施等科技条件要素，通过市场化和组织化的运作，打破围墙，向社会和企业开放，实现条件共享、信息共享和资源共享。目前，已启动5个平台试点建设。其中，清华大学分析测试中心向企业开放实验设施，为企业提供分析检测服务，其设备利用率提高了1倍，一批中小科技企业受益。

专栏6　摩力克公司

以企业为中心形成新型产学研创新机制，是按照市场经济规律，充分调动和利用优势科技资源，提升企业创新能力的新探索。2003年，市科委支持北京医药集团和军事医学科学院共建"北京医药集团药物分子设计中心"，吸引4名国家"863"计划知名专家入股加盟，并通过建立利益分享与风险共担的产学研合作新机制，以新成立的摩力克公司来运作。两年来取得重大进展，科研效率大大提高，2004年就推出7个新药研发的阶段性成果，在国内业界产生了很好的示范作用。

2. 突破路径依赖，强化科技促进经济社会发展的功能

技术研究与开发工作必须以经济社会发展需求为导向；经济社会发展必须紧紧依靠科技创新。要遵循科技发展规律和市场经济规律，寻求社会需求与科学技术供给的高度耦合。以需求为导向配置科技资源，从需求出发确定政府科技计划和政策，引导和支持各类行为主体的创新活动。推广卓有成效的创新推进模式，包括根据需求开展科技创新活动的"以用定研"模式，依托资源禀赋推动经济发展的"科技资源招商"模式，打造高新技术产业集群的"企业标准联盟"模式等；在利用科学技术促进循环经济发展、新城建设、各类功能区的发展等方面，探索新的模式和途径。

专栏7　科技资源招商

旨在主动、充分地利用北京人才、成果、信息等优势科技资源，吸引外部资金投入北京的科技研发活动，优化研发组织的投资结构，提高研发水平，增强科技竞争力；同时，广泛吸纳京外资金和更广泛的社会资源加入首都创新发展。比如在生物医药领域，到2004年底，中生制药、华源生命、江中制药、上海绿谷等一批大型跨国医药集团和国内大型医药企业集团已在京投资14亿元，建立了研发中心和业务中心。今年工作取得新进展，截止到5月份，北京生物医药领域已经达成明确意向的投资数额达4.4亿元，涉及项目5个。

专栏8　长风联盟

以"联合就是力量，标准就是纽带"为理念，支持企业建立基于标准的产业联盟。2005年，支持包括用友、神洲数码、东方通、中关村软件等在内的23家软件企业成立"长风联盟"。进入联盟的企业，以建立共同遵循的产品标准为前提，开展基于标准

的合作。企业认为，这种方式有利于相互借重，合力出击，有助于从根本上整体提升企业竞争力。这种发展模式得到业界赞同。目前，更多软件企业踊跃申请加入联盟。

3. 突破素质障碍，用科技手段促进城乡协调发展

北京的城乡二元结构是“创新型城市”建设的重要障碍。解决这一问题，教育是基础，科技是出路。充分重视和发挥农村经济协作组织的平台和带动作用，推广科技成果，培训青年骨干，带动农民致富。以政策引导和资金扶持，推动市场化的农村信息化建设。培养面向北京重点产业的高级技能人才，增加农民的就业机会。利用开发区的产业聚集，带动周边发展。根据北京城市总体规划的要求，鼓励科技中介与服务机构为区县提供咨询服务，协助区县、乡镇制定发展规划。

专栏9　镇(乡)域发展规划

旨在将科技工作重点向农村延伸，积极发挥科技引领作用，支持乡镇编制科技促进镇域发展规划，将首都丰富的科技智力资源在区县特别是在乡镇工作中得到充分地利用。已经确定了10个特色典型乡镇，联合首都规划设计类咨询机构，承担第一批科技促进镇域经济社会发展规划项目。市科委将重点支持一批乡镇，按照“功能完善、环境优美、特色鲜明、协调发展”的方针，创造出新的经济发展模式和典型经验，向周边地区以及全市其他乡镇辐射、推广和扩散，为全市产业结构调整、升级和建设和谐社会首善之区发挥重要作用。

4. 突破体制束缚，推动政府管理体制改革

提升自主创新能力，要求加快政府职能转变。要用企业家精神改造政府，建立开放式、市场化和高效率的创新型政府，借助市场的力量凝聚创新资源。科技管理要由主要着力于组织科技项目向发掘、整合首都科技资源转变，拓展使社会各个群体广泛参与和充分利用科技资源的畅通渠道，形成群策群力推动科技进步、同心协力促进经济社会发展的局面。创新管理模式，再造管理流程：一是从需求出发确定科技发展方向，建立以主题计划为基点的科技计划管理模式；二是做好领域预研，用公开征集等方式确定科技项目；三是遵循公开透明原则，加大科技项目的招投标力度；四是加强项目的过程管理和绩效评估；五是改变工作方式，实行政事分开，发挥中介机构在科技管理中的作用。

专栏10　主题计划管理方式

北京市科委于2005年开始实施主题计划管理方式。作为科技管理体制改革的核心内容，旨在根据首都经济社会发展需求，确定科技工作的重点任务，综合运用政策制定与落实、项目管理、人才培养、国际合作等多种手段，使科技在首都发展中发挥更加强大的作用。已经启动了“北京重点产业技术竞争力提升”、“科技进步促进区县发展”、“发展循环经济，建设节约型社会”、“现代服务业促进”、“全民科学普及”、“科技条件平台服务首都建设”、“应用基础研究与战略高技术研究”、“科技改善

市民生活质量"等八个主题计划。以主题计划推出为标志北京市建立了"需求导向、主题引领、汇聚资源、领域支撑、示范带动"的科技计划体制。

三、深化体制改革，做强中关村科技园区

"创新型城市"建设的核心，首先就是要通过首都创新战略的实施，举全市之力进一步做强中关村科技园区。中关村科技园区是我国在探索市场经济规律和深化经济体制改革过程中诞生的第一个国家级新技术产业开发区，是国家改革开放与技术进步双重作用下形成的丰硕成果。在新时期，中关村科技园区作为国家创新体系的重要组成部分，要成为首都经济的重要发展引擎，成为首都创新型城市建设的核心，成为国家自主创新的源泉。

要进一步贯彻落实《国务院关于建设中关村科技园区有关问题的批复》精神和国务院关于科技园区"四位一体"的建设要求，大力推动园区各项改革，把提高民族的自主创新能力和首都的高端辐射作用作为中关村科技园区建设的根本任务，为建成世界一流园区奠定基础。

（一）以体制改革为核心，深化"一区三基地"功能

围绕"创新型城市"建设战略目标和提升自主创新能力这条主线，继续以体制创新为核心，推动园区综合改革，按照中关村科技园区"一区三基地"的功能定位要求，大力推进中关村科技园区建设，即国家实施科教兴国战略和人才强国战略、完善社会主义市场经济体制的综合改革试验区，具有国际竞争力的自主创新和知识经济示范基地，科技辐射、技术孵化和产业化基地，高素质创新人才培养基地。

围绕"创新型城市"建设，必须把中关村科技园区的发展同当前国家和首都发展的战略和关键问题结合起来整体部署。要与国家重大技术战略实施结合起来，与国家重大制度创新的试点工作结合起来，与首都经济发展和奥运带动战略结合起来，与首都创新型城市建设和环渤海区域经济发展结合起来，整体推进中关村科技园区的发展。

力争到2010年，把中关村建设成为高新技术产业竞争优势突出、技术创新活跃、自主知识产权大量涌现、信用秩序良好、基础设施完善、文化氛围浓郁的科技园区，成为促进技术进步和增强自主创新能力的重要载体，成为首都经济结构调整和经济增长方式转变的强大引擎，成为高新技术企业走出去参与国际竞争的服务平台，成为抢占世界高技术产业制高点的前沿阵地，为创建世界一流科技园区奠定基础。

专栏11　中国科技园区的特色发展

中国科技园区的创新具有丰富和独特的内涵：一是制度创新具有突出的重要作用。建设中国的科技园和发展高新技术产业，首先需要改革传统的计划经济体制，从而解放和集中人才、资本、技术、专业服务、土地等各种创新要素和资源。因而，政府作为制度创新的供给者，在中国科技园的发展过程中具有更大的责任和作用。二是高技术与新技术共存。中国科技园不仅要承担发展前沿高技术的责任，而且承担

着创造、引进和集成新技术，改造和提升工业和农业等区域传统产业的责任。三是科技园担当了多重角色。中国科技园不仅要成为发展高新技术产业的基地，而且要在体制改革、对外开放、人才培养、改造传统产业以及新城区建设等方面为全国探索经验。

科技园是中国科技与经济体制改革的产物，反过来，科技园在自身发展进程中，又进一步推动了中国科技与经济的结合与改革开放的深化。国家科技园率先建立了适应市场经济和高新技术产业发展的局部政策环境。以中关村科技园区为例，一是制定了《中关村科技园区条例》；二是通过担保、财政贴息、产权交易、创业投资引导、公共财政等多种手段，探索建立适应高新技术产业发展的投融资平台；三是大力吸引高素质留学人员。

中关村科技园区的制度创新为北京市乃至中国的改革和市场经济发展提供了有益的经验。

——摘自周光召在国际科技园区协会(IASP)第22届世界大会上的主旨发言

专栏12 科研院所改革

科技和教育体制改革是中关村科技园区发展的根本动力。一大批思想解放、勇于开拓的知识分子投入将科研成果按市场规律转化为商品的创业实践，一大批拥有雄厚科技资源的科研院所通过转制投身市场，成为中关村在改革与创新发展中的标志和核心内涵。以国家钢铁研究总院为例，通过安泰科技股份有限公司及其一批下属公司的成功转制，几年来累计转化成果50多项，2004年实现销售收入11亿元，利润1.5亿元，其中非晶纳米晶制品项目使我国突破了国外有关专利制约，实现非晶纳米晶超薄带材的大规模、稳定、连续化生产，技术水平位居世界前三强。建成了500吨/年纳米晶超薄带材生产线，为汽车速度传感器、防盗防伪等领域提供了更为先进的技术支持。

（二）大力发展高端产业，增强园区自主创新能力

中关村科技园区是首都经济的重要支柱，是北京高新技术产业发展的主要集聚区，是北京自主创新能力提升的核心区域。建设“创新型城市”，关键在于提升中关村自主创新能力和大力发展高端产业。把发展高新技术作为园区发展的根本任务，创造局部优化环境，大力培育有竞争优势和发展前景的高端产业，同时注重发展高新技术与改造传统产业相结合；要以培育有国际竞争力的高新技术企业为目标；要坚持合理和节约使用各种资源，走集约化发展道路。

推动高端产业取得重大突破，加速首都经济结构调整。充分利用园区良好的企业优势，通过一批重点产品和核心技术的攻关，形成一批高端、高效和高辐射力的重点产业，推动首都经济结构调整。继续大力发展软件、集成电路、新一代移动通信、计算机及网络、数字音视频、光电显示等产业领域，培育产业的国际竞争力。以解决制约首都经济社会发展的资源能源瓶颈和提高人民生活质量为目标，把环保新能源、生物医药产业作为未来园区发展的两个重要增长点重点发展。

加快建设以企业为主体、产学研紧密结合的技术创新体系。进一步确立企业技术创新和科技投入的主体地位，支持建设若干以企业为主体的国家工程中心、国家级企业技术中心，推动园区企业大幅度提高自主创新能力。采取切实措施，大幅度提高中关村企业的研发投入，大力推动高新技术企业在核心技术领域开发自主知识产权的高新技术产品，鼓励高新技术企业通过上市、兼并和收购等方式提高竞争力。围绕“创新型城市”建设，加大对重点产业的核心和共性技术攻关，加强对首都城市建设与管理的瓶颈技术研发。促进大学、院所与企业建立新型合作伙伴关系，鼓励科研院所和大学为高新技术企业增强自主创新能力提供支持。

完善中关村创新创业服务体系。根据中关村“一区多园”的产业特色和资源优势，支持建立若干开放式的国家重点实验室、重大科技基础设施和专业化的共性技术服务平台。加强大学、院所与区域经济的紧密联系，做好各类孵化器、大学科技园建设。提高科技企业孵化器的运行质量，扩大孵化器规模，重点办好专业孵化器。提高生产力促进中心、技术产权交易所等机构的服务水平。

专栏 13　创新服务机构

创新服务机构是北京创新创业服务体系的重要组成部分。推动创新服务机构的发展将为园区高新技术企业提供良好的发展环境和创新氛围，是中关村科技园区软环境建设的重要内容。自 1999 年国务院批复以来，中关村科技园区新成立了一批服务企业创新的中介机构，涵盖投融资、信用、技术产权交易、人才等各个领域，如中关村技术产权交易所、中关村科技担保有限公司、北京生产力促进中心、中关村国家知识产权制度示范园、北京创业孵育协会等等。创新服务机构的成立对园区高新技术产业的发展起到了重要的推动作用。

扩大开放，以国际化推动产业化。充分利用国际国内两个市场、两种资源，在更广阔的发展空间寻求资源的优化配置。立足与国际接轨的最前沿，鼓励园区高新技术企业“走出去”，积极利用国际资源加强与跨国公司同台竞争与合作。进一步扩大开放，吸纳跨国研发资源和外埠大企业研发资源进驻园区，利用全球科技资源提高中关村的创新能力。以获取核心技术为目标，鼓励企业跨国技术并购和企业并购。扶持企业跨国投资办厂或设立研发机构，把跨国资源的吸纳和利用作为支撑高新技术企业“走出去”的重要基础。

专栏 14　留学人员归国创业

留学人员企业众多是中关村科技园区的一大特色。截至 2004 年年底，中关村已有留学人员创办的高科技企业 2700 余家，与 1999 年相比增长了 8 倍，在高新技术企业从业的留学人员达到 6700 多人。近年来平均每个工作日有 2 家留学人员企业注册成立。这些留学人员技术研发与国际同步，市场横跨海内外，创造出了突出的技术和市场业绩，目前已成为中关村创新创业的一支重要力量，成为利用国际国内两个市场、两种资源进行国际化发展的重要载体。

中关村的发展，归根结底是在中国科教资源最密集的地区实施改革创新的结果。在新形势下，做强中关村科技园区就必须在发展中不断推进改革创新，为提升北京自主创新能力和加强高端辐射作用提供源源不断的发展动力。要做到:第一,加强机制体制创新,深化园区综合改革。要在机制上、体制上、制度上不断创新改革,切实解决园区发展过程中不断出现的各种问题,充分利用科技教育资源。第二,打造企业主体地位,坚持市场主导作用。要坚持市场运行机制,坚持按经济规律办事,引导企业形成充分利用而非占有社会创新资源的发展模式,依靠科技进步推动经济发展,真正发挥科技作为第一生产力的驱动作用。第三,充分发挥中关村高等学校的作用,把它们作为体制改革和机制创新的重要力量,形成互动和双赢的局面。在深化改革的过程中,高校院所既支持企业创新,又能够得到自身提高;既服务于现实需求,又能够得到永续发展。第四,加强创新人才培养,优化人才结构。高度重视人才智力资源作为推动经济发展的第一战略要素的作用,加强在市场经济条件下选人、用人、培养人、留住人的有效机制。倡导和形成终身学习的文化和风气,不断提高中关村创业者的整体素质。第五,加快政府职能转变,发挥政府引导作用。充分发挥经济转轨背景下公共财政推进环境建设和产业发展的巨大作用,为实施市场条件下的财政政策和产业政策摸索经验。通过体制创新、市场引导、院校参与、人才培养和政府支撑,大力促进中关村科技园区发展,为"创新型城市"建设提供坚实基础。

四、加强重点产业技术创新,促进经济结构调整和增长方式转变

产业技术创新的核心在于建设以企业为主体的新型产学研机制,提升企业和产业的自主创新能力。现代服务业是传统服务业伴随科技发展和社会进步而产生的新形式和新业态,创新型服务业是现代服务业依托科技创新实现高端发展的典型形态;高新技术产业是制造业依托科技创新体现高科技、高附加值的产业高端组成部分;软件和信息服务业是充分体现北京科技资源比较优势和产业高端特性的核心代表行业。"十一五"期间,大力实施"引擎行动",确立企业创新主体地位,瞄准产业发展高端,大力发展创新型服务业,在高新技术产业、现代制造业若干重点领域实现重大技术突破,做大做强软件和信息服务业。主要促进方式有:

——以国际化为出发点,引进、消化吸收和再创新。在竞争激烈、自身优势不足的领域,以获得自主知识产权为目标,大力支持在引进、消化吸收基础上再创新,尽快缩短同发达国家的差距。

——以科技项目为手段,促进产业生态系统发育。激励企业做大做强,通过一批关联性强、辐射面广的科技项目,引导大中小企业进行功能重组和产业分工,形成有机和谐的产业生态系统。

——以产业标准为纽带,推动产业集群化发展。把握产业竞争的内在规律,以产业技术标准作为产业联合发展的纽带,联合业内相关企业、研发机构组建企业联盟,实现联盟化发展。

——以关键技术为突破点,提升企业核心竞争力。核心技术构成企业的核心竞争力,是企业进军国内外市场的强势武器。组织优势资源加大对企业的关键技术进行研发攻关,增强国际竞争能力。

专栏15 以大带小

旨在进一步推动大企业做大做强，增强骨干企业的自主创新能力，按照产业链和技术链分工，带动中小企业共同创新发展，形成有机和谐的“企业生态系统”，促进生产要素的有效流动和资源的优化配置。目前已在软件和集成电路设计等领域，以大型软件外包、芯片研发为突破口，支持中软、用友、神州数码等一批龙头企业，按照20%政府科技经费竞标分包的做法，带动50—100家有技术专长的中小企业发展，并得到了企业的热烈反响和积极参与。

（一）以创新型服务业为突破口，大力发展文化创意产业，推动首都现代服务业全面发展

大力发展文化创意产业，培育首都经济新的增长点和未来的重要支柱产业。文化创意产业是科技、智力与文化相结合的产业，是当代最具发展潜力和市场前景，并能为国民经济各行业提供创意支持和策划支持的高科技含量、高智力集成的产业。要大力发展研发设计、工业设计、建筑设计、人文设计、环境设计、咨询策划、时尚消费等创意行业，不断壮大视频动漫、网络传媒、网络游戏、数字娱乐等新兴行业。要集成优势科技资源，针对文化创意产业各个领域和发展环节的关键核心技术，组织集中研发和联合攻关，形成对文艺演出、文化出版、广播影视、传媒广告等优势产业的创意技术支撑。制定支持文化创意产业发展的地方法规和优惠政策，营造创意产业发展的良好环境。着力抓好一批文化创意产业发展园区，搞好中关村创意产业先导基地、西城区DRC工业设计创意产业示范基地、石景山区数字娱乐产业基地、东城区文化产业园、大兴区国家新媒体产业基地、朝阳区大山子艺术中心等的建设。积极培育发展一批具有竞争力的大型文化企业集团和创意产业集团，打造一批具有一流国际水平和中国特色的创意科技产品和知名品牌。要积极促进创意研发成果的扩散与应用，培养文化创意产业的高端人才，使文化创意产业在强化企业自主创新能力，提高经济增长的质量和效益，全面推动产业升级方面发挥积极作用。

积极推进高新技术产业分蘖产生的新型服务业态发展。创新型服务业是文化创意产业的重要支撑部分，提供高质量的创新服务，对于文化创意产业的发展有至关重要的作用。要大力发展高新技术产业分蘖、分化出的各种创新服务业，加强科技对其他服务业的渗透和支撑。进一步抢占高端环节，推动增长方式转变和经济结构调整。重点发展基于网络技术和通信技术的新兴服务业态。重点领域包括：互联网行业、IT服务管理行业、业务流程外包行业和数字媒体技术产业，重点突破第三代无线通信、无线城域网、下一代互联网、移动多媒体等核心技术。近期重点项目：基于IPv6的下一代互联网（NGN）关键技术；TD—SCDMA关键技术和SCDMA宽带无线接入技术的应用研究、无线局域网（WLAN）的应用研究以及无线通信芯片关键技术研究；IT服务管理技术研究和产业化；“闪联”技术标准相关技术研发与应用；3G与IP融合技术的开发应用；开展RFID技术推广，重点加快博物馆等文化产业与数字化技术的结合。

加快由制造业分化出来的智力密集型服务业发展。重点发展研发、工业设计、咨询、技术市场等产业，支持服务创新过程标准化与过程改善的方法、技术与工具研发；加快发

展科技咨询业。近期重点项目：新一代超深亚微米集成电路设计关键技术研究；北京科技成果交易跟踪服务系统；北京高端生产者服务聚集区。

加大科技对传统服务业的渗透力度。重点发展电子银行、电子商务、电子政务、现代物流等新型业态，提高现代服务业的效率。近期重点项目：基于EMV的银行卡关键技术研发和应用环境的示范部署；电子商务支付环境技术和系统研发；会展和科教等服务业中的虚拟现实（VR）技术推广应用；现代物流信息技术。

专栏16　创新型服务业

创新型服务业是现代服务业的重要组成部分，是指以高新技术作支撑、技术关联性强、科技含量和附加值高的新兴服务业态。创新型服务业包括三类：一是高新技术产业分蘖形成的新型业态，如网络游戏、移动网络服务等；二是由制造业本身服务环节分化产生的独立业态，如研发、设计、咨询等；三是指其他服务行业通过科技提升能力和质量而形成的相对独立的服务业态，如远程教育、电子商务等。

（二）提升高新技术产业和现代制造业竞争力，占领产业价值链高端

重点产业技术竞争力提升的核心在于鼓励企业向产业价值链高端发展，努力实现以关键性技术突破提升产业竞争力。以集成电路、移动通讯等北京具备较强技术创新能力和产业基础的重点领域为突破口，形成产业竞争优势；积极培育光电子材料、新能源材料等产业。

集成电路。优先发展IC设计产业，带动下游制造、封装、测试业的发展；重点发展面向超深亚微米的集成电路技术、SOC/CPU核心芯片和可重用IP核的设计、制造及封装测试技术、半导体产业化相关技术。近期重点项目：纳米级集成电路设计、制造、封装、材料、设备关键技术研发。

移动通讯。重点支持第三代移动通信系统设备、终端产品、专用芯片及应用软件技术、无线宽带系统技术及应用等。近期重点项目：新一代移动通信相关技术及芯片、基站设备、终端的研发。

生物制药。重点发展新型疫苗、基因药物、诊断试剂，继续支持发展单克隆抗体药物等新型生物制剂。加快生物工程技术的应用。近期重点项目：干细胞临床研究；功能与疾病基因组学研究；蛋白质组学研究；Vero细胞培养工程化研究；针对重大疾病的创新药物研究等。

中药现代化。加强中药药效物质基础、新辅料、新剂型、新型给药系统。加快名优产品的技术创新与技术改造。近期重点项目：中药生产信息化管理系统；中药有效成分体外筛选技术研究；中药制剂过程关键技术工程化研究等；药效物质制备关键技术、药效物质分析评价研究、有效组分配比优化筛选模式。

光电子材料。重点发展超高亮度LED材料，加速芯片关键技术攻关，下游产品着重发展LED大屏幕全色显示和景观照明用LED光源。近期重点项目：大尺寸TFT-LCD显示屏制造技术研发及关键材料、设备国产化。

新能源材料。重点发展大功率、大容量高端锂离子电池材料及其产品技术、太阳能

电池及其材料技术、燃料电池及其材料技术、镍氢动力电池及其材料技术。近期重点项目:燃料电池关键材料的技术研究、燃料电池产业化研究。

专栏17　创新生态系统

与自然界的生态系统相类似,创新生态系统是在一定的区域范围内,创新群落与创新环境之间,以及创新群落内部相互作用和相互影响的有机整体。创新群落包括企业和服务机构。企业是创新的主体,其中大企业居于主导和核心地位,中小企业依靠创新活力和专业优势,与大企业建立分工协作的合作伙伴关系。服务机构是创新资源的提供者。创新环境则包括市场、政策、体制、文化等要素。有利的创新环境会促进服务机构提供更多的优质创新资源,推动企业核心竞争力的提升。企业创新能力的提升反过来增强对创新资源的吸纳和消化能力,进而对创新环境的优化又起到了反推作用。这就形成一个从培育创新环境、引导创新资源,到壮大创新主体、利用创新资源、优化创新环境的生态循环。

(三)大力发展软件与信息服务业,把北京建设成“软件之都”

发展软件与信息服务业的核心是做大做强软件骨干企业,大力推广软件工程化技术,加快软件产业向以高端咨询和外包服务为代表的服务业态的转型,鼓励广泛合作和建立产业联盟,扩大产业规模,在重点领域形成有世界竞争力的产业优势。

基础软件平台。重点发展SOA、Linux技术、应用中间件关键技术,支持本国企业依托长风联盟等形式,建立基础软件和解决方案商的联合,在应用中使本国基础软件整体上从可用水平提高到实用水平,并形成统一标准的基础架构平台、业务架构平台和行业应用平台。近期重点项目:研发基于SOA的关键技术;研制商务协同软件、商业智能分析软件、存储管理软件、移动应用软件包、3S平台软件等;本国软件在应用交换层面的技术标准和接口规范的研发。

数字媒体技术。重点发展计算机游戏和计算机动漫创作、测试、出版等公共支撑技术。近期重点项目:动漫、移动游戏的关键技术研发与产业化;数字内容管理标准及构件化等关键技术研发与产业化。

重点行业应用软件。大力提高重点行业信息化的本国软件技术支撑能力,积极整合现有技术发展农村信息服务行业和社区信息服务行业,依托龙头企业,建立重点行业信息化的知识管理系统,拓展北京软件产业在行业应用市场的发展空间。近期重点项目:建立银行、电子政务、物资、保险等行业的信息化知识库;建立若干重点行业解决方案的示范工程。

嵌入式软件。重点发展软件与工业控制、信息家电、移动通讯、智能交通等行业的结合的领域。近期重点项目:基于国产芯片和软件的导航终端;信息家电、移动设备、工业实时控制、GIS系统等嵌入式计算机系统软件平台;嵌入式网络路由操作系统。

信息安全软件。重点发展可信网络平台、网络监控与取证、安全代理、IDS、安全审计等关键技术。近期重点项目:可信计算平台、国产数据存储管理系统。

五、强化科技成果的应用和集成，促进和谐社会建设

强化科技成果应用和集成的核心，在于通过组织创新和管理创新来提高科技研发的绩效，激发全社会应用科技的自觉性。大力实施“科技奥运行动”，扩大科技在城市建设和城市管理中的应用，利用科技消减资源与环境压力，全面提高市民生活质量，提高全民科技素养。主要促进方式有：

——机制领先，政策、法规先行。要深入进行涉及城建、城管的技术经济研究，为新技术的研究和推广提供政策支持和措施保障。

——集约化地组织分散的研究力量，实现优势集成。集中组织国内外各类研发机构和人才，克服科学研究分散化的弊端，通过经验共享、资源共享实现优势资源集成，提高研究层次和效率。

——以科技示范为平台，促进科技成果应用。发挥科技的示范作用，通过科技示范提高资源的使用效率、推动技术的广泛应用、促使资源的集聚。

（一）加强循环经济的技术支撑，建设节约型社会

贯彻国家发展循环经济建设节约型社会的方针政策，探索一条建设节约型宜居城市道路，为北京建立较为完善的循环经济和节约型社会的技术支撑体系、政策保障体系提供科技支持。

能源技术领域。重点发展可再生能源技术、建筑节能技术、交通节能、工业节能在内的关键技术，实现地热、太阳能、生物质能等可再生能源消费总量翻两番。近期重点项目：太阳能建筑一体化的技术研发；国家体育馆建设 100kW 太阳能光伏电站示范项目；延庆县浅层地能、太阳能、生物质能和风能的开发利用示范；燃油节约和替代项目示范推广；地热资源调查评价与集约、可持续利用设备研发；直燃发电、小型生物质气化炉等多种形式的生物质能开发利用。

水资源领域。建立包括节水技术、雨洪利用技术、污水处理和回用技术在内的关键技术和技术支撑体系。近期重点项目：南水北调调入水的统筹利用和北京自有水资源可持续利用研究；绿地植物选育、灌溉水源、灌溉技术；官厅水库水体恢复工程；水务信息化工程；再生水安全灌溉技术研究；都市农业高效节水技术研究；面源污染控制技术研究；乡镇企业节水技术研究；养殖废水处理与重复利用技术。

资源综合利用领域。推进废旧轮胎综合利用、生活垃圾综合处理与资源化利用、建筑垃圾综合利用、电子废弃物回收处理等技术研发应用。近期重点项目：废旧家电及电子产品拆解利用和轮胎翻新及再利用示范项目；生活垃圾、餐饮垃圾、建筑垃圾处理和资源化利用技术。

（二）围绕“科技奥运”组织重大技术攻关，提升城市建设与城市管理水平

努力贯彻“科技奥运”的理念，围绕城市建设中的智能交通、奥运场馆建设和大气污染控制三个领域展开技术攻关和科技示范，重点做好以技术为基础、以管理为核心的体系建设工作。

智能交通领域。加强交通基础数据管理、综合客运组织管理体系建设，建设交通信号控制系统加强交通控制能力。近期重大项目：交通基础设施数据库、公路建设项目管理数据库；新北京东站枢纽区公共中心规划项目；京津第二通道、京津城际铁路以及车站建设。

奥运场馆建设支持。重点支持项目：面向奥运的多语言智能信息服务网络系统；奥运虚拟博物馆建设；奥运场馆瞬间热启动金卤灯照明系统开发；奥运场馆中央监控管理系统建设。

大气污染治理领域。重点研究治理沙尘暴、扬尘污染，减少可吸入颗粒物的系统科技解决方案。重点开展：以防治沙尘暴为核心的区域大气污染协同控制；有效控制工业、汽车尾气等污染源排放的先进工艺和设备技术开发推广应用；集成气象等多学科知识，准确反映大气质量的实时监测监控的科学技术和系统开发；全市沙化监测和效益评价网络体系及土地沙化预警机制研究；针对北京首都特点的空气质量管理标准和排放标准体系；大气污染过程和终端治理的工艺、方法和技术；大气环境管理的经济手段及决策参考研究。

（三）坚持“以人为本”，通过科技提高全民生活质量和科学素养

从全体人民的需求出发，以提高科学素养和提高生活质量为目标，在医疗、食品、居住、健身等方面，加强科技成果的应用，推进社会公益事业和人的全面发展。

全民科学素养。探索建立政府主导、社会力量广泛参与的科普工作机制，使企业成为社会办科普的中坚力量。改善科普基础设施，丰富科普内容和水准，使科普工作进入良性循环。

医疗卫生。重点开展公共卫生突发事件应对技术体系建设和重大非流行性疾病防治关键技术和环节的攻关研究。近期重点项目：糖尿病、艾滋病、禽流感、重症急救等问题研究。

食品安全。形成从“田园到餐桌”上下游一体化的食品安全体系。近期重点项目：生态农业的标准化生产及初级农产品源头质量监控系统；进京农产品和食品的检测与可追溯监控体系；食品生产加工质量监控系统；食品流通安全监控系统；食品安全事故的应急处理系统；适应首都食品行业的标准。

人居环境。重点加强环境监测技术开发，全面推进社会公共安全保障体系建设。近期重点项目：居室内环境的监测技术、方法、仪器、产品研究；共性、关键性重大安全技术的开发和应用；城市公共绿地体系规划研究和相关技术示范。

全民健身。加强全民健身科技服务体系建设。近期重点项目：加强科学健身理论、手段和方法的研究、应用和推广；完善北京市民体质测定和监测系统；推动建立体育健身管理信息化体系。

六、运用科技解决“三农”问题，促进城乡统筹发展

大力推进“涌泉行动”，通过提升区县产业的科技含量、提高农民素质，发展农民经济协作组织，促进农村经济社会协调发展，建设社会主义新农村。主要促进方式有：

——支持城市功能定位的实现。按照城市功能拓展区、城市发展新区、生态涵养保护区等区域发展需要解决的不同问题，采取有针对性的措施，全面提高各功能区发展水平。

——加强工业区对区域的带动作用。通过加强中关村创新集群与各区县工业区产业集群的互动，增强郊区的产业技术竞争力；通过加强工业区主导产业与乡镇整体经济资源特色的联系，拓展产业链在当地的延伸，促进二元经济结构转变。

——发展农村经济协作组织，加强农村青年培训。推进各类农村经济协作组织发展，发挥经纪人的专业化作用，建设新的农村科技服务体系，推动区县科技进步，实现增产增收。

（一）加大科技推广力度，建设社会主义新农村

以科技推动都市型农业发展和农业现代化进程，大力促进休闲观光农业、生态农业的形成与发展；信息化促进农村地区工业化进程，建设新型工业园区；完善新型农村科技推广服务体系建设，加快社会主义新农村建设。

大力发展都市型农业。开发区域特色农产品和出口创汇型农产品，加强生物技术应用。加快设施农业建设。发展休闲观光型都市农业，提升郊区旅游业中科技应用水平。发展生态绿化型都市农业，构建生态农业基地，促进农业与二产、三产的融合。

建设新型工业园区，发展高新技术产业和现代制造业。通过促进园区企业链条化互补发展，形成若干各具特色的高竞争力产业集群；推动工业园区共性技术服务平台发展，建设覆盖全部工业园区的工业协作网络，促进中关村与各工业园区创新集群与产业集群的互动式发展。分类促进工业园区，重点促进中小企业聚集园区的企业孵化与发育，促进中央在京资源在各区县的产业化发展利用。强化支持科技创新能力较强的工业园区的科技辐射，促进区县工业园区与周边地区工业园区的协同发展。

建设新型农村科技推广服务体系。推动农业产业化经营体系建设，完善技术支撑保障服务体系、一体化经营服务体系、市场拓展和市场营销服务体系。创新农村科技服务组织，促进服务组织与龙头企业的对接，形成研发、传播、发展综合协调的新型架构，加强农业推广体系服务组织能力建设，加强生产力促进服务机构建设；建立和完善农民专业合作组织。

专栏18　新型农村科技推广服务体系

针对目前我市农村科技推广服务体系正处在新旧交替、加速转型的过渡阶段，市科委确定了积极发挥引导作用，以培育和服务农民专业经济合作组织的建立和发展为着眼点，凝聚、协调首都科技资源的新的工作思路。引导和鼓励各类农民专业经济技术合作组织、龙头企业、高校、科研院所、社会团体等开展各种形式农技推广活动，目前已形成中介机构培育型、示范基地带动型、企业自主创新型、科研院校领办型和生产力促进体系型等5种发展模式，引导各种创新要素和资源进入区县，提高科技对区县经济社会发展的支撑作用。

（二）强化科技在城市化进程中的作用，改善农民生产生活条件

按照“两轴两带多中心”的规划部署，结合郊区新城区的建设，在建筑、环保、通讯、治安、城市管理等方面，推广传播新技术应用，宣传普及新型科学生活模式，提高农村地区管理水平。

集成系统应用科技成果，提高农村基础设施服务水平，解决城镇建设中的技术问题。运用计算机模拟技术对小城镇的布局、功能设计等进行规划；开展污水及垃圾处理技术研究、雨洪管理及其资源化技术等环境技术研究与应用，推广节水、农业废弃物无污染利用技术示范，做好粪便综合利用和生活污水处理；构建农村信息化服务体系；加强信息基础设施建设。

加大科技向建筑与医疗业渗透，提高农民生活质量。支持旧城改造和新村规划建设，研究制定新村总体规划和旧城改造方案，开发绿色建筑技术。利用通信技术、计算机网络和多媒体技术等现代信息技术手段，加快农村公共卫生信息体系和医疗急救网络建设。

加大科技在环保、资源领域的应用，促进农村可持续发展。“生态富民”沼气模式示范与推广；完善并实施天然林保护政策，开展生态恢复关键技术和模式的研究，推进防沙治沙工程；沙区替代产业的相关技术模式研究；开发农业节水技术；促进农业废弃物的无污染利用；开展新能源生态示范镇建设，开展以秸秆气化、太阳能综合利用等为主要内容的农村新能源建设；利用高科技对于深山区生态资源进行勘查，掌握生态资源分布；利用基因技术培育适宜深山气候环境的优质树种；丰富山区生态涵养的经济植物的选育和推广应用。

专栏19　门头沟区生态恢复

《北京城市总体规划》要求门头沟区由“京西矿区”向“生态涵养区”转变，为解决门头沟区长期以来由于采矿、无保护性开发造成的采空区、山体破坏、砂石坑、扬尘及废渣等所形成的生态系统退化、地质灾害、景观破坏等生态建设的瓶颈问题，今年市科技计划启动了“门头沟区生态修复总体规划及技术方案研究与科技示范工程”，通过开展深度国际科技合作，对门头沟区生态现状展开调查，提出生态修复技术路线和生态产业路径，形成门头沟区生态修复总体规划，为门头沟区生态修复工作提供全面技术支撑。

（三）加强农村人力资源开发，提高农民专业技能

加大对农村人力资源开发投资，加强农村科普工作力度，提高农民科学素养，提高农民了解、学习和掌握新技术的能力，提高农民的组织化程度和应对市场的能力，转变农民的生产方式、生活方式、思维方式和组织方式。

大力开展面向农民的多层次培训。围绕提高素质、促进就业，统筹城乡教育资源。开展实用技术培训，提高农民从事农业生产的技能；推进转岗就业技能培训及岗位素质培训；进行骨干培训，造就高素质的产业培训骨干；培育农村科技经纪人队伍。近期重点

项目:农村经纪人培训工程。

七、增强高端辐射能力,强化北京科技服务功能

强化科技服务功能的核心是继续强化优势领域尤其是创新型服务领域的服务能力。以优势资源为基础,以服务业为主要载体,全面实施高端战略,强化北京对于京津冀和全国的辐射与服务,积极参与全球产业分工和高端资源配置。主要促进方式有:

——引入创新要素,搭建服务平台。加强留学生创业园与大学科技园自身管理能力和专业服务能力。完善软件出口基地和软件孵化基地建设。

——树立龙头企业示范,发挥标杆效应。培育重点中介技术服务组织,以机制改革为重点,以资产重组为纽带,成为推动技术交易市场做大的标兵和模范。树立软件服务业标杆,加强工程示范效应。

(一)强化科技合作,推动京津冀互动发展

积极响应国家关于京津冀都市圈发展的整体部署,充分利用首都科技资源优势,深化京津冀区域科技合作,呼应天津滨海新区开发并形成区域合理分工体系。

开展现代服务业领域的合作。优先启动面向现代服务业的IT服务管理示范工程、现代金融服务系统示范工程、网络化教育示范工程等合作示范工程。

加强高新技术产业领域的合作。充分发挥京津冀地区在软件、生物医药、新材料等高新技术领域中的人才优势、研究开发优势和产业基础优势,有效利用高技术产业的集群效应,进行产业技术合作。

加强资源环境领域的合作。全面加强在水资源短缺、水安全问题、能源短缺和清洁能源问题、生活垃圾和生产垃圾处理等领域技术的合作。

扩大城市建设与社会发展领域的合作。围绕如何有效利用先进技术改造老城、规划新城等问题,选择宜居城市建设科技工程、智能化综合交通体系、城市公共安全关键技术、城市管理信息平台等4个优先合作领域和一批重点项目。

深化创新服务体系领域的合作。深化科技基础设施、技术转移服务、科技人力资源等领域的深度合作,形成创新服务体系一体化的格局,为创新资源的流动创造优良的基础条件。

(二)增强科技辐射能力,服务全国创新发展

充分发挥科技服务业和软件信息服务业的辐射广、带动强、增值高等优势,为全国的技术进步、产业结构调整和城市信息化水平提升做好服务。

技术交易。完善技术交易的竞争与开放机制,发挥技术市场在配置科技资源方面的基础性作用,大力推动北京电子与信息、先进制造技术和先进能源与高效节能等领域技术向全国进行辐射。

服务输出。以龙头企业为重要载体,大中小企业相结合,通过软件产品、信息服务和解决方案的输出,加大对全国各地企业信息化、政府信息化、企业交易电子化和城市管理信息化的促进和带动。

外埠企业在京设立研发中心。鼓励外埠大企业在京设立研发中心，利用北京科技优势和人力优势实现资源的扩区域利用，提升外地大企业的创新能力和竞争实力。

远程教育和医疗。集成北京雄厚教育资源、卫生医疗和网络技术方面的优势，开拓远程教育和远程医疗新模式，达到促进全国教育水平和医疗水平提升的目的。

电子商务与现代物流。以北京龙头电子商务及现代物流企业为依托，搭建电子商务和现代物流平台，促进商务模式变化和物流模式创新，创建便捷、高效的全国商务网络。

（三）积极参与国际产业分工和资源调配，融入全球创新体系

参与国际产业分工和资源调配的关键在于人才、技术和产业的国际化程度。积极汇聚跨国科技资源、加强高精尖人才尤其是留学生人才的引进、推动企业走出去是北京融入全球创新体系的重要突破口。

汇聚跨国科技资源。继续吸纳跨国公司在京设立研发中心或研发总部。促进跨国公司的技术、人才和管理经验对北京的扩散，鼓励跨国公司开展本土化的创新活动。

吸引留学人员归国创业。通过加大宣传和政策引导，吸纳大批高素质留学人员回京创业，把留学生企业打造成为充分利用国际国内两个市场、两种资源的重要载体。

实施国际化战略。充分利用国内外两种资源和国内外两个市场，鼓励有实力的高新技术企业参与国际竞争。鼓励高新技术产品出口。鼓励有实力的企业到发达国家设立研发中心。

八、加强科技自身发展，强化全国科技中心地位

保持并强化北京在全国的科技创新中心地位，重点在三个方面取得突破：加强应用基础研究和战略高技术的研究；做好为中央在京机构的服务；发挥大学、院所的研发优势，提升北京知识创新水平。主要促进方式有：

——坚持“以用定研”，探索基础研究和应用结合的途径。通过多种人才和资源的集聚，打通基础研究、应用基础研究和产业之间的通道，通过建立利益分享与风险共担的产学研合作新机制，促进基础研究成果迅速实现产业化。

——做好基础工作，增强参与国际科技合作的能力和实力。重视科学研究的基础性工作，吸引全球科技资源汇集，促进科技创新，为北京的创新型城市建设奠定基础。重点支持国际科技合作以及与首都可持续发展相关的数据收集、整理和分析研究。

——促进国家科技项目与北京发展紧密结合。根据北京发展需要，利用科技计划手段积极吸引国家级重大科技项目落户北京。

（一）加强应用基础研究和战略高技术研究

充分利用北京科技资源优势，围绕北京经济社会发展的长远需求，在国家基础研究的总体框架下，加强北京的应用基础研究和战略高技术研究。继续加大对应用基础研究和战略高技术的投入，解决北京经济社会发展中的关键科学问题，提升原始性创新能力。力争在纳米技术、超导技术、干细胞技术、新能源技术等领域实现重大突破。

首都发展的关键科技问题基础研究。主要支持农业、环境与资源、能源、人口与健

康、旧城保护等领域的基础研究，满足首都社会发展的关键需求。主要的方向有：动植物资源与育种、农业生物技术、节水灌溉等方面的基础性研究；水资源演变规律、开发利用与持续发展，水土资源、生态系统演化及其可持续性研究，大气污染过程及控制基础研究；水污染和固体废弃物污染控制基础研究；组织工程和治疗性克隆的研究。

信息高技术研发。重点方向有：信息内容的智能处理；4C 技术融合的电子产品核心技术；SOC 低功耗设计；光电子信息处理技术和光电子信息传输技术。

生物高技术研发。注重功能基因、蛋白质组等生物领域的高技术研发。主要方向有：基因功能组技术；蛋白质组技术；干细胞及组织（器官）工程技术；生物信息技术；生物技术药物；生物医学工程微系统技术。

纳米技术。主要方向有：纳米微加工技术；纳米电子、光电信息材料及器件技术；纳米能源与环境材料及技术；纳米技术及材料在生物医药产业中应用。

新材料高技术。主要方向有：超导材料及应用技术；光电子材料技术；可再生能源材料技术；生物医用材料技术。

战略能源与环保技术。发展战略能源与环保技术，支撑循环经济。重点方向有：新能源和可再生能源；生态与环保技术研发。

科技基础数据的观测（监测）、整理与服务。重点对北京地区土壤、气候、水等自然资源的基本科技数据与资料，进行系统地、连续不断地采集、加工处理，并形成数据资源共享机制。

（二）为中央在京机构做好服务，实现中央和地方资源的对接

“为中央在京机构服务”是新时期中央对北京提出的更高要求。做好对中央在京机构的信息、人才、项目实施等方面的服务工作，争取成为中央政策改革的重要实验区和最先执行区。

支持国家知识创新体系建设。完善公益研究的网络体系，提升研究水平，增强对经济社会发展的支撑能力。

继续吸引中央科技资源参与北京建设。继续推动与中国科学院、中国工程院、国防科工委及清华大学、北京大学等中央在京机构的战略合作关系，继续鼓励中央在京单位承担北京科研任务。

争取更多的国家级重点项目落户北京。积极主动与中央在京机构配合，争取将若干重大科技工程和产业化项目落户北京。近期主要做好国家中长期科技规划中确认的重大科技工程和项目在北京的落户工作。

专栏 20 “肝病研究”的联合攻关

2003 年，市科委针对医学研究领域力量分散、难以形成集约优势的状况，启动了“病毒性肝炎临床诊断及治疗的一体化研究”重大科技攻关项目，探索整合资源、联合攻关的模式。项目由市属北京佑安医院牵头，北大医院、协和医科大学、301 医院、302 医院、友谊医院等在京的卫生部、解放军与北京市属共 17 家单位联合承担。通过打破条块分割，经验、病历共享，共同定期会诊，使各自优势得到发挥，集成优势凸

显。技术研发取得突破，既往不明原因肝炎的确诊率提高60%以上，重型肝炎肝衰竭患者生存率在原有基础上提高了17%，患者住院费用减少接近四分之一。研发成果成为中华医学会“中国丙型肝炎防治指南”、“中国乙型肝炎防治指南”的重要资料来源与技术素材。

（三）发挥大学、院所的研发优势，提升北京知识创新水平

发挥大学院所的研发优势是保持北京知识创新高地的重要举措。从战略储备的要求出发建设知识创新体系，以大学和院所为主体强化北京知识创新高地和人才培养基地的战略地位。

鼓励大学、院所与企业建立战略合作关系。鼓励大学院所发挥自身研发实力强的优势，加强与企业的战略合作形成全面战略合作关系，实现自身的再发展和区域整体利益最大化。

全力推进大学科技园和大学孵化器建设。鼓励大学科技园建立专业孵化体系，成为促进高新技术成果转化和人才孵化的重要基地。

通过项目和专项规划支持大学人才建设。继续发挥北京市重大科技项目的引导作用，通过科技新星计划等专项人才计划培养更多的创新型人才和学术带头人。

九、完善首都区域创新体系，为自主创新提供全面支撑

完善首都区域创新体系关键在于激发各主体的积极性。重点在于发挥政府和市场积极作用，努力营造有利于提升科技资源利用效率的投融资环境，大力发展社会科技中介机构。主要促进方式有：

——加强专业孵化器建设，大力发展创新型中小企业。以专业孵化器作为支持中小企业发展的有效平台，增强企业尤其是重点领域中小企业技术创新的资金保障。

——科技资源社会化，科技条件市场化。创建面向市场、与孵化器结合的科技条件平台，把与研究、创新相关的科技条件要素进行有效整合，通过市场化和组织化的运作，打破围墙，向社会和企业开放，实现共享。

——加强行业自律，提升中介服务质量。发挥政府规范、监督市场功能，制定规范中介服务组织发展的管理条例和法规，加强对中介组织服务质量的引导和监督。

（一）整合科技条件资源，建设市场化科技条件平台

科技条件平台建设要在以政府有效支持为补充建立面向市场的科技条件服务市场，重点在科技资源共享机制方面取得重大突破。

推动平台试点，促进机制创新。完善实验动物法制管理与科技支撑的条件平台。继续建设如北京农业育种基础研究平台的面向基础研究的联合攻关条件平台。在先进制造技术、动漫技术、分析检测技术等领域或环节，选择机制良好的资源所在方或中介方，建设新的试点平台。为区县都市型农业的发展提供农产品检测的专业公共技术支撑服务的农产品检测服务网络。加强欧美软件出口平台及示范引导工程建设。搭建无纸动

漫专业技术平台。

完善科技条件资源共享服务体系。加强信息成果的整合与发布,进行已有或正在产生的科技成果、失效专利和专利文献、专有技术文献等的整合、分析、加工、发布及效果追踪工作;进一步发挥北京大型科学仪器设备协作共用网的辐射作用;整合首都科技文献与科学数据资源。

加强各类公共信息基础设施和平台建设。加强就业和社会保障信息系统建设;加强土地资源调查评价和监测;加强人口宏观管理与决策信息系统建设。

(二)发展科技中介服务体系

加大各类中介组织的建设力度,搭建政府与产业(企业)间的桥梁,发挥社会科技中介服务的黏结与沟通作用。

建立和完善投融资体系重点在于促成一批成熟的投资机构和完善的投融资机制。大力引进国际性投资机构,建立高新技术企业和国际风险投资机构信息交流的平台。打通风险投资进入和退出的渠道,探索政府出资(基金)与民间资本合作的新形式。在风险投资退出方面,尽快开展中关村非股份制企业进入证券公司代办股份转让系统进行交易的试点。鼓励企业大胆探索各类新型的融资渠道。

加强孵化器与产业技术促进组织建设。加强孵化器与风险投资的融合,鼓励孵化器建立种子资金;建立孵化器信息平台。鼓励孵化器吸引社会、企业力量参与投资建设。重点发展企业孵化器、虚拟孵化器、生产力促进中心、专业产业促进中心等形式的中介组织。

重视技术经济鉴证机构建设,完善依法鉴证服务。加强专利代理、商标代理和著作权代理等中介服务机构建设。规范代理机构的执业行为和运行机制,严格代理人的资质考试和审核。充分发挥法律对创新服务的促进和保障作用,发展专业律师队伍。

大力发展专业咨询机构,完善专业咨询服务。大力扶持管理与技术咨询、投融资咨询和国际贸易咨询机构的发展。不断完善咨询机构、咨询师的认证制度;通过中介服务基金鼓励专业咨询机构为政府、企业提供咨询服务。

整合专业服务资源,完善专业行业协会。培育和建设有利于高新技术产业和中介服务业发展的新型协会组织、各种专业技术协会、行业协会和各种商会。鼓励企业、院所、大学和个人加入协会。

十、保障措施

(一)完善政策法规体系

贯彻落实《中华人民共和国科学技术进步法》和《国家中长期科技发展规划纲要》,认真执行《中共中央国务院关于实施科技规划纲要增强自主创新能力的决定》及其相关配套政策,制定实施《北京市中长期科学和技术发展规划纲要》,围绕首都创新战略总体部署,认真开展调查研究,不断发现科技创新体制中的矛盾和问题,探索激励创新、提高创新能力的机制,完善科技政策法规体系,为提高首都自主创新能力和建设创新型城市提供科技政策保障。

完善自主创新政策法规体系建设。制定和发布《北京市技术创新条例》、《北京市关于政府采购支持自主创新的规定》等一系列新法规、新政策。贯彻落实《中华人民共和国科学技术普及法》，做好《北京市科学技术普及条例》的修订工作，为推动科学普及、提高市民科学素养提供法律保障。修订《北京市鼓励在京设立科技研究开发机构的规定》，鼓励京外特别是国外创新资源更加积极地融入北京发展。制定《北京市促进科技中介机构发展的若干规定》，充分发挥科技中介机构的作用。进一步加强区县科技工作，以科技促进区县发展、提升区域竞争力、实现城乡统筹为目标，建立北京市区县科技进步评价指标体系，制定实施《北京市促进区县科技进步的若干意见》。

全面推进科技管理依法行政工作，做好已有政策法规的梳理和落实，强化执法监督。为提高科技管理依法行政能力和水平，研究制定《北京市推进科技管理依法行政实施意见》，修订《北京市科技计划管理办法》等一系列科技管理制度，使科技管理各项工作纳入依法行政轨道。

（二）转变政府科技管理职能

着眼于利用科技创新服务首都经济社会发展，充分依托全地区优势科技资源，把工作重点向涵养、凝聚、使用科技资源转变，在更大范围、更深层次和更宽视角上引导科技资源参与首都建设与发展，切实加强产学研结合。

不断完善鼓励全社会创新的管理机制。深化落实《中关村科技园区管理条例》，推进中关村科技园区管理体制与机制不断创新。突破固有的工作方法与路径，不断探索各种新机制和新模式，通过积极创造条件，完善环境，变政府主导为政府引导、企业参与，形成市场机制带动下全社会各类机构积极参与创新、推动创新和充分享受创新成果的新局面。

改革科技计划管理体制。以解决首都经济社会发展重点难点问题的科技需求为导向，以服务国家创新战略为导向，调整科技管理模式和科技计划体系的重心，集成运用多种手段实施科技工作主题计划，推进创新目标的实现。大力加强首都建设发展对科技需求的基础研究，不断提高对关键、重大问题的认识、分析能力和对发展趋势、规律的把握能力，建立项目库并实行动态管理，力求科技工作能够最大程度地满足首都发展的实际需要。继续加强项目中后期管理等基础工作，做到项目建议和确定承担单位相分离，大力推行招投标制度和中介评估制度，加强项目中后期管理和督察，引导中介机构广泛参与科技规划、战略研究、项目论证和过程管理工作，加强科技工作绩效管理，提高科技决策和管理水平。

按照公正、公开、公平和激励创新的原则，改革科技评审制度，建立以自主知识产权、产业化绩效、科技持续创新能力为取向的价值评价标准体系，项目评审要体现政府目标。深化科技奖励制度改革，完善科技成果评价和科技奖励办法，不断提高科技成果奖励的档次和水平，突出政府奖励的重点。实施“获奖成果产业化促进”计划，鼓励更多的获奖成果向产业化延伸形成现实生产力。

深化科技体制改革，激发科技资源潜能。推进以企业为主体的新型产学研联合，形成以企业为主体，科研机构、高等学校相互连动的创新网络，逐步使企业、高等学校、院所和跨国研发机构的资源配置达到较合理的比例。推进社会公益类科研院所管理体制和运行机制改革，建立现代科研院所制度，明确功能定位和工作目标，完善分类管理制度，促进公益类院所更好地承担起公益服务职能。

（三）大力加强研究与宣传

高度重视观念转变、体制机制创新过程中舆论宣传的不可替代作用，加大宣传力度，形成强大的社会舆论导向，使“创新型城市”理念、目标深入人心。大力发展科普事业，把公众科学素质建设作为创新型城市的基础性工程，建立政府主导、社会广泛参与的科普工作机制，推进社会化科普工作。

不断加强理论探索。深入研究自主创新能力建设中的深层次矛盾和问题，准确把握自主创新能力建设中的规律，为自主创新能力建设提供正确的理论指导。

深入推广典型经验。深入总结自主创新能力建设中涌现出的各种新做法、新探索、新模式，加强经验推广和宣传，在全社会形成“可学、可做、可实现”的良好氛围，把自主创新能力建设落到实处。

（四）争取国家重大项目落户北京

加强同国家中长期科技规划的衔接。围绕国家战略需求，依托国家级工程中心、技术研究中心、企业技术中心或研发中心，积极争取国家中长期规划重大项目在北京的落实，吸引一批重要的科技基础设施在北京实施。支持市属单位与高等院校、中央在京科研院所联合承担一批国家863、973项目。

积极跟踪研究国家中长期科技发展规划纲要的组织实施情况，认真分析北京资源与创新特色，做好承接重大项目的各种准备工作。建立“部市合作机制”，对落户首都的国家项目在政策、用地、配套设施建设等方面给予支持，做好服务。鼓励高等院校、中央在京科研院所单独或联合承担北京市重大科技计划项目。提前选择部分重点方向、内容进行预研。

积极支持有条件的单位和区域申请国家重大科技基础设施项目。针对不同项目，做好政府相关资源的配套措施的研究。做好向国家相关部委的项目推荐工作。

（五）为企业创新创造环境

推动企业成为技术创新主体，激发企业创新活力。充分发挥市场机制在科技资源配置中的基础性作用，建立以企业为主体、市场为导向、产学研相结合的技术创新体系，使企业真正成为研究开发投入的主体、技术创新活动的主体和创新成果应用的主体。支持企业依托自身科技研发资源，自办技术研发中心、工程中心等研发机构，加大研发投入，增强自主创新能力。鼓励企业与高等院校和科研院所共建实验室，开展委托研发、技术入股、投资入股等多种形式的产学研合作。吸引跨国公司和国内大企业在京投资设立研发中心或研发总部，通过共建实验室、人才交流、研发外包等形式，凝聚创新资源，使北京成为重要的国际研发中心。

支持拥有自主知识产权和自创品牌的高新技术企业开拓国内外市场，塑造一批国内知名品牌和国际品牌。加快面向中小企业的投融资体系建设，改善科技型中小企业自主创新政策环境。完善国有企业考核体系，明确大型国有企业自主创新的职责，鼓励国有大中型企业加强企业技术中心建设，加大研发投入，强化企业创新活动。

加强首都创新创业专业服务体系建设。不断发挥科技管理部门管理与服务职能，健全公共服务手段，强化科技计划指导力度和各项政策落实力度，在科技资源配置、人才引进和培养等方面向科技企业倾斜，继续强化创业孵化体系，进一步为风险投资创造条件。加强继续教育和再就业培训体系建设。大力推进学习型组织建设，倡导“终身学习”、“团队学习”、“全程学习”。

（六）实施专利与知识产权战略

鼓励企业掌握、应用专利与知识产权。根据国家有关部门发布的应掌握自主知识产权的关键技术和重要产品目录，对开发目录中技术和产品的企业在专利申请、标准制定、国际贸易和合作等方面予以支持，形成一批拥有自主知识产权、知名品牌和较强国际竞争力的优势企业。鼓励引导企业创制和采用先进技术标准，重点扶持重要标准研究项目，对企业参与国际标准、国家标准、行业标准、地方标准制定给予政策和资金支持。建设北京市标准服务平台，为企业开展标准化研究，吸收、采用国际标准和国外先进标准提供支撑。对企业申请和取得国内外专利、建立专利数据库、进行专利预测预警研究给予资助，继续实施首都专利战略推进工程。

加强知识产权与专利保护。完善知识产权制度，加强知识产权创造、保护、利用与管理，提高全社会知识产权意识，使知识产权成为推动科技创新的战略手段和制度保障；综合运用行政手段、法律手段和高技术手段，打击侵犯知识产权行为，规范市场秩序。健全知识产权保护与服务体系，建立北京知识产权侵权举报中心，强化知识产权执法部门之间的协作，成立北京知识产权保护协会和专利代理人协会；加快知识产权中介服务机构发展，建立知识产权信息服务平台。

（七）推进创新人才的培养与引进

结合重大项目的实施加强对创新人才的培养。依托重大科研和建设项目、重点学科和科研基地以及国际学术交流与合作项目，加大学科带头人的培养力度，积极推进创新团队建设。在科技计划项目的评审、验收中，把创新人才的培养作为重要考评指标。

支持企业培养和吸引创新人才。改革和完善企业分配和激励机制，允许国有高新技术企业对技术骨干和管理骨干实施期权等激励政策，将企业技术创新投入和创新能力建设作为国有企业负责人业绩考核的重要内容。在高等院校和科研机构中设立面向企业创新人才的客座研究员岗位，选聘企业高级专家担任兼职教授或研究员，引导和规范高等学校或科研机构科技人才到企业兼职。本市行政区域内的高等学校、科研机构的应届毕业生受聘于中关村科技园区内的高新技术企业，对急需专业人才试用期满后由试用企业正式聘用的，经市人事局批准，可办理本市常住户口。

支持培养农村实用科技人才。对科技人员面向农村开展技术创新服务予以政策支持。实施农村实用人才和劳动者素质提高培训工程，充分利用现代信息技术手段，实现科技入户，培养掌握新品种、新技术应用的农村实用人才队伍。

附录四　北京市中长期科学和技术发展规划纲要(2008—2020年)

一、序言

当今世界,科学技术已经成为促进经济社会发展的主导力量,其作用方式由后台推动转为前台引领,对人类生产方式、生活方式产生重大而深刻的影响。面对日趋激烈的国际竞争,许多国家把强化科技创新作为国家战略,着力提升国家整体创新能力。党中央、国务院审时度势,高瞻远瞩,从实现中华民族伟大复兴的战略高度,提出"建设创新型国家"的战略目标,发布实施《国家中长期科学和技术发展规划纲要》。党的十七大把提高自主创新能力、建设创新型国家作为国家发展战略的核心和提高综合国力的关键,标志着我国科技发展进入了新的历史时期。北京以十七大精神和科学发展观为指导,提出建设创新型城市的奋斗目标,这是落实国家创新战略、以科技创新引领北京经济社会发展的战略选择。

经过多年持续不懈的努力,北京科技事业取得重大成就,科技创新在引领和支撑首都经济建设和社会发展中发挥了强大的促进作用。目前,北京经济社会处于重要的战略转型期,未来发展面临着前所未有的宝贵机遇,同时仍存在许多深层次矛盾和现实问题:产业结构与首都国际化大都市建设的要求尚有差距,以生产性服务业推动北京产业结构升级的要求更加迫切;经济社会发展与资源环境约束的矛盾制约着首都发展,实现人口、资源、环境协调发展的压力不断增大;社会发展中的民生问题越来越受到重视,适应市场经济和城市发展要求的公共服务能力亟待加强;集成利用各方科技资源服务首都发展仍面临着体制机制制约,科技资源优势尚未充分转化为首都发展优势。突破瓶颈制约,实现首都科学发展、和谐发展、率先发展,需要不断强化科技体制机制创新,紧紧依靠自主创新和科技进步,全面提升科技对经济社会发展的引领和支撑作用。

进一步提升科技创新能力,北京具有良好的现实基础和资源条件。建设创新型城市目标的确立,"高端、高效、高辐射力"产业发展方向的确定,为北京科技发展指明了方向;高度密集的中央在京科技资源,不断聚集的跨国公司研发总部和外埠驻京研发机构,快速成长的一大批创新型企业,为科技进一步发展提供了强劲的动力支撑;全国各地全面建设小康社会进程的加速,为科技全方位支撑经济社会发展提出了明确的需求;首都经济实力的不断壮大,公共财政能力的显著增强,为未来科技发展奠定了坚实的基础。在新的发展阶段,面对新的机遇和挑战,制定《北京市中长期科学和技术发展规划纲要》,对未来北京科技发展做出前瞻性、全局性、系统性的战略谋划,是市委市政府应对时代赋予科技创新的崇高使命,带领全市人民贯彻落实科学发展观的重大举措,是北京实现又好又快发展的关键环节。

二、指导思想、工作方针与发展目标

(一)指导思想

北京科技中长期发展的指导思想是:高举中国特色社会主义伟大旗帜,以邓小平理论和“三个代表”重要思想为指导,深入贯彻落实科学发展观,遵循市场经济规律和科技自身发展规律,紧紧围绕北京发展和服务全国的重大需求,大力实施首都创新战略,以深化科技体制改革为主线,以全面引领支撑服务业发展为突破口,站在全球化创新的高度,凝聚优势资源,大幅提升自主创新能力,带动首都经济结构高端化转型、城乡统筹建设和社会和谐发展,使科技创新成为推动北京科学发展、和谐发展、率先发展的主驱动力,为建设创新型国家作出更大贡献。

实施首都创新战略,就是要以增强自主创新能力为核心,缔造以中关村为龙头的国家知识创新高地和技术创新源泉两个支点,集中力量重点实施促进企业提高核心竞争力的“引擎行动”、实现区域协同发展的“涌泉行动”、改善民生和推进首都全面协调可持续发展的“惠民行动”,努力在构建首都区域创新体系、转变经济发展方式、推动城乡社会和谐发展、深化科技管理体制改革四个方面取得新突破,在全国率先建成国际先进的创新型城市。

(二)工作方针

北京科技工作的指导方针是:需求导向、凝聚资源、自主创新、引领发展、高端辐射。

需求导向。从北京经济社会发展对科技提出的重大需求出发,明确科技发展方向,推动体制机制创新,加大科技攻关力度,拓展成果转化途径,使科技创新与北京发展挂硬钩、出实效,真正成为推动北京发展的主驱动力。

凝聚资源。充分发挥市场在科技资源配置中的基础性作用,强化对中央在京科技机构的服务,在更大范围和更深层次上吸引更多中央资源参与首都建设;努力拓宽全球化视野,提升集成、利用全球创新资源的能力,将首都科技资源优势真正转化为首都发展竞争优势。

自主创新。充分发挥科技管理体制改革在科技体制创新中的指挥棒作用,以体制机制创新为动力,全面推进知识创新、技术创新、组织创新、管理创新,不断强化以企业为主体、市场为导向、产学研结合的创新机制建设,大力加强原始创新、集成创新和引进消化吸收再创新,力促企业成为创新主体,全面提升首都自主创新能力。

引领发展。着眼于北京长远发展的重点方向,把科技创新贯彻到首都现代化建设的各个方面,坚持“有所为、有所不为”,在生产性服务业、高技术产业、文化创意产业等重点领域取得一批重大技术突破,推动一批重大创新成果的社会应用,在更高层次上引领首都经济社会又好又快发展。

高端辐射。充分依托首都密集的优势科技资源,大力发展技术转移服务业,促进科技成果向全国的强力辐射,切实提升北京服务全国创新发展的能力,为带动全国发展提供全面的科技服务支撑。

（三）发展目标

到2020年，北京科技发展的总体目标是：按照建设创新型国家的战略要求，立足于“国家首都、国际城市、文化名城、宜居城市”的功能定位，举全市之力，大力实施首都创新战略，把北京建设成为创新思想活跃、创新资源集聚、创新能力强劲、创新氛围浓郁、创新市场化机制完善，以创新驱动发展的国际先进的创新型城市，使北京成为我国创新发展的核心引领区和联结全球创新网络的重要节点。

2020年北京科技发展目标：

一是北京自主创新能力显著提升。科技投入保持较高水平，全社会R&D投入占北京市生产总值的比重超过7%。中关村在国家创新体系中的品牌效应和龙头带动作用更加突出。企业的创新主体地位得到确立和显著增强，企业R&D经费支出占全社会R&D经费支出的比重达到60%左右。涌现出一批具有自主知识产权的关键技术和核心产品，万人发明专利申请数达到18件。科技投入产出率和全员劳动生产率大幅提升。建成一批新型科研机构，形成一批一流的科技基础设施，全市人民的科学素养得到较大幅度提高。

二是科技促进经济社会发展能力显著提升。高增值、高技术含量的产业在首都经济中的比重持续上升，金融服务、信息服务、科技成果产业化服务等行业得到较大程度发展，全面形成以生产性服务业为核心的服务业主导型经济，服务业增加值占北京市生产总值的比重达到80%，高技术产业增加值的比重超过28%。科技在解决人口膨胀、能源资源紧张、大气污染、交通拥堵等制约首都发展的瓶颈问题方面取得重大突破，全面形成满足能源和资源需求的循环经济技术支撑体系，能源消耗明显下降，环境污染得到有效控制，首都公共安全提出的科技需求基本得到满足，科技在改善市民生活质量方面的作用显著提升。

三是科技辐射与扩散能力显著提升。以中关村科技园区为龙头的京津冀区域科技合作取得突破性进展，北京的全国科技创新中心地位得到进一步强化。全国技术交易中心全面建成，首都科技成果对全国的辐射带动作用明显增强，2020年北京技术交易额达到2000亿元，其中对外埠技术交易额达到1200亿元以上。国内外交流与合作日益活跃，科技向全国乃至全球的辐射与扩散能力显著提高。

四是科技管理体制改革取得突破。通过不断深化科技管理体制改革，形成一整套适应社会主义市场经济发展要求的新型科技管理体系，引导各类符合市场经济规律的创新理念和创新方法在全社会广泛应用，促进以企业为主体、市场为导向、产学研相结合的技术创新体系全面形成，带动首都区域创新体系按照市场经济发展要求不断完善，使市场在科技资源配置中的基础性作用得到充分发挥，深刻影响和加速推进全社会科技体制创新的进程。

五是人才培养取得突破。充分发挥高素质、高技能人才队伍在首都自主创新中的核心作用，在取得高水平自主创新成果的同时，促进各类具有国际视野、改革精神和创新思维的创新型人才规模化涌现，使北京成为世界创新型人才聚集和产生的高地。

北京科技发展阶段目标：

——2015年，全社会R&D投入占全市地区生产总值比重达到6.5%；

——2015年，企业R&D经费支出占全社会R&D经费支出的比重达到55%左右；

——2015年，技术交易额达到1500亿元；

——2015年，每万人发明专利申请数（件）超过15件；

——2015年，国际《科学引文索引》（SCI）、《工程索引》（EI）和《科学技术会议录索引》（ISTP）等三大权威检索系统收录北京科技论文数量4万篇以上；

——2015年，自主知识产权的产品比重达到45%以上；

——2015年，高技术产业增加值占全市地区生产总值的比重达到25%左右；

——2015年，生产性服务业增加值占全市地区生产总值的比重达到50%；

——2015年，六环以内主要河湖水体基本还清，再生水回用率达到56%以上；

——2015年，每万元地区生产总值能耗比2005年降低30%。

阶段目标要根据科技发展趋势和经济社会发展需求做相应调整。

三、北京科技发展的重点任务

北京科技发展要在首都创新战略的统领下，紧紧围绕北京发展面临的重大现实问题，在推进以生产性服务业为代表的高端产业创新发展、增强资源环境承载力、加强城市建设管理和发展以人为本的民生服务、促进城乡统筹发展、加强科技自身能力建设五个方面进行重点部署，根据北京经济社会发展的重大需求，确定18个重点领域、107个重点技术方向和近500项关键技术，组织联合攻关，取得技术突破，全面推进创新型城市建设。

（一）发展生产性服务业，强化高端创新，促进首都经济又好又快发展

以大力发展生产性服务业为突破口，围绕为产前、产中、产后各个环节提供高知识技术含量的科技服务，积极发展金融服务、科技成果产业化服务、信息服务、商务服务、现代物流、教育培训等生产性服务业，强化文化创意产业、高技术产业和现代制造业的自主创新能力，培育新型业态，占领产业高端，引领产业结构调整和发展方式转变，增强经济增长后劲，实现首都经济又好又快发展。

1. 生产性服务业

生产性服务业是首都经济“高端、高效、高辐射力”发展的核心和精髓，是服务业与高技术产业、现代制造业有机融合、互动发展的关键节点，是首都创新型城市建设的重要内涵。生产性服务业逐渐成为首都经济增长的主体，2006年全市生产性服务业实现增加值2958.8亿元，占地区生产总值的37.6%，占服务业增加值的53%。生产性服务业与首都经济发展的要求还不相适应，高端引领作用还未充分发挥，要积极探索支持生产性服务业创新发展的新模式和新机制，通过大力发展科技成果产业化服务业，实现以科技进步全面提速生产性服务业的发展进程，使其成为未来相当长时间内推动首都经济结构调整和发展方式转变的重要动力。

重点需求：①重点行业技术创新需求。围绕金融服务、信息服务、商务服务、现代物流、教育培训、科技成果产业化服务等北京生产性服务业的重点行业，加强研发创新，突

破一批关键技术，提升北京生产性服务业整体技术水平和竞争力。②生产性服务业新业态发展与商业模式创新需求。重点发展电子银行、电子商务、现代物流等基于网络技术和通信技术的新型服务业态，推进研发外包、科技成果产业化服务等新业态发展，培育新的经济增长点。③信息化水平提升需求。促进电子信息技术在生产性服务业领域的推广应用，完善生产性服务业信息管理系统、办公自动化系统等，提高北京生产性服务业的网络化、系统化和智能化水平。④完善产业发展的科技条件支撑体系需求。建立一批具有国际一流研发环境的专业性研发基地，搭建产业发展所需的科技资源共享平台、网络科技环境平台和面向行业的共性技术研发与测试平台等科技平台系统，推动产业技术水平和整体竞争力的提升。

重点技术方向和关键技术：

(1)研发创新平台建设

重点建设包括大学、研发机构、科研院所以及大型企业在内的联合研发中心以及公共研发平台。主要包括：工业基础技术研发平台、工业先进技术研发平台、人才培养与培训平台，以及面向行业的共性技术研发与测试平台、科技资源与信息服务平台等。

(2)面向生产性服务业的信息化建设

重点研发面向金融服务、商务服务、现代物流、教育培训等重点行业及企业信息化的应用系统以及面向行业的数据整合、数据应用技术，开发适合行业特点的信息化解决方案，提高 ICT 技术的集成应用水平。重点研发交互信息处理系统、远程监控网络系统等技术。

(3)面向生产性服务业的信息安全技术

重点研发金融等生产性服务业领域的基础信息网络和重要信息系统中的数据安全和网络安全技术，开发复杂大系统下的网络生存、主动实时防护、安全存储、网络病毒防范、恶意攻击防范、网络信任体系与新的密码技术等。

(4)科技成果产业化服务平台建设

重点研发面向关键技术领域的公共科技和产业化信息网络平台、研究所与企业信息交流服务平台、京外院地合作平台、科技成果孵化平台、科技应用示范平台、成果库和专家库等公共支撑平台，促进科技成果产业化。

(5)金融相关技术

重点开发金融数据整合和数据应用技术——包括数据仓库(DW)、数据挖掘(DM)和商业智能(BI)、金融机构间的互联互通技术、金融业计算机操作系统及服务器等相关技术；开发支持大集中管理模式的金融企业管理或业务软件、基于国际金融数据交换标准的金融业数据交换接口软件等电子金融软件；研发银行业计算机操作系统及服务器技术、自助银行技术、CDM/信息查询技术、防伪识别技术、银行卡整体解决方案等技术。

(6)基础软件和行业应用软件关键技术

重点研发面向服务架构(SOA)的关键技术和标准、操作系统、数据库管理系统、中间件、办公软件、可信安全涉及的关键技术以及基础软件间协同技术和标准；研发面向服务质量或业务目标的标准和平台的关键技术，以及面向行业的全程业务优化、知识库、应用平台、软件及系统集成等关键技术；研发生产性服务业重点行业发展所需的软件关键技术。

（7）下一代网络关键技术与服务

重点研发高性能的核心网络设备与传输设备、接入设备，以及在可扩展、安全、移动、服务质量、运营管理等方面的关键技术，建立可信的网络管理体系，开发智能终端和家庭网络等设备和系统，支持多媒体、网络计算等多种新业务的研究应用。

（8）新一代宽带移动通信技术

重点研发新一代蜂窝移动通信技术、自动交换网络（ASON）技术、适合局域环境的超宽带接入技术（UWB）以及适合城域宽带接入的 WiMAX 技术，参与国际主流技术的宽带移动通信系统标准的制定，并主导制定若干相关国内标准、企业标准，保持北京在无线移动通信领域的领先地位。

（9）工业设计相关技术

重点研发工业设计产业中的快速成型制造技术，电镀与金属氧化技术和 CAD/CAM 应用软件等关键技术与工艺。

（10）现代物流技术

重点研发现代物流信息技术、现代物流装备技术、现代物流管理技术、绿色物流技术和地下物流技术等相关技术，研发第三方物流信息管理软件、物流配送管理软件及无线射频技术，提高物流业整体效率。

（11）会展技术

重点研发提高会展业现代服务水平的虚拟会展技术、会展场馆设计技术、现代会展物流技术等相关技术。

（12）高端咨询技术支撑体系

重点支持从事技术咨询、产业研究、经济分析、管理咨询、市场调研等业务的专业咨询机构发展所需的信息情报网络资源服务平台、公共信息情报资源共享平台、高可信远程咨询网络平台、科技情报专业资源网络系统以及资源性基础数据库的开发建设，加强基于互联网和计算机的信息情报分析、搜索软件的研发与利用。

2. 文化创意产业

文化创意产业是科技与文化的紧密结合，是首都经济“高端、高效、高辐射力”发展的重要内涵和组成部分。建设创新型城市的艰巨任务和创新创造性活动的蓬勃开展，首都市民在全国率先享受品质不断提高的生活环境与条件，对文化发展产生了巨大的需求和促进；同时，创新的思想和先进的文化对科技创新产生了巨大的支撑和引领作用。目前，北京文化创意产业整体竞争力不强，与发达国家相比差距较大；文化创意中的科技元素体现不足，整体科技含量不高；创意人才，尤其是高素质、复合型创意人才缺乏。针对文化创意产业关键核心技术组织联合攻关，推动创意研发成果扩散与应用，抓好十大文化创意产业集聚区建设，是促进北京文化创意产业快速发展、增强产业国际竞争力的重要手段。

重点需求：①提高文化创意产业对科技集成应用水平的需求。加强相关高技术在广播影视、出版发行、文艺演出等领域的集成应用，提升文化创意产业的科技含量。②文化创意产业发展的共性平台系统建设需求。积极推动文化创意产业相关领域的研发平台、测试平台、体验平台等公共技术平台的建设，降低企业成本，服务企业发展，推动北京文化创意产业快速成长。③创意人才队伍建设需求。搭建文化创意人才培训和引进平台，鼓励企业有针对性地加强内部人才培养和国际人才引进，为产业发展提供各类专业技术人才和复合型人才支撑。

重点技术方向及关键技术：

(13)文化创意产业共性技术平台建设

重点建设文化创意产业孵化器及文化创意产业基地，搭建面向网络出版、动漫游戏、影视制作等重点行业的公共技术开发工具与测试平台、技术集成应用示范平台、创意人才培养平台以及公共创新服务平台，推动文化创意产业共性技术的开发与应用。

(14)数字媒体技术

重点研发数字产品转换编码技术、智能流媒体技术、数字广播技术、文化网格技术、电影数字化技术、数字媒体内容集成与分发关键技术、海量媒体资源内容管理关键技术。研发有线传输、地面传输、手机电视运营服务等关键技术和设备。

(15)动漫游戏相关技术

重点研发和建设3D网络游戏引擎、游戏软件可复用构件数据库，以及游戏技术支撑平台、游戏引擎研发实验室，游戏测试平台与动漫游戏配信中心等。

(16)网络出版技术

重点研发无线阅读(显示)技术、智能多媒体信息检索技术、海量存储技术、数字内容版权保护技术等。

3. 高技术产业

高技术产业发展最显著的特征，是通过持续发展、进步着的高技术不断实现对常规技术的突破，进而在更高层次上实现对发展的引领和带动，是首都生产性服务业的核心构成，也是首都经济“高端、高效、高辐射力”发展的重要载体。北京高技术产业发展迅速，但与世界先进水平比较，无论是现有水平，还是应用与带动作用仍有巨大差距。高新技术企业自主创新能力较弱，关键技术、专利和标准受制于人；高新技术产品附加值不高，在全球产业链中处于中低端；科技向现实生产力转化能力薄弱，高技术产业化程度低。突破高技术产业领域重大关键、共性技术，加速高技术产业发展，是扩充首都经济总量，提高经济发展质量的战略选择。

重点需求：①制约产业发展的核心技术突破需求。重点围绕集成电路、新材料、生物医药等领域，掌握一批核心技术，提高自主开发能力和整体技术水平。②高技术产业化能力提升需求。重点支持集成电路、生物医药等领域关键技术、关键产品和重大技术标准的产业化，促进北京科技优势向经济优势转化。③发展产业价值链高端环节需求。以集成电路、生物工程等北京具备较强技术创新能力和产业基础的重点领域为突破口，大力发展产业价值链高端环节。④以高技术应用提升传统产业需求。挖掘现有技术潜在的应用能力，重视和加强集成创新，加快用高新技术和先进适用技术改造提升传统产业。

重点技术方向和关键技术：

(17)高端芯片设计、制造关键技术

重点研发高端芯片设计、测试、制造平台，开展集成电路设计与整机制造等方面的研发，重点开发面向超深亚微米的集成电路技术、SOC/CPU核心芯片和可重用IP核的设计等关键技术，继续缩小芯片的特征尺寸。研究开发大规模集成电路生产线专用装备整机、核心关键部件、硅片制造设备关键技术。

(18)高性能平板显示技术

重点研发液晶显示、发光二极管显示、有机电致发光显示等平板显示产品，研究开发高亮度LED显示及照明产品关键技术、柔性OLED显示屏技术、高清晰度大尺寸OLED显示屏技术等，开发针对TFT-LCD、OLED等光电显示技术的检测平台，建立平板显示材料与器件产业链。

(19)生物工程技术及医药新产品研发

重点研发干细胞、组织工程、基因组技术，研究蛋白质组技术、生物芯片技术、数字化诊疗技术。重点发展新型疫苗、蛋白重组药物、抗体药物、诊断试剂，继续支持创新药物的研究开发，加快生物工程技术的应用和对医药产业的改造和提升。

(20)特种功能材料的研发应用

重点研发现代材料设计、评价、表征与先进制备加工技术，加强信息功能材料及器材、碳纤维材料、微电子材料、光电子材料、新能源材料、磁性材料、生物医用材料、高性能金属材料、高端节能环保建材等领域的关键技术攻关，加速特种功能材料的研发和应用。推进特种功能材料智能化、材料与器件集成化的研究。

(21)承接国家“核心电子器件、高端通用芯片及基础软件”重大专项相关技术研究

(22)承接国家“极大规模集成电路制造技术及成套工艺”重大专项相关技术研究

(23)承接国家“新一代宽带无线移动通信”重大专项相关技术研究

(24)承接国家“转基因生物新品种培育”重大专项相关技术研究

4. 现代制造业

现代制造业是高度凝聚和承载高技术和先进技术的高端制造业，是北京发展生产性服务业的重要依托和支撑。北京现代制造业已经形成良好发展基础，但是仍面临一系列问题，基础装备技术落后，关键装备大多依靠进口；行业技术水平不高，创新能力和整体竞争力不强；制造过程中资源消耗大，综合利用率较低。加强现代制造业关键领域的技术攻关，以科技创新振兴北京现代制造业是提升北京工业竞争力的根本要求。

重点需求：①基础装备的设计、制造和集成研究需求。立足北京现代制造业发展对基础设备的需求，加强高档数控机床、重大成套技术装备、关键材料与关键零部件等的自主设计、研究及制造，提升现代制造业装备现代化、自动化水平。②重点行业自主技术创新需求。围绕汽车零部件、汽车电子、新材料、医药等重点行业，突破一批关键制造技术，提升产业竞争力。③发展绿色制造的需求。强化循环经济及绿色环保节能相关技术研究，推进其在材料与产品开发设计、加工制造等产品全生命周期中的应用，降低现代制造业资源能耗水平。

重点技术方向和关键技术：

(25)数字化和智能化装备设计制造

重点研发数字化设计制造集成技术，建立面向行业的产品数字化和智能化设计制造平台，开发面向产品全生命周期的设计、制造和管理集成技术，加强研究智能化仪器仪表

及控制系统、发电及输变电设备、高精密模具、数控机床、激光器设备及工艺、工程机械、印刷机械等先进装备制造行业的技术、工艺及设备。

(26)绿色制造相关工艺、技术研发

重点研发绿色环保节能制造技术,研究开发材料与产品开发设计、加工制造、销售服务及回收利用等产品全生命周期各个阶段节能技术。加快研究高效、节能、环保的制造工艺、流程和设备,降低制造业资源消耗水平。

(27)汽车设计、零部件及汽车电子关键技术

重点研发汽车产业共性技术和支撑服务平台技术、汽车造型设计以及全新汽车工程结构,提升汽车设计能力。研发汽车零部件领域发动机、变速器、车桥、车身等总成技术。研究汽车电子领域汽车行驶与安全电子、车身与车载电子、中央计算机与整车网络三大类电子控制系统,建立汽车电子控制技术开发平台和汽车电子控制系统实验平台,研发汽车电子产品的匹配和集成技术,并加快其产品化应用。

(28)石化新材料的研发和应用

重点研究节能环保、高附加值化工新型材料和精细化工制造关键技术,推进合成树脂专用牌号及加工应用技术、差别化纤维技术以及合成橡胶新产品技术的研究,在合成树脂制造、合成橡胶及橡胶制品制造、润滑油系列产品、合成纤维制造等领域实现技术突破,打造上中下游一体化的石化材料产业链。

(29)中药、化学药与医疗器械研制

重点研究中成药现代生产工艺、绿色节能工艺及中药资源的可持续利用等相关技术,推进中药现代生产工艺技术的工程化建设和中药产业信息化平台建设,实现中药生产工艺水平的提升和产品质量的提高。重点研究开发数字化诊疗和微创设备等医疗器械的关键技术及产品,加强医疗器械标准战略研究及数字医疗设备临床实验规范体系建设。

(30)承接国家“高档数控机床与基础制造装备”重大专项相关技术研究

(二)发展资源综合利用技术,建设资源节约和环境友好型城市

人口资源环境协调发展、结构速度质量效益相统一是创新型城市建设的根本标准和标志,是北京实现又好又快发展的具体要求。要紧紧抓住发展机遇,全面落实科学发展观,把发展水资源、能源、环境保护技术以及循环经济相关技术放在优先位置,从北京发展实际需求和在全国形成率先示范出发,下决心依靠自主创新解决制约发展的重大瓶颈问题,实现资源利用由粗放型向集约型的转变,推进节能减排,建设生态文明,完成由传统工业经济向循环经济的提升,形成节约能源资源和保护生态环境的产业结构和消费模式,为建设资源节约和环境友好型城市提供坚实、可靠的保证。

5. 水和土地资源

水和土地资源是城市发展的基础和保障。北京水资源缺乏,地下水严重超采,水务基础设施建设相对滞后,城乡供水的保障程度不高,安全饮水尚未完全实现,再生水利用程度低,节水工作还存在不足;耕地污染和退化严重,土地后备资源不足,集约用地程度较低。随着经济发展和人口持续增加,水和土地资源供需矛盾尖锐的问题将更加突出。

重点需求:①非常规水资源开发与利用科技需求。以海水、再生水、微咸水及雨洪水等非常规水源应用为目标,围绕降低成本、提高水质,集中突破再生水安全回用、雨洪水资源化利用以及海水淡化关键技术,实现资源化开发利用,增加可利用水资源总量。②水资源优化配置与高效利用科技需求。通过构建循环型水务体系,加强水资源的综合调度和统筹利用,实现水资源供需平衡。③综合节水科技需求。围绕工业和居民用水,研究推广节水技术和设备,提高水资源利用效率。④土地集约、节约利用科技需求。构建土地资源节约利用技术支撑体系,提高土地监管效率,缓解土地资源污染和破坏,加强废弃土地的生态修复,形成土地资源的可持续利用模式。

重点技术方向及关键技术:

(31)有效支撑循环水务体系建设的"五水联调"

重点研究水资源预测预报、多水源联合调配、用水需求分析、人工增雨等关键技术,研究地下水空间分布与分层水质分布规律,研究污水、雨洪资源化利用技术,建立完善地表水、地下水、外调水、再生水、雨洪水"五水联调"系统。

(32)供水安全综合保障技术

重点研究源水预处理技术,"四高"水质净化技术和设备。开展供水安全监测体系研究,建设全市供水水质监测系统,加快老旧自来水管网更新改造。

(33)综合节水技术及设备

重点开发和推广各类节水器具、建筑施工降水和施工节水综合利用技术和设备,推动各行业进行节水工艺技术改造。加快节水技术标准制定和定额体系建设,完善社会节水技术咨询服务体系。

(34)经济、高效的污水深度处理和再生水回用

重点研究污水深度处理的新技术、新工艺与集约化设备,二次污染控制的工艺改造技术,污水再生利用及安全性保障技术,新型污水消毒技术与设备,小型污水处理设施与回用技术以及面向重点产业的治污技术、设备和原辅材料。研究开发提高水质级别的污水处理设备和技术,城市污水处理回用于农业灌溉及工业冷却用水技术,再生水分质供水及输配水技术,污水处理与资源化评估与检测系统。

(35)提供低成本高质量新水源的海水淡化综合技术

重点研究开发海水预处理技术,核能耦合和电水联产热法、膜法低成本淡化技术及关键材料,浓盐水综合利用技术。开发可规模化应用的海水淡化热能设备、海水淡化装备和多联体耦合关键设备。

(36)土地资源高效利用机制与技术支撑体系

重点研究北京市土地资源循环利用的影响机制与优化模式,开发应用土地资源集约利用的调查、评价、监测等技术和方法,开展退化与废弃土地资源的生态修复关键技术与安全再利用研究,进行相关技术集成与工程示范。建立土地利用科学决策和科技支撑平台。

6. 环境

改善生态与环境是事关经济社会可持续发展和人民生活质量提高的重大问题。北京环境污染问题仍然严峻,大气污染严重且防治难度大,沙尘暴时有发生;水源污染威胁

严重；可再生利用的废弃物资源数量大、综合利用水平低；噪声污染、放射性和电磁辐射污染对居民健康的影响日益凸现；生态环境体系比较脆弱。

重点需求：①区域大气污染协调治理科技需求。开展防沙治沙综合治理技术研究，解决北京沙尘暴问题，研究有效控制污染源排放的先进技术和大气质量实时监控相关技术，改善北京空气质量。②水生态修复与水环境改善科技需求。开展水污染防治、河湖水质改善与生态用水补偿研究，加快水环境改善。③生态保护和修复科技需求。围绕荒废土地、污染土地、尾矿库的整治和生态恢复，开展土地资源可持续利用评价和修复技术的研究，推进土地资源的科学利用。

重点技术方向及关键技术：

(37)大气污染综合监控治理

重点研究推广防沙治沙关键技术，研究北京与周边地区污染物输送影响，建立北京及周边地区大气污染源数据库系统，开展北京市大气颗粒物区域性污染监测研究。研究有效控制工业、汽车尾气等污染源排放的先进工艺和设备，准确反映大气质量的实时监控技术，污染源连续监测的数据分析处理技术。

(38)水生态修复与水环境改善

重点研究流域综合整治及水环境改善技术、地表水体富营养化综合防治技术、城市水系水环境改善技术、含重金属污泥的处理与资源化利用技术。研究湿地建设及生态恢复技术，建立湿地生态修复系统。

(39)辐射和噪声监控和管理

重点研究辐射监测技术及辐射事故应急处理技术支持系统、放射性废物减量化及污染控制技术和防护技术。研究噪声监测与控制技术，建立辐射常规监测技术网络、辐射污染源管理信息系统。

(40)生态修护和生态绿化

重点研究工矿废弃地治理和植被恢复技术以及荒滩植被、砂石坑和洼地等植被恢复技术、提高存量绿地生态功能的绿地管理技术、绿地生态系统碳汇技术。研究污染土壤的修复技术，规范污染土壤的风险评估体系。

(41)承接国家“水体污染控制与治理”重大专项相关技术研究

7. 能源

能源是城市正常运转的基本保证。北京是全国第二大高耗能城市，消费的能源主要由外地供应；能源消费以传统能源为主，可再生能源比重低；能源利用水平与国内外大都市相比有较大差距。未来一段时期，北京持续快速增长的能源需求和建设资源节约型社会的任务，对能源科技发展提出新的要求。

重点需求：①能源节约利用科技需求。围绕建筑、工业、交通和民用四大节能领域，加快节能新技术的研发、应用和推广，构筑城市系统节能体系，实现以较低的能源消费增长支持经济的持续发展。②可再生能源低成本规模化利用科技需求。重点研究太阳能、地热能、风能、生物质能的核心技术和规模化应用技术，大力推进可再生资源的开发与利用，促进能源结构多元化。③煤炭清洁利用科技需求。研究推广清洁煤技术，改善燃煤利用结构，控制燃煤的污染物排放总量。④提高能源利用效率科技需求。开发提高输送能力和效率的电力设备输配技术，提高电力输送效率。

重点技术方向及关键技术：

(42)建材、石化、冶金等重点工业领域节能设备制造技术和工艺开发

重点研究开发建材、石化、冶金等高能耗工业领域的节能工艺技术和设备，研究节能工业锅炉、电机节能技术、余热回收技术和能源梯级利用等相关技术。

(43)有利于建筑节能的新材料、节能设备、管理控制系统开发和推广示范

重点研究开发节能建筑材料，建筑节能生态设计，高效节能照明设备，空调节能技术，蓄能技术，高效低污染锅炉以及先进的管网平衡调节等节能技术和设备。研究开发建筑节能测试和计算技术，节能监测技术和设备以及节能管理系统。

(44)交通节能的替代燃料及相关技术的开发

重点研究燃油添加和节油技术，研究开发天然气、乙醇、二甲醚、生物柴油等清洁替代燃料。研究开发高效节能的混合动力汽车、燃料电池汽车、电动汽车、氢能源汽车等新型汽车。

(45)低成本、多领域的太阳能利用设备和技术开发

重点研究高性价比太阳能光伏电池技术、太阳能电池生产设备及相关技术、太阳能热发电技术、太阳能与建筑一体化技术及其相关标准。

(46)面向多领域的多形式生物质能开发利用技术

研究低成本生物质成型燃料生产技术、生物质集中气化及二次污染处理技术、生物质气化发电技术、小型生物质气化炉等多种形式的生物质能开发利用技术。研究在北京地区开展能源作物种植的可行性及相关技术。

(47)风能利用设备和技术开发

重点研发具有自主知识产权的MW级大型风电机组成套装备及相关技术，包括风电机组总体设计与控制技术、风电机组产品研发的技术支持工具、风电设备的环境适应性等相关研究。

(48)地热资源调查评价与集约、可持续利用设备技术

重点研究推广地热资源勘探技术，地源—热泵技术，地热回灌、采灌平衡技术。研究推广地温空调系统技术，地热资源综合开发利用技术，地热井开采动态监控系统和技术。大力开展周边省(市)地质资料收集、共享、服务和应用技术研究，以及地源热泵对环境影响评估研究。

(49)大规模高效率电力输配

重点研究开发大容量远距离直流输电技术和特高压交流输电技术与装备、间歇式电源并网及输配技术、电能质量监测与控制技术、大规模互联电网的安全保障技术、电网调度自动化技术、高效配电和供电管理信息技术和系统、输配电环节节电技术。

(50)承接国家“大型先进压水堆及高温气冷核电站”重大专项的部分研发工作

(51)承接国家“大型油气田及煤层气开发”重大专项的部分研发工作

8. 循环经济

在城市不断扩张和人口增加的形势下，循环经济对促进北京资源节约和环境友好型城市建设的重要性日益凸现。北京在发展循环经济方面已具备一定基础，但是仍然存在

一些问题，主要表现在：企业层面的清洁生产推广不足工业园区资源循环利用体系尚未建立健全，废弃资源利用率不高、循环经济技术支撑体系尚待完善等。要大力发展循环经济，推动新能源与清洁生产技术的产业发展，建立和健全资源回收体系、节能减排监测体系和技术服务体系，提高首都生态环境质量和可持续发展能力。

重点需求：①再生资源利用科技需求。发展再生资源利用技术，提高废旧物资资源化利用水平，促进再生资源利用产业发展。②循环经济公共技术支撑科技需求。加强循环经济科技攻关和技术示范的组织、实施与交流，形成促进首都循环经济发展的技术创新体系和研发平台，推进循环经济发展机制在全市形成。③生态工业园资源循环利用科技需求。通过开展生态工业园基础设施共享技术及标准体系研究，推进现有工业园区的生态化改造，实现园区资源消耗最小化和零排放。④重点行业清洁生产科技需求。开展石化、电力、医药等行业的清洁生产技术研究，促进资源使用的减量化、无害化。

重点技术方向及关键技术：

(52)再生资源综合利用技术

重点研究废旧家电、报废汽车、废旧轮胎、废纸、废塑料等物资的规模化处理和再生利用技术，医疗垃圾无害化处理技术，建筑垃圾资源化利用关键技术。研究垃圾填埋气制清洁燃料技术、垃圾焚烧关键技术等生活垃圾减量化和资源化处理技术和设备，研究建立废弃资源高效无害的回收及再利用技术体系。

(53)循环经济公共技术支撑体系

重点研究水重复利用技术，资源重复利用和替代技术、减量技术、回收和再循环技术，环境监测技术以及网络运输技术和系统化技术，建立循环经济科技支撑体系。研究建立节约型城市的标准体系，建设资源节约利用的监督管理体系。

(54)生态工业园资源循环高效利用技术及标准

重点研究生态工业园的生态管理体系和指标评价体系，工业园能源梯级利用、水的逐级利用、废物副产物交换利用技术体系。研究和建立生态工业园信息系统，实现各园区信息的收集、处理、共享和发布。

(55)面向重点行业的清洁生产技术研究

重点研究石化、建材、化工、电力、医药等重点行业的清洁生产技术并建立相应标准。研究推广各行业生态设计技术。

(三)提高城市建设和管理水平，发展以人为本的民生服务，加快和谐社会首善之区建设

坚持“以人为本”原则，从百姓最关心、最直接、最现实的问题出发，围绕首都建设社会主义和谐社会首善之区的目标，在城市建设管理、人口与健康、消费性服务和城市安全等与居民生活密切相关的领域进行部署，力争取得技术突破，推进一批重大成果应用，依靠信息技术促进传统服务业升级换代，提升首都公共服务能力，全面改善民生，加快建设繁荣、文明、和谐、宜居的首善之区。

9. 城市建设

北京城市建设还不完善，地下管线布局不合理、反复施工、维护不善等问题严重，城市建筑能耗高，建筑和施工技术水平离节能、环保的要求仍有差距。在发展循环经济、建

设节约型社会的新形势下，城市建设对科技提出迫切需求。

重点需求：①城市功能提升与布局改善科技需求。发展现代城市区域规划关键技术及动态监控技术，促进城市布局和合理发展，实现城市发展与区域资源环境承载能力的相互协调。②建设舒适建筑科技需求。围绕改善居民居住环境，重点研究新型建筑材料和技术，以及住宅生态设计和智能设计技术，提高居民生活舒适度。③建筑施工科技需求。重点研究建筑施工新结构体系、地下施工相关技术、绿色施工技术，为全市城市建设提供有力的技术支持。

重点技术方向及关键技术：

(56)城市功能提升与合理布局

重点研究开发市政基础设施、防灾减灾等综合功能提升技术，城市“热岛”效应形成机制与人工调控技术。研究城市区域规划与人口、资源、环境、经济发展互动模拟预测和动态监测技术，城市空间布局规划和系统设计技术，城市发展和空间形态变化遥感监测和模拟预测技术，城市地下空间开发利用技术。

(57)高舒适度低能耗建筑技术和材料

重点研究新型建筑材料和技术、新型墙体材料应用技术、新型节能门窗材料应用技术、绿色施工技术和设备、新型采暖技术。研究开发绿色建筑技术、建筑节能技术与设备、节能建材与绿色建材、建筑节能技术标准。

(58)住宅生态设计和智能化设计

重点研究合理安排功能空间、改善住宅通风的新技术，提供舒适声、光、热环境的技术，提升建筑物功能的智能化系统的设计与安装技术。

(59)建筑施工技术提升

重点研究地下空间施工相关技术，包括地下空间工程勘察技术，安全、可靠、节约基坑支护新技术，降水、截水技术，高性能混凝土应用技术，预应力技术与高效钢筋，钢结构施工技术，新型模板及脚手架技术，建筑节能和环保应用技术，地铁和地下空间施工技术，市政道路与桥梁施工技术，施工过程监测和控制技术。研究推广建筑施工行业管理信息化技术。

10. 城市管理

不断提高城市管理效率和水平是建设国际大都市的基本要求之一。北京城市管理还有待完善，市政管理数字化程度不高，电子政务发展不平衡，历史文化名城保护缺乏有效手段等问题仍然存在。提高城市综合管理水平，建设国际大都市，对科技提出了迫切需求。

重点需求：①实施“数字市政”科技需求。以推进市政基础设施的科学管理为核心，推动智能控制、信息网络、数字视频和智能卡等软硬件产品和技术的应用，实现地下管网的数字化管理。②提高电子政务效率科技需求。通过开展新兴信息技术的研究和电子政务示范应用，促进政府部门之间的信息共享，提高政务管理的信息化程度。③旧城保护科技需求。通过探索研究适应北京旧城整体保护需要的城市道路、管线等市政基础设施建设的技术与模式，推进科技在旧城保护中的应用，研究新材料、信息技术等在旧城市政基础设施中的应用，使旧城历史风貌得到有效保护。

重点技术方向及关键技术：

(60)地下管网数字化管理

重点研究开发地下管网智能化检测、预警技术和设备，城市地下管线管廊科学规划技术，地下空间安全施工、监测和管理技术，以及城市给排水、燃气等地下管网综合改造新材料和新技术。研究建立地下管网地理信息系统。

(61)新一代电子政务系统建设

重点研究建立电子政务安全体系及安全管理平台、各委办局单位对接共享协同的电子政务体系，研究开发政务流程梳理工具。加强新兴的信息技术研究与应用，重点研究推广电子签名在电子政务中的应用。

(62)社区信息化平台及综合管理系统

重点研究建立北京市社区信息化平台以及便捷高效的社区综合信息服务系统，建立可共享的社区信息资源库，以及集成公共服务、安全防范、通信网络、物业管理、设备监控管理、远程医疗等子系统的社区智能化系统，建立低成本、高效率全市社区综合管理系统。

(63)旧城保护科技支撑体系

重点研究建立北京旧城保护的数据库系统、地理信息系统和实时监控技术。研究在不破坏结构和原貌前提下的古建筑文物鉴定与修缮保护技术，以病害探究、迁移复原等为核心的壁画保护修复技术，防止和缓解砖石质文物风化的相关技术。研究适应北京旧城保护的市政基础设施新材料、新技术应用及建立相关技术规范标准体系。

11. 城市交通

交通是城市建设和发展的重要保障。随着北京城市的快速发展，交通需求也持续增长，交通发展面临十分严峻的挑战，城市交通规划、建设、运营、管理及服务缺乏整合，交通管理水平滞后。交通状况的根本改善将是一个长期的过程，需要科技在其中发挥更大的作用。

重点需求：①提升交通承载力和运营效率科技需求。重点建设以智能化为核心的综合交通体系，实现交通信息共享和各种交通方式的有效衔接，缩短市域交通出行时间。②发展高速轨道交通科技需求。围绕提高城市公共交通系统的效率，重点发展安全高速的交通运输技术，建设合理、完善、安全的轨道交通客运网络。

重点技术方向及关键技术：

(64)交通运输基础设施建设与养护技术及装备

重点研究交通基础设施建设施工工艺和相关技术规范，研发大型桥梁和隧道、综合立体交通枢纽等高难度交通运输基础设施建设和养护关键技术及装备。加强交通基础设施建设中新材料的研发和推广应用。

(65)高速轨道交通系统

重点研究高速轨道交通控制和调速系统、车辆制造技术、运行控制、线路建设和系统集成等关键技术。

(66)智能交通系统

重点研究城市交通信号控制技术、城市道路和公路交通监控技术、停车管理技术和设备。研究信息采集、处理和诱导于一体的出行者信息服务系统，以及提升公共交通效率的车载智能信息系统。

12. 人口与健康

控制人口数量，提高人口质量和健康水平，是首都建设和谐社会的必然要求。北京市提高人口与健康水平面临一系列问题：出生缺陷有所增加，重大传染病和慢性非传染性疾病仍然危害着人民健康，新发传染病不断出现，流动人口数量不断增加、管理仍然薄弱等。

重点需求：①控制人口数量与提高出生人口质量科技需求。重点发展安全避孕与节育、出生监测、生殖健康等关键技术和产品，降低新生婴儿出生缺陷。②重大疾病预防与控制科技需求。重点研究病毒性乙型肝炎、艾滋病等重大传染病以及心脑血管病、肿瘤、老年痴呆症等非传染性疾病的预防、治疗技术，建设预防控制与应急体系。③攻克各种常见病、多发病和疑难病科技需求。有针对性地开发攻克各种常见病、多发病和疑难病的创新药物，提高居民健康水平。④医疗器械自主创新能力提升科技需求。围绕急需的先进医疗设备与生物医用材料，重点研究先进医疗设备的核心技术，推进医疗器械的国产化。

重点技术方向及关键技术：

(67)安全避孕节育与出生缺陷防治

重点研究开发安全、有效避孕节育新技术和产品，研究兼顾预防性传播疾病的节育新技术，以及高效无创出生缺陷早期筛查、检测及诊断技术，遗传疾病生物治疗技术等。

(68)重大非传染疾病防治

重点研究开发心脑血管病、肿瘤、高血压、糖尿病、老年痴呆症等重大疾病早期预警和诊断、疾病危险因素早期干预等关键技术，研究精神疾病预防控制技术，研究规范化、个性化和综合治疗关键技术与方案，开发相应的治疗药物。

(69)重大传染病预防与快速反应技术体系

重点研究北京地区高危人群和流动人群传染病监测与防控技术、新发传染病病原体确认及防治技术。研究建立传染病症状早期监测、流感病毒监测和人群免疫水平监测研究体系。研究开发系统规范的应急技术平台，研究建设首都公共卫生信息体系。

(70)常见病和多发病创新药物研制

重点研究药物筛选、设计、合成技术，开发动物评价模型、转基因动物模型、临床前安全评价模型和方法，开发新型给药系统、规模化制备技术及各种专有技术，研究开发治疗常见多发病的创新药物。

(71)先进医疗设备与生物医用材料

重点研究新型治疗设备，以及医学影像类、医用加速器、生物医学信号等数字化诊疗设备核心部件。开发人体组织器官替代等新型生物医用材料。研究建立开放的公共技术设备平台。

(72)承接国家“重大新药创制”专项相关技术研究

(73)承接国家“艾滋病和病毒性肝炎等重大传染病防治”专项相关技术研究

13. 消费性服务

发展消费性服务是加快社会主义和谐社会首善之区建设的重要内容。北京面向居民的消费性服务已形成一定基础，但社会公共服务体系尚不健全，高新技术成果应用不足，行业管理运营效率有待进一步提高。加快信息技术等先进适用技术在消费性服务领域的应用，是完善首都综合服务功能和建设“宜居城市”的重要举措。

重点需求：①传统消费性服务领域信息化应用需求。加强信息技术在批发零售、住宿餐饮、交通运输、居民服务等传统服务领域的应用，运用高新技术改造提升市政公用事业、房地产和物业服务、社区服务等服务领域。②发展高端消费性服务领域的科技需求。提升旅游、体育、健身和休闲娱乐等高端消费性服务领域的科技含量，提升高端消费性服务水平。

重点技术方向和关键技术：

(74)公共服务业支撑技术平台

重点研究和建设网络教育、远程医疗、社会保障、物业服务、社区服务等公共服务领域发展所需的高可信网络软件平台、科技应用示范平台及行业共性技术研发与测试平台。

(75)传统服务领域的信息化建设

加强批发零售、住宿餐饮、交通运输、居民服务等传统服务领域的 MIS(管理信息系统)、ERP(企业资源计划系统)、SIS(决策信息系统)、EOS(电子订货系统)、CRM(客户关系管理系统)等关键技术的研发及应用；搭建传统服务领域信息、技术共享平台，加强网络综合技术在传统服务领域中跨行业、跨区域的广泛应用。

(76)传统服务业资源的保护与综合开发

重点研究美容整形、保健养生、社区维修等传统服务领域适用技术，包括激光技术、高频电技术、中医美容技术等关键技术，促进传统服务业资源的保护和综合开发，加快传统服务业的升级和可持续发展。

14. 城市安全

随着经济社会的快速发展和人口的不断增加，北京进入一个社会矛盾凸显和突发公共事件增加的新时期，城市安全领域存在的问题更加突出。食品安全形势严峻，对重大自然灾害的防范和应急处理缺乏有效手段，社区、街区、公共场所等安全存在较多问题，突发公共事件不断发生，安全生产存在诸多隐患等，迫切需要科技为解决城市安全问题提供支撑。

重点需求：①食品安全科技需求。围绕食品的生产、流通、消费等各个环节，开发先进的监控检测技术和设备，推进食品的安全检测和评估，为首都居民提供安全食品。②重大自然灾害防范预测及应急处理科技需求。重点开发针对地震、洪水等重大自然灾害的预测、防范和应急处理技术体系，进一步降低灾害带来的破坏。③城市整体防控科技需求。建设城市整体防控技术体系，重点研究突发社会安全事件的预警、监测及控制技术，建立公共事件预警和监控体系，提高防范能力。④安全生产科技需求。重点开发安全生产信息管理平台，提高早期发现与防范能力。

重点技术方向及关键技术：

(77)从“田园到餐桌”上下游一体化的食品安全体系

重点研究针对各类农产品和食品的便捷有效的检测技术和设备，绿色有机果品生产加工、贮存保鲜关键技术。研究开发进京农产品和食品的检测与可追溯监控技术体系，以及食品流通安全监控技术。

(78)重大灾害防范与快速响应

重点研究地震、火灾、洪水等重大灾害事故的预测和警报技术，暴雨、泥石流灾害预测与水土保持工程预防技术，以及城市建筑抗震技术和系统设计技术。研究建立城市建筑和公共场所消防技术体系，以及协同、有效、现代化的应急救援系统。研究建设重大灾害应急救治体系。

(79)城市安全防控整体应用技术体系

重点研究在街区、社区、公共场所等实行联网控制和实时比对的监控技术、安检技术，信息实时搜集、快速分析、综合预警系统技术，防爆安检技术，以及城市安全综合防控技术。

(80)生物安全

重点研究快速、灵敏、特异监测与探测技术，以及化学毒剂在体内代谢产物检测技术、生物入侵防控技术。研究开发用于应对突发生物安全事件的疫苗及免疫佐剂、抗毒素与药物等。研究实验室生物安全的评估监测体系和生物安全关键技术规范。

(81)生产安全

重点研究危险化学品危险性鉴别与分类、危险源辨识、危险性分析和风险评估技术，以及生产、储存、运输等环节检测、监测和灾害事故预警技术。研究事故隐患诊断技术、故障快速诊断技术、无损探伤技术、鉴别技术，灾害事故调查与分析技术。研究职业危害因素识别技术和检测设备，开展职业卫生技术研究。

(四)促进城乡统筹发展，建设社会主义新农村

大力发展新型农村科技服务体系，不断壮大农村科技协调员队伍，促进城区科技、智力资源和成果向郊区县的扩散。大力发展高端籽种产业，建设北京种业创新发展中心，搭建农业育种基础研究创新平台，丰富都市型现代农业内涵，促进北京农业结构调整，带动农民增收致富。加强农村科技基础设施建设，推广农村建筑节能改造示范，改善农村生态生活环境，加快社会主义新农村建设。

15. 发展都市型现代农业

都市型现代农业是高科技含量高附加值的农业，发展都市型现代农业依然要坚持“高端、高效、高辐射力”的要求，以此带动“三农”问题的解决和新农村建设进程的加速。北京农村地区经济发展已经取得明显成绩，但是仍然存在农业发展特色不明显，科技含量不高，农产品深加工不足，农村社会化服务体系尚不完善等问题。要通过大力发展高端籽种产业，加大先进适用技术的研发和推广力度，发展新型农民合作组织，完善农业技术、信息服务、农副产品流通等体系建设，促进京郊新农村建设。

重点需求：①籽种农业和特色优势农业发展需求。开展现代农业科技攻关，开发具

有自主知识产权的动植物优质种质资源，提高特色农业科技含量；研发推广现代农业装备，推动北京农业生产的现代化与机械化。②推动农村二、三产业发展需求。推动农产品深加工产业的发展，延长农业产业链条；积极推动农村旅游业、服务业、物流业等的发展，调整农村产业结构。③建设与发展农村新型工业园区需求。依托大型农业企业，建设与发展新型工业园区，带动周边农村经济发展，推动农业的规模化生产。④农村配套体系建设需求。加强农村科技推广服务体系建设，建立与完善农产品技术标准体系，加强农村经济信息应用系统建设，保障农村经济的健康与长远发展。

重点技术方向及关键技术：

(82)籽种农业和动植物品种选育相关技术

重点研发节水玉米种植配套技术，二系杂交小麦高产制种关键技术，组织培养、基因工程育种等花卉育种技术，细胞育种、分子标记辅助育种、单倍体与诱变等蔬菜育种技术，奶牛胚胎分割、快速冷冻、高效连续超排和体外胚胎生产等奶牛育种技术，交易平台技术等。

(83)农产品加工与流通技术

重点研究北京特色果蔬出口保鲜与物流技术、特色农产品加工标准化技术，以及农产品综合利用技术等。

(84)现代农业装备技术

重点研究粮食作物生产机械化技术与装备，研究果品、蔬菜和花卉生产机械化技术装备、农产品加工设备。

(85)农产品安全生产与监测

重点研发与推广无公害、绿色、有机粮油、果蔬、畜禽等农产品生产技术，清洁健康畜禽水产养殖技术，土壤重金属、农药残留综合控制技术。研发生物农药、生物有机肥料、生物疫苗等新型安全的农业生产资料。研究快速准确的品质、质量安全检测技术，农产品质量追溯技术。

16. 改善农村环境

加强农村基础设施建设、改善农村生态环境是新农村建设的重要内容，是北京和谐发展的重要组成部分。目前北京农村地区与城区相比，在基础设施建设、公共服务提供，以及生态环境保护等方面都存在明显差距。要紧紧依靠科学技术，进行全面综合治理，明显改善农村生产生活环境。

重点需求：①加强农村生态环境保护需求。积极发展生态农业，实施山区生态修复工程，推进生态涵养发展区建设，使北京农村地区的环境保护与生态建设水平有较大提升。②加强农村基础设施建设需求。在农村交通、农村建筑节能与抗震、邮电通讯、信息网络、能源、供水等各个方面加强基础设施投入与建设，改善农村基本生活条件。③加强新农村社区文化建设需求。开展新农村社区建设科技研究，加强农村地区的文化设施建设，建立多层次的农村教育培训体系，培育新型农民，倡导科学、健康、文明的生活方式。

重点技术方向及关键技术：

(86)生态农业

重点研发水土保持和农业田间节水技术、养殖废水处理与重复利用技术、村镇供水技术和装备、污染源控制技术。研发新一代环境友好型肥料和农药、作物控释肥生产技术。研究病虫害农业生态控制技术，人畜禽共患病害的病原菌及传染规律及防控技术，重大疫病监控及防疫技术，水产养殖生态环境监控和修复技术。研究有效的林木更新和造林技术，森林生态系统、景观及全市森林信息的自动化监测和网络化管理技术，林业资源的可持续经营和管理技术。

(87)新农村基础设施建设

重点研究农村公路建设与管护、信息网络建设、农村供水、农村新能源、农村住宅节能材料开发与利用技术。研究建立农村远程教育系统，帮助农村居民建立科学文明健康的生活观念，加强农村文化体育设施建设，引导城市文化体育资源下乡，丰富农民群众文化生活。

(五)超前部署应用基础和前沿技术研究，强化北京在全国的科技创新中心地位

实现北京建设创新型城市的历史性目标，保持强劲的持续创新能力是重要的的基础和保证。根据发展目标和人民长远利益，通过汇聚、服务、合作、交流等方式接引和利用中央在京科技资源，超前部署应用基础研究和前沿技术研究，加快完成知识、智力和成果的积累和储备，掌握核心技术，形成自主知识产权，提高持续创新能力，不断强化北京在全国的科技创新中心地位，缔造国家知识创新高地和技术创新源泉。

17. 应用基础研究

应用基础研究是北京科技发展的重要组成部分，是衔接基础研究和市场应用的重要纽带。北京应用基础研究发展较快，但是还存在一些问题，对困扰北京发展的瓶颈问题的内在机制还缺乏足够认识，部分行业或部门的基础性工作不够深入和扎实，针对一些错综复杂问题的系统解决方案尚不完善等。

重点需求：①首都发展瓶颈问题的形成机理研究科技需求。要加强对水污染、大气污染、生活垃圾污染等形成机理分析，为提供系统解决方案提供依据。②首都发展关键问题的系统解决方案科技需求。在机理分析的基础上，根据北京市水、电、气、热力供应、交通物流、市政管理的现状和需求，针对重大关键问题提出系统解决方案。③首都重点领域的基础性科技需求。要围绕经济社会发展的各个重点领域如城市地下管网、流动人口管理等进行基本数据、资料和相关信息的收集、梳理、评价和综合分析，为科学决策提供依据。

重点技术方向及关键技术：

(88)各类污染形成机理及预测、控制

重点研究环境污染形成机理与控制原理，北京城市大气环境化学特点及变化情况，北京市光化学污染原理及特点，北京及周边地区气候演变规律，对酸雨、沙尘、地质灾害、火灾、持续重污染等主要生态环境问题进行预测和模拟研究。研究开发北京地区生态监测及污染土壤的跟踪监测技术、水环境污染物的甄别与鉴定技术、地表水环境质量监测系统、地下水源水质监测系统、重点污染源监控系统、区域环境噪声数据分析技术以及扬尘污染源监控系统等。

(89)能源科学应用基础研究

重点研究电储存、配送、规模化利用安全运行原理，电网安全稳定和经济运行机理，

超导电力技术原理，电力存储技术原理，智能配电技术原理，分布式电源技术原理，氢能储存、输送、利用原理，制氢与近零排放技术原理，分布式氢能利用技术原理，二氧化碳封存技术，化石能源高效洁净利用与转化的物理化学基础，可再生能源规模化利用原理和新途径等。

（90）城市建设与管理中的关键科学问题

重点研究作为复杂巨系统的城市运行系统运行机理及安全影响、安全性预测和事故致因理论，文物年代监测和探测技术原理，馆藏文物存在的极限寿命，馆藏文物消亡原因，文物损害机理，颜料变色机理，化学粘接剂使用后的强度数据和寿命数据，钢加固件加固后的木结构强度及寿命数据，化学保护材料对砖石防风化、防污染、防雨水、防酸碱的数据等。

（91）人类健康与疾病的生物学基础

重点研究重大疾病发病、致病机理和作用靶点，环境、外援化学物的致病机理，细胞衰老机理，细胞与分子机理，中医基础理论创新和经验传承，衰老和老年疾病发生的器官机理，神经、免疫、内分泌系统在健康与重大疾病发生发展中的作用，中医中药数据、重大疾病及死亡、死因分析和突发公共事件等数据收集。

（92）农业生物遗传改良和农业可持续发展中的科学问题

重点研究重要农业生物基因和功能基因组及相关“组”学，生物多样性与新品种培育的遗传学基础，有害生物的生态调控、植物持久性及分子机制，利用生物多样性控制有害生物危害的机制，重大畜禽疫病病原的分子结构与功能、分子流行病学及发病机理等，研究建立疫病流行病学数据库。

（93）支撑材料科学发展的科学基础

重点研究高分子材料、金属材料、无机非金属材料、复合材料等在设计、结构性能分析中的理化基础。研究新型材料的性能、结构和制备工艺，推进新材料技术向结构功能一体化、功能材料智能化、材料与器件集成化、制备和使用过程绿色化发展。

（94）信息科学发展中的关键科学问题

重点研究高性能、低成本、普适计算和智能化信息技术，重点加强信息传输、存储、显示、安全、获取以及人际和谐环境、中文处理等方面的系统研究，研究微（纳）电子和光电子技术、高性能计算技术、高速信息网络与安全技术、人际交互技术以及中文信息处理技术、控制技术中的关键基础问题。

（95）高可靠性大型复杂系统和极端制造的新原理和新方法

重点研究先进制造理论、微测量理论、不同尺度下的传输理论与反应工程学、复杂制造系统和大型结构工程的科学计算、创新设计理论与多目标控制，深层次物质与能量交互作用规律，高密度能量和物质的微尺度输运，制造体成形、成性与系统集成的尺度效应和界面科学。

（96）承接国家“高分辨率对地观测系统”重大专项相关技术研究

18. 前沿技术

前沿技术是指高技术领域中具有前瞻性、先导性和探索性的重大技术，是未来高技术更新换代和新兴产业发展的重要基础，是一个国家或地区高技术创新能力的综合体现。北京前沿技术的研究主要依托中央在京科研力量及部分市属科研力量而展开，国家战略和北京长远需求是推动北京发展前沿技术的两大推动力。

重点需求：①人类生命健康领域的关键性突破科技需求。加大科技投入，组织联合攻关，力争在功能基因组、蛋白质组、干细胞、组织工程等方面取得突破性进展，为人类健康作出贡献。②先进制造及材料领域的关键性突破科技需求。部署科技力量，力争在高温超导、纳米、高效能源材料、智能制造与应用技术方面突破技术瓶颈，推动先进制造和材料领域的快速发展。③新能源领域的关键性突破科技需求。在氢能及燃料电池、洁净煤燃烧和分布式电力技术等方面加强科技部署，力求取得突破，为解决能源问题开拓路径。

重点技术方向及关键技术：

(97)功能基因组与蛋白质工程

功能基因组是从基因组信息与外界环境相互作用的高度阐明基因组的功能，是当前生命科学领域世界各国竞相争夺的“制高点”。蛋白质工程是高效利用基因产物的重要途径。重点研究基因的高效表达及其调控技术，染色体结构与定位技术。研究具有重要功能的蛋白质结构、蛋白质表达的调控机制、重要蛋白质相互作用网络、蛋白质组表达变化及其调控规律等。

(98)干细胞与组织工程

干细胞工程可在体外培养干细胞，定向诱导分化为各种组织细胞供临床所用，也可在体外构建出人体器官，用于替代与修复性治疗。重点研究维持胚胎干细胞全能性及定向分化机制、发现肿瘤干细胞的分子标记物、基于干细胞的组织工程新理论和新方法、干细胞体外建系和定向诱导技术、人体组织体外购件与规模化生产技术等。

(99)网格技术与高性能计算机

重点研究网格编程和使用，各个层面的协议标准以及接口标准、语义标准、体系结构标准、安全标准，资源的即插即用，网格运行效率，网格的性能测试、评价机制及监控方法，“以人为中心”的智能信息处理和控制技术，个性化人机交互界面技术等。

(100)高温超导技术

重点研究单晶制造技术，制粉技术，线材制造技术，薄膜制造技术。研究开发高温超导电动机/发电机，高温超导输配电系统，高温超导磁分离器，高温超导磁共振成像系统，高温超导故障限流器，高温超导磁储存器等。

(101)纳米材料技术

纳米材料是纳米科技的重要基础和先导，发展纳米材料与技术对高科技产业的发展及提升传统产业的技术水平具有重要战略意义。重点研究纳米材料的可控制备新方法和新原理，纳米材料的生长技术，制备和生长设备的研制，纳米材料与结构的构效关系，纳米尺度下物质的运输方法，纳米材料的复合组装体系与集成，纳米结构修饰、组装和定位技术以及纳米材料安全性技术等。

(102)高效能源材料技术

重点研究太阳能相关材料及其关键技术，燃料电池关键材料技术，高容量储氢材料技术，高效二次电池材料及关键技术，超级电容器关键材料及制备技术，高效能量转换与储能材料体系等。

(103)智能制造与应用技术

重点研究网络协同设计,产品生命周期设计,虚拟设计,系统设计,可靠性设计,模块化和并行设计,智能控制和应用系统集成技术。研究开发智能化射线治疗设备、介入治疗设备、诊断设备等。

(104)氢能及燃料电池技术

重点研究制氢与近零排放技术、高效氢储输技术、分布式氢能利用技术、燃料电池车基础关键部件制备和电堆集成技术、燃料电池发电及车用动力系统集成技术等。

(105)分布式电力技术

分布式电力技术是为终端用户提供灵活、节能型综合能源服务的重要途径。重点研究分布式电源系统的网络结构、分布式电源系统中的能量流控制、分布式电源系统与大电网的相互作用规律、多元化用能系统优化运行规律等。

(106)承接国家"大型飞机"重大专项部分研发工作

(107)承接国家"载人航天与探月工程"重大专项部分研发工作

四、建立和完善首都区域创新体系

建设创新型城市,要进一步解放思想,不断深化科技体制改革。科技体制改革的目标是建立和完善符合市场经济条件的首都区域创新体系,提高区域自主创新能力。首都区域创新体系是由各类社会创新要素按照市场经济规律和科技发展规律通过广泛联系、相互作用的方式而组成的全新体系。建设首都区域创新体系,有利于形成以企业为主体、以实现市场价值和社会应用为导向的科研活动新秩序,有利于形成符合市场经济发展要求的新的创新文化。通过各类社会创新要素的相互联系与作用,最终完成利用科技手段促进首都发展方式转变和产业结构调整、城市管理水平提高、城乡统筹发展以及创新型城市建设的历史任务。建立和完善首都区域创新体系,重点是打造中关村科技园区这一国家自主创新品牌,建设四个分体系。

(一)打造国家自主创新品牌——中关村

中关村科技园区作为国务院批准的我国第一个高科技园区,是国家创新体系的关键节点,是首都区域创新体系的核心部分。要按照国务院、市委市政府关于做强中关村重要决策的要求,紧紧围绕"四位一体"战略目标,以推进改革试点和组织创新为重点,加快发展以自主创新为核心的高技术产业,大力发展科技成果产业化服务业,支持金融服务、信息服务等生产性服务业发展壮大,形成高端、高效、高辐射力的产业集群,充分发挥园区在创新型城市和创新型国家建设中的龙头带动作用。

重点加强以下几方面工作:

一是深化机制体制改革。将园区综合体制改革与国家重大制度创新的试点工作相结合,继续推进产权制度改革和中关村非上市股份公司股份报价转让、企业信用贷款等试点工作,引导和促进境内外创业投资机构投资园区企业;抓住国家知识产权制度示范园区和国家高新技术标准化示范区的建设机遇,建立健全能够激励企业自主创新的知识产权制度；加快企业信用体系建设，推动信用中介机构提升服务水平；完善人才引进、流动机制，实施人才培养的产学研工程，继续推进吸引留学人员回国创业的工作服务体系建设，加强领军人才、企业家的培育，将园区打造为首都高端人才创新创业的聚集区。

二是增强园区自主创新能力。积极推进“中关村开放式实验室工程”，发挥和挖掘院所潜能，强化企业技术创新主体地位，探索新型产学研合作模式，加强高端产业领域技术创新；继续抓好高端产业功能区建设，加快建设一批国家级产业基地，培育和壮大与高技术产业、生产性服务业相关的产业联盟和技术联盟，形成创新网络和创新集群；探索有效的技术转移机制，加速科技成果向北京地区、环渤海地区乃至全国的扩散及产业化应用。

三是推进园区融入全球创新体系。鼓励企业参与国际产业分工和资源调配，开展高端产业和高端环节的合作创新、创制和申报关键技术的国际标准，增强企业国际竞争力，实现“民族品牌”向“国际品牌”的转变；扩大园区对外交流合作，加强园区“国家自主创新品牌”的国际化推广，提升园区在全球产业价值链中的地位。

（二）以企业为主体、产学研结合的技术创新体系

技术创新体系是首都区域创新体系的支柱和基石。要确立企业的创新主体地位，引导和支持创新要素向企业集聚，促进科技成果向现实生产力转化，形成企业和其他市场主体互动共赢的新型生产关系。

重点加强以下几方面工作：

一是强化企业创新主体地位。加快现代企业制度建设，把技术创新能力作为国有企业考核的重要指标，把技术要素参与分配作为高新技术企业产权制度改革的重要内容，激活企业创新的内在动力。推动企业特别是大企业建立企业技术中心或企业研发机构，不断增加研究开发投入，使企业逐步成为研发投入和技术创新的主体。

二是坚持需求导向的科技计划管理模式。建立需求调研、需求分析和技术选择的长效机制，调查、把握和提炼北京经济社会发展对科技的各类需求，引导企业、院所和大学按照需求调整研发方向，实现科技资源的优化配置。进一步吸纳企业参与市级、国家级研究开发任务，在具有明确市场应用前景的领域，建立企业牵头组织、高等院校和科研院所共同参与项目实施的有效机制。

三是积极探索产学研合作的模式和路径。鼓励具有较强研发和辐射能力的大型企业联合高等院校、科研院所等相关力量，组建国家工程实验室和行业工程中心。继续推进大学科技园、高等学校技术转移中心建设，促进高等学校智力资源与企业需求对接。支持高等院校、科研院所以技术入股方式衍生新的企业，鼓励企业委托大学院所开展研发活动，促进企业与科研院所、高等院校之间的互动发展。

（三）以研究机构和大学为依托、产学研结合的知识创新体系

知识创新体系是首都区域创新体系的高端和前沿。要充分利用中央在京科技资源，依托北京地区的研究机构和大学，发挥企业的生力军作用，探索产学研结合的知识创新模式，增强知识的生产、扩散和应用能力，努力提高北京的知识竞争力。

重点加强以下几方面工作：

一是按照“职责明确、评价科学、开放有序、管理规范”的原则逐步建立科研院所与大学的现代科学研究制度。深化改革人事制度和收入分配制度，全面实行聘用制。鼓励院所大学与企业建立长期密切联系，承担企业外包的带有前瞻性、先导性、应用基础性的研发任务，逐步实现以企业为主体的产学研结合由低端向高端的转型。建立科研机构整体创新能力评价制度，促进科研机构提高管理水平和创新能力。

二是充分利用中央资源服务首都发展，实现国家资源和地方需求对接。紧紧围绕首都建设的重点领域和关键环节，向中央在京科研单位和企业开放科技计划和项目，鼓励国家工程中心、国家实验室、技术研究中心、企业技术中心承接北京重大研发项目。建立“部市合作机制”，引导各类资源为中央在京单位服务，支持市属单位与中央在京科研院所、高等院校、大型企业联合承担一批国家863计划、973计划项目。对于落地北京的国家项目，在政策、用地等方面优先予以支持。建立“院市互动机制”，定期了解中国科学院、中国工程院等国家级研究机构的研究动态和成果，推动知识创新成果在北京的转化应用。

三是促进大学研发、人才培养职能与知识创新相结合，强化大学教育中心和科研基地作用。积极建设研究型大学，支持大学在基础研究、前沿技术研究、社会公益研究等领域的原始创新。深化大学管理体制改革，鼓励大学和企业联合建立人才培养机构和人才培养基地，培养符合首都经济社会发展需要的各类专业性、复合型人才，提高人才培养的针对性和实用性。

（四）以生产性服务业为引领的科技成果产业化服务体系

科技成果产业化服务体系在首都区域创新体系中承担着重要的衔接和服务职能。科技成果产业化服务业是生产性服务业的重要组成部分，为生产性服务业提供产前、产中、产后的全过程和全方位的科技支撑服务。

重点加强以下几方面工作：

一是瞄准产前环节，大力推进科技条件平台服务、设计创意服务、研发外包服务等业态发展。鼓励企业、科研院所、高等院校联合建立研发平台、科技资源共享平台、科技信息平台和行业共性技术研发平台等，深入探索市场化、社会化的平台运营和管理机制，为企业、院所的创新活动提供高科技含量的服务。从DRC工业设计创意产业基地等设计创意集聚区建设入手，搭建设计关键技术研发支撑平台，吸引设计公司入区发展，促进设计人才、资源的空间集聚，全面提高设计创意服务水平。以软件研发服务外包、生物医药研发服务外包为突破口，促进企业进入研发外包市场，联合承接国内外大型企业和机构的研发订单，积极培育研发外包服务新型业态。

二是瞄准产中环节，培育专业化服务机构，大力发展产业标准联盟和技术联盟。大力推进长风联盟、闪联、大唐TD-SCDMA联盟、中国生物技术外包服务联盟（ABO）、数字电视联盟等一批产业标准联盟和技术联盟的建设，鼓励联盟共同研发创新、创制标准、开发市场和参与国际交流，引导企业从关注内部资源配置向重视外部资源整合转变，促成企业间结成产业链和价值链关系，开拓互动共赢的创新格局。积极发展技术咨询、工程咨询、信息咨询、管理咨询、项目外包管理、第三方监理等专业化服务机构，积极培育生产要素配送、制造流程外包、中间产品营销等新型服务业态，继续支持生产力促进中心、高技术创业中心、企业孵化器、大学科技园，以及风险投资、投融资担保等机构的发展，通过市场化手段，促进创新要素的联通和集成，提高对产中各个环节的专业化服务水平。

三是瞄准产后环节，搭建科技成果产业化服务平台，大力发展技术转移等专业服务。不断完善和发展技术交易市场、产权交易市场，促进各类产业化服务机构之间的知识流动和技术转移，全力打造全国技术交易中心、北京种业创新发展中心，拓宽北京知识、智力成果向全国辐射扩散的渠道。大力发展技术经纪人体系、知识产权代理服务机构、农村科技成果推广服务机构等，发展会计审计服务、法律咨询服务、科技仲裁服务等，加速科技成果产业化进程。

（五）以政府为主导的宏观管理调控体系

科学高效的科技管理体系对于新时期建立符合市场经济要求的新型科技体制具有明显的指挥棒作用，特别是在当前改革发展关键阶段，其对促进各种创新要素从习惯于计划经济要求的观念、方式转变到适应有中国特色社会主义市场经济要求的首都区域创新体系建设的引导作用尤为突出。科技管理体制改革，其核心是在引导和推动各类创新要素建立适应市场经济要求的首都区域创新体系的进程中，实现政府职能的转变。同时，要通过不断深化政府科技管理改革，加强政府多部门之间的协作与配合，建立高效的科技决策机制和多方参与的管理协调机制，提高公共服务效率。

重点加强以下几方面工作：

一是引导和建立各类创新要素按照市场经济要求发挥作用的新格局。继续深化科技管理体制改革，逐步形成新型科技工作管理体系，引导和促进适应市场经济发展要求的首都区域创新体系建设。引导和鼓励企业增强外部创新资源的组织利用能力，成为科技投入、科技研发和成果应用的主体。引导和鼓励科研院所和大学以经济社会发展的需求为导向，成为为发展提供科技支撑服务的重要力量。引导和鼓励社会科技中介机构按市场机制实现快速健康发展，大力推进科技成果产业化和全社会科技应用。

二是建立多方参与、统一高效的科技工作协调体系。进一步加强区县和委办局科技工作，建立多个相关部门参与、统一高效的科技工作协调体系，强化部门之间、区县之间以及领域之间、学科之间的统筹协调，合理配置资源，组织联合攻关，着力解决北京经济社会发展所面临的重大科技问题。

三是改革科技评审和奖励制度。根据科技创新活动的不同特点，按照公开公正、科学规范、精简高效的原则，完善科技评审和评估制度。改革北京市科技奖励制度，突出政府科技奖励重点，规范社会力量设奖。对创新性强的小项目、非共识项目以及学科交叉项目给予特别关注和支持。

四是加强公务员队伍建设，积极转变政府科技管理职能。大力开展以爱国主义为核心的民族精神和以改革创新为核心的时代精神的教育，坚持求真务实，抓好廉洁自律，培养一支高素质、强大的公务员队伍。进一步转变政府职能，提高管理层次，运用社会资源为企业搭建创新平台和营造创新环境。

五、重大专项

在明确科技工作部署和首都区域创新体系建设任务的基础上，为进一步突出战略重点，实现若干关键共性技术或重大工程的突破，需要紧密围绕经济社会发展目标，筛选出若干重大科技专项。确定重大专项的基本原则：一是有利于解决制约北京经济社会发展的重大瓶颈问题，有利于促进生产性服务业等重点产业发展；二是有可能取得技术突破和重大科技成果，有利于形成核心关键技术和自主知识产权；三是有利于深化科技管理体制改革，促进科技与经济社会发展相结合；四是切合北京市情，科技基础、财力能够支撑。

根据上述原则，本纲要确定了18个北京市重大科技专项（重大科技专项实施要点见附件）：

资源环境类三个：

专项一：北京大气污染综合治理科技专项（简称“蓝天”专项）

专项二：北京水资源可持续利用科技专项（简称“碧水”专项）

专项三：北京节能减排与资源综合利用科技专项（简称“节能减排”专项）

生产性服务业类六个：

专项四：北京研发服务业和技术转移专项（简称“研发服务业”专项）

专项五：北京现代物流关键技术支撑专项（简称“现代物流”专项）

专项六：北京基础软件研发与应用科技专项（简称“软件”专项）

专项七：北京纳米级集成电路产业核心技术研发科技专项（简称“集成电路”专项）

专项八：北京新一代宽带无线移动通信技术研发和应用科技专项（简称“新一代宽带无线移动通信”专项）

专项九：北京文化创意产业关键技术支撑科技专项（简称“文化创意”专项）

民生服务类四个：

专项十：北京社区服务关键技术研发与示范专项（简称“社区服务”专项）

专项十一：科技提升改造北京传统服务业专项（简称“传统服务业提升”专项）

专项十二：北京市民健康生活促进科技专项（简称“健康市民”专项）

专项十三：北京市域快速通勤科技专项（简称“快速通勤”专项）

现代制造业类两个：

专项十四：北京基础装备与关键设备核心技术研发及设计制造科技专项（简称“基础装备”专项）

专项十五：北京碳纤维、纳米、超导等高性能材料技术提升与产业发展科技专项（简称“高性能材料”专项）

新农村建设类两个：

专项十六：北京都市型现代农业技术支撑体系科技专项（简称“都市农业”专项）

专项十七：北京农村生活环境改善科技专项（简称“农村环境改善”专项）

科技奥运类一个：

专项十八：科技促进北京奥运建设及成果推广应用专项（简称“科技奥运”专项）

重大专项的组织实施要根据北京发展的实际需求和科技发展的最新趋势进行必要的适时调整。

重大科技专项的推进方式：一是由北京市科技教育领导小组负责重大科技专项的统筹领导工作，由科教领导小组办公室负责重大科技专项的组织与协调工作；二是由相关主管部门担任重大科技专项主持单位，负责专项的总体方案制定和实施；三是专项主持单位要积极引导和鼓励各部门、各区县、中央在京大学院所、企业、地方科研机构等积极参与，保证重大科技专项的顺利实施。

六、保障措施

充分发挥政府引导作用，在政策法规、知识产权、科技投入、人力资源等方面采取有效措施，努力营造有利于科技发展与科技创新的良好环境，确保本纲要各项任务的落实。

（一）制定完善鼓励自主创新的政策法规

积极落实各项政策法规，推进地方科技创新立法工作，为自主创新营造良好的法制与政策环境。

一是落实各项政策法规，推进试点工作。贯彻落实国家中长期科技发展规划配套政策和北京市相关配套政策，通过落实有关鼓励企业与高等学校及科研院所进行产学研合作、开放科研基地和科研基础设施、推进知识产权信息服务平台建设、鼓励引进消化吸收再创新等政策，不断优化创新政策环境。对现行政策法规进行系统评估和评价，并根据发展需求进行适当的调整、修订和完善。加快推进知识产权质押贷款、科技保险、非上市股份公司代办转让等试点工作，逐步解决中小科技企业融资问题。

二是制定和出台促进生产性服务业创新发展的政策。制定和颁布促进科技成果产业化服务业发展、加快技术转移中介服务机构发展、以科技提升传统服务业等相关政策，全面提升生产性服务业创新能力。

三是通过政策手段，增强政府采购促进科技发展的功能。完善政府采购促进自主创新的政策法规，健全自主创新产品认定机制，结合国家的政府采购自主创新产品目录，拟定全市年度政府采购集中采购目录。实行政府首购和订购制度。

（二）实施知识产权战略与技术转移战略

大力实施知识产权战略和技术转移战略，保护创新主体权益，激发创新活力，加快技术转移，显著提升区域自主创新能力。

一是健全知识产权保护与服务体系。建立和完善知识产权保护制度，引导企业、科研机构、高等院校重视和加强知识产权管理。鼓励知识产权保护协会等中介服务机构发展。营造尊重和保护知识产权的法治环境，依法严厉打击侵犯知识产权的各种行为。

二是加强知识产权深度开发与经营。根据企业需求，筛选出一批具有产业化前景和推广价值的专利技术，引导技术转移服务机构通过市场化运作机制，对具有推广价值的专利技术进行深度开发和集成推广，促进专利成果产业化。

三是完善技术转移机制。健全技术转移中的利益分配机制，规范行业性技术交易行为，构建跨地域的高效的技术转移通道，营造有利于科技成果商品化、资本化和产业化的良好环境。加快建设全国技术交易中心，不断提升北京为全国创新发展服务的能力。

（三）建立多元化的全社会科技投入体系

发展和完善适应社会主义市场经济体制要求的多元化科技投入体系，大幅度增加科技投入。

一是持续增加财政科技投入，提高科技经费使用效益。确保财政用于科学技术的经费增长幅度，高于财政经常性收入的增长幅度，建立财政科技投入适度超前、稳定持续的增长机制。优化财政科技经费投入结构。加强财政科技经费预算，建立财政科技经费绩效评价体系，提高经费使用效率。

二是推动企业成为技术创新投入主体。发挥政府资金的引导作用，通过科技项目支持和财政、税收、金融等政策的落实，引导和鼓励企业加大对技术创新的资金投入。进一步加大对科技型中小企业技术创新的资金扶持力度，激励中小型科技企业增加研发投入。

三是引导全社会加大科技投入。搭建多种形式的科技金融合作平台，引导政策性金融机构、商业银行、风险投资机构、社会担保机构等各类金融机构和民间资金加大对企业科技开发活动的支持力度，拓展企业融资渠道。

（四）强化人力资源的开发与引进

进一步强化人力资源开发，加大创新型人才的战略性培养力度，形成结构合理、创新力强的科技人才队伍。

一是加快培养一批高素质的创新型人才。加快教育体制改革，围绕北京科技发展重点领域和企业需求，培养一批高层次、高素质、创新型和国际化的人才。依托重大科研攻关项目、重点科研基地建设项目以及国际学术交流与合作项目，培养出一批具有世界水平的技术专家、管理专家和拔尖人才。继续实施“科技新星计划”，培养一批具有创新精神的青年科技带头人和科技管理专家。根据高技术产业发展和农村发展的实际需求，培养一批技能型人才和农村实用技术人才。

二是加大创新人才引进力度。根据科技发展的实际需要，建立人才引进目录。以重大专项为载体，引进若干对北京自主创新能力建设具有关键作用的科技领军人物和人才团队。加快建设海外学人中心，畅通吸纳高端创新人才的绿色通道，吸引留学人员和海外高端人才来京创业或工作。

三是支持企业培养和吸引创新人才。鼓励企业通过技术入股和兼职聘用等方式吸引科研院所和高等院校的优秀科技人员参与企业研发活动。支持企业与高等院校采取共建技术开发中心、搭建创新型人才的实践平台、设立面向企业的客座研究员岗位、委托高等学校开展技术培训等多种方式共同培养高层次技术人才。

（五）加强国际科技交流与合作

继续扩大国际科技交流与合作，充分利用国际资源，提高北京科技发展的国际化水平。

一是加强重大科技项目的深层次国际合作。北京部分重大科技专项实行国际招标，吸引国际科技资源融入首都创新发展。积极支持北京研究机构参与全球性或区域性重大科技研发活动，拓宽国际交流与合作的渠道。

二是积极吸引跨国公司总部以及研发中心、财务结算中心等落户北京，支持其在京的研发活动。紧紧抓住全球研发服务转移的机遇，鼓励企业承接软件外包、医药研发外包(CRO)等外包业务。

三是鼓励跨国技术并购，增强企业国际技术竞争力。鼓励企业开展跨国并购，通过国家重大项目和地方重大科技项目的实施，帮助企业在跨国并购中实现技术和资本的成功整合。

四是支持企业走出去。鼓励大型企业在发达国家设立研发中心和产业化基地，吸纳高端人才，借鉴研发经验，开展多领域的自主研发活动，提高在国际市场中的地位。

(六)加强科学技术普及和宣传

大力发展科普事业，加大科技宣传力度，提高市民科学文化素质。

一是做好科学技术普及工作。进一步提高对新形势下科普工作的认识，赋予科普工作新的内涵，全面贯彻落实《科普法》、《全民科学素质行动计划纲要》等一系列法律、法规和政策文件。加强科普体制改革与创新，积极探索社会力量特别是企业广泛参与的新型科普工作机制，集成社会团体、大型企业和新闻媒体等方面的优势资源，开拓一条具有北京特色的社会化办科普的新路径。从规划、政策、协调、服务等方面推动科普工作，加强科普基地、科普型社区建设，搭建社会化科普服务平台，培养专业化的科普人才队伍，开展内容丰富的群众性科普活动，不断提升北京科普工作的水平。

二是做好科技宣传工作。针对各级领导干部、大中小学生和普通市民的不同需求，加大科技宣传工作力度，普及科学知识，倡导科学方法，弘扬科学精神，传播科学思想，提高全市人民的科学文化素质。大力倡导“终身学习”、“团队学习”、“全程学习”的先进理念，加快建设学习型城市。

北京市重大科技专项实施要点

专项一：北京大气污染综合治理科技专项(简称“蓝天”专项)

大气污染是一项长期困扰首都发展的关键问题，有效解决首都大气污染问题，对于建设和谐社会首善之区具有重要意义。本专项的工作重点是加强大气污染源清单制定与动态管理的方法和实现技术、污染在线监控与监督的方法和技术研究，开展大气环境监测、评价、模拟预警研发及管理体系建设中的前瞻性问题研究；加强低碳技术、可再生能源技术、脱硫和脱硝相关技术等污染源和污染过程治理技术的研发和应用，促进低能耗低噪声车辆的研究和推广；在开展与北京邻近省、市合作的基础上，加强大气污染物远距离传输影响研究与调控；将需求对全球开放，面向全球进行招标，广泛吸纳和利用国际经验以及技术、人才等资源；以实施专项为契机，带动工业部门、交通管理部门、环保管理部门等联合治理污染问题，推动北京地区大气污染问题的解决。力争到2010年，在区域环境质量和生态状况总体有所改善的情况下，北京市的大气环境质量基本达到国家标准。到2020年，将北京建设成为空气清新、环境优美的生态城市。

专项二:北京水资源可持续利用科技专项(简称“碧水”专项)

水资源的匮乏不仅制约北京进一步发展,也影响人民群众生活水平的提高。解决北京水资源紧缺和污染问题,对于扩大北京城市环境承载力、推进社会可持续发展、建设“宜居城市”具有重大意义。本专项的工作重点是在水资源的有效保护方面,重点研究地下水开发保护与生态安全技术、水源热泵适应性评价与监管技术,建立北京水文水资源模型、地下水资源信息化系统,探讨建设生态清洁小流域、绿色小流域、人水和谐小流域的技术措施。在水资源的有效配置方面,建立地表水、地下水、外调水、再生水及雨水的“五水”联调体系,统一配置水资源;研究建立水资源优化配置模型,为科学配置水资源的决策提供支撑;推动节水技术和设备的应用。在污水处理和再生利用方面,重点研究污水深度处理技术、脱氮除磷去味技术,建立以可再生利用为目标的排放标准,实现污水资源化。在安全迎汛和雨洪利用方面,建立降雨径流预测模型和决策管理系统,研发推广削减城市洪峰影响、有效利用降雨资源的技术。在保障体系建设方面,开展战略水资源和海水淡化相关技术研究,科学构建水价格体系、水权和水市场体系以及可持续利用的技术导则和规范体系。力争到 2010 年,全市水资源可供给总量达到 42 亿立方米;城乡供水保障率达到 100%,居民和社会单位的节水器具普及率达到 90%以上;年利用再生水 8 亿立方米,利用率达 70%以上;六环以内主要河湖水体水质基本还清,50%河道实现水体功能指标。到 2020 年,建立起适应首都发展的水资源可持续利用体系。

专项三:北京节能减排与资源综合利用科技专项(简称“节能减排”专项)

能源与资源紧张对北京发展的制约作用日益凸显。发展节能减排与资源综合利用技术,对于缓解北京能源与资源约束具有重要意义。本专项的工作重点是实施节能减排优先,大力研发推广提高能源利用效率和资源综合利用水平的技术。在能耗高、节能潜力大的工业、建筑、交通领域,推广现有成熟、先进的节能技术,解决节能设备和产品大批量生产的工艺和技术问题,开发高效节能技术及产品;研究开发可再生能源规模化利用技术;开展城市生活垃圾处理及资源化利用、工农业固体废弃物处理及资源化利用、废旧物资回收与再利用等方面的技术研究与示范;开展北京市重点行业清洁生产标准及其关键技术研究;探索运用循环经济相关技术在市级开发区构建生态工业园的最优化集成体系;支持农业、工业、社会节水方面的关键技术与产品研发及应用推广;加强污染土地修复与再利用原创性技术与产品研发及商业化应用。力争到 2010 年,单位地区生产总值能耗比 2005 年下降 20%。到 2020 年,单位地区生产总值能耗下降水平继续保持全国领先,全面建成完善的可再生资源回收体系,形成先进的固体废弃物处理和加工利用产业的支撑技术体系。

专项四:北京研发服务业和技术转移专项(简称“研发服务业”专项)

研发服务业是科技进步与创新的源泉。加快研发服务业发展,推动研发成果和技术成果有效转移,不但可以提升北京的自主创新能力,而且能进一步强化北京对国内其他地区的技术辐射和带动作用,促进整个国家的经济发展。本专项的工作重点是以市场需求为导向,重点推动生命科学、软件、集成电路设计、汽车设计、3C 产品设计、新材料等领域的高端研发,扩大研发服务业规模总量;开展制剂关键技术、药品中试放大技术工艺和生产环节质量控制研究,以 ABO 联盟为主体,吸纳整合北京已有新药研发平台资源,建设系统、高效的新药创制系统平台；吸引一批跨国企业在京建立研发机构，鼓励国内大型企业设立研发部门，集中包括中央在京单位在内的优势研发资源，建立一批具有国际一流研发环境的专业性研发基地，搭建产业发展所需的科技资源共享平台、网络科技环境平台和面向行业的共性技术研发与测试平台等科技平台系统，为企业提供有力的公共技术支撑和服务支撑；抓住研发成果实现环节，拓展研发成果转化途径，加强产学研合作，建立全国技术交易中心，积极推进研发成果和技术成果转移，实现北京研发优势向经济优势的转变。到2010年，研发服务业在国内继续保持领先地位，万人国内发明专利申请受理量达到12件，技术市场交易额超过1000亿元。到2020年，研发实力进一步增强，部分领域技术研发水平达到国际领先水平，技术市场交易额达到2000亿元，对全国的辐射带动作用明显提升。

专项五：北京现代物流关键技术支撑专项（简称“现代物流”专项）

物流业是国民经济发展的基础性产业，在促进产业发展和满足人民生活需求方面具有重要的支撑作用。发展现代物流业、建立与世界级城市相适应的现代物流体系对于推进北京市经济社会持续发展具有重要意义。本专项的工作重点是开展物流关键技术研发，建立一批物流科技示范实验室和开发平台；引进和改造物流管理技术，加快供应商管理库存、快速反应等关键技术的应用，推动以现代物流共性技术支撑体系为核心的组织管理和服务模式创新，全面提升物流管理水平，建立具有首都特色的物流体系；开展物流地方标准建设工作，鼓励物流业研究机构和物流企业参与国际物流标准的制定，促进物流信息标准化和规范化；掌握和应用绿色物流技术，支持绿色物流材料的使用和研发，大力发展绿色物流。力争到2010年，形成若干具有较强集聚辐射功能的物流枢纽，基本建成功能完善、设施发达的现代物流体系。到2020年，使北京成为亚太地区重要的物流枢纽城市。

专项六：北京基础软件研发与应用科技专项（简称“软件”专项）

北京市在基础软件领域虽已初步建立了比较完整的技术体系，但基础软件产品仍未能大规模地应用和推广。加强基础软件方面的科研开发及推广应用，有助于保持北京软件业在全国的高端领先地位，实现国家信息安全的自主、可控。本专项的工作重点是研究满足行业应用、服务业发展及新技术趋势要求的基础软件，研究可信安全技术，研发以互联网通信、数字家电、信息安全和移动计算平台为重点领域的嵌入式基础软件；采用国际合作机制，推动自主知识产权软件产品的国际化，提升IT外包服务能力，研发基础软件技术标准及规范，建立保证基础软件质量的测试认证环境、服务质量标准和服务体系；研发和推广基于基础软件的应用解决方案，壮大基础软件应用产业链；面向生产性服务业、公共服务业等应用需求，研究新型软件应用服务模式，改进完善软件公共技术与服务支撑体系，研发基于新一代技术架构、面向行业的全程业务优化技术与标准规范、知识库、应用平台及软件产品。到2010年，基于开放标准的基础软件平台、嵌入式软件、信息安全等基础软件领域的关键技术取得突破，产业化初具规模。到2020年，北京基础软件的产业化应用水平继续提升，形成一批具有自主产权的、成熟的软件产品和在国内外有重大影响的软件企业，在桌面和嵌入式平台等领域的技术创新达到国际领先水平。

专项七：北京纳米级集成电路产业核心技术研发科技专项（简称“集成电路”专项）

集成电路产业是信息社会经济发展的基石，对传统产业具有极大的渗透与带动作用。瞄准国际先进水平，实现北京集成电路技术从深亚微米级向纳米级升级，能够有效缓解我国主要应用领域集成电路产品完全依赖进口、受制于人的局面。本专项的工作重点是以研制开发高性能微处理器和系统级芯片（SOC）为突破口，攻克和掌握纳米级芯片设计、制造工艺、装备技术，开发满足纳米级集成电路需求的测试技术、封装技术、配套材料、关键制造装备及部件，形成自主开发与创新体系；积极推进集成电路研发中心建设，构建和完善公共技术支撑和服务平台，提升纳米级集成电路产业技术水平，降低研发和生产成本。到2010年，集成电路研发水平突破45纳米级。到2020年，集成电路生产技术水平与国际先进水平同步，实现32纳米和22纳米两大技术节点的突破，并在设计、装备、工艺、材料的一些领域达到国际领先水平。

专项八：北京新一代宽带无线移动通信技术研发和应用科技专项（简称“新一代宽带无线移动通信”专项）

随着我国自主的第三代移动通信、闪联等标准的日趋成熟，宽带无线移动通信成为我国具有较强国际竞争力的高技术领域之一。为应对国际后3G技术的激烈竞争，急需开展新一代宽带无线移动通信研究。本专项的工作重点是研发新一代电信综合网络管理平台，进一步完善业务开发、运营支撑等第三代移动通信产业链；突破TD-SCDMA后续演进关键技术，制订相关标准，研制系统、终端、芯片、仪器仪表等关键设备，完善相关产业链；研究SCDMA宽带无线接入关键技术及标准，研发宽带无线接入基站、业务交换中心等核心设备；研究无线射频标签、IGRS-UWB等技术，加速短距离无线互联网技术产业化；研究与新一代宽带无线移动通信密切相关的应用技术，发展信息业。到2010年，TD-SCDMA产业配套比较完善，HSPA/HSPA＋、LTETDD等后续演进技术或产品处于国际先进地位，SCDMA宽带接入系统应用范围较大，IGRS-UWB技术的短距离超高速设备产业化进展较大，为加速新一代移动通信技术产业化提供有力支撑。到2020年，形成完善的新一代宽带无线移动通信系统的标准和技术体系，产业化水平显著提升。

专项九：北京文化创意产业关键技术支撑科技专项（简称“文化创意”专项）

文化创意产业是首都未来发展的重要方向之一，充分发挥首都科技资源优势，加强文化创意产业关键技术的研发及推广应用，对于提高首都文化创意产品科技含量、推动文化创意产业向高端发展具有重要意义。本专项的工作重点是要突破智能流媒体技术、游戏软件可复用构件数据库技术、电影电视数字化技术、交互式多媒体服务技术、海量存储技术、无线阅读（显示）技术、快速成型制造技术等制约文化创意产业发展的关键技术，推进动漫、网络游戏、影视、出版、工业设计等文化创意产业重点领域的发展；整合科技资源，组织搭建产业关键技术的研发、测试和应用等公共平台；支持企业组成基于技术标准的行业联盟，加强行业技术标准的研制与推广应用，加快文化创意产业技术标准体系建设；完善文化创意产业集聚区的技术支撑体系建设，推动文化创意产业集聚区高端集群发展。到2010年，一批重点领域的关键技术取得突破并得到广泛应用，科技对文化创意产业的支撑作用显著提升。到2020年，形成科技对文化创意产业发展的全面支撑，北京文化创意产业国际竞争力显著增强。

专项十：北京社区服务关键技术研发与示范专项（简称“社区服务”专项）

社区是城市社会的基本构成单元，目前北京市社区现代化技术支撑体系尚不完善，服务水平和质量离居民需求存在较大差距，加强社区建设，推进社区服务体系建设和水平提升是北京未来一段时期社会发展的重要任务。本专项的工作重点是开展社区管理信息系统、社区服务信息系统的研发，完善社区公共服务信息平台建设，实现社区信息资源的共享，方便居民生活；着力构建面向社区的网络教育技术体系，推进多层次、多渠道、全方位的社区学习服务体系建设；逐步构建区域的减灾防灾和应急救援体系的建设，研究推广社区监控设施和安防设施，构建现代化社区安全保障系统，建设平安社区；充分利用社区的科普资源，搭建科普教育平台，针对社区居民，特别是青少年与老年居民开展卫生健康、节能减排、环境保护、资源利用等方面的科普教育；发展面向社区的网络文化娱乐及科普设施，丰富和活跃群众生活，增强社区凝聚力。到2010年，初步建成包括社区保障、公共教育、社会治安、科学技术普及、文化体育等服务领域的较为完善的新型社区服务体系。到2020年，全面建成公共服务完善、社会安全稳定、生活环境良好、邻里互助友爱的和谐社区。

专项十一：科技提升改造北京传统服务业专项（简称"传统服务业提升"专项）

传统服务业主要是指体现以人为本，为居民提供生活服务的商业服务业，主要包括批发零售业、餐饮业、居民服务业等行业。传统服务业是经济发展的重要组成部分，是扩大社会就业、维护市场安全和社会稳定的主体产业。加快运用信息技术改造传统服务业，促进传统服务业服务方式的改进、服务内容的丰富和服务质量的提高，促进传统服务业和现代服务业的融合，促进传统老字号服务模式的创新，满足居民不断增长的生活服务需求，从整体上提升其生产效率和经济效益，是带动自主创新信息技术的规模化应用、优化北京产业结构、促进宜居城市建设的重要途径。本专项的工作重点是整合多方科技资源，突破商业智能技术（BI）、电子标签技术（RFID）、多媒体展现技术等关键技术；促进企业经营管理系统、客户关系管理系统、电子商务平台等产品及解决方案的研发和示范应用，催生新的服务业态；打造传统服务业信息化服务产业链，建立服务体系，培育出具有国际品牌的传统服务业龙头企业，整体提高传统服务业水平和经济效益。到2010年，自主创新信息技术在批发零售业、餐饮业等传统服务业领域得到广泛应用，涌现出一批基于信息技术经营管理的典型示范传统服务业企业。到2020年，传统服务业领域总体实现信息化，凸显科技提升改造传统服务业的作用，使北京市传统服务业的整体服务水平达到国际先进。

专项十二：北京市民健康生活促进科技专项（简称"健康市民"专项）

随着首都经济社会的快速发展，市民的健康需求与日俱增。但是影响范围广、对市民健康有严重影响的重大疾病防控仍缺乏有效手段，食品药品安全隐患多等因素依然存在。开展与市民健康生活相关的科技研发，对于服务民生和改善民生具有重要意义。本专项的工作重点是开展以肝炎等为代表的重大传染病和以心脑血管疾病等为代表的重大慢性非传染病的预防、诊断、治疗技术的研究与推广应用；加强食品安全相关检测技术、方法、标准等的攻关研究；围绕重大传染病及重大慢性非传染性疾病开展创新药和医疗器械的研究和开发。以"预防为主"、"城乡统筹"、"推动社区发展"、"加强科普知识传播"、"中西医并重"、"加强示范推广"等为组织原则，提高科学技术在全市城乡疾病防治和食品安全监测工作中的整体工作水平。到2010年，初步建立重大传染病、重大慢性非传染病防治及食品安全监测的科技支撑体系，部分科技成果应用于实际工作中。到2020

年，全面提高北京重大疾病防治和食品安全监测工作的技术支撑能力，北京城乡普遍受益，为市民健康主要指标达到国内先进水平提供科技支撑。

专项十三：北京市域快速通勤科技专项（简称“快速通勤”专项）

交通拥堵现象严重是北京城市发展面临的重要问题，利用先进技术为交通运营和管理提供支持，完善交通规划，促进交通拥堵问题的有效解决，对于提高居民生活质量、保障城市高效运行具有重要意义。本专项的工作重点是大力开展道路交通规划、建设、管理、运营和维护的整合，加强先进技术在城市道路、市域公路、轨道交通、客货运枢纽和停车设施等系统中的应用，着力开展综合交通信息平台、智能化指挥调度、应急交通指挥、交通安全、交通环境保护等关键技术的研究与应用；在“新北京交通体系”的框架下，建设以快速大容量客运交通为骨干、多方式协调运营的城市公共客运系统，提高市域交通系统运行效率和安全运营水平。力争到2010年，初步形成中心城、市域和城际交通一体化新格局，交通拥堵状况有所缓解，五环路以内85%的通勤出行时间不超过50分钟，边缘集团到达市中心出行时间在1小时以内，最远的郊区新城到中心城的出行时间不超过2小时。到2020年基本解决交通拥堵问题。

专项十四：北京基础装备与关键设备核心技术研发及设计制造科技专项（简称“基础装备”专项）

基础装备和关键设备的技术水平对现代制造业的发展有决定性影响。加强基础装备及关键设备领域设计、制造技术攻关，对于提升装备制造业自主创新能力，增强北京产业和经济竞争力具有重要意义。本专项的工作重点是研究开发数字化设计制造集成技术、绿色流程制造技术、大型及特殊零部件成形及加工技术，加强重大装备所需的关键基础件和通用部件的设计、制造和批量生产的关键技术攻关，增强高档数控机床、重大成套技术装备、关键材料与关键零部件的自主设计制造能力；加大对重大引进技术和装备的消化、吸收和再创新投入，增强对引进技术和装备的消化吸收和再创新能力；推进信息化技术在制造业的应用，加快运用高新技术改造传统装备，提升装备制造业技术水平。到2010年，突破机床、模具、汽车等重点行业装备设计、制造方面的一批关键技术，以数控机床为代表的基础装备和基础零部件生产水平显著提升，模具设计制造达到中等发达国家水平。到2020年，技术创新能力明显增强，在重点行业关键设备设计制造方面形成一大批具有自主知识产权的产品和技术，一批重大装备的技术创新能力处于国际领先地位。

专项十五：北京碳纤维、纳米、超导等高性能材料技术提升与产业发展科技专项（简称“高性能材料”专项）

新材料产业是具有基础性和先导性的产业，加强新材料领域尤其是高性能材料关键技术研究是增强北京新材料产业竞争力，加速北京产业发展的现实需要。本专项的工作重点是加强纳米材料、超导材料、电子信息材料、碳纤维材料、高性能金属材料、新能源材料、磁性材料、生物医用材料、高端节能环保建材等新材料领域关键技术攻关；推进高性能材料技术在加快传统材料产业技术提升与产业升级中的应用；搭建材料共性技术服务平台，促进高性能材料相关领域生产性服务业发展；以项目为载体凝聚优质资源，加速高性能材料技术成果的产业化应用。到2010年，在纳米材料、电子信息材料、碳纤维材料、高性能金属材料、生物医用材料等重点领域形成一批具有自主知识产权的技术成果。到

2020 年，高性能材料技术研发实力进一步增强；超导、纳米、新能源材料、磁性材料等部分前沿领域关键技术达到国际先进水平。

专项十六：北京都市型现代农业技术支撑体系科技专项（简称“都市农业”专项）

农业科技的发展与创新是推进现代农业发展的主导力量。加强农业科技创新与应用，促进首都科技资源向郊区县扩散，提升科技对农村经济发展的支撑力度，对于促进城乡统筹发展具有重要意义。本专项的工作重点是加强农业科技创新，在籽种农业、农产品加工、农产品安全生产、现代农业装备等重点领域组织研发和技术攻关；针对农村重大关键技术问题，包括作物控释肥生产技术、人畜禽共患病害的病原菌传染规律及防控技术、重大疫病监控及防疫技术等，集中力量进行研究，争取尽快取得突破；加强以农村科技协调员队伍为核心的新型农村科技服务体系建设，强化农村科技协调员在都市型现代农业发展中的作用；加快农业信息化建设，整合涉农信息资源，建设信息服务平台。争取到 2020 年，明显提高北京地区的农业科技发展能力，基本建成统一完善的农业信息公共服务系统与高效完备的农村科技服务体系，保障北京都市型农业的健康与可持续发展。

专项十七：北京农村生活环境改善科技专项（简称“农村环境改善”专项）

改善农村居民生活环境，提高农村居民生活质量，是新农村建设的重要内容，对于推进北京现代化进程具有重要意义。本专项的工作重点是围绕北京市新农村建设工作整体部署，落实“暖起来、亮起来、循环起来”三起来工程，依靠科技手段，为农村基础设施和配套设施建设提供技术支撑，提高公共服务水平，努力解决农村基础设施相对薄弱等突出问题，给农民带来实惠；加快城区科技资源向郊区县扩散，促进农村能源、环境、教育、卫生、文化等社会事业发展；推进非粮食原料生产生物质能技术、太阳能等清洁能源利用及清洁燃烧技术、农村新型节能住宅、生产生活垃圾处理及污水处理技术等在农村的推广使用，发展生态农业，切实改善农村生活环境，培养新型农民，形成现代绿色文明的生活方式。到 2020 年，建成比较完善的农村基础设施，为农村居民提供良好的生产生活、医疗卫生和文化娱乐条件，提高农村社区现代化管理水平，建成乡风文明、村容整洁、管理民主、生活富足的社会主义新农村。

专项十八：科技促进北京奥运建设及成果推广应用专项（简称“科技奥运”专项）

举办 2008 年北京奥运会实现了中华民族的百年梦想，也为北京科技发展提供了难得的机遇。按照“新北京、新奥运”战略构想，集成国内外创新资源，促进先进技术和科技成果的广泛应用，对于保障奥运会的成功举办具有重要意义。本专项的工作重点是加快推进流媒体、宽带无线互连、智能卡、实时信息服务、信息安全等先进信息及通讯技术的研究应用，为奥运提供先进、安全、稳定的信息技术支撑；从整体的角度研发公共场合的系统安全问题，研制人员快速疏散和危险品快速检测等项技术和装备，保障奥运会的顺利进行；继续开展电动汽车、清洁燃料汽车、动力锂离子电池及关键材料的研究开发与示范应用，满足奥运会交通需求；在奥运场馆建筑结构、绿色建筑标准、建筑节能、施工技术等方面，继续开展科技攻关和成果示范应用。通过科技成果应用有效满足奥运会的各项需求，将北京奥运会办成一届展示中国科技成果和创新实力、高科技含量的体育盛会。对奥运科技成果进行深度开发，促进其在北京城市建设和管理中的广泛、持续应用，加快创新型城市建设。

附　　表

附表 1-1　北京地区科技机构情况

	科技活动单位数(个)	科研机构	高等学校	企业	其他
2000 年	3353	373	52	2701	227
2001 年	3307	370	69	2675	193
2002 年	3896	348	68	3289	191
2003 年	3813	340	67	3230	176
2004 年	6579	353	69	5960	197
2005 年	7111	349	76	6482	204
2006 年	6918	351	79	6278	210
2007 年	8550	351	79	7905	215

资料来源:北京统计年鉴北京市科学技术委员会,北京市统计局,北京市教育委员会.北京市研究与发展(R&D)数据汇编.2001-2008.

附表 1-2　北京地区科技人力资源情况

	2000 年	2001 年	2002 年	2003 年	2004 年	2005 年	2006 年	2007 年
科技活动人员(万人)	26.1	24.1	25.7	27.1	30.2	38.3	38.3	45.0
科学家和工程师	20.6	19.0	20.9	22.6	23.5	30.4	30.6	35.9
R&D 人员(万人年)	9.9	9.5	11.5	11.0	15.2	17.8	16.9	20.5
科学家和工程师	8.0	8.2	9.9	9.6	13.2	15.3	14.8	17.9
基础研究	1.6	1.5	1.7	1.8	2.2	2.3	2.4	2.4
应用研究	3.4	3.3	3.5	3.7	4.6	5.3	5.1	5.5
试验发展	4.9	4.7	6.2	5.5	8.4	10.2	9.4	12.6
科研院所								
科技活动人员(万人)	9.1	7.9	7.6	7.8	7.9	10.1	10.7	11.1
科学家和工程师	6.4	5.7	5.6	5.8	5.9	8.2	8.6	9.3
R&D 人员(万人年)	5.0	4.4	4.8	5.0	5.1	5.4	5.9	6.6
科学家和工程师	3.8	3.6	4.0	4.3	4.4	4.7	5.0	5.6
高等院校								
科技活动人员(万人)	4.5	4.0	3.6	5.4	4.5	4.5	4.9	4.7
科学家和工程师	4.2	3.9	3.5	5.1	3.8	3.8	4.1	4.0
R&D 人员(万人年)	1.5	1.8	2.5	2.0	2.4	2.4	2.6	2.5
科学家和工程师	1.4	1.8	2.4	2.0	2.3	2.4	2.5	2.4

续表

	2000 年	2001 年	2002 年	2003 年	2004 年	2005 年	2006 年	2007 年
企业								
科技活动人员(万人)	10.6	10.8	13.3	12.8	16.6	22.4	21.3	27.7
科学家和工程师	8.3	8.4	10.9	10.8	12.9	17.3	16.8	21.4
R&D 人员(万人年)	2.7	2.9	3.9	3.7	7.4	9.7	8.0	11.0
科学家和工程师	2.3	2.5	3.3	3.1	6.2	8.0	6.9	9.4

资料来源:北京统计年鉴北京市科学技术委员会,北京市统计局,北京市教育委员会.北京市研究与发展(R&D)数据汇编.2001-2008.

附表 2-1 北京地区科技活动经费情况

	2000 年	2001 年	2002 年	2003 年	2004 年	2005 年	2006 年	2007 年
科技活动经费筹集(亿元)	372.9	399.2	445.3	492.4	602.5	751.0	874.8	989.7
科技活动经费内部支出(亿元)	305.2	342.9	393.2	436.6	517.6	640.3	736.8	846.3
其中:R&D 经费支出(亿元)	155.7	171.2	219.5	256.3	316.9	379.5	433.0	527.1

资料来源:北京统计年鉴北京市科学技术委员会,北京市统计局,北京市教育委员会.北京市研究与发展(R&D)数据汇编.2001-2008.

附表 2-2 北京地区科技活动经费筹集来源情况

	科技活动经费筹集额(亿元)	政府资金	企业资金	事业单位资金	金融机构贷款	国外资金	其他资金
2000 年	372.9	168.3	121.2	32.4	12.0	11.7	27.3
2001 年	399.2	174.9	118.7	48.3	7.2	19.7	30.4
2002 年	445.3	215.1	153.6	25.9	9.4	5.2	36.0
2003 年	492.4	216.2	174.8	30.6	13.0	17.8	39.9
2004 年	602.5	272.4	235.8	27.2	11.0	27.1	29.0
2005 年	751.0	306.9	334.1	31.7	11.3	47.5	19.5
2006 年	874.8	374.2	364.3	32.4	21.0	57.4	25.4
2007 年	989.7	521.4	323.1	49.1	6.1	66.7	23.3

资料来源:北京统计年鉴北京市科学技术委员会,北京市统计局,北京市教育委员会.北京市研究与发展(R&D)数据汇编.2001-2008.

附表 2-3 北京地区生产总值与 R&D 经费情况

	2000 年	2001 年	2002 年	2003 年	2004 年	2005 年	2006 年	2007 年
R&D(亿元)	155.7	171.2	219.5	256.3	316.9	379.5	433.0	527.1
地区生产总值(亿元)	3161.0	3710.5	4330.4	5023.8	6060.3	6886.3	7870.3	9353.3
R&D/地区生产总值(%)	4.9	4.6	5.1	5.1	5.2	5.5	5.5	5.6

资料来源:北京市统计局,国家统计局,北京调查总队.北京统计年鉴.2001-2008.

附表 2-4　北京地区 R&D 经费按活动类型和执行部门分布

	R&D 经费（亿元）	按活动类型分布			按执行机构分布			
		基础研究	应用研究	试验发展	科研机构	高等学校	企业	其他
2000 年	155.7	17.4	42.9	95.4	86.3	16.8	48.4	4.2
2001 年	171.2	19.3	47.7	104.2	91.0	20.9	21.1	38.2
2002 年	219.5	24.0	60.9	134.6	117.3	23.3	77.2	1.8
2003 年	256.3	28.8	83.3	144.2	138.1	25.4	91.0	1.7
2004 年	316.9	43.9	99.1	173.9	155.2	28.3	129.5	3.9
2005 年	379.5	42.1	116.1	221.3	164.0	35.8	175.5	4.2
2006 年	433.0	47.1	151.5	234.4	189.6	37.3	200.0	6.1
2007 年	527.1	47.1	116.4	363.6	237.8	47.7	233.0	8.6

资料来源：北京统计年鉴北京市科学技术委员会，北京市统计局，北京市教育委员会. 北京市研究与发展（R&D）数据汇编. 2001-2008.

附表 3-1　北京地区科研项目（课题）数量情况

	2000 年	2001 年	2002 年	2003 年	2004 年	2005 年	2006 年	2007 年
项目（课题）数量（项）	29585	36196	41868	46788	62843	74691	86149	92953
按执行部门分								
科研机构	13579	13247	13695	14767	16061	17174	18105	21470
高等学校	8278	15113	18536	22643	27753	33272	39235	46716
企　业	6568	1349	8575	8288	17765	22788	26976	22843
其　他	1160	6487	1062	1090	1264	1457	1833	1924
按活动类型分								
基础研究	5514	6907	8509	10437	13347	14424	14019	20464
应用研究	8826	10837	12746	15486	17919	22422	22946	30083
试验发展	7696	8512	12058	11732	17633	21733	17446	25880
研究与试验发展成果应用	3259	4480	4258	4098	8334	10070	25603	10340
科技服务	4290	5460	4297	5035	5610	6042	6135	6186
按学科分								
自然科学	6549	7401	7296	7622	10048	11244	12927	14327
农业科学	2024	2020	2848	2970	2969	3320	3532	4807
医药科学	2565	3089	3053	3389	3736	4517	4183	4295
工程与技术科学	14884	19242	20268	23415	34599	41367	48435	50141
人文与社会科学	3563	4444	8403	9392	11491	14242	17082	19383

续表

	2000 年	2001 年	2002 年	2003 年	2004 年	2005 年	2006 年	2007 年
按项目来源分								
国家科技项目	13924	16426	20298	22865	26189	28465	31169	36656
地方科技项目	2989	3008	2755	3117	3857	5595	6822	7596
其他企业委托科技项目	3109	7269	9939	11422	15358	16061	17662	19997
自选项目	5885	7010	6322	6242	12286	18544	20025	21528
来自国外科技项目	2602	835	961	992	1734	2006	2557	2774
其他科技项目	1076	1598	1593	2151	3418	4021	7914	4402
按项目合作形式分								
与境外机构合作	728	801	738	813	1449	1785	1723	2148
与国内高等学校合作	1105	1232	1871	1799	2938	3303	4018	4516
与国内独立科研机构合作	2472	2712	3367	4060	6566	7490	7258	7583
与境内注册外商独资企业合作	275	176	429	405	1913	1932	1994	1238
与境内注册其他企业合作	4878	4096	3168	2907	4497	4543	4433	5221
独立完成	19061	26205	31248	35568	43615	53253	63271	69421
其　　他	1066	974	1047	1236	1864	2386	3452	2826

资料来源:北京统计年鉴北京市科学技术委员会,北京市统计局,北京市教育委员会. 北京市研究与发展(R&D)数据汇编. 2001-2008.

附表 3-2　北京地区科研项目(课题)实际经费支出情况

	2000 年	2001* 年	2002 年	2003 年	2004 年	2005 年	2006 年	2007 年
项目(课题)实际经费支出(亿元)	83.2	153.7	180.1	235.2	291.2	384.3	427.4	506.5
按执行部门分								
科研机构	23.5	85.8	84.6	115.5	126.1	132.7	139.1	173.9
高等学校	16.6	20.9	24.9	29.7	29.8	42.2	46.6	60.5
企　　业	41.0	19.5	68.4	87.1	131.6	204.2	236.1	261.5
其　　他	2.1	27.6	2.2	2.9	3.7	5.2	5.6	10.6
按活动类型分								
基础研究	9.8	10.9	14.2	17.3	25.4	25.2	26.6	36.2
应用研究	24.3	37.3	41.0	60.2	60.5	84.3	111.0	82.5
试验发展	28.9	78.6	84.7	111.6	147.4	184.5	184.0	273.0
研究与试验发展成果应用	13.5	15.7	26.3	30.5	40.5	68.2	80.1	79.5
科技服务	6.8	11.1	13.9	15.6	17.4	22.1	25.7	35.2

* 2001 年企业统计范围与其余年份有所不同,不包含小型工业企业及工业以外的其他行业企业,这部分数据汇总在其他单位中。

续表

	2000 年	2001 年	2002 年	2003 年	2004 年	2005 年	2006 年	2007 年
按学科分								
自然科学	14.8	16.4	21.1	23.9	29.5	37.4	35.2	50.2
农业科学	2.8	2.5	5.7	5.4	6.3	7.8	7.1	12.0
医药科学	4.5	5.3	6.0	6.2	6.6	10.7	7.5	11.5
工程与技术科学	58.6	125.8	141.8	194.2	242.3	311.2	367.5	416.8
人文与社会科学	2.5	3.7	5.5	5.6	6.4	17.1	10.1	16.0
按项目来源分								
国家科技项目	28.0	75.4	96.4	128.5	136.7	153.9	161.5	210.1
地方科技项目	6.0	6.4	6.2	5.9	7.9	10.4	21.0	18.4
其他企业委托科技项目	6.7	15.9	27.4	42.6	34.8	48.2	48.5	57.4
自选项目	30.8	41.0	40.3	42.5	85.7	128.4	96.7	161.2
来自国外科技项目	8.1	8.8	5.1	4.7	10.3	17.3	33.2	32.7
其他科技项目	3.7	6.2	4.7	11.1	15.9	26.2	66.6	26.7
按项目合作形式分								
与境外机构合作	7.3	8.8	5.0	6.7	13.4	17.3	30.3	26.7
与国内高等学校合作	3.1	5.1	9.2	8.3	14.3	18.3	18.6	28.6
与国内独立科研机构合作	7.3	15.7	20.2	29.8	36.8	42.3	41.8	55.4
与境内注册外商独资企业合作	1.2	2.6	4.0	3.9	8.2	10.2	9.2	9.0
与境内注册其他企业合作	12.8	11.9	11.2	12.9	14.5	19.2	16.6	23.9
独立完成	49.3	101.3	126.3	160.9	186.4	251.2	279.6	331.1
其　　他	2.1	8.3	4.2	12.7	17.6	25.8	31.2	31.7

资料来源：北京统计年鉴北京市科学技术委员会，北京市统计局，北京市教育委员会. 北京市研究与发展(R&D)数据汇编. 2001-2008.

附表 3-3　北京地区科研项目参加人员投入情况

	2000 年	2001 年*	2002 年	2003 年	2004 年	2005 年	2006 年	2007 年
项目参加人员折合全时当量(人年)	88193	99396	112280	113103	168439	216763	223131	234374
按执行部门分								
科研机构	29319	47655	43634	48443	48881	49899	63864	69962
高等学校	27511	18876	25662	20893	25930	25869	28035	26441
企　　业	27102	9156	39192	39827	89157	13639446	126077	132125
其　　他	4261	23709	3792	3940	4471	01	5155	5846

* 2001 年企业统计范围与其余年份有所不同，不包含小型工业企业及工业以外的其他行业企业，这部分数据汇总在其他单位中。

续表

	2000年	2001年	2002年	2003年	2004年	2005年	2006年	2007年
按活动类型分								
基础研究	12582	11692	14214	13967	17772	18075	20538	23023
应用研究	27603	24932	28511	30850	37897	45382	43991	39666
试验发展	26498	38675	44238	43688	72402	91400	83856	108887
研究与试验发展成果应用	13072	13702	15683	14743	29779	50512	61573	49286
科技服务	8439	10395	9634	9856	10588	11394	13173	13512
按学科分								
自然科学	14894	12306	13010	10705	14515	18534	21143	23216
农业科学	4722	3487	4987	4635	5743	6864	7345	7490
医药科学	9121	7705	10180	10889	11633	12185	12059	12239
工程与技术科学	52053	69459	69419	77909	125619	164108	168380	176549
人文与社会科学	7403	6439	14684	8963	10924	15070	14195	14880
按项目来源分								
国家科技项目	37362	49823	57605	59290	64837	68388	77526	82326
地方科技项目	8432	6153	7068	6176	9217	10024	12942	12617
其他企业委托科技项目	8069	11266	15872	16413	20062	25607	26620	26861
自选项目	22395	25552	25071	24023	59318	88896	73956	88079
来自国外科技项目	8654	2081	2389	2150	5033	7445	12206	9512
其他科技项目	3281	4516	4275	5050	9965	16405	19881	14979
按项目合作形式分								
与境外机构合作	2913	2436	1954	217	4580	6223	8752	7671
与国内高等学校合作	4383	4872	6433	5447	11143	15833	15202	15400
与国内独立科研机构合作	7664	8630	11687	14354	24830	31148	31755	29777
与境内注册外商独资企业合作	798	639	1962	1890	7780	11230	10581	8427
与境内注册其他企业合作	12660	7865	6452	5833	7807	9932	8591	10214
独立完成	56595	71241	80932	78900	1038678	12950612	1372221	151316
其　　他	3179	3713	2861	4462	429	892	1028	11569

资料来源:北京统计年鉴北京市科学技术委员会、北京市统计局、北京市教育委员会.北京市研究与发展(R&D)数据汇编.2001-2008.

附表 4-1　政府研究机构概况(2000—2007 年)

	2000 年	2001 年	2002 年	2003 年	2004 年	2005 年	2006 年	2007 年
研究机构合计								
机构数(个)	372	370	348	350	353	350	351	351
从业人员(万人)	12.2	10.6	10.4	10.3	10.9	10.9	11.2	11.9
科技活动人员(万人)	8.5	7.5	7.6	7.8	7.9	10.3	10.7	11.1
科学家和工程师(万人)	6.0	5.4	5.6	5.8	5.9	8.3	8.6	9.3
R&D 人员(万人年)	5.0	4.4	4.8	5.0	5.1	5.5	5.9	6.6
科学家和工程师(万人年)	3.8	3.6	4.0	4.3	4.4	4.8	5.0	5.6
科技经费筹集额(亿元)	181.2	203.5	220	239.3	258.5	301.8	324.1	406.6
政府资金	124.5	131.9	165.6	165.4	205.9	247.1	275.3	345.0
企业资金	9.4	6.6	5.7	15.7	14.2	13.7	13.3	10.8
银行贷款	2.6	0.1	0.5	1.4	1.1	3.0	0.9	1.3
科技经费内部支出(亿元)	152.2	172.0	190.9	215.3	234.7	267.9	288.8	339.0
劳务费	26.9	32.9	39.2	46.0	49.0	44.1	49.1	56.1
业务费	87.8	86.5	105.0	113.3	140.7	170.0	171.4	209.3
固定资产购建费	26.2	36.3	36.6	40.0	45.0	53.8	68.4	73.6
R&D 经费支出(亿元)	86.1	91.0	117.3	138.1	155.2	182.0	189.6	237.8
基础研究	12.2	15.0	16.5	19.8	23.9	30.2	27.2	31.1
应用研究	22.1	24.5	42.1	39.7	43.9	49.9	59.8	69.8
试验发展	51.8	51.5	58.7	78.6	87.4	101.9	102.6	136.9
课题数(万个)	1.3	1.3	1.4	1.5	1.6	1.7	1.8	2.1
课题投入人员(万人年)	5.9	4.3	4.4	4.8	4.9	5.1	6.4	7.0
科学家和工程师(万人年)	4.4	3.7	3.6	3.9	4.0	4.1	5.5	6.1
课题投入经费(亿元)	97.8	69.5	84.6	115.5	126.1	143.4	139.1	173.9
自然科学与技术领域								
机构数(个)	307	306	286	284	284	281	282	282
从业人员(万人)	11.7	10.1	9.6	9.5	9.8	10.0	10.3	10.9
科技活动人员(万人)	8.0	7.1	7.0	7.1	7.1	9.4	9.8	10.2
科学家和工程师(万人)	5.6	5.0	5.0	5.2	5.2	7.6	7.8	8.4
R&D 人员(万人年)	—	—	4.5	4.7	4.7	5.1	5.5	6.2
科学家和工程师(万人年)	—	—	3.7	4.0	4.1	4.5	4.7	5.3
科技经费筹集额(亿元)	177.4	198.6	209.8	226.1	241.7	284.9	304.7	383.6
政府资金	121.4	128.0	156.9	155.2	193	234.2	258.9	325.5
企业资金	9.4	6.5	5.4	15.4	13.0	13.2	12.4	9.9
银行贷款	2.6	0.1	0.5	1.4	1.1	3.0	0.9	1.3
科技经费内部支出(亿元)	148.9	167.2	180.3	202.8	219	252.6	272.6	319.0

续表

	2000 年	2001 年	2002 年	2003 年	2004 年	2005 年	2006 年	2007 年
劳务费	25.3	30.7	35.5	41.8	44.0	40.9	45.4	51.3
业务费	86.8	85.0	102.5	110.1	133.2	161.2	162.1	197.7
固定资产购建费	25.9	35.8	33.6	36.6	41.8	50.6	65.1	70.0
R&D 经费支出(亿元)	—	—	114.6	134.2	150.7	177.3	185.0	231.5
基础研究	—	—	15.8	18.9	22.1	28.8	25.7	28.8
应用研究	—	—	41.2	38.6	42.6	48.6	58.1	67.5
试验发展	—	—	57.5	76.7	86.0	99.9	101.1	135.3
课题数(万个)	1.2	1.1	1.2	1.3	1.3	1.4	1.5	1.8
课题投入人员(万人年)	5.6	4.1	4.0	4.4	4.4	4.5	5.8	6.4
科学家和工程师(万人年)	4.1	3.4	3.3	3.6	3.6	3.8	5.1	5.7
课题投入经费(亿元)	96.8	68.1	82.2	111.8	121.2	138.8	133.9	166.6
社会与人文科学领域								
机构数(个)	65	64	62	66	69	69	69	69
从业人员(万人)	0.5	0.5	0.5	0.5	0.6	0.6	0.6	0.6
科技活动人员(万人)	0.5	0.4	0.4	0.5	0.5	0.6	0.7	0.7
科学家和工程师(万人)	0.4	0.4	0.4	0.4	0.4	0.6	0.6	0.7
R&D 人员(万人年)	—	—	0.3	0.3	0.4	0.3	0.3	0.4
科学家和工程师(万人年)	—	—	0.3	0.3	0.3	0.3	0.3	0.3
科技经费筹集额(亿元)	3.8	5.0	5.3	7.2	8.5	9.4	11.3	13.0
政府资金	3.1	3.9	4.4	6.0	7.0	8.0	10.0	11.3
企业资金	0.1	0.1	0.0	0.1	0.2	0.1	0.2	0.2
科技经费内部支出(亿元)	3.3	4.9	5.0	6.8	7.3	8.1	9.3	11.9
劳务费	1.6	2.2	2.4	2.8	3.0	2.3	2.4	3.3
业务费	1.0	1.5	1.3	2.5	3.7	5.1	6.1	7.4
固定资产购建费	0.3	0.5	0.6	1.5	0.6	0.8	0.7	1.1
R&D 经费支出(亿元)	—	—	2.3	3.3	3.7	3.7	3.9	5.1
基础研究	—	—	0.6	0.9	1.7	1.2	1.4	2.3
应用研究	—	—	0.8	1.1	1.0	1.1	1.4	1.9
试验发展	—	—	0.9	1.3	1.0	1.4	1.1	0.9
课题数(万个)	0.1	0.2	0.1	0.2	0.2	0.2	0.3	0.3
课题投入人员(万人年)	0.3	0.3	0.3	0.3	0.4	0.4	0.4	0.4
科学家和工程师(万人年)	0.3	0.3	0.3	0.3	0.3	0.3	0.4	0.4
课题投入经费(亿元)	1.0	1.4	1.5	2.1	3.1	3.4	3.9	5.0

资料来源:北京统计年鉴北京市科学技术委员会,北京市统计局,北京市教育委员会.北京市研究与发展(R&D)数据汇编.2001-2008.

附表 4-2　政府研究机构的人员情况(2000—2007 年)

	2000 年	2001 年	2002 年	2003 年	2004 年	2005 年	2006 年	2007 年
研究机构合计								
机构数(个)	372	370	348	350	353	350	351	351
从业人员(万人)	12.2	10.6	10.4	10.3	10.9	10.9	11.2	11.9
科技活动人员(万人)	8.5	7.5	7.6	7.8	7.9	10.3	10.7	11.1
科学家和工程师(万人)	6.0	5.4	5.6	5.8	5.9	8.3	8.6	9.3
R&D 人员(万人年)	5.0	4.4	4.8	5.0	5.1	5.5	5.9	6.6
科学家和工程师(万人年)	3.8	3.6	4.0	4.3	4.4	4.8	5.0	5.6
中央属								
机构数(个)	272	322	299	303	306	304	307	307
从业人员(万人)	10.9	9.8	9.6	9.7	10.3	10.3	10.6	11.2
科技活动人员(万人)	7.9	7.1	7.2	7.4	7.5	9.8	10.2	10.5
科学家和工程师(万人)	5.6	5.1	5.3	5.5	5.6	7.9	8.2	8.8
R&D 人员(万人年)	—	—	4.5	4.8	4.9	5.3	5.7	6.4
科学家和工程师(万人年)	—	—	3.8	4.1	4.2	4.6	4.8	5.4
地方属								
机构数(个)	100	48	49	47	47	46	44	44
从业人员(万人)	1.3	0.8	0.8	0.6	0.6	0.6	0.6	0.7
科技活动人员(万人)	0.6	0.4	0.4	0.4	0.4	0.5	0.5	0.6
科学家和工程师(万人)	0.4	0.3	0.3	0.3	0.3	0.4	0.4	0.5
R&D 人员(万人年)	—	—	0.3	0.2	0.2	0.2	0.2	0.2
科学家和工程师(万人年)	—	—	0.2	0.2	0.2	0.2	0.2	0.2

资料来源:北京统计年鉴北京市科学技术委员会,北京市统计局,北京市教育委员会.北京市研究与发展(R&D)数据汇编.2001-2008.

附表 4-3　政府研究机构的经费情况(2000—2007 年)

	2000 年	2001 年	2002 年	2003 年	2004 年	2005 年	2006 年	2007 年
研究机构合计								
科技经费筹集额(亿元)	181.2	203.5	220.0	239.3	258.5	301.8	324.1	406.6
＃政府资金	124.5	131.9	165.6	165.4	205.9	247.1	275.3	345.0
企业资金	9.4	6.6	5.7	15.7	14.2	13.7	13.3	10.8
银行贷款	2.6	0.1	0.5	1.4	1.1	3.0	0.9	1.3

续表

	2000年	2001年	2002年	2003年	2004年	2005年	2006年	2007年
科技经费内部支出额(亿元)	152.2	172	190.9	215.3	234.7	267.9	288.8	339.0
#劳务费	26.9	32.9	39.2	46.0	49.0	44.1	49.1	56.1
业务费	99.1	86.5	105.0	113.3	140.7	170.0	171.4	209.3
固定资产购建费	26.2	36.3	36.6	40.0	45.0	53.8	68.4	73.6
R&D经费支出(亿元)	86.1	91.0	117.3	138.1	155.2	164.0	189.6	237.8
#基础研究	12.2	15.0	16.5	19.8	23.9	24.8	27.2	31.1
应用研究	22.1	24.5	42.1	39.7	43.9	48.6	59.8	69.8
试验发展	51.8	51.5	58.7	78.6	87.4	90.6	102.6	136.9
中央属								
科技经费筹集额(亿元)	171.2	195.3	210.4	232.0	250.1	291.9	312.3	391.7
#政府资金	120.7	128.0	161.2	160.6	200.0	239.3	265.9	333.1
企业资金	9.1	6.3	5.4	15.3	13.2	13.2	12.7	10.3
银行贷款	2.4	0.1	0.4	1.4	1.1	3.0	0.9	1.3
科技经费内部支出额(亿元)	144.0	164.1	182.9	208.4	226.0	258.8	279.9	326.5
#劳务费	24.0	30.2	36.1	43.3	46.4	42.1	46.7	53.5
业务费	97.3	84.0	102.2	111.1	136.5	165.0	165.8	201.0
固定资产购建费	25.3	35.1	35.6	39.2	43.0	51.7	67.5	72.1
R&D经费支出(亿元)	—	—	115.0	135.7	152.1	178.9	186.4	233.7
#基础研究	—	—	16.4	19.7	23.8	30.1	27.1	30.9
应用研究	—	—	41.2	38.8	42.8	48.9	58.6	68.5
试验发展	—	—	57.4	77.2	85.5	99.9	100.7	134.3
地方属								
科技经费筹集额(亿元)	10.0	8.2	9.6	7.3	8.4	9.9	11.8	14.9
#政府资金	3.8	3.9	4.4	4.8	5.9	7.9	9.4	11.9
企业资金	0.3	0.3	0.3	0.4	1.0	0.5	0.6	0.5
银行贷款	0.2	0.0	0.1	0.0	0.0	0.0	0.0	0.0
科技经费内部支出额(亿元)	8.2	7.9	8.0	6.9	8.7	9.1	8.9	12.5
#劳务费	2.9	2.7	3.1	2.7	2.6	2.0	2.4	2.6
业务费	1.8	2.5	2.8	2.2	4.1	5.0	5.6	8.3
固定资产购建费	0.9	1.2	1.0	0.8	2.0	2.1	0.9	1.5
R&D经费支出(亿元)	—	—	2.3	2.4	3.1	3.1	3.2	4.1
#基础研究	—	—	0.1	0.1	0.1	0.1	0.1	0.2
应用研究	—	—	0.9	0.9	1.1	1.0	1.2	1.3
试验发展	—	—	1.3	1.4	1.9	2.0	1.9	2.6

资料来源:北京统计年鉴北京市科学技术委员会,北京市统计局,北京市教育委员会.北京市研究与发展(R&D)数据汇编.2001-2008.

附表 4-4　政府研究机构的课题情况(2000—2007 年)

	2000 年	2001 年	2002 年	2003 年	2004 年	2005 年	2006 年	2007 年
研究与开发机构合计								
课题数(个)	13353	12730	13695	14767	16061	17080	18105	21470
课题投入人员(万人年)	5.9	4.3	4.4	4.8	4.9	5.1	6.4	7.0
课题投入经费(亿元)	97.8	69.5	84.6	115.5	126.1	143.4	139.1	173.9
中央属								
课题数(个)	11763	11491	12189	13304	14435	15403	16362	19548
课题投入人员(万人年)	5.6	4.1	4.1	4.5	4.6	4.9	6.1	6.7
课题投入经费(亿元)	95.9	68.0	82.4	113.2	123.5	140.2	136.2	169.6
地方属								
课题数(个)	1590	1239	1506	1463	1626	1677	1743	1922
课题投入人员(万人年)	0.3	0.2	0.3	0.3	0.3	0.2	0.3	0.3
课题投入经费(亿元)	1.9	1.5	2.2	2.3	2.6	3.2	2.9	4.3

资料来源:北京统计年鉴北京市科学技术委员会,北京市统计局,北京市教育委员会. 北京市研究与发展(R&D)数据汇编. 2001-2008.

附表 4-5　转制机构概况(2000—2007 年)

	2000 年	2001 年	2002 年	2003 年	2004 年	2005 年	2006 年	2007 年
研究机构合计								
机构数(个)	129	117	127	126	126	128	128	126
从业人员(万人)	4.1	3.7	4.1	4.0	3.7	3.7	4.8	5.5
科技活动人员(万人)	2.2	2.0	2.3	2.4	2.2	2.4	3.0	3.1
科学家和工程师(万人)	1.6	1.4	1.7	1.8	1.6	1.9	2.4	2.5
R&D 人员(万人年)	0.6	0.5	0.7	0.7	0.8	0.8	0.9	1.0
科学家和工程师(万人年)	0.5	0.4	0.6	0.6	0.6	0.7	0.7	0.9
科技经费筹集额(亿元)	41.8	39.2	53.8	64.5	57.8	63.0	79.7	107.1
政府资金	11.7	8.7	14.7	13.5	12.8	16.7	18.2	25.0
企业资金	13.0	22.6	27.8	38.3	36.6	41.2	56.4	74.0
银行贷款	4.0	2.7	5.3	6.9	0.2	0.1	0.0	0.0
科技经费内部支出(亿元)	38.2	38.2	48.6	55.7	55.5	57.4	71.4	92.6
劳务费	9.5	10.7	14.3	15.5	17.0	14.2	18.3	22.1
业务费	12.6	13.3	15.9	19.0	30.7	33.9	39.2	46.3
固定资产购建费	10.8	6.0	8.5	9.1	7.9	9.4	13.9	24.2
R&D 经费支出(亿元)	13.0	6.0	12.5	15.2	20.0	21.4	27.7	35.4
基础研究	0.2	0.1	0.2	0.3	0.3	0.5	0.6	0.7
应用研究	1.2	0.7	1.3	2.3	3.2	5.7	8.5	5.3
试验发展	11.6	5.2	11.1	12.6	16.5	15.2	18.6	29.4
课题数(万个)	0.4	0.3	0.4	0.4	0.4	0.3	0.4	0.4
课题投入人员(万人年)	0.9	0.8	1.0	1.1	1.1	1.1	1.3	1.4
课题投入经费(亿元)	8.8	9.6	12.9	18.3	18.5	22.3	26.8	33.2

资料来源:北京统计年鉴北京市科学技术委员会,北京市统计局,北京市教育委员会. 北京市研究与发展(R&D)数据汇编. 2001-2008.

附表 4-6　转制机构的人员情况(2000—2007 年)

	2000 年	2001 年	2002 年	2003 年	2004 年	2005 年	2006 年	2007 年
研究机构合计								
机构数(个)	129	117	127	126	126	128	128	126
从业人员(万人)	4.1	3.7	4.1	4.0	3.7	3.7	4.8	5.5
科技活动人员(万人)	2.2	2.0	2.3	2.4	2.2	2.4	3.0	3.1
科学家和工程师(万人)	1.6	1.4	1.7	1.8	1.6	1.9	2.4	2.5
R&D 人员(万人年)	0.6	0.5	0.7	0.7	0.8	0.8	0.9	1.0
科学家和工程师(万人年)	0.5	0.4	0.6	0.6	0.6	0.7	0.7	0.9
中央属								
机构数(个)	61	56	70	71	76	79	82	80
从业人员(万人)	2.7	2.7	3.3	3.3	3.1	3.2	4.3	5.0
科技活动人员(万人)	1.8	1.6	1.9	2.1	2.0	2.2	2.8	2.9
科学家和工程师(万人)	1.4	1.2	1.5	1.6	1.5	1.7	2.2	2.3
R&D 人员(万人年)	0.5	0.4	0.7	0.7	0.7	0.7	0.8	0.9
科学家和工程师(万人年)	0.4	0.3	0.6	0.6	0.6	0.6	0.7	0.8
地方属								
机构数(个)	68	61	57	55	50	49	46	46
从业人员(万人)	1.1	1.0	0.8	0.7	0.6	0.5	0.5	0.5
科技活动人员(万人)	0.4	0.4	0.3	0.3	0.2	0.2	0.2	0.2
科学家和工程师(万人)	0.3	0.3	0.2	0.2	0.1	0.2	0.2	0.2
R&D 人员(万人年)	0.1	0.1	0.1	0.1	0.1	0.1	0.1	0.1
科学家和工程师(万人年)	0.1	0.1	0.1	0.1	0.1	0.1	0.1	0.1

资料来源:北京统计年鉴北京市科学技术委员会,北京市统计局,北京市教育委员会.北京市研究与发展(R&D)数据汇编.2001-2008.

附表 4-7　转制机构的经费情况(2000—2007 年)

	2000 年	2001 年	2002 年	2003 年	2004 年	2005 年	2006 年	2007 年
研究机构合计								
科技经费筹集额(亿元)	39.7	38.1	53.8	64.5	57.8	63.0	79.7	107.1
#政府资金	11.7	8.7	14.7	13.5	12.8	16.7	18.2	25.0
企业资金	7.8	22.6	27.7	38.3	36.6	41.2	56.4	74.0
银行贷款	1.9	1.6	1.4	6.9	0.2	0.1	0.0	0.0
科技经费内部支出额(亿元)	38.2	38.2	48.4	55.7	55.5	57.4	71.4	92.6

续表

	2000 年	2001 年	2002 年	2003 年	2004 年	2005 年	2006 年	2007 年
＃劳务费	9.5	10.7	14.3	15.5	17	14.2	18.3	22.1
业务费	17.9	19.9	24.6	29.9	30.7	33.9	39.2	46.3
固定资产购建费	10.8	7.6	9.5	10.0	7.9	9.4	13.9	24.2
R&D 经费支出(亿元)	13.0	6.0	12.5	15.2	20.0	21.4	27.7	35.4
＃基础研究	0.1	0.1	0.2	0.3	0.3	0.5	0.6	0.7
应用研究	1.2	0.7	1.3	2.3	3.2	5.7	8.5	5.3
试验发展	11.6	5.2	11.1	12.6	16.5	15.2	18.6	29.4
中央属								
科技经费筹集额(亿元)	35.0	34.4	49.0	59.2	54.6	60.0	77.1	103.8
＃政府资金	9.7	7.7	13.8	12.5	11.8	15.4	17.0	23.5
企业资金	11.1	20.9	26.2	36.5	35.0	39.8	55.1	72.3
银行贷款	3.5	2.1	4.6	6.5	0.2	0.0	0.0	0.0
科技经费内部支出额(亿元)	32.3	33.6	43.7	51.0	51.5	54.3	68.3	88.7
＃劳务费	7.1	8.4	12.0	13.4	15.4	13.2	17.3	20.8
业务费	11.1	12.2	14.9	17.9	28.5	32.1	37.5	44.0
固定资产购建费	6.3	5.4	8.1	8.6	7.6	9.0	13.5	23.8
R&D 经费支出(亿元)	11.7	5.3	11.7	14.3	19.2	20.5	26.7	34.2
＃基础研究	0.1	0.1	0.2	0.3	0.3	0.5	0.6	0.7
应用研究	1.1	0.7	1.3	2.3	3.1	5.6	8.4	5.2
试验发展	10.5	4.5	10.2	11.8	15.8	14.4	17.7	28.3
地方属								
科技经费筹集额(亿元)	6.8	4.5	4.8	5.3	3.2	3.0	2.6	3.2
＃政府资金	2.0	1.0	0.9	1.1	1.0	1.3	1.2	1.5
企业资金	1.9	1.7	1.7	1.8	1.6	1.4	1.3	1.7
银行贷款	0.5	0.4	0.7	0.4	0.0	0.1	0.0	0.0
科技经费内部支出额(亿元)	5.9	4.6	4.8	4.7	4.0	3.1	3.1	4.0
＃劳务费	2.4	2.3	2.3	2.1	1.6	1.0	1.0	1.3
业务费	1.6	1.1	1.0	1.1	2.2	1.8	1.7	2.3
固定资产购建费	1.0	0.6	0.3	0.5	0.3	0.4	0.4	0.4
R&D 经费支出(亿元)	1.3	0.7	0.8	0.9	0.8	0.9	1.0	1.2
＃基础研究	0.0	0.0	0.0	0.0	0.0	0.0	0.0	0.01
应用研究	0.2	0.0	0.02	0.1	0.1	0.1	0.1	0.1
试验发展	1.1	0.7	0.8	0.8	0.7	0.8	0.9	1.1

资料来源:北京统计年鉴北京市科学技术委员会,北京市统计局,北京市教育委员会.北京市研究与发展(R&D)数据汇编.2001-2008.

附表 4-8　转制机构的课题情况(2000—2007 年)

	2000 年	2001 年	2002 年	2003 年	2004 年	2005 年	2006 年	2007 年
研究与开发机构合计								
课题数(万个)	0.4	0.3	0.3	0.4	0.4	0.3	0.4	0.4
课题投入人员(万人年)	0.9	0.8	1.0	1.1	1.1	1.1	1.3	1.4
课题投入经费(亿元)	8.6	8.3	12.8	18.3	18.5	22.3	26.8	33.2
中央属								
课题数(万个)	0.3	0.3	0.3	0.3	0.3	0.3	0.3	0.3
课题投入人员(万人年)	0.8	0.7	0.9	1.0	1.0	1.0	1.2	1.3
课题投入经费(亿元)	7.4	8.0	11.9	17.3	17.7	21.4	25.7	32.0
地方属								
课题数(万个)	0.1	0.04	0.04	0.03	0.1	0.0	0.1	0.03
课题投入人员(万人年)	0.2	0.1	0.1	0.1	0.1	0.1	0.1	0.1
课题投入经费(亿元)	1.3	1.0	1.0	1.0	0.8	0.9	1.1	1.2

资料来源:北京统计年鉴北京市科学技术委员会,北京市统计局,北京市教育委员会. 北京市研究与发展(R&D)数据汇编. 2001-2008.

附表 5　高等学校概况

	2000 年	2001 年	2002 年	2003 年	2004 年	2005 年	2006 年	2007 年
学校数(个)	68	69	68	78	71	79	82	79
科技活动人员(万人)	5.0	4.0	3.6	5.4	4.5	4.5	4.9	4.7
科学家和工程师(万人)	4.7	3.9	3.5	5.1	3.8	3.8	4.1	4.0
R&D 人员(万人年)	1.7	1.8	2.5	2.0	2.4	2.4	2.6	2.5
R&D 科学家和工程师(万人年)	1.6	1.8	2.4	2.0	2.3	2.4	2.5	2.4
科技经费筹集额(亿元)	29.6	33.9	40.3	50.8	61.3	78.6	90.2	105.6
按经费来源分								
政府资金(亿元)	18.3	20.5	24.2	27.3	36.0	45.6	53.0	63.0
企业资金(亿元)	8.5	9.2	13.1	17.1	19.9	2.8	31.2	33.7
科技经费支出(亿元)	25.0	28.5	33.4	43.6	48.1	70.6	80.0	86.9
R&D 经费支出(亿元)	17.4	20.9	23.3	25.4	28.3	35.8	37.3	47.7
按活动类型分								
基础研究(亿元)	4.1	4.1	5.9	6.5	9.0	8.2	11.5	14.6
应用研究(亿元)	10.2	12.5	9.2	14.2	14.7	17.7	18.6	25.5
试验发展(亿元)	3.2	4.2	8.2	4.8	4.6	9.8	7.2	7.6

资料来源:北京统计年鉴北京市科学技术委员会,北京市统计局,北京市教育委员会. 北京市研究与发展(R&D)数据汇编. 2001-2008.

附表 6-1　工业企业基本情况

	2001 年	2002 年	2003 年	2004 年	2005 年	2006 年	2007 年
合计							
企业数(个)	4356	4551	4019	4324	6301	6400	6398
从业人员年平均数(人)	1080216	1075640	1008107	999259	1170553	1173615	1192534
工业总产值(亿元)	2908.8	3173.5	3810.4	4880.9	6946.2	8210.0	9648.4
工业增加值(亿元)	769.2	840.4	1012.5	1259.5	1627.0	1740.8	2159.4
出口交货值(亿元)	298.2	—	408.	602.6	1136.1	1531.3	1870.0
主营业务收入(亿元)	3006.9	3182.8	3885.7	5110.8	7279.1	8914.2	10440.2
利润总额(亿元)	137.0	165.5	235.3	310.8	413.5	531.1	695.6
有科技活动企业数(个)				1351	1575	1747	1932
科技活动人员(人)				55601	64953	79090	87974
其中:科学家和工程师				41267	48079	57076	62844
其中:R&D 折合全时人员				30551	38507	30625	39224
科技经费筹集额(亿元)				98.8	131.4	179.4	167.3
科技经费支出(亿元)				82.2	114.7	140.7	152.4
其中:R&D 经费支出				60.3	66.9	90.0	92.5
专利申请(件)				2330	2495	3258	4308
其中:发明专利(件)			931	1030	1539	2364	
采矿业							
企业数(个)	49	42	42	43	55	51	54
从业人员年平均数(人)	30953	31930	29083	28313	27310	26717	28709
工业总产值(亿元)	30.7	53.5	61.0	100.0	139.6	178.0	248.0
工业增加值(亿元)	11.7	17.2	15.8	31.6	36.1	43.1	70.7
出口交货值(亿元)	3.6	—	4.5	6.6	12.4	10.0	11.8
主营业务收入(亿元)	33.1	54.8	63.8	116.5	139.1	180.6	253.9
利润总额(亿元)	2.0	3.5	4.5	13.5	17.1	18.6	31.0
有科技活动企业数(个)				3	3	4	5
科技活动人员(人)				682	730	798	680
其中:科学家和工程师				456	447	488	390
其中:R&D 折合全时人员				348	405	336	277
科技经费筹集额(万元)				5077	9415	12546	61969
科技经费支出(万元)				4935	7011	8114	56901
其中:R&D 经费支出				2784	6269	7270	13082
专利申请(件)				0	2	2	3
其中:发明专利				0	2	2	0

续表

	2001年	2002年	2003年	2004年	2005年	2006年	2007年
制造业							
企业数(个)	4267	4462	3936	4232	6143	6231	6222
从业人员年平均数(人)	1013316	1005080	933072	924527	1084925	1089827	1096427
工业总产值(万元)	2775.9	3002.4	3613.0	4618.5	6159.3	7130.2	8273.0
工业增加值(亿元)	695.4	749.3	912.1	1130.3	1373.1	1429.8	1704.7
出口交货值(亿元)	294.6	—	403.9	596.1	1123.6	1521.4	1858.2
主营业务收入(亿元)	2850.8	2983.8	3600.6	4571.8	6178.4	7468.4	8653.3
利润总额(亿元)	119.9	143.7	216.4	276.0	256.1	296.6	428.0
有科技活动企业数(个)				1330	1559	1729	1912
科技活动人员(人)				52198	61729	75404	83446
其中:科学家和工程师				38701	45548	54030	59923
其中:R&D折合全时人员				29223	36928	28833	37437
科技经费筹集额(万元)				948185	1195052	1601436	1437555
科技经费支出(万元)				804841	1098680	1355888	1402002
其中:R&D经费支出				589696	648583	855077	879735
专利申请(件)				2281	2483	3239	4279
其中:发明专利			914	1026	1535	2355	
电力、燃气及水的生产和供应业							
企业数(个)	40	47	41	49	103	118	122
从业人员年平均数(人)	35947	38630	45952	46419	58318	57071	67398
工业总产值(亿元)	102.2	117.6	136.4	162.4	647.3	901.8	1127.4
工业增加值(亿元)	62.0	74.0	84.6	97.6	217.8	267.9	384.1
出口交货值(亿元)	0.0	—	0.0	0.0	0.0	0.0	0.0
主营业务收入(亿元)	123.0	144.2	221.3	422.5	961.6	1265.2	1533.0
利润总额(亿元)	15.1	18.3	14.4	21.4	140.4	215.9	236.6
有科技活动企业数(个)				18	13	14	15
科技活动人员(人)				2721	2494	2888	3848
其中:科学家和工程师				2110	2084	2558	2531
其中:R&D折合全时人员				983	1174	1456	1509
科技经费筹集额(万元)				34399	109805	180035	173138
科技经费支出(万元)				12549	40901	42764	65470
其中:R&D经费支出				10066	13664	37402	31988
专利申请(件)				49	10	17	26
其中:发明专利				17	2	2	9

资料来源:北京市统计局,国家统计局北京调查总队.北京统计年鉴.2002-2008.

专题二附表　外商投资驻京研发机构科技活动数据

年　　份	2002 年	2003 年	2004 年	2005 年	2006 年	2007 年
统计机构数量(个)	35	36	86	164	176	200
科技活动人员数量(人)	4587	4602	8837	21876	31921	33807
R&D 活动人员数量(人)	1747	3654	5630	13815	16605	16259
科技经费筹集额(万元)	147868	225596	369506	716512	1114154	1029130
科技经费内部支出(万元)	138589	204736	329288	643605	988471	928541
其中:R&D 经费内部支出(万元)	88839	159080	243434	461576	646034	612637

资料来源:北京统计年鉴北京市科学技术委员会,北京市统计局,北京市教育委员会.北京市研究与发展(R&D)数据汇编.2001-2008.

附表 7-1　北京地区专利申请量(按种类分)

	合计(件)	发明	实用新型	外观设计
1985 年	1540	754	720	66
1986 年	1692	535	1091	66
1987 年	2425	523	1796	106
1988 年	3342	702	2494	146
1989 年	3344	742	2408	194
1990 年	4383	930	3213	240
1991 年	4624	1023	3324	277
1992 年	6316	1340	4493	483
1993 年	6972	1483	4931	558
1994 年	6852	1506	4666	680
1995 年	6362	1252	4372	738
1996 年	6595	1441	4255	899
1997 年	6313	1678	3667	968
1998 年	6321	1754	3444	1123
1999 年	7716	2055	4045	1616
2000 年	10344	3409	4984	1951
2001 年	12159	4969	5114	2076
2002 年	13842	5785	5920	2137
2003 年	17003	7833	6665	2505
2004 年	18402	8608	6321	3473
2005 年	22572	12102	6940	3530
2006 年	26555	14226	8200	4129
2007 年	31680	18763	8819	4098

资料来源:北京市统计局,国家统计局北京调查总队.北京统计年鉴.1986-2008.

附表 7-2　北京地区专利申请量(按对象分)

	合计(件)	工矿企业	大专院校	科研单位	机关团体	个人
1985 年	1540	674	347	368	118	33
1986 年	1692	954	171	373	142	52
1987 年	2425	184	202	441	124	1474
1988 年	3342	201	243	571	174	2153
1989 年	3344	270	195	534	226	2119
1990 年	4383	424	165	582	268	2944
1991 年	4624	380	270	532	419	3023
1992 年	6316	429	273	560	502	4552
1993 年	6972	444	620	288	582	5038
1994 年	6852	298	261	641	827	4825
1995 年	6362	610	222	544	412	4574
1996 年	6595	1116	180	614	74	4611
1997 年	6313	1230	223	636	33	4191
1998 年	6321	1252	263	547	31	4228
1999 年	7716	1850	288	726	39	4813
2000 年	10344	2547	465	870	25	6437
2001 年	12159	3226	617	1087	33	7196
2002 年	13842	4056	1115	1444	64	7163
2003 年	17003	5253	1699	1952	154	7945
2004 年	18402	6153	1847	1917	196	8289
2005 年	22572	8050	2535	2764	158	9065
2006 年	26555	10221	2819	2705	139	10671
2007 年	31680	13444	4207	4016	225	9788

资料来源:北京市统计局,国家统计局北京调查总队.北京统计年鉴.1986-2008.

附表 7-3　北京地区专利授权量(按种类分)

	合计(件)	发明	实用新型	外观设计
1985 年	52	23	20	9
1986 年	269	14	244	11
1987 年	776	102	630	44
1988 年	1376	169	1147	60
1989 年	1789	207	1497	85
1990 年	2268	216	1932	120
1991 年	2369	263	1917	189
1992 年	3265	312	2724	229
1993 年	5806	530	4780	496
1994 年	3914	369	3245	300
1995 年	4025	327	3170	528
1996 年	3295	246	2563	486
1997 年	3327	281	2341	705

续表

	合计(件)	发明	实用新型	外观设计
1998年	3800	309	2522	969
1999年	5829	573	3948	1308
2000年	5905	1074	3463	1368
2001年	6244	944	3600	1700
2002年	6345	1061	3721	1563
2003年	8248	2261	4244	1743
2004年	9005	3216	3956	1833
2005年	10100	3476	4498	2126
2006年	11238	3864	5490	1884
2007年	14954	4824	7364	2766

资料来源:北京市统计局,国家统计局北京调查总队.北京统计年鉴.1986-2008.

附表7-4 北京地区专利授权量(按对象分)

	合计(件)	工矿企业	大专院校	科研单位	机关团体	个人
1985年	52	—	—	—	—	—
1986年	269	151	42	44	28	4
1987年	776	73	99	204	12	388
1988年	1376	145	134	296	29	772
1989年	1789	173	202	369	55	990
1990年	2268	224	138	445	141	1320
1991年	2369	248	142	455	170	1354
1992年	3265	300	222	465	289	1989
1993年	5806	431	284	601	512	3978
1994年	3914	247	196	409	338	2724
1995年	4025	245	140	361	488	2791
1996年	3295	409	138	277	233	2238
1997年	3327	622	117	381	92	2115
1998年	3800	749	141	373	80	2457
1999年	5829	1339	227	549	82	3632
2000年	5905	1497	241	583	66	3518
2001年	6244	1859	240	516	31	3598
2002年	6345	2065	256	501	22	3501
2003年	8248	2778	634	864	36	3936
2004年	9005	3135	938	1058	59	3815
2005年	10100	3641	1112	1116	77	4154
2006年	11238	4143	1361	1214	73	4447
2007年	14954	5721	1801	1523	99	5810

资料来源:北京市统计局,国家统计局北京调查总队.北京统计年鉴.1986-2008.

附表 8-1　北京地区以及全国其他省市国内科技论文情况

	1996 年	1997 年	1998 年	1999 年	2000 年	2001 年	2002 年	2003 年	2004 年	2005 年	2006 年	2007 年
北京(篇)	18953	20061	21966	25774	27976	31325	35437	40011	43973	48532	54477	59374
天津	3201	3280	3522	4570	4939	5433	6397	7541	8342	9466	10906	12332
河北	2753	2623	3350	3961	4617	4845	5760	6254	7150	8847	11901	14589
山西	1775	1547	1761	2147	2403	2556	2749	3417	3790	4276	5163	6034
内蒙古	858	867	968	1043	966	1080	1228	1295	1440	1673	1989	2822
辽宁	5398	5474	5982	7206	7540	8137	9586	11001	12093	14858	16839	19126
吉林	3245	3102	3265	3288	3576	3584	4181	5036	5635	6581	7661	8463
黑龙江	4073	4350	4220	5439	5843	6036	7070	7120	8289	9388	10302	12253
上海	8523	9014	10403	13062	15117	16602	18455	20612	22841	25058	27116	29140
江苏	9953	9949	10696	12792	14362	16376	18877	21602	24025	28486	34043	38986
浙江	4180	4441	4980	6350	7207	8623	10887	12927	14922	17331	19233	24526
安徽	3469	3465	3932	4630	5022	5365	5602	6475	7129	8167	9740	11691
福建	2346	2468	2637	3150	3466	4140	4485	4826	5356	6246	7368	8214
江西	1234	1273	1240	1680	1837	2092	2447	2730	3091	3811	5074	5778
山东	5996	6245	6786	8442	10149	11173	13322	15270	16874	19847	21846	25037
河南	2904	2937	3300	4313	4924	5283	7215	9222	10435	13303	15209	18098
湖北	7164	7654	8530	9801	10738	12045	15047	16649	19871	22034	24457	26768
湖南	3920	4109	4737	5626	6123	7550	9107	10362	12010	13489	15908	19442
广东	5780	6601	7907	10605	12111	14677	17032	20003	24188	28296	31150	31049
广西	1095	1126	1206	1618	1759	2121	2523	3218	3633	4163	5115	6755
海南	178	167	232	320	350	415	506	511	554	589	1107	1722
重庆	—	—	—	3152	3632	4402	6224	7345	8288	9085	10385	11867
四川	6648	6893	7442	6156	6736	7716	9256	11127	12901	14798	16557	19311
贵州	1040	1104	1110	1237	1315	1687	1604	1911	2249	2614	3008	3849
云南	1339	1634	1874	2490	2455	2686	3080	3408	3628	4038	4715	5617
西藏	23	25	29	47	58	73	75	148	148	111	138	126
陕西	6685	6894	7605	8834	10105	11728	14171	16220	17670	19382	21704	24783
甘肃	3072	2026	2085	2393	2597	2885	3555	3809	4614	5054	5475	6468
青海	222	205	224	218	265	339	369	501	618	635	874	1132
宁夏	120	203	204	300	305	436	504	526	569	560	827	1068
新疆	870	929	950	1204	1310	1467	1739	2122	2458	2742	3121	4368
地区不详	222	185	198	931	1045	352	343	1405	2953	1610	1450	2334

资料来源:中国科学技术信息研究所,中国科技论文统计与分析. 1997-2008.

附表 8-2　北京地区国际论文情况

	合计(篇)	SCI	EI	ISTP
1990 年	3402	1852	876	674
1991 年	2960	1591	514	855
1992 年	4210	1762	947	1501
1993 年	4321	1942	1152	1227
1994 年	5102	2038	2032	1032
1995 年	5456	2248	1736	1472
1996 年	5460	2252	2091	1117
1997 年	7252	2985	2839	1428
1998 年	6971	3377	2217	1377
1999 年	11541	5768	4049	1724
2000 年	12536	6521	1558	4457
2001 年	14507	7488	4402	2617
2002 年	17586	8924	5197	3465
2003 年	21393	10179	4086	7128
2004 年	23532	11168	7854	4511
2005 年	34674	14738	12387	7549
2006 年	36578	15546	13451	7581
2007 年	41162	16665	15430	9067

资料来源：中国科学技术信息研究所，中国科技论文统计与分析. 1991-2008.

附表 9-1　北京技术市场成交合同数

	2000 年	2001 年	2002 年	2003 年	2004 年
合计(项)	21270	23921	27038	32173	35549
一、按合同类型分					
技术开发	5068	6597	6969	7944	7738
技术转让	3103	2960	2252	2122	2392
技术咨询	1946	2647	3574	4202	5046
技术服务	11153	11717	14243	17905	20373
二、按合同卖方类型分					
科研机构	10214	10401	11314	10987	10414
高等院校	1454	1877	1361	2510	2451
企　　业	443	8496	12757	17054	21573
技术贸易机构	1679	1316	1162	1054	653
个体经营	176	181	38	57	10
其　　他	7304	1650	406	511	448
三、按合同买方类型分					
企　　业	13919	16857	20116	24135	27353
科研机构	3322	3490	2916	3155	2852
各级管理部门	2089	2176	2385	2860	2915
技术贸易机构	346	369	178	138	73

续表

	2000 年	2001 年	2002 年	2003 年	2004 年
个体经营	146	154	91	88	107
其　　他	1448	875	1352	1797	2249
四、按技术流向分					
流向本市	9984	11696	13028	15976	16706
流向外省	11286	12225	14010	16197	18843
技术出口					

	2005 年	2006 年	2007 年
合计(项)	37505	51575	50972
一、按合同类型分			
技术开发	8173	11680	11889
技术转让	1799	1995	1574
技术咨询	6607	7255	5804
技术服务	20926	30645	31705
二、按合同卖方类型分			
机关法人	3	3	3
事业法人	10087	9971	9588
♯科研机构	7395	7019	6337
高等院校	2645	2908	3126
社团法人	288	298	184
企业法人	27104	41271	41154
自然人	16	16	26
其他组织	7	16	17
三、按合同买方类型分			
机关法人	3177	4067	2772
事业法人	2929	7174	8357
社团法人	0	127	164
企业法人	29083	39021	37514
自然人	0	211	310
其他组织	2316	975	855
四、按技术流向分			
流向本市	16871	24670	24938
流向外省	20016	25965	24819
技术出口	618	940	1215

资料来源:北京市技术市场管理办公室,北京技术市场统计公报.2006-2008.

附表 9-2　北京技术市场成交合同金额

	2000 年	2001 年	2002 年	2003 年	2004 年
合计(万元)	1402871	1910066	2210695	2653573	4251773
一、按合同类型分					
技术开发	655774	745105	883652	744639	896835
技术转让	288270	367972	254464	402371	1250131
技术咨询	41768	73604	102254	130736	215178
技术服务	417060	723385	970325	1375828	1889630
二、按合同卖方类型分					
科研机构	457255.7	546468.3	544014.9	492217.8	454400.0
高等院校	99255.8	66192.5	43587.1	81047.5	95467.2
企　　业	93015.6	1019483.9	1411107.2	1968969.6	3382872.6
技术贸易机构	114796.0	60382.8	141080.3	53151.8	59747.3
个体经营	3025.5	7047.6	1838.0	3229.8	275.9
其　　他	635524.8	210490.4	69067.4	54956.1	259010.3
三、按合同买方类型分					
企　　业	885130.6	1348230.3	1543021.4	2022120.2	3231452.9
科研机构	130875.6	144607.6	148441.6	148771.0	171844.3
各级管理部门	229423.5	243828.3	227928.3	292252.4	473310.5
技术贸易机构	31822.1	16377.8	18894.4	7000.9	3145.4
个体经营	385.7	3229.9	2350.8	1967.9	99462.4
其　　他	125233.7	153791.6	270058.4	181460.3	272557.8
四、按技术流向分					
流向本市	731446	1036688	901298	1199982	2202775
流向外省	671425	873378	1309397	1453591	2048998
技术出口					

	2005 年	2006 年	2007 年
合计(万元)	4343526	6973256	8825603
一、按合同类型分			
技术开发	1048197	1909868	2025533
技术转让	275015	520696	453863
技术咨询	262000	304883	288333
技术服务	2758313	4237809	6057875
二、按合同卖方类型分			
机关法人	100	389	103
事业法人	411400	474352	416232
＃科研机构	327100	380500	266500
高等院校	83800	92100	135300
社团法人	6100	9357.6	5909
企业法人	3923700	6484290	8398265

	2005年	2006年	2007年
自然人	2200	2270	3760
其他组织	100	2598	1333
三、按合同买方类型分			
机关法人	482100	485800	626747
事业法人	182400	494406	1040193
社团法人	0	4101	16739
企业法人	3190500	5789464	7029125
自然人	0	9425	8323
其他组织	488600	190061	104476
四、按技术流向分			
流向本市	1561361	2713693	2642111
流向外省	1942426	3252970	4074271
技术出口	839739	1006593	2109221

资料来源:北京市技术市场管理办公室,北京技术市场统计公报.2001-2005.

附表10　北京现代服务业增加值按行业分类

	2004年	2005年	2006年	2007年
现代服务业(亿元)	2688.5	3167.3	3740.9	9353.3
其中:信息传输、计算机服务和软件业	449.6	583.2	688.5	855.9
金融业	713.8	836.6	974.1	1286.3
房地产业	436.1	455.3	559.8	644.2
商务服务业	268.7	337.0	401.4	541.4
科学研究、技术服务和地质勘查业	276.5	341.8	424.5	539.3
环境管理业	14.1	15.9	16.6	19.4
教育	286.3	315.2	355.2	441.6
卫生、社会保障业	100.7	111.0	129.4	147.4
文化、体育和娱乐业	142.7	171.3	191.4	227.4

资料来源:北京统计年鉴北京市科学技术委员会,北京市统计局,北京市教育委员会.北京市研究与发展(R&D)数据汇编.2005-2008.

附表11-1　高技术产业基本情况

高技术产业	2000年	2001年	2002年	2003年	2004年	2005年	2006年	2007年
企业数(个)	575	605	679	625	1125	1101	1107	1163
从业人员年平均数(万人)	15.6	16.0	16.6	16.7	18.4	20.9	22.4	24.6
工业总价值(亿元)	972.7	1096.0	1090.6	1188.5	1539.8	2134.3	2660.0	3187.0
增加值(亿元)	246.7	236.2	241.9	290.9	315.1	404.2	488.9	558.1
产品销售收入(亿元)	1018.9	1225.2	1121.9	1256.5	1571.6	2168.5	2832.0	3362.0
利税总额(亿元)	110.4	114.4	116.8	123.3	116.6	139.4	170.2	243.0

续表

高技术产业	2000年	2001年	2002年	2003年	2004年	2005年	2006年	2007年
医药制造业								
企业数(个)	115	134	147	147	196	181	178	191
从业人员年平均数(万人)	3.0	3.1	3.6	3.5	3.5	3.7	3.8	4.2
工业总价值(亿元)	56.6	63.6	86.4	106.3	119.7	131.1	150.1	202.3
增加值(亿元)	28.7	27.5	41.3	45.9	44.7	50.9	57.0	81.6
产品销售收入(亿元)	66.5	67.0	92.9	102.2	115.2	128.3	143.3	197.9
利税总额(亿元)	13.7	16.6	20.3	25.2	27.2	31.9	28.7	36.3
航空航天制造业								
企业数(个)	11	12	16	13	15	17	19	17
从业人员年平均数(万人)	2.0	1.4	1.5	1.7	1.6	1.7	1.8	1.8
工业总价值(亿元)	23.1	23.7	24.9	32.9	37.2	42.5	54.5	60.4
增加值(亿元)	8.8	10.0	9.5	14.8	15.6	18.7	23.7	25.4
产品销售收入(亿元)	22.8	22.2	25.1	30.1	36.1	43.8	53.2	59.9
利税总额(亿元)	2.1	3.2	2.8	3.5	3.8	6.6	6.6	6.5
电子及通信设备制造业								
企业数(个)	242	228	270	235	382	390	407	414
从业人员年平均数(万人)	6.6	7.0	7.0	6.7	7.8	9.6	10.8	12.7
工业总价值(亿元)	593.8	703.0	591.3	635.6	889.9	1357.3	1793.0	2270.0
增加值(亿元)	121.5	135.8	104.2	146.8	149.3	218.7	264.9	271.3
产品销售收入(亿元)	658.5	755.5	634.8	668.9	906.0	1344.6	1841.0	2291.0
利税总额(亿元)	63.4	66.5	53.0	61.8	50.3	60.1	92.8	132.2
电子计算机及办公设备制造业								
企业数(个)	57	61	54	57	126	111	107	112
从业人员年平均数(万人)	1.7	2.0	2.0	1.7	2.3	2.2	2.4	1.9
工业总价值(亿元)	248.9	245.2	301.4	308.0	363.0	438.7	461.3	424.3
增加值(亿元)	70.9	45.0	51.2	50.1	52.3	67.0	71.8	104.9
产品销售收入(亿元)	219.4	317.0	280.4	347.8	379.3	477.4	584.0	571.3
利税总额(亿元)	23.5	17.5	24.5	15.9	14.9	12.1	2.9	18.4
医疗设备及仪器仪表制造业								
企业数(个)	150	170	192	173	406	402	396	429
从业人员年平均数(万人)	2.4	2.5	2.7	3.0	3.2	3.7	3.7	4.1
工业总价值(亿元)	50.4	60.5	86.7	105.7	130.1	164.7	201.3	230.1
增加值(亿元)	16.9	18.0	35.8	33.4	53.1	48.9	71.5	74.9
产品销售收入(亿元)	51.8	63.6	88.8	107.7	135.0	174.4	210.9	241.7
利税总额(亿元)	7.7	10.6	16.2	16.9	20.5	28.8	39.2	49.7

资料来源:国家统计局,国家发展和改革委员会,科学技术部.中国高技术产业统计年鉴.2001-2008.

附表 11-2 高技术产业的主要科技指标

高技术产业	2000 年	2001 年	2002 年	2003 年	2004 年	2005 年	2006 年	2007 年
R&D 活动人员(人年)	4374	6173	4973	6209	7509	8591	6467	8421
R&D 经费内部支出(亿元)	10.7	12.9	20.8	24.9	25.5	20.7	34.6	29.0
科技活动人员(人)	12473	13712	13032	12012	13096	14443	15251	17677
其中:科学家和工程师	8851	9902	9431	8948	9209	11220	11505	13195
科技活动经费筹集额(亿元)	36.9	27.2	24.9	32.4	41.7	44.5	47.5	40.4
新产品产值(亿元)	408.3	430.1	443.8	381.1	452.1	397.3	425.5	1566.0
新产品销售收入(亿元)	383.1	424.7	441.1	223.4	479.5	377.7	422.3	1524.0
专利申请数(件)	7	369	779	896	679	777	944	1418
拥有发明专利数(件)	18	94	18	183	477	500	490	2383
技术引进经费支出(亿元)	0.3	7.4	6.2	1.2	26.4	3.1	2.4	2.6
医药制造业								
R&D 活动人员(人年)	576	729	602	432	366	507	612	1090
R&D 经费内部支出(亿元)	0.5	1.1	1.2	0.8	0.9	1.4	1.1	2.4
科技活动人员(人)	1411	1106	1231	767	808	1153	1673	1951
科技活动经费筹集额(亿元)	1.2	1.7	1.3	1.9	1.2	2.3	2.0	3.0
新产品产值(亿元)	9.6	8.8	12.5	19.9	15.9	18.7	18.1	42.5
新产品销售收入(亿元)	5.9	9.7	19.4	20.2	16.3	18.3	16.1	37.7
专利申请数(件)	1	13	16	18	15	66	25	22
拥有发明专利数(件)	1	6	10	7	19	24	34	69
技术引进经费支出(亿元)	0.01	0.1	0.3	0.0	0.0	0.4	0.1	0.1
航空航天制造业								
R&D 活动人员(人年)	333	182	306	552	1359	1183	1124	1363
R&D 经费内部支出(亿元)	0.3	0.3	0.2	0.2	2.5	2.2	2.8	3.5
科技活动人员(人)	845.0	913.0	781.0	1050.0	1815.0	1432.0	1558.0	1658.0
科技活动经费筹集额(亿元)	0.3	0.3	0.3	0.3	2.9	2.3	3.0	3.7
新产品产值(亿元)	3.4	1.0	1.1	1.1	1.5	3.8	4.3	5.5
新产品销售收入(亿元)	2.2	0.8	1.1	0.4	1.3	3.9	4.3	5.4
专利申请数(件)	0	0	2	3	0	0	4	10
拥有发明专利数(件)	0	4	0	0	0	0	0	0
技术引进经费支出(亿元)	0.04	0.01	0	0.01	0	0.1	0	0
电子及通信设备制造业								
R&D 活动人员(人年)	2226	1408	1686	2696	2296	3767	2641	3562
R&D 经费内部支出(亿元)	2.1	8.0	6.0	9.9	9.0	9.0	10.3	10.6
科技活动人员(人)	6220.0	4473.0	4627.0	5314.0	4669.0	6106.0	5765.0	8844.0
科技活动经费筹集额(亿元)	16.7	11.1	7.2	14.0	14.1	16.1	16.2	18.8
新产品产值(亿元)	215.5	213.4	209.3	127.8	207.3	82.8	88.8	1182.0
新产品销售收入(亿元)	208.4	213.3	220.2	138.6	251.3	83.8	87.1	1153.0
专利申请数(件)	3	29	53	193	81	362	134	611
拥有发明专利数(件)	5	7	8	65	31	251	184	463
技术引进经费支出(亿元)	0.1	7.2	5.3	1.2	26.0	2.5	2.2	2.1

高技术产业	2000 年	2001 年	2002 年	2003 年	2004 年	2005 年	2006 年	2007 年
电子计算机及办公设备制造业								
R&D 活动人员(人年)	786	2766	1069	1915	2403	2225	1194	1137
R&D 经费内部支出(亿元)	7.1	2.6	12.3	12.9	11.8	6.3	18.5	10.4
科技活动人员(人)	2412.0	5148.0	4062.0	3157.0	4160.0	4014.0	4127.0	2181.0
科技活动经费筹集额(亿元)	17.4	12.9	14.8	14.9	21.9	21.4	23.5	11.5
新产品产值(亿元)	173.0	200.3	213.3	223.1	215.9	280.5	302.1	320.2
新产品销售收入(亿元)	159.4	195.0	192.8	53.9	199.9	258.9	301.0	312.3
专利申请数(件)	0	321	702	670	560	305	654	697
拥有发明专利数(件)	7	70	0	62	400	119	150	1815
技术引进经费支出(亿元)	0	0	0	0	0	0	0	0
医疗设备及仪器仪表制造业								
R&D 活动人员(人年)	453	1089	1311	613	1085	909	895	1269
R&D 经费内部支出(亿元)	0.7	0.9	1.1	1.2	1.5	1.8	2.0	2.1
科技活动人员(人)	1585.0	2072.0	2331.0	1724.0	1644.0	1738.0	2128.0	3043.0
科技活动经费筹集额(亿元)	1.4	1.2	1.4	1.4	1.6	2.4	2.9	3.4
新产品产值(亿元)	6.9	6.6	7.6	9.3	11.5	11.4	12.3	15.9
新产品销售收入(亿元)	7.2	6.0	7.6	10.3	10.7	12.8	13.8	15.4
专利申请数(件)	3	6	6	12	23	44	124	78
拥有发明专利数(件)	5	7	0	49	27	106	122	36
技术引进经费支出(亿元)	0.1	0.04	0.7	0.02	0.01	0.1	0.1	0.4

资料来源:国家统计局,国家发展和改革委员会,科学技术部. 中国高技术产业统计年鉴. 2001-2008.

附表 11-3 高技术产业产值占地区生产总值的比重

	2000 年	2001 年	2002 年	2003 年	2004 年	2005 年	2006 年	2007 年
北京高技术产业增加值(亿元)	246.7	236.2	241.9	290.9	315.1	404.2	488.9	559.1
北京地区生产总值(亿元)	3161.0	3710.5	4330.4	5023.8	6060.3	6886.3	7861.0	9353.0
高技术产业增加值所占比重(%)	7.8	6.4	5.6	5.8	5.2	5.9	6.2	6.0

资料来源:国家统计局,国家发展和改革委员会,科学技术部. 中国高技术产业统计年鉴. 2001-2008.

专题五附表 中关村科技园区发展数据

	2001 年	2002 年	2003 年	2004 年	2005 年	2006 年	2007 年
企业数(个)	7911	9567	12030	13890	16343	18096	18611
当年认定企业数(个)	3036	3321	4138	4268	4434	3841	3772
年末从业人员数(万人)	35.8	40.4	48.9	55.7	68.8	79.1	89.2
研究开发人员(万人)	11.6	13.6	14.3	17.9	22.5	28.0	17.9
总收入(亿元)	1986.5	2394.8	2886.4	3686.8	4865.2	6744.1	9015.7
工业总产值(亿元)	1255.9	1477.2	1607.8	1873.8	2604.1	3449.4	3850.4
工业增加值(亿元)	299.4	352.0	328.0	360.6	476.9	615.2	690.0
服务业总收入(亿元)	755.8	733.0	1297.7	1417.9	1839.7	3229.7	3462.9
服务业增加值(亿元)	147.2	174.8	267.6	385.1	483.3	645.5	886.9

资料来源:北京市统计局,国家统计局北京调查总队. 北京统计年鉴. 2002-2008.

附表 12　国民经济各行业专业技术人员(2007 年)

项　　目	北京地区		
		中央	地方
合　计(人)	1588924	542701	547271
农、林、牧、渔业	6318	266	4344
采矿业	2657	1150	1414
制造业	201838	35364	69155
电力、燃气及水的生产和供应业	17349	9401	5627
建筑业	123269	42708	48967
交通运输、仓储和邮电业	45314	27196	10399
信息传输、计算机服务和软件业	156467	27697	8207
批发和零售业	86925	20993	18920
住宿和餐饮业	26227	5203	6833
金融业	80752	55173	17618
房地产业	58570	5276	16796
租赁和商务服务业	96489	34148	16883
科学研究、技术服务和地质勘察业	195144	120180	24625
水利、环境和公共设施管理业	11663	1065	8581
居民服务和其他服务业	15295	1788	3342
教　育	241987	63673	169260
学前教育	10620	1543	7836
高等教育	82500	57035	24842
中等教育	80691	1357	77915
初等教育	51693	435	50092
其他教育	16483	3303	8575
卫生、社会保障和社会福利业	125040	34174	83103
卫　生	122839	34025	81139
社会保障业	643	11	624
社会福利业	1558	138	1340
文化、体育和娱乐业	66282	48232	11635
公共管理和社会组织	31338	9014	21562

资料来源:北京市统计局,国家统计局北京调查总队. 北京统计年鉴 2008.

附表 13 地区生产总值(1991—2007 年)

	地区生产总值(亿元)	第一产业	第二产业		第三产业	人均地区生产总值(元/人)
				工　业		
1991 年	598.9	45.8	291.5	255.6	261.6	5494
1992 年	709.1	49.1	345.9	293.0	314.1	6458
1993 年	886.2	53.7	419.6	339.2	412.9	8006
1994 年	1145.3	67.5	517.6	417.9	560.2	10240
1995 年	1507.7	73.5	645.8	527.8	788.4	12690
1996 年	1789.2	75.0	714.7	576.2	999.5	14254
1997 年	2075.6	75.7	781.9	635.9	1218.0	16609
1998 年	2376.0	76.7	840.6	670.4	1458.7	19118
1999 年	2677.6	77.1	907.3	724.0	1693.2	21397
2000 年	3161.0	78.6	1033.3	844.0	2049.1	24122
2001 年	3710.5	80.8	1142.4	938.8	2487.3	26998
2002 年	4330.4	84.0	1250.0	1021.2	2996.4	30840
2003 年	5023.8	89.8	1487.2	1224.5	3446.8	34892
2004 年	6060.3	95.5	1853.6	1554.7	4111.2	41099
2005 年	6886.3	98.0	2026.5	1707.0	4761.8	45444
2006 年	7870.3	98.0	2191.5	1821.9	5580.8	50407
2007 年	9353.3	101.3	2509.4	2082.8	6742.6	58204

资料来源:北京市统计局,国家统计局北京调查总队.北京统计年鉴 2008.

附表 14 地区生产总值按产业分布

	2007 年	2006 年	2007 年比 2006 年增长(%)
地区生产总值(亿元)	9353.3	7861.0	13.3
第一产业	101.3	88.8	2.2
第二产业	2509.4	2191.4	12.7
工　业	2082.8	1821.8	13.1
第三产业	6742.6	5580.8	13.8
交通运输、仓储和邮政业	502.6	458.3	9.7
信息传输、计算机服务和软件业	855.9	688.5	17.5
批发和零售业	879.4	751.9	14.9
住宿和餐饮业	247.0	219.6	9.2
金融业	1286.3	974.1	22.3
房地产业	644.2	559.8	—1.8
租赁和商务服务业	554.5	413.4	20.5
科学研究、技术服务和地质勘察业	539.3	424.5	20.6
水利、环境和公共设施管理业	50.5	46.2	4.6
居民服务和其他服务业	95.6	94.5	—2.1
教　育	411.5	355.2	10.3
卫生、社会保障和社会福利业	154.7	135.7	8.2
文化、体育和娱乐业	227.4	191.4	11.7
公共管理社会组织	293.7	267.7	7.1

资料来源:北京市统计局,国家统计局北京调查总队.北京统计年鉴 2008.

附表 15　全市分学科研究生招生数(2000—2007 年)

	2000 年	2001 年	2002 年	2003 年	2004 年	2005 年	2006 年	2007 年
合计(人)	26501	32005	38893	47580	47580	60118	63905	65081
哲　学	334	366	435	491	491	692	696	746
经济学	3062	2079	2493	3071	3071	3788	3938	4021
法　学	2507	3176	3755	4642	4642	5229	5592	5781
教育学	723	789	938	1272	1272	1756	1899	1842
文　学	1630	2178	2824	3866	3866	5161	5460	5559
历史学	400	373	432	500	500	628	624	632
理　学	3583	3787	4880	5698	5698	7168	7589	7972
工　学	12065	12445	15660	18719	18719	22976	24289	24718
农　学	716	740	849	1284	1284	1778	1802	1941
医　学	1481	1852	2121	2397	2397	3381	3846	3680
军事学		26	46	37	37	41	43	57
管理学		4194	4460	5603	5603	7520	8127	8132

资料来源:北京市统计局,国家统计局北京调查总队. 北京统计年鉴 2008.

附表 16　全市普通高等学校本、专科分学科招生数(2000—2007 年)

	2000 年	2001 年	2002 年	2003 年	2004 年	2005 年	2006 年	2007 年
合计(人)	99397	116344	128320	140225	144859	156124	154969	156222
综合大学	11426	12557	20109	30315	24033	21031	26826	27380
理工院校	44812	52128	48333	46483	57876	61949	58597	59616
农业院校	5007	6049	6301	6163	7270	7293	7628	7165
林业院校	2672	3570	3591	3672	3502	3465	3217	3225
医药院校	1944	2310	2931	3543	3589	3378	3497	3499
师范院校	5378	5516	4927	4974	4927	4889	4730	4825
语言院校	7115	8575	8007	9765	11654	13357	11896	11998
财经院校	6926	7946	8370	8210	16579	21927	20646	20738
政法院校	5674	5791	4737	5132	6619	6822	8670	8750
体育院校	964	878	1812	1928	2111	2317	2522	2576
艺术院校	1723	2366	2991	3400	3867	4134	3682	3667
民族院校	1195	1818	2474	2602	2832	2825	2813	2783

资料来源:北京市统计局,国家统计局北京调查总队. 北京统计年鉴 2008.

附表 17　全市研究生分学科在校生数(2000—2007 年)

	2000 年	2001 年	2002 年	2003 年	2004 年	2005 年	2006 年	2007 年
合计(人)	63908	79411	97734	120386	144185	165012	178091	187414
哲　学	816	978	1171	1341	1559	1783	1983	2151
经济学	7400	4908	6243	7687	8659	9616	10224	10622
法　学	6326	7551	9412	11578	13532	14673	15395	15668
教育学	1579	1866	2354	3052	3805	4636	5244	5421
文　学	3889	5065	6761	9029	11549	13899	15054	15550
历史学	960	1043	1244	1381	1581	1787	1910	1914
理　学	8601	9375	11984	14337	17412	19841	21846	23123
工　学	28805	31822	39465	48970	58646	65933	69953	74390
农　学	1698	1725	2115	2838	3838	4700	4988	5447
医　学	3834	4764	5485	6378	7448	8793	10145	10974
军事学		58	87	108	114	109	115	140
管理学		10256	11413	13687	16042	19242	21234	22014

资料来源:北京市统计局,国家统计局北京调查总队.北京统计年鉴 2008.

附表 18　全市普通高等学校本、专科分学科在校生数(2000—2007 年)

	2000 年	2001 年	2002 年	2003 年	2004 年	2005 年	2006 年	2007 年
合计(人)	282585	340284	398573	450789	493886	536724	554702	567875
综合大学	36637	40636	70209	103610	72409	73298	88355	93525
理工院校	128971	155506	153421	157875	212831	223133	223424	223744
农业院校	12815	16189	19421	21720	25650	26529	26660	26368
林业院校	6238	8599	10741	12662	13554	13344	13218	13237
医药院校	6687	8121	9529	11538	13433	13631	13705	13601
师范院校	16649	18350	17885	18574	19312	19497	19593	19444
语言院校	17577	21975	25253	28733	33313	38867	39757	42112
财经院校	20539	24226	25890	28765	52532	66278	68330	72233
政法院校	15632	17645	17179	17705	21174	22372	28253	29973
体育院校	2982	2795	5463	6407	7219	8126	8858	9473
艺术院校	4477	5946	7454	9687	12744	13837	12828	12928
民族院校	3881	4784	6373	8100	9715	10766	11127	11237

资料来源:北京市统计局,国家统计局北京调查总队.北京统计年鉴 2008.

附表 19　全市研究生分学科在毕业生数(2000—2007 年)

	2000 年	2001 年	2002 年	2003 年	2004 年	2005 年	2006 年	2007 年
合计(人)	13238	15271	17303	22496	29549	35151	46114	52759
哲　学	196	212	239	320	347	439	487	555
经济学	1521	913	1111	1555	2337	2689	3376	3520
法　学	1417	1686	1806	2298	3479	3929	4736	5161
教育学	303	340	376	547	779	894	1239	1484
文　学	786	906	1166	1514	2229	2762	4266	4888
历史学	199	212	240	333	404	383	471	551
理　学	1863	1862	2018	2489	2824	3550	4541	5387
工　学	5682	5496	6354	8198	10562	13227	17663	19513
农　学	397	346	391	517	618	673	1182	1455
医　学	874	923	1090	1350	1659	1911	2282	2918
军事学		1	8	10	22	32	28	34
管理学		2374	2504	3365	4289	4662	5843	7293

资料来源:北京市统计局,国家统计局北京调查总队. 北京统计年鉴 2008.

附表 20　全市普通高等学校本、专科分学科毕业生数(2000—2007 年)

	2000 年	2001 年	2002 年	2003 年	2004 年	2005 年	2006 年	2007 年
合计(人)	51556	55831	67621	82324	97424	117367	132488	138834
综合大学	7685	7457	14010	22292	15943	16512	22308	23500
理工院校	22948	24154	22996	26014	41197	49765	54416	57076
农业院校	1965	2448	2892	3597	4916	5951	7098	7094
林业院校	907	1138	1335	1780	2562	3602	3223	3114
医药院校	1351	1496	1605	1678	1895	2901	3237	3432
师范院校	3389	3690	3664	4221	4209	4638	4468	4711
语言院校	3138	4090	4320	6544	7505	8045	8949	9255
财经院校	3847	4071	4624	5210	9358	12041	14584	15415
政法院校	2588	3492	3984	4778	5205	5603	6864	7293
体育院校	616	588	795	929	1274	1362	1687	1871
艺术院校	780	859	960	1287	2174	3197	3099	3500
民族院校	1062	916	819	864	1186	1746	2356	2573

资料来源:北京市统计局,国家统计局北京调查总队. 北京统计年鉴 2008.

图书在版编目(CIP)数据

北京科学技术指标. 2009:北京科技黄皮书/北京市科学技术委员会编. —北京:北京科学技术出版社, 2010.9 重印

ISBN 978-7-5304-4710-9

Ⅰ.①北… Ⅱ.①北… Ⅲ.①科学技术—指标—北京市—2009 Ⅳ.①G322.71

中国版本图书馆 CIP 数据核字(2010)第 075756 号

北京科学技术指标 2009:北京科技黄皮书

作　　者:北京市科学技术委员会
责任编辑:李　媛
责任印制:杨　亮
封面设计:青鸟艺讯
出 版 人:张敬德
出版发行:北京科学技术出版社
社　　址:北京西直门南大街 16 号
邮政编码:100035
电话传真:0086-10-66161951(总编室)
0086-10-66113227(发行部)　0086-10-66161952(发行部传真)
电子信箱:bjkjpress@163.com
网　　址:www.bkjpress.com
经　　销:新华书店
印　　刷:北京大天乐印刷有限公司
开　　本:787mm×1092mm　1/16
字　　数:537 千
印　　张:23.5
版　　次:2010 年 5 月第 1 版
印　　次:2010 年 9 月第 2 次印刷
ISBN 978-7-5304-4710-9/G・1042

定　价:160.00 元